网页开发手记：CSS+DIV网页布局

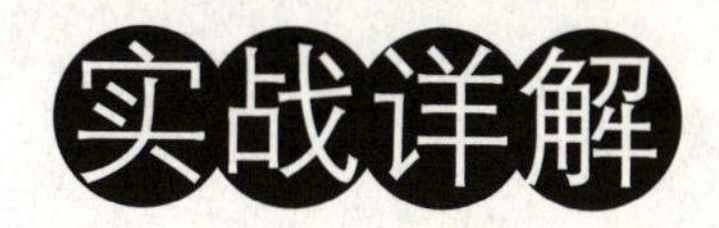

张熠　刘永纯　郭立新　编著

電子工業出版社
Publishing House of Electronics Industry
北京•BEIJING

内容简介

本书由浅入深、循序渐进地介绍Web开发技术，主要内容包括美工制作、IE兼容问题、CSS和XHTML的知识。

全书分5篇共17章：第1篇（第1～3章）为CSS布局基础知识篇，介绍XHTML文档结构、CSS引用、CSS选择器的分类；第2篇（第4～12章）是CSS页面布局技巧篇，通过大量实例介绍各类网页元素在页面中的表现效果及其属性的使用方法；第3篇（第13、14章）是DIV+CSS布局篇，该篇不仅介绍布局的重点属性设置、边距、补白和定位，还对流行的网页布局进行了分析和讲解；第4篇（第15、16章）是整站的CSS定义技巧篇，通过设计BLOG页面让读者践行布局的设计思想；第5篇（第17章）是实例制作篇，主要指导读者运用前面各篇的知识制作一个企业主页，是对所学知识的一个总结和升华。

本书内容详尽、实例丰富、叙述清晰，适合中、高等学校师生，以及各种网页设计培训班作为教材和参考书，同时也可供网站建设专业人士参考使用。

图书在版编目（CIP）数据

网页开发手记：CSS+DIV网页布局实战详解 / 张熠，刘永纯，郭立新编著. —北京：电子工业出版社，2013.7
ISBN 978-7-121-20538-5

Ⅰ. ①网… Ⅱ. ①张… ②刘… ③郭… Ⅲ. ①网页制作工具 Ⅳ. ①TP393.092

中国版本图书馆CIP数据核字（2013）第111689号

策划编辑：胡辛征
责任编辑：李利健
印　　刷：北京中新伟业印刷有限公司
装　　订：北京中新伟业印刷有限公司
出版发行：电子工业出版社
　　　　　北京市海淀区万寿路173信箱　邮编100036
开　　本：787×1092　1/16　印张：21.5　字数：550.4千字
印　　次：2013年7月第1次印刷
印　　数：4000册　定价：49.00元（含光盘1张）

凡所购买电子工业出版社图书有缺损问题，请向购买书店调换。若书店售缺，请与本社发行部联系，联系及邮购电话：（010）88254888。

质量投诉请发邮件至zlts@phei.com.cn，盗版侵权举报请发邮件至dbqq@phei.com.cn。

服务热线：（010）88258888。

前 言

HTML 语言的新使命

随着网络技术的发展、电子商务的兴起，网站的建设目的不再是简单的信息宣传，而是更注重与客户的互动，良好的客户感知是网站成功运营的关键。因此，网站的前端开发提升到了一个新的高度。UI 的本义是用户界面（User Interface），概括成一句话就是人和工具之间的界面，也即各类网站的网页。UE 的全称是 User Experience，俗称顾客体验（Customer Experience），它是指用户访问一个网站或者使用一个产品时的全部体验。

网站设计是否成功，能否给客户带来享受，是否能让客户再来使用。这些都取决于网站的 UI 做得是否合理。而 UI 的成功很大程度取决于网页的设计和布局，这就要求网页制作人员要熟练掌握和应用 XHTML、CSS、DIV+CSS 等网页设计语言和技术。虽然现在很多网页设计软件简单易用，但在很多方面有局限性，也只有掌握网页设计语言，才能充分发挥自己丰富的想象力，更加随心所欲地设计出符合要求的网页，突破软件的局限。

本书全面系统地介绍了 XHTML 语言各方面的知识，通过从 XHTML 的各网页元素（如字体、段落、表格）等说起，让读者对网页元素的属性以及使用效果有一定的了解；接着引入 DIV+CSS 的知识，让读者明白网页元素是如何设计和布局的；最后通过两个综合案例来巩固和加深前面所学的知识。本书不仅让读者对网页元素的使用有一个清晰的了解，更注重实践的设计分析，以循序渐进的方式引导读者学习。

本书特色

本书的特点主要体现在以下几方面。

- 本书的编排采用密切结合、循序渐进的方式，每章主题鲜明，要点突出，适合初级读者逐步掌握 XHTML 的语法规则和设计思想。
- 书中的每一个知识点都有一个范例，读者可轻易将代码复制到自己的机器上进行实验，自行实践和演练，直观地体会所讲要点，感受用 HTML 语言如何创建网页。本书的所有例子、源代码都附在随书光盘中，方便读者使用。

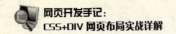

- 本书案例的代码简洁，思路清晰，内容全面，兼顾了 XHTML 语言几乎所有的知识点。
- 本书结合笔者多年的 XHTML 语言编写和网页设计经验，特别标注出易出错的技术点或初学者易误解的细节，同时对查错和调试页面给出了指导思想，读者在学习中可少走弯路，从而加快学习进度。

本书内容及知识体系

本书分为 5 篇，共 17 章，从 XHTML 语言的基本知识讲起，使读者对 XHTML 语言语法和网页生成有一个初步的了解。

第 1 篇（第 1 章～第 3 章） CSS 布局基础知识

介绍 XHTML 语言的基础知识和两个网页编程工具，同时分析了 CSS 的工作原理，学习了如何引入 CSS 样式和 CSS 选择符的类型。

第 2 篇（第 4 章～第 12 章） CSS 页面布局技巧

主要介绍如何通过 CSS 定义对网页元素进行设置。包括字体和段落的修饰、最常用的图文混排、页面的背景设置技巧、链接伪类的巧妙应用。还着重介绍了列表、滤镜以及各类表单元素。最后介绍了 CSS 在不同浏览器上的兼容处理。

第 3 篇（第 13、14 章） DIV+CCS 布局

主要介绍 DIV+CSS 布局中常用的边距、补白和定位知识。为了提高读者的设计能力，还对常见的布局方式由简单到复杂进行了讲解和分析。

第 4 篇（第 15、16 章） 整站的 CSS 定义技巧

本篇实际上是对第 3 篇所讲知识的应用扩展，通过一个博客实例的制作，应用已学到的网页规划知识，同时指导读者上 W3C 网站，对自己制作的网页进行标准化的检测。

第 5 篇（第 17 章） 实例制作

本篇全面模拟实际场景，制作一个企业网站的主页和二级页面，主要介绍了整个制作流程、规划布局、切图准备和实施，以及兼容检验。

本书内容由浅入深，由理论到实践，尤其适合没有 XHTML 语言基础的初学者逐步学习和完善自己的知识结构，更强调设计思想的培养。

配书光盘内容介绍

为了方便读者阅读本书，本书附带 1 张 CD 光盘，内容如下：

- 本书所有实例的源代码。
- 本书每章内容的多媒体语音教学视频和 PPT 教学课件。

适合阅读本书的读者

本书作为 XHTML 语言的基础教程，适合于：

- 没有 XHTML 语言基础的初学者。
- 了解 XHTML 语言，但所学不全面的人员。
- 高等院校理科学习网页设计的学生。
- 使用 DIV+CSS 进行项目开发的人员。
- 供熟悉其他语言的网页开发人员参考。

阅读本书的建议

- 没有 XHTML 语言语法理论的读者，在学习过程中，把每个案例演练一次，这样会有一个比较深刻的认识。
- 有一定 HTML 语言基础的读者，可以根据实际情况有重点地选择阅读各章技术点，着重培养自己的布局设计思想。
- 对于本书中的每一个案例，在阅读前，先自己思考一下实现的思路，然后阅读，这样学习效果会更好。

本书作者

本书由张熠、刘永纯和郭立新编写，其中，刘永纯编写了本书的第 1～14 章，张熠编写了第 15 章，郭立新编写了第 16、17 章。

由于编者水平所限，书中存在一些问题和疏漏，恳请读者批评、指正。

编　者

目录

第 2 篇 CSS 页面布局技巧 …… 59

第1篇

CSS 布局基础知识

第 1 章　网页开发必备基础

第 2 章　CSS 初体验——编写一个简单的网页文档

第 3 章　CSS 的基本语法知识

第1章 网页开发必备基础

学习网页开发首先要知道的是究竟什么是网页。网页是一个虚拟的概念，你看得见，却摸不着。但这并不说明网页制作很难。其实制作网页很简单，就是对文字和图片进行排列组合，我们说到开发网页，其实就是将我们的内容设计在一个虚拟的纸张上，并让互联网用户都看到它。

本章要学习的知识点有：

- 了解网页的基本概念
- 分清 HTML 文档和 XHTML 文档
- 了解网页的样式
- 掌握一种开发网页的工具

1.1　网页文档与网页浏览器

要浏览网页，必须通过网页浏览器，而你在浏览器中看到的这些内容所附着的媒介，就是常说的网页文档。浏览器是一扇窗户，打开它后，就会看到一片网页的天空。

网页浏览器是一种工具软件，是可以帮助我们查看网页的工具，目前比较流行的有 Firefox 浏览器和 IE 浏览器。默认情况下，Windows 操作系统都装有 IE 浏览器，其浏览效果如图 1.1 所示。窗口内可以看到的这些文字和图片就是网页的内容，而整个窗口就是一个 IE 浏览器，是浏览网页的工具。

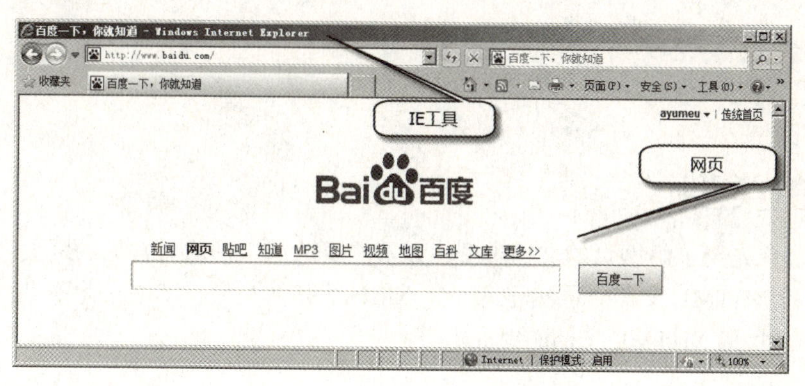

图 1.1　IE 浏览器

用鼠标右键单击网页的空白处，在弹出的快捷菜单中选择“查看源文件”菜单，可以看到当前网页的源代码。网页的查看效果和源代码其实就构成了一个网页文档。下面是笔者自己创建的一个网页文档的实例，读者可以在 IE 浏览器中演示一下。

【示例 1.1】 新建一个 TXT 文档，暂时不起名字，输入下面的内容后，再另存为 HelloWorld.htm 文件。注意，扩展名是.htm 或.html 均可。

```
01    <html>                          <!—HTML 页面的开始-->
02    <head>                          <!—HTML 页面头部的开始-->
03    <title>网页标题</title>          <!—HTML 页面的标题-->
04    <meta http-equiv="Content-Type" content="text/html" />
05    </head>                         <!—HTML 页面头部的结束-->
06    <body>                          <!—HTML 页面主体部分的开始-->
07    Hello World                     <!—HTML 页面内容-->
08    </body>                         <!—HTML 页面主体部分的结束-->
09    </html>                         <!—HTML 页面的结束-->
```

【代码解析】 每一行代码后面都有由<!—和-->标记起来的内容，这是 HTML 的注释语法，注释内容不会显示在网页中。第 1 行和第 9 行是标识一个 HTML 网页的头尾标记。HTML 中大部分标记符都是成对出现的，如<html>和</html>，读者可以把这里的反斜杠理解为结束标记。第 3 行的<title>是网页的标题标记，第 4 行有些复杂，后面再介绍。第 6~8 行的 body 表示网页的内容，其中标记之间的文字会显示在网页中。

注意： 并不是所有 HTML 中的标记都是成对出现的，有一些特殊的标记对在后面会有讲解。

双击这个 HelloWorld.htm 文档，系统会自动用 IE 打开它，浏览效果如图 1.2 所示。

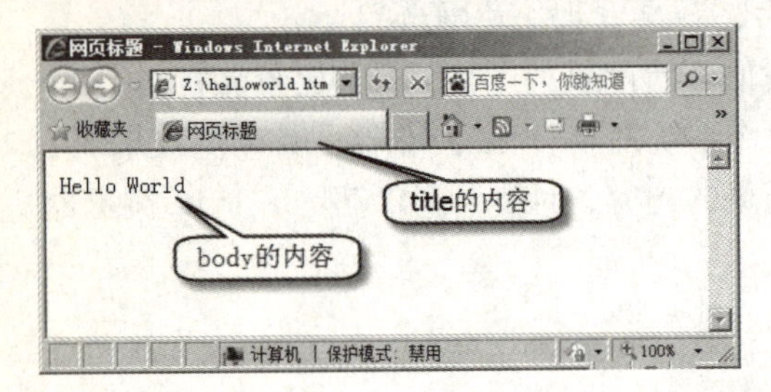

图 1.2　第一个网页

1.2　网页文档的类型

要学习网页的布局，首先要了解网页的文档类型，以及网页的结构形式。常见的网页文档分为两种类型：HTML 和 XHTML 文档。虽然还有一些 XML 等其他类型，本书在此不进行赘述。本节将详细介绍 HTML 和 XHTML 文档的组成。

1.2.1　什么是 HTML 文档

HTML 的全称是 HyperText Mark-up Language，一般称为“超文本标记语言”。

HTML 是构成网页文档的主要语言，前面的实例读者已经看到，通过浏览器可以直接打开 HTML 文档。还是以前面的 HelloWorld.htm 为例，在浏览器中打开它，选择菜单栏中的“查看”|“源文件”命令，就会弹出该页面的源文件，通常为一个 TXT 文本文档。

HTML 由一系列标签嵌套文本组成。为了区别标签与一般文本，将其放在< >里。通过前面的例子可以看出，HTML 页面以<html>标签开始，以</html>结束。在 html 标签之间的内容分成两大部分，即网页头部和网页主体。在<head>和</head>标签之间是网页的头部；在<body>和</body>之间是网页的主体。

【示例 1.2】 是一个简单的 HTML 页面，其中使用了 b 标签来嵌套文段，代码如下：

```
01    <html>                              <!–HTML 页面的开始-->
02    <head>                              <!–HTML 页面头部的开始-->
03    <title>网页标题</title>             <!–HTML 页面的标题-->
04    <meta http-equiv="Content-Type" content="text/html; charset=utf-8" />
05    </head>                             <!–HTML 页面头部的结束-->
06
07    <body>                              <!–HTML 页面主体部分的开始-->
08         <b>显示主体页的一段黑体内容</b>
09    </body>                             <!–HTML 页面主体部分的结束-->
10    </html>                             <!–HTML 页面的结束-->
```

【代码解析】除第 8 行会显示笔者自行设计的内容外，其他都是 HTML 文档的标准标签，基本上每个网页都必须有这些标签。

要想以上代码能在浏览器中运行，需要执行以下步骤：

（1）新建一个 TXT 文本文档，重命名为 new.htm，然后用记事本打开这个文件。

（2）把以上代码复制到这个文件中，保存并关闭文件。

（3）打开 IE 或其他网页浏览器，把这个文档拖入浏览器中运行。

执行完以上步骤后，就可以看到在浏览器中出现 b 标签中的文字，如图 1.3 所示。这个 new.htm 文件已经在网页浏览器上运行。当在记事本中修改 new.htm 的内容后，保存并刷新浏览器，就能看到修改后的 new.htm 内容。

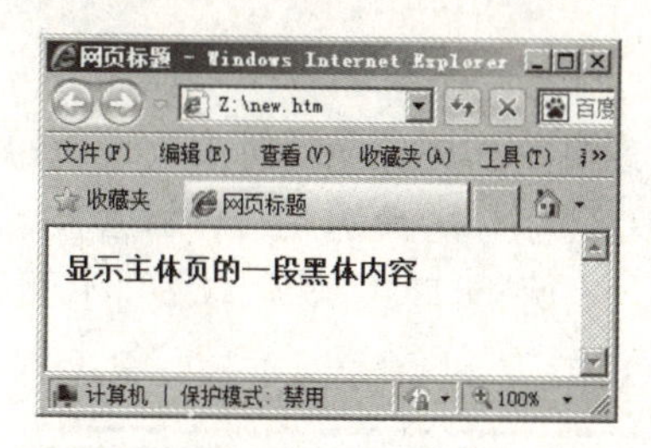

图 1.3　标准 HTML 文档在浏览器下的效果

1.2.2　什么是 XHTML 文档

XHTML 是 The Extensible HyperText Markup Language（可扩展超文本标记语言）的简写，是一个基于 XML 的标签语言，也可以理解为 HTML 的“升级规范”产品。下面来看【示例 1.3】的代码，具体如下：

```
------------------------------------文件名：XHTML.html------------------------------------
01    <!DOCTYPE html PUBLIC "-//W3C//DTD XHTML 1.0 Transitional//EN"
02     "http://www.w3.org/TR/xhtml1/DTD/xhtml1.transitional.dtd">      <!-XHTML 页面的声明-->
03    <html xmlns="http://www.w3.org/1999/xhtml">
04    <head>
05    <meta http-equiv="Content-Type" content="text/html; charset=utf-8" />
06    <title>无标题文档</title>
07    </head>
08
09    <body>
10        <p>一个 XHTML 页面</p>
11    </body>
12    </html>
```

【代码解析】代码第 1、2 行为 XHTML 页面的声明，这是在页面上与 HTML 页面最大的区别。实际上，XHTML 也属于 HTML 家族，对比以前各个版本的 HTML，它具有更严格的书写标准、更好的跨平台的能力。XHTML 是网站向 XML 过渡的第一步，根据 W3C 的介绍，XHTML 具有：可扩展性、互用性和可携带性、提高访问量、优化压缩网页、加强实例站点、提高更多工具的可用性。

提示： XML 是 The Extensible Markup Language（可扩展标记语言）的简写，设计目的是弥补 HTML 的不足，以强大的扩展性满足网络信息发布的需要，后来逐渐用于网络数据的转换和描述。

1.2.3 XHTML 的页面结构

从示例 1.3 可以看出，XHTML 文档与 HTML 文档在结构上差不多，实际上，XHTML 就是沿用 HTML 的大部分标签。在页面中，XHTML 有一个页头声明，如第 1～3 行所示，其余的主要框架标签与 HTML 一样，如<html></html>、<head></head>、<body></body>等。

1.2.4 XHTML 的书写格式

在 XHTML 中，元素名称必须包含在“<>”符号中。元素名称均用英文字母书写，可以使用大写字母，也可以使用小写字母。使用相同的大写字母和小写字母定义的元素，将会被解释为不同的元素。结束元素使用“</元素名称>”格式。下面是一个 XHTML 元素的书写示例：

```
<div>元素内容</div>
```

注意： 元素的内容要写在开始元素和结束元素之间。

在 XHTML 文档中，只使用元素布局页面是很难达到预期的显示效果的，所以还要在元素中添加各种属性。具体的属性知识将在后面的章节中学习。

1.2.5 XHTML 的语法规范

虽然 XHTML 的语法与 HTML 很类似，但是 XHTML 比 HTML 的语法结构更严谨。若不遵循以下规定，可能导致浏览器错误地渲染网页的标签，更可能导致网页排版出错。

1. 属性名称必须小写

错误的示例：

```
<table HEIGHT="80%">
```

正确的示例：

```
<table height="80%">
```

2. 属性值必须加引号

错误的示例：

```
<table height =80%>
```

正确的示例：

```
<table height ="80%">
```

3. 属性不能简写

错误的示例：

```
<input checked><input readonly><input disabled><option selected><frame noresize>
```

正确的示例：

```
<input checked="checked" /><input readonly="readonly" /><input disabled="disabled" /><option
selected="selected" /><frame noresize="noresize" />
```

4. 用 id 属性代替 name 属性

HTML 4.01 针对下列元素定义 name 属性：a、applet、frame、iframe、img 和 map。在 XHTML 中不鼓励使用 name 属性，应该使用 id 取而代之。

错误的示例：

```
<img src="/css_site/upload/test.gif" name="image1" />
```

正确的示例：

```
<img src="/css_site/upload/test.gif" id="image1" />
```

重要的兼容性提示：你应该在“/”符号前添加一个额外的空格，以使你的 XHTML 与当今的浏览器兼容。

5. 语言属性（lang）

lang 属性应用于几乎所有的 XHTML 元素。它定义了元素内部的内容所用语言的类型。如果在某元素中使用 lang 属性，就必须添加额外的 xml:lang，像下面这样：

```
<div lang="no" xml:lang="no">网页设计</div>
```

6. 强制使用的 XHTML 元素

所有的 XHTML 文档必须进行文件类型页头声明（DOCTYPE declaration）。在 XHTML 文档中，与 HTML 文档结构一样，必须存在 html、head、body 元素，而 title 元素必须位于 head 元素中。

1.3 初识 CSS——层叠样式表

CSS 是 Cascading Style Sheet 的简称，即层叠样式表，我们常把它简称为“样式表”。CSS 是 W3C 在 1996 年推出的，目前最新的版本为 CSS 3.0，但目前开发还是以 CSS 2.0 为主。CSS 真正实现了网页表现与内容分离，使页面的维护工作更加容易。另外，CSS 还增加了页面在不同媒介上的呈现效果，例如，屏幕显示、打印或 PDA 等设备的呈现要求不同，CSS 根据具体情况自动切换不同的语法，以实现最佳的页面展现效果。下面是一段 CSS 的文档，具体功能在这里不再介绍，后面章节会具体学习。

```
01    .top{
02      padding-right:25px;                       /*在补白中显示背景图片*/
03      background:url(tr.jpg) no-repeat right top;
```

```
04      font-size:1px;}
05    .top_left{
06      padding-left:25px;
07      padding-top:2px;
08      background:url(tl.jpg) no-repeat left top;
09      font-size:1px;}
10    .top_line{
11      border-top:1px solid #333334;
12      background:#eeeeed;
13      font-size:1px;
14      height:22px;}                        /*注意高度值的计算*/
15    .bottom{
16      padding-right:25px;
17      background:url(br.jpg) no-repeat right top;
18      font-size:1px;}
19    .bottom_left{
20      padding-left:25px;
21      background:url(bl.jpg) no-repeat left top;
22      font-size:1px;}
```

1.4 选择合适的开发工具

1.4.1 TopStyle——CSS 开发编辑器

TopStyle 是一款 CSS 编辑软件，方便开发人员编写符合 CSS 2 标准的样式表。TopStyle 具有 CSS 定义选择功能，让你可以选取特定的浏览器或 CSS 阶层、内建的样式表检查器，以及颜色标示的编辑器。同时，TopStyle 内嵌有 Internet Explorer 和 Mozilla Gecko，你可以通过这两个浏览器来预览你的样式表，或者分开使用。

此外，TopStyle 的设计对系统十分友善，运行环境干净，没有任何 DLL、ActiveX controls 或其他系统文件。其功能相当多，附有 CSS 编码检查功能，有助于减少写错的机会。其 HELP 文件的作用也很突出，详细介绍了 CSS 的指令，很适用初学者学习，以及设计人员作为参考。下面将简单介绍该软件，其主界面如图 1.4 所示。

- 菜单栏：TopStyle 的 HTML 生成、编辑配置和编辑操作。
- 快捷按键：主要是一些常用功能，例如保存、新建、检查和预览等。
- 缩进选项卡：主要是编辑区的切换。例如资源，是相关 CSS 的网站链接。
- 编辑区：对 CSS 或 XHTML 文档进行代码编辑。
- 检视器：主要为页面元素或 CSS 相关属性选择属性值。
- 输出区：有 5 个输出区，分别为预览、样式检查器、信息、整理和报告。例如，样式检查器的输出为编码相关的错误标示。

使用 TopStyle 编辑时，可以自动对相关属性和属性值进行索引。请看图 1.5，我们在编辑 CSS 文档的时候，TopStyle 自动帮我们索引出所有相关的属性，同时可以根据输入的属性名称的开头几个字母进行快速索引。当我们选定属性后，TopStyle 会像二级联动一样，检索出该属性的相关属性值供我们选择，如图 1.6 所示。TopStyle 的索引功能为我们开发节省了大量的编码输入时间，同时也让我们降低了属性名称输入错误概概率。

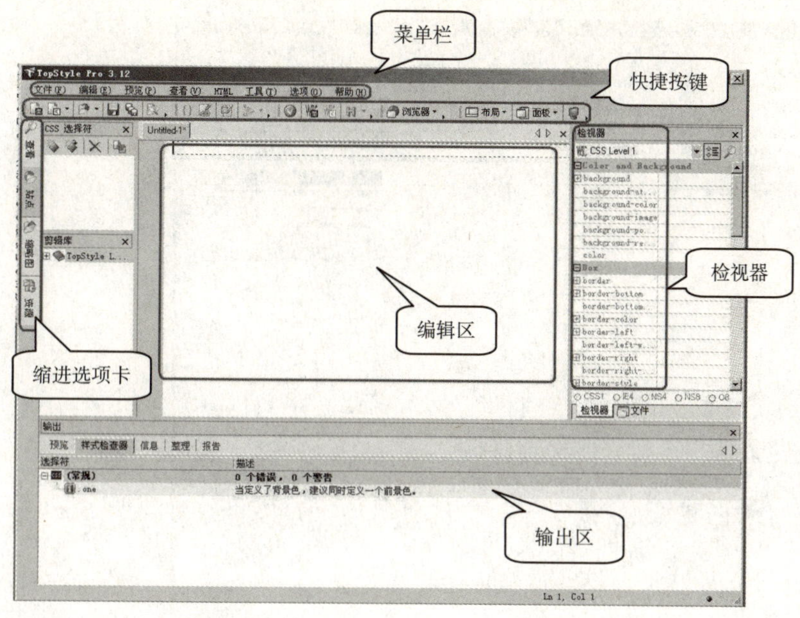

图 1.4　TopStyle 的主界面

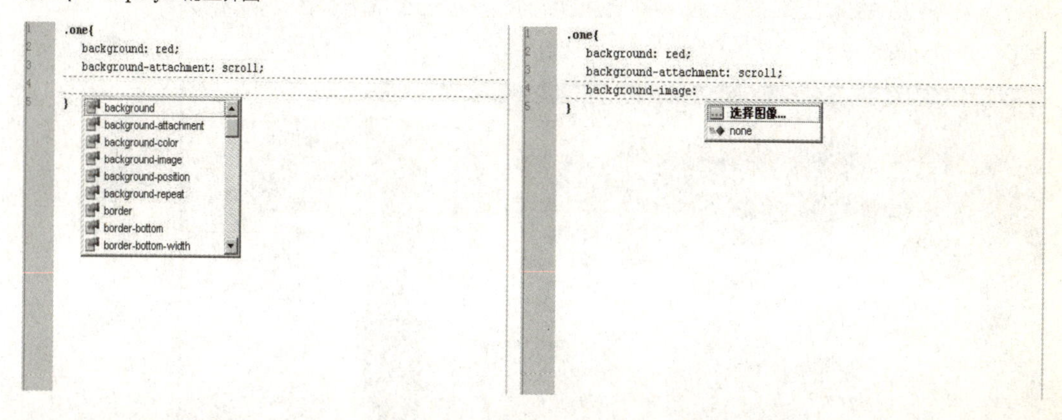

图 1.5　TopStyle 的编辑区　　　　图 1.6　TopStyle 中的属性索引

当我们把光标停留在一个样式里，然后在右边的检视器中选择需要的属性值，选定后，编辑区会自动插入一行编码，就是刚刚选的属性和其属性值，如图 1.7 编辑区中的画线部分所示。如何检测自己编写的 CSS 文档是否规范？单击快捷菜单的图标，即可对当前文档进行代码检查，如果有错误，将会在样式检查器的输出结果中显示出来。

1.4.2　Dreamweaver——网页开发编辑器

Dreamweaver 是一款强大的网页制作、设计和网站管理的编辑工具。利用 Dreamweaver 不仅可以让开发者在开发过程中所见即所得，而且还可大大提高开发效率，同时也支持在 Windows 和 Mac 上使用。利用 Dreamweaver 除了可以制作网页外，还支持 CSS 的编辑，编辑界面具有

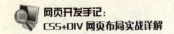

代码着色功能，方便用户区分代码的类型。Dreamweaver 的相关界面如图 1.8、图 1.9 所示。

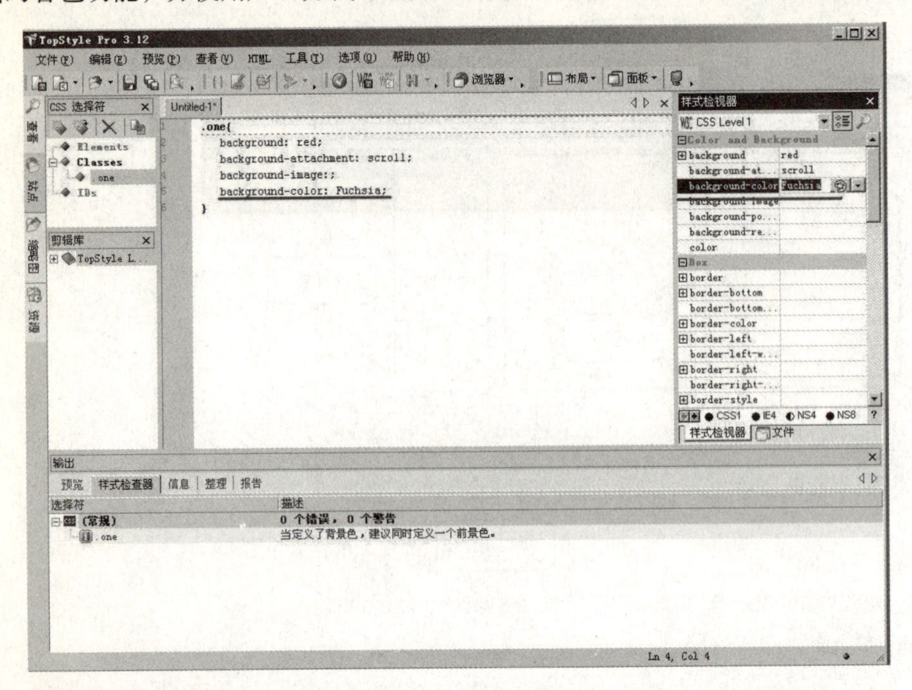

图 1.7 TopStyle 的主界面

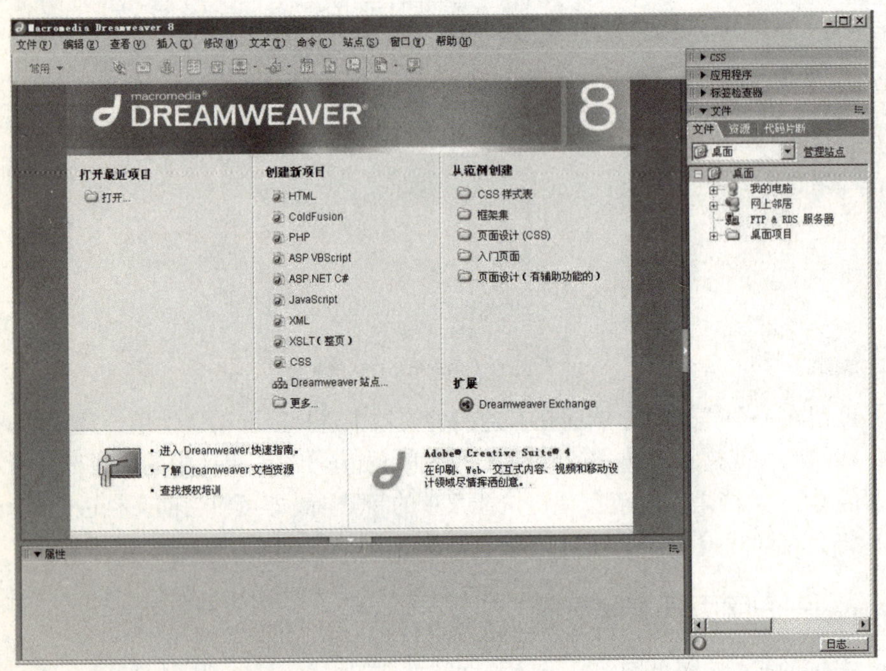

图 1.8 Dreamweaver 的主界面 1

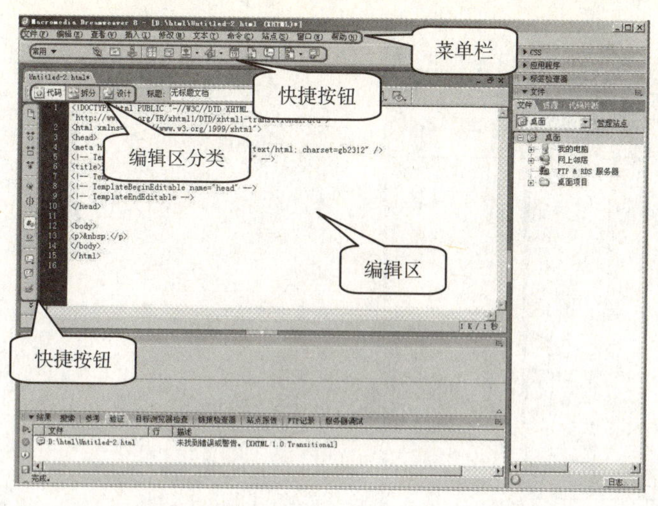

图 1.9　Dreamweaver 的主界面 2

图 1.8 为运行 Dreamweaver 后第一次打开的页面，我们可以根据自己需要编辑的文档，来选择相应的文档类型，选择后将自动生成相应类型的文档。本书选择了 HTML 文档类型，就会出现如图 1.9 所示的界面。

- 菜单栏：菜单栏中包含了 Dreamweaver 的所有功能，用于实现对相关文档进行编辑、设计和设置。
- 快捷按钮：主要为 Dreamweaver 的常用功能。
- 编辑区分类：主要分为编码和页面的预览。
- 编辑区：对相关文档进行编码输入和页面元素设计。

我们接着上面的步骤，在编辑区分类选项卡中切换到设计视图上，输入“这是一个 HTML”文档，如图 1.10 所示。最后，单击快捷按钮，Dreamweaver 会启动 IE 浏览器，将我们刚刚编辑的 HTML 文档以浏览器的方式显示，如图 1.11 所示。这就是我们的第一个 HTML 页面。

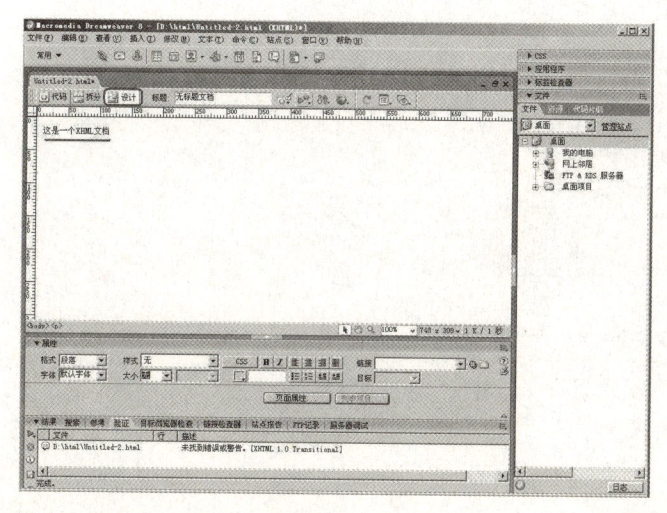

图 1.10　Dreamweaver 的主界面 3

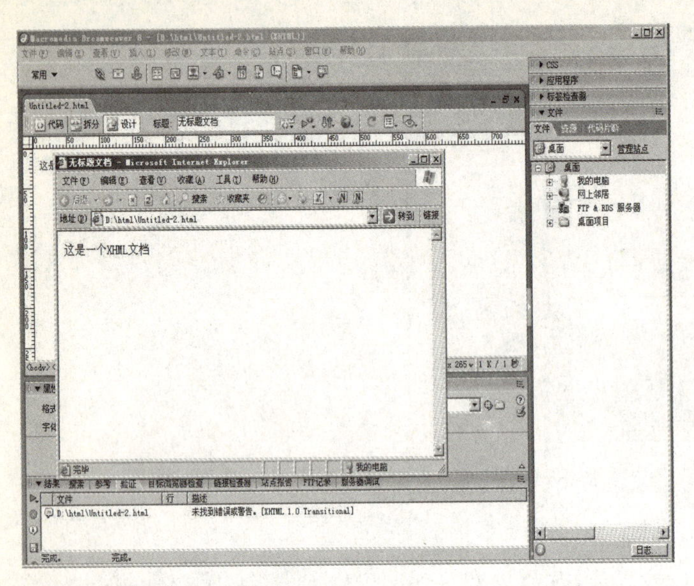

图 1.11　编辑后的 HTML 页面

注意： 大家在选择网页编辑软件的时候，尽量选择自己常用的具有代表性的软件，例如，上面介绍的两个，这样在遇到问题时，容易查询到解决办法。

1.5　小结

本章先让读者对网页设计有了一个简单的了解，对网页文档、XHTML 以及 CSS 等知识有一个总体的认识。本章的重点是网页制作的相关基础知识，包括对浏览器、网页文档和开发工具的介绍。第 2 章将讲解如何编写网页文档以及在文档中应用 CSS 样式的方法。

网页开发手记：

CSS+DIV 网页布局实战详解

第 2 章　CSS 初体验——编写一个简单的网页文档

在第 1 章中，我们制作了自己的第一个 XHTML 网页，是不是很兴奋呢？本章将对 XHTML 有一个较深刻的认识，了解 XHTML 如何结合 CSS 设计网页，还要学习关键的 CSS 语法，主要知识点如下：

- XHTML 的文档结构
- XHTML 文档如何引用 CSS 样式的方法
- 认识 CSS 的语法和结构

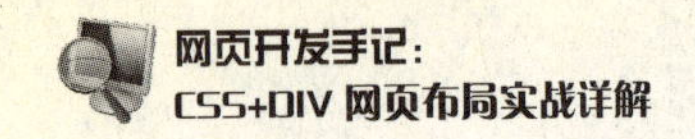

2.1 编写 XHTML 文档

我们在第 1 章看到，标准的 XHTML 页面和传统的 HTML 页面在整体结构上是相同的，都分为头部和主体两部分。但是标准的 XHTML 页面比简单的 HTML 页面增加了更多的元素。本节将介绍如何建立一个标准的 XTHML 文档。

2.1.1 使用 Dreamweaver 新建一个 XHTML 框架文档

Dreamweaver 网页编辑器具有自动生成标准的 XHTML 框架页面的功能。

【示例 2.1】 是使用 Dreamweaver 生成标准 XHTML 页面的过程。

（1）打开 Dreamweaver，选择“文件”|“新建”命令，弹出“新建文档”对话框，如图 2.1 所示。

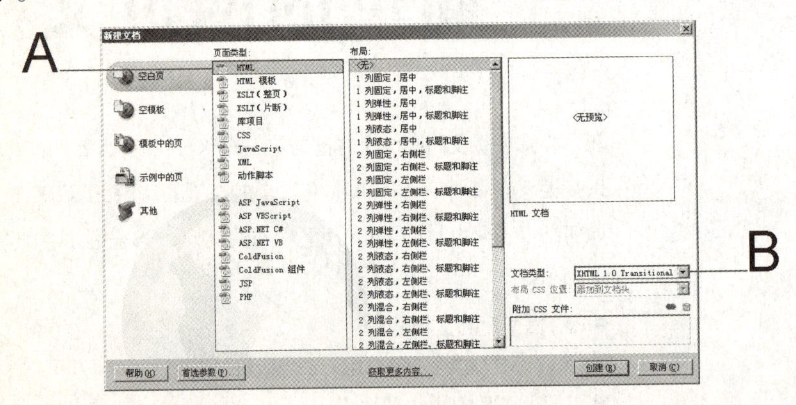

图 2.1 新建文档对话框

（2）选择图 2.1 中指示为 A 的部分，即选择页面类型为 HTML。

（3）在图 2.1 中，指示为 B 的部分是确定文档类型。在下拉列表中选择 XHTML 1.0 Transitional 选项。

（4）单击右下角的“创建”按钮，Dreamweaver 会自动生成一个标准的 XHTML 页面，该页面包含以下代码：

```
-----------------------------------文件名：无标题文档.html--------------------------------------
01    <!DOCTYPE html PUBLIC "-//W3C//DTD XHTML 1.0 Transitional//EN"
02    "http://www.w3.org/TR/xhtml1/DTD/xhtml1-transitional.dtd">
03    <html xmlns="http://www.w3.org/1999/xhtml">
04    <head>
05    <meta http-equiv="Content-Type" content="text/html; charset=gb2312" />
06    <title>无标题文档</title>
07    </head>
08
09    <body>
10    </body>
11    </html>
```

该段代码分为四部分，第一部分是 DOCTYPE 声明部分，第二部分是命名空间，第三部分是文档头部，第四部分是文档主体。

1. 声明部分

DOCTYPE 是 Document Type 的简写，主要用来说明 XHTML 或者 HTML 的版本类型。DOCTYPE 声明部分写在标准 XHTML 文档的头部，代码如下：

```
<!DOCTYPE html PUBLIC "-//W3C//DTD XHTML 1.0 Transitional//EN"
"http://www.w3.org/TR/xhtml1/DTD/xhtml1-transitional.dtd">
```

浏览器根据 DOCTYPE 定义的 DTD（文档类型定义）来解释页面代码。XHTML 1.0 提供了三种 DOCTYPE 供选择。

（1）过渡型（Transitional）：要求非常宽松的 DTD，它允许继续使用 HTML 4.01 的标识（但是要符合 XHTML 的写法）。

```
<!DOCTYPE html PUBLIC "-//W3C//DTD XHTML 1.0 Transitional//EN"
"http://www.w3.org/TR/xhtml1/DTD/xhtml1-transitional.dtd">
```

（2）严格型（Strict）：要求严格的 DTD，不允许使用任何表现层的标识和属性，例如
。

```
<!DOCTYPE html PUBLIC "-//W3C//DTD XHTML 1.0 Strict//EN"
"http://www.w3.org/TR/xhtml1/DTD/xhtml1-strict.dtd">
```

（3）框架型（Frameset）：专门针对框架页面设计使用的 DTD，若页面中带有框架，需要采用该 DTD。

```
<!DOCTYPE html PUBLIC "-//W3C//DTD XHTML 1.0 Framesett//EN"
"http://www.w3.org/TR/xhtml1/DTD/xhtml1-frameset.dtd">
```

目前使用最多的是过渡型的文档类型，所以在新建文档的时候，选择 XHTML 1.0 Transitional 选项。

注意：使用了不同的 DOCTYPE 对网页文档在浏览器中的显示有很大差别。

2. XML 的命名空间

XML 的命名空间代码如下：

```
<html xmlns="http://www.w3.org/1999/xhtml">
```

该属性的值类似于 URL，它定义了一个命名空间，浏览器会将此命名空间用于该属性所在元素内的所有内容。因为各浏览器的兼容情况不一样，所以，W3C 想做出一个具有统一标准的兼容方案。在 HTML 代码中加入这样一句代码，可使所有的浏览器都按标准去设计。

3. 文档头部

在页面中使用 head 标签嵌套的部分为页面文档头部，代码如下：

```
<head>
<meta http-equiv="Content-Type" content="text/html; charset=gb2312" />
```

```
<title>无标题文档</title>
</head>
```

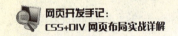

和传统的 HTML 页面一样，<head>与</head>中的部分为文档的头部。文档的头部主要包含两个重要的标签，分别是 meta 标签和 title 标签。

meta 标签最常见的功能是定义页面的编码，默认的编码是 utf-8。多数英文网页使用 utf-8 编码，多数中文网页使用 gb2312 编码。如将 meta 标签中的 charset 定义为 gb2312，网页就会使用中文编码，代码如下：

```
<meta http-equiv="Content-Type" content="text/html; charset=gb2312" />
```

4．文档主体

页面中使用 body 标签嵌套的部分为页面文档的主体部分，代码如下：

```
<body>
</body>
```

所有在网页中显示的元素都应写在<body>与</body>标签中。

2.1.2　手工编写 XHTML 文档

2.1.1 节是使用 Dreamweaver 自动生成一个标准的 XHTML 框架文档。但临时维护时，会遇到计算机没有安装 Dreamweaver 等 IDC 网页编辑工具，这时我们可以通过记事本软件临时生成和编辑 XHTML 文档。下面介绍以记事本的方式手工编写 XHTML 文档的方法。

（1）新建一个记事本文件，命名为 new.txt。

（2）双击打开该记事本文件，把标准 XHTML 文档的代码复制到该文件中。然后关闭该文件。

（3）重命名该记事本文件为 new.html。此时系统会提示若改变扩展名可能导致文件不可用，单击“确定”按钮。

经过上述步骤得到的 XHTML 文档与 Dreamweaver 自动生成的 XHTML 文件一致。

> **说明：** 若要编辑该文档，先要用鼠标右键单击该文档，在弹出的快捷菜单中选择“打开方式”中的“记事本”命令，该文档就会以记事本的形式打开。

2.2　在 XHTML 文档中使用 CSS 样式的方法

在 2.1 节，我们对 XHTML 文档的结构代码做了较详细的解释，本节将介绍如何为自己的 XHTML 文档添加 CSS 代码。使 CSS 样式表在一个 XHTML 文档中生效的方法有多种，下面将详细讲述各种嵌入 CSS 样式表的方法。

2.2.1　行内样式

在标签中直接加入的 CSS 样式称为行内样式。每个 HTML 标签都含有 style 属性，通过利用 style 属性可以将 CSS 样式直接写入 XHTML 文档的某个标签内，以达到我们需要的表现效果。

【示例 2.2】 为未加入 CSS 样式的 XHTML 文档代码，具体如下。

```
------------------------文件名：在标签中加入 CSS 样式（未加入 CSS 样式）.html------------------------
01    <!DOCTYPE html PUBLIC "-//W3C//DTD XHTML 1.0 Transitional//EN"
02    "http://www.w3.org/TR/xhtml1/DTD/xhtml1-transitional.dtd">
03    <html xmlns="http://www.w3.org/1999/xhtml">
04    <head>
05    <meta http-equiv="Content-Type" content="text/html; charset=gb2312" />
06    <title>在标签中加入 CSS 样式（未加入 CSS 样式）</title>
07    </head>
08
09    <body>
10        <p>中国</p>              /*生成段落*/
11        <p>万里</p>
12        <p>长城</p>
13    </body>
14    </html>
```

【代码解析】【示例 2.2】在第 10～12 行通过 p 标识共设置了三个段落。

【示例 2.3】 文档为示例 2.2 的 p 标签加入 CSS 样式后，p 标签内文字的颜色和大小都产生了变化，代码如下。

```
------------------------文件名：在标签中加入 CSS 样式（加入 CSS 样式）.html------------------------
01    <!DOCTYPE html PUBLIC "-//W3C//DTD XHTML 1.0 Transitional//EN"
02    "http://www.w3.org/TR/xhtml1/DTD/xhtml1-transitional.dtd">
03    <html xmlns="http://www.w3.org/1999/xhtml">
04    <head>
05    <meta http-equiv="Content-Type" content="text/html; charset=gb2312" />
06    <title>在标签中加入 CSS 样式（加入 CSS 样式后）</title>
07    </head>
08
09    <body>
10        <p style="font-size:40px; color:green">中国</p> <!--文字的大小设置为 40px，颜色为绿
11    色-->
12        <p style="font-size:30px; color:orange">万里</p> <!--文字的大小设置为 30px，颜色为橘色-->
13        <p style="font-size:20px; color:red">长城</p>   <!--文字的大小设置为 20px，颜色为红色-->
14    </body>
</html>
```

【代码解析】示例 2.3 的第 10～12 行为这三个段落添加了 font-size 字体大小、color 颜色属性，使<p></p>内文字字体和颜色属性的表现发生了变化。

图 2.2 和图 2.3 是加入 CSS 样式前后的对比。

在图 2.2 中，三行文字都显示为 16 号黑色的文字。因为这三行文字都由 p 标签嵌套，均为默认属性，所以显示的文字样式是一致的。当在每个 p 标签中加入不同的 CSS 样式控制后，每行文字显示的样式就各不相同。第一行文字“中国”设置了字体的大小为 40 像素，颜色为绿色；第二行文字“万里”设置了字体的大小为 30 像素，颜色为橘色；第三行文字“长城”设置的字体大小为 20 像素，颜色为红色。

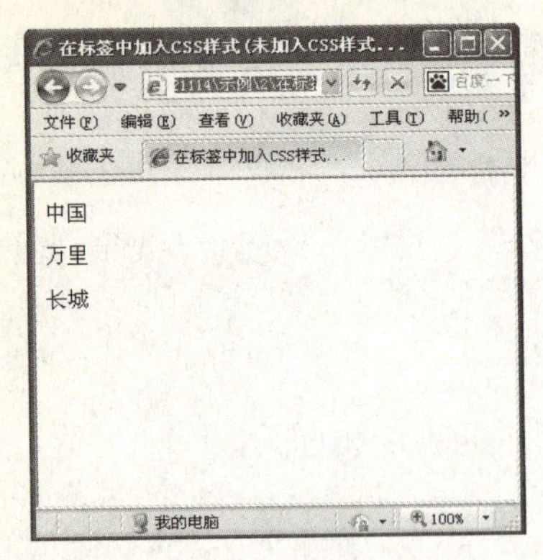

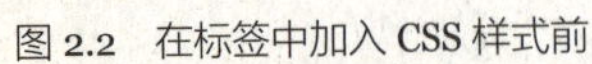
图 2.2 在标签中加入 CSS 样式前

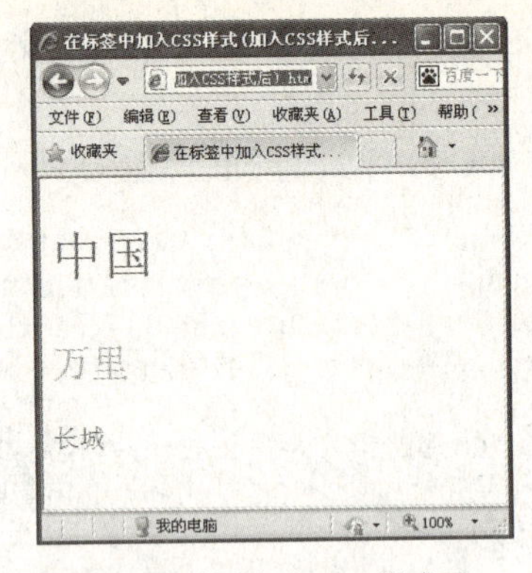

图 2.3 在标签中加入 CSS 样式后

提示： 在制作标准的 XHTML 页面时，通常不使用在标签中嵌入 CSS 样式的方法，因为这种方法会使 XHTML 文档的代码显得过于臃肿，内容多，难以修改。

2.2.2 内嵌式

在<style></style>标签中加入 CSS 样式是第二种方法，称为内嵌式。这种方法是在 XHTML 文档的<head>和</head>中加入一对<style></style>标签，然后在<style></style>标签中加入需要的 CSS 样式代码。内嵌式在应用上胜于行内样式，初步实现了表现与内容的分离。以下是使用<style>标签嵌入 CSS 样式的语法：

```
<style type="text/css" >
   /*在这里写入 CSS 样式规则*/
</style>
```

【示例 2.4】 在 XHTML 文档的<style></style>标签中，加入 CSS 样式代码，具体如下。在加入 CSS 代码后，文字的大小和颜色会发生变化。

```
------------------------------文件名：在 style 标签中加入 CSS 样式.html------------------------------
01    <!DOCTYPE html PUBLIC "-//W3C//DTD XHTML 1.0 Transitional//EN"
02    "http://www.w3.org/TR/xhtml1/DTD/xhtml1-transitional.dtd">
03    <html xmlns="http://www.w3.org/1999/xhtml">
04    <head>
05    <meta http-equiv="Content-Type" content="text/html; charset=gb2312" />
06    <title>在 style 标签中加入 CSS 样式</title>
07    <style type="text/css">
08        p{ font-size:40px;      /*文字大小设置为 40 像素*/
09           color:red;}          /*文字颜色设置为红色*/
10    </style>
11    </head>
12
13    <body>
14          <p>中国</p>
15        <p>万里</p>
16        <p>长城</p>
17    </body>
18    </html>
```

【代码解析】示例 2.4 的第 7～10 行，也就是在<head></head>之间添加了<style></style>标签对，并为 p 标签设置了 CSS 样式。效果显示为 p 标签内的文字大小为 40 像素，颜色为红色。因为在<style></style>标签中加入了控制 p 标签的样式语句，所以，所有的 p 标签嵌套的文字都会如 CSS 样式来显示。在<style></style>标签中加入 CSS 样式后，不需要在 XTHML 文档的主体中在加入任何 CSS 的设置代码。

显示结果如图 2.4 所示。

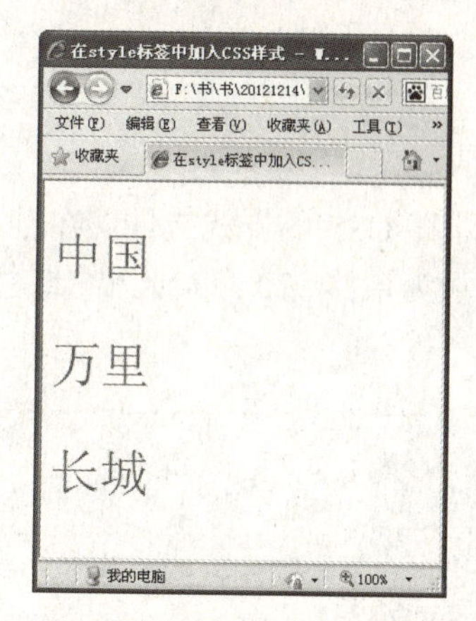

图 2.4　内嵌 CSS 样式定义文字大小

注意：在<style></style>标签中嵌入 CSS 样式和上一节所述的在 style 属性中嵌入样式是不同的。前一个 style 是一对标签，后一个 style 是某个标签的属性。使用在<style></style>标签中嵌入 CSS 样式的方法能把样式和文档的主体分离，从而可提高后期的可维护性和页面的可读性。

2.2.3　链接式

链入外部 CSS 样式表的方法是第三种方法，称为链接式。在应用上，它又比前两种更先进，所以它是目前网页中用得最多的。链接式是把所有的 CSS 样式分离到一个单独的 CSS 文件，然后用<link>标签将这个 CSS 文件链入到 XHTML 文档中。该<link>标签应位于 XHTML 文档的<head></head>标签内。

首先要创建一个新的 CSS 文档。新建一个记事本文件，然后重命名为 index.CSS，就可把该文件转换为一个 CSS 文件。

使用记事本或者 Dreamweaver 都可以打开该 CSS 文件，我们在文件中输入以下代码：

```
01    p{ font-size:20px;        /*文字大小设置为 20px */
02    color:red;                /*文字颜色设置为红色*/
03    font-weight:bold;}        /*文字为设置粗体*/
```

然后在 XHTML 文档的<head></head>中加入以下代码：

```
<link href="index.CSS" type="text/css" rel="stylesheet">
```

在 link 标签中有三个属性，其含义如下。

- href：引入外部文档的路径。
- rel：指定外部文档以样式表方式引入到该 XHTML 文档中，应指定为 stylesheet。
- type：指示外部文档的文件类型，应指定为 text/css。

在以上属性中，href 为引入样式表的路径。若 CSS 文件和 XHTML 文档在同一个文件夹中，则只需要把 CSS 文件名和扩展名输入即可；若 CSS 文件和 XHTML 文档不在同一个文件夹中，则要在 CSS 文件名前加上../，代码如下：

```
<link href="../index.CSS" type="text/css" rel="stylesheet">
```

完整的链接式 XHTML 文档如示例 2.5 所示。

【示例 2.5】 在 XHTML 文档的头部加入<link>标签来链入外部 CSS 的样式文件。在链入外部 CSS 样式文件后，文字的大小和颜色都会发生变化，并会显示为粗体、20 像素大小、红色，代码如下。

```
--------------------------------文件名：链入外部 CSS 样式表.html-----------------------------------
01    <!DOCTYPE html PUBLIC "-//W3C//DTD XHTML 1.0 Transitional//EN"
02    "http://www.w3.org/TR/xhtml1/DTD/xhtml1-transitional.dtd">
03    <html xmlns="http://www.w3.org/1999/xhtml">
04    <head>
05    <meta http-equiv="Content-Type" content="text/html; charset=gb2312" />
06    <title>链入外部 CSS 样式表</title>
07    <link href="index.css" type="text/css" rel="stylesheet">
08    </head>
09
10    <body>
11        <p>中国</p>
12        <p>万里</p>
13        <p>长城</p>
14    </body>
15    </html>
```

【代码解析】示例 2.5 的第 7 行代码是外部链接 CSS 文件的代码，有了这句代码后，XHTML 文档中的属性将会根据 CSS 文件中的属性样式，自动对应相应的属性值。示例 2.5 使所有的文字都显示为 20 像素、红色、粗体，显示结果如图 2.5 所示。

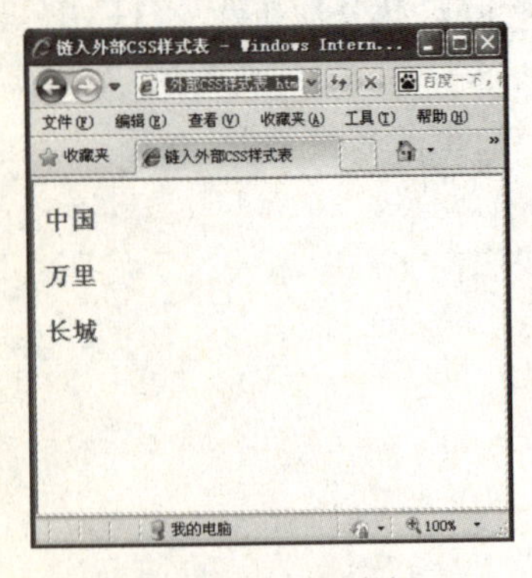

图 2.5　链入外部 CSS 样式表

链接式实现了文档内容和样式表现的完全分离。美工人员可以操控 CSS 文件来改变页面样式，后台人员可以操控 XHTML 文档来改变内容，互不干扰。

2.2.4　导入样式

引用 CSS 样式的第四种方法——导入样式方法，即该方法在<style></style>标签之间插入@import 语句和 CSS 文件路径，效果与链接式一样。

【示例 2.6】 是导入样式的不同写法，功能是一样的，具体的代码如下。

```
01    @import url(index.css);
02    @import url('index.css')
03    @import url("index.css")
04    @import index.css
05    @import 'index.css'
06    @import "index.css"
```

以上六种导入样式的效果都是一致的，使用哪一个都不会有区别。

【示例 2.7】 在 XHTML 文档中使用@import 语句导入样式代码的应用。利用导入样式后，字体的大小和颜色会发生变化。

```
-------------------------------------文件名：导入样式.html--------------------------------------
01    <!DOCTYPE html PUBLIC "-//W3C//DTD XHTML 1.0 Transitional//EN"
02    "http://www.w3.org/TR/xhtml1/DTD/xhtml1-transitional.dtd">
03    <html xmlns="http://www.w3.org/1999/xhtml">
04    <head>
05    <meta http-equiv="Content-Type" content="text/html; charset=gb2312" />
06    <title>导入样式</title>
07    <style type="text/css">
08        @import url("index.css");          /*导入 index.css 样式表*/
09    </style>
10    </head>
11
12    <body>
13         <p>中国</p>
14        <p>万里</p>
15        <p>长城</p>
16    </body>
17    </html>
```

【代码解析】示例 2.7 的第 8 行为 CSS 文件的导入代码。示例 2.7 的显示结果如图 2.5 所示。该例使用的 index.css 与示例 2.5 使用的 CSS 文件是同一个，所以示例 2.7 的显示效果和示例 2.5 相同。

2.2.5　样式的优先级

前面介绍了四种使用 CSS 样式代码生效的方法，但现在有一个问题，若把这四种方法全部运用到一起，哪种方法引入的样式代码会生效呢？例如，使用这四种方法为同一个标签的文字设置不同的颜色，最后应用哪种颜色呢？

其实当定义产生冲突时，CSS 样式的生效规则是最后定义的优先。所以优先级的顺序是：在标签中加入 CSS 样式代码、在<style></style>标签中加入 CSS 样式代码、导入样式、链入外部 CSS 样式表。

【示例 2.8】 为在 XHTML 文档中同时应用以上四个 CSS 样式代码生效的方法，代码如下。

```
01    <!DOCTYPE html PUBLIC "-//W3C//DTD XHTML 1.0 Transitional//EN"
02    "http://www.w3.org/TR/xhtml1/DTD/xhtml1-transitional.dtd">
03    <html xmlns="http://www.w3.org/1999/xhtml">
04    <head>
05    <meta http-equiv="Content-Type" content="text/html; charset=gb2312" />
06    <title>优先级</title>
07    <link href="1.css" rel="stylesheet" type="text/css">
08    <style type="text/css">
09        @import url("2.css");                          /*导入 index.css 样式表*/
10        p{ color:yellow;}                              /*文字颜色设置为黄色*/
11    </style>
12    </head>
13
14    <body>
15        <p style="color:red">中国万里长城</p>          <!--文字颜色设置为红色-->
16    </body>
17    </html>
```

在文件 1.css 中的代码如下：

```
p{ color:yellow;}                                        /*设置文字颜色为黄色*/
```

在文件 2.css 中的代码如下：

```
p{ color:green;}                                         /*设置文字颜色为绿色*/
```

【代码解析】在示例 2.8 中，第 7 行使用链入外部样式文件的方法链入 1.css，设置文字颜色为黄色；第 8 行使用导入样式的方法导入 2.css，设置文字颜色为绿色；使用在<style></style>标签中加入 CSS 样式的方法把文字设置为黄色；最后使用了在标签内加入 CSS 样式的方法把文字设置为红色。

按照优先级别的顺序，在标签内加入 CSS 样式代码的方法优先级最高，所以文字“中国奥运”应显示为红色。把该样式去掉，则<style></style>标签中加入 CSS 样式的方法优先，文字显示为黄色；若把<style></style>标签中的 CSS 样式代码去掉，则导入样式的方法优先，文字显示为绿色。

技巧：CSS 的优先原则遵循就近原则的定律。

2.3 初探 CSS 语句

在学会用 CSS 样式代码设置 XHTML 文档的表现后，我们将继续学习 CSS 样式的语句结构和工作原理，为日后学习和设计 CSS 打下基础，同时也教给我们良好的开发习惯。

2.3.1　CSS 语句的结构

在 CSS 中，所有的 CSS 语句定义都遵循以下结构，如图 2.6 所示。

每个 CSS 定义样式语句都由两部分构成，分别是选择器和声明，声明部分包含属性和属性值。要定义一个完整有效的 CSS 样式代码，就必须包含完整的选择器和声明。

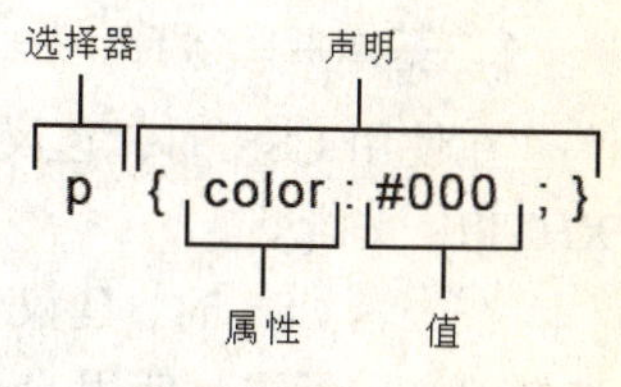

图 2.6　CSS 定义样式规则

在图 2.6 中，p 指的是 p 标签，属于标签选择器。选择器的类型有很多种，后面将详细介绍各种选择器。color 是属性，#000 是 color 属性的值，color:#000 称为一个独立的属性设置，{color:#000;}是一个完整的声明，而 p{color:#000;}则是一个完整的 CSS 语句。读者必须深刻理解表 2.1 中 CSS 语句各部分的名称，以便学习后面的章节。

表 2.1　CSS 语句中各部分的名称

各元素名称	含　义
p	选择器
color	属性
#000	属性值
color:#000;	一个独立的属性设置
{color:#000;}	一个完整的声明
p{color:#000;}	一个完整的 CSS 语句（规则）

在声明部分中，每个属性都必须至少有一个值。属性与值之间用分号隔开。声明中可以包含多个属性设置，每个属性设置之间要用分号分隔。例如【示例 2.9】:

```
01    p{ color:yellow;                     /*设置文字为黄色*/
02       font-size:16px;                   /*设置文字大小为 16 像素*/
03       font-weight:bold;}                /*设置文字为粗体*/
```

2.3.2　CSS 语句样式的工作原理

了解了 CSS 语句的结构后，就能更清楚地了解 CSS 的工作原理。在前面曾用到以下定义标签 p 的样式代码：

```
p{ color:green;}                           /*设置文字颜色为绿色*/
```

这是 CSS 样式中一个最简单的定义样式的代码句。该语句的作用是将 XHTML 文档中的 p 标签文字全部设置为绿色，首先指示了要使用该 CSS 样式的标签为段落 p 标签，然后给 p 标签内文字的颜色属性值赋予 green。

CSS 会根据选择器在 XTHML 文档中查找需要应用该 CSS 样式的标签，在查找到相应的标签之后，就按照 CSS 语句中的属性值重新设置该属性，覆盖默认的属性值。其他没有重新定义的属性就保持默认的值。

2.3.3 CSS 基本书写规范

CSS 基本书写规范包括三方面：基本书写顺序、书写方式、注释。下面分别进行详细介绍。

1. 基本书写顺序

在使用 CSS 时，建议使用调用外部 CSS 文件的方法，而不是把 CSS 代码写在 HTML 或 XHTML 文档里。

在书写 CSS 时，建议先书写类型选择符和重复使用的样式，然后是伪类，最后是自定义的选择符。除了重复使用的选择符，其他选择符都要按照使用的先后顺序书写，这样便于修改时寻找。

2. 书写方式

在不违反语法的前提下，使用任何书写方式都能正确执行。但是这里只建议常用的一种书写方法，具体写法是：在书写每个属性时，使用换行，并使用相同的缩进，这样可以提高代码的可读性。

【示例 2.10】 为 CSS 的书写示例，代码如下：

```
01    body{ width:20px;
02          height:20px;
03          background-color:#333433;
04          color:#000020;}
```

注意： 本书由于排版和印刷等原因，可能部分示例中不使用这种书写方式。

在书写 CSS 的属性时，还有以下几点需要注意的事项：

- CSS 中所有的长度值都要注明单位，当值是 0 时除外。
- 所有使用十六进制的颜色单位都要在颜色值前加“#”号。
- body 元素要设置 background-color 属性（保持浏览器的兼容）。

3. 注释

注释的语法格式如下。

```
/*这是一个注释*/
```

说明： 在 CSS 中，合理地使用注释可以使代码更加清晰、易懂，也便于自己修改或开发团队中的其他人阅读和使用。

2.3.4 使用有意义的 CSS 命名

我们在制作一个网页时，往往要使用大量自定义的类选择符或 ID 选择符。如果没有遵循很好的命名规则，很可能导致命名的重复；或当某个效果不能正常显示时，寻找相应的 CSS 代码会变得相当麻烦。下面从几个方面来讲解 CSS 的命名法则。

1. 结构化的命名方法

通常的想法是，用表现效果进行自定义命名。例如，当一个元素处于页面的左侧时，就用 left 来为其命名；或当文字的颜色为红色时，就用 red 为其命名。这样的命名看起来非常直观和简便，但这并不是值得推荐的命名方法，其原因在于，标准布局的本质就是实现结构和表现相分离，这样的命名方法并不能达到这种效果。例如，要标记一个人的头部，应该使用“头部”这个名称，而不是根据这个人的脸色比较苍白就使用“白”这个名称。

推荐使用结构化的命名。例如，可以按照如下所示的结构化方式来进行命名。

- 重要的新闻：important-news。
- 主导航部分：main-nav。
- 主要内容部分：main-content。

采用结构化的命名方法，不论内容放在什么位置，其命名同样具有意义。同时，方便页面中的相同结构重复使用样式。

2. 部分内容的习惯命名方法

部分内容的习惯命名方法如表 2.2 所示。

表 2.2　部分内容的习惯命名方法

中文名称	英文名称	中文名称	英文名称
主导航	mainnav	左侧栏	leftsidebar
子导航	subnav	右侧栏	rightsidebar
页　脚	footet	标　志	logo
内　容	content	标　语	banner
头　部	header	子菜单	submenu
底　部	footer	注　释	note
商　标	label	容　器	container
标　题	title	搜　索	search
顶导航	topnav	登　陆	login
侧　栏	sidebar		

因为页面中的细节内容不同，所以没有适合所有页面的详细命名规范。不同的开发团队，也可能有自己的命名规则。总之，命名只要合乎 Web 标准中结构和表现相分离的思想，做到合理、易用就可以。

技巧： CSS 的命名应尽量体现布局和功能的意思，这样有利于提高代码可读性和效率。

2.3.5 CSS 样式表书写顺序

CSS 样式表推荐的书写顺序如下。

- 显示属性（display、list-style、position、float、clear）。
- 自身属性（width、height、margin、padding、border、background）。
- 文本属性（color、font、text-decoration、text-align、vertical-align、white-space、other text、content）。

以上是比较常用的推荐写法，目的是方便所有的 CSS 设计者使用。

2.4 合理的 CSS 注释

有时候，我们编写的代码比较复杂，需要用到注释，方便以后记忆。CSS 的注释写在/*和*/之间，可以出现在 CSS 样式表的任何地方。最常见的是以下三种。

【示例 2.11】 CSS 定义外的注释，代码如下。

```
<style>
   p{ color:blue;}                    /*设置文字颜色为蓝色*/
</style>
```

这种写入注释的方法适合声明部分较短的 CSS 语句。

【示例 2.12】 CSS 定义内的注释，代码如下。

```
<style>
   p{ color: blue;                    /*设置文字颜色为蓝色*/
      font-size:20px;                 /*设置文字大小为 20 像素*/
      font-weight:bold;               /*设置文字为粗体*/
}
</style>
```

这种写入注释的方法适合声明部分较长的 CSS 语句。

【示例 2.13】 CSS 的分行注释，代码如下。

```
<style>
    /*--------------------------------
    CSS 样式表：
    作者：zhangyi
    时间：2012 年 8 月 18 日
    --------------------------------*/
    p{ color:yellow; }
</style>
```

这种写入注释的方法通常用于备注整个 CSS 文档，或者输入大段的声明文字。

注意： CSS 中的注释是为了方便以后修改，所以是必不可少的。

2.5　小结

本章讲解了标准 XHTML 文档的结构以及如何制作标准的 XHTML 文档，详细讲解了使 CSS 样式代码或文件在 XHTML 文档中生效的方法，还简单介绍了 CSS 样式语句的结构和工作原理。本章的重点是编写 XHTML 文档的规范和引入 CSS 样式代码的方法，难点是区分使用不同的导入样式代码到 XHTML 文档的方法。下一章将详细讲述 CSS 的基础语法。

网页开发手记：

CSS+DIV 网页布局实战详解

第3章 CSS的基本语法知识

在第2章，我们学习了如何在XHTML文档中引用CSS样式代码，还初步学习了CSS的语法结构。本章将继续深入学习CSS的基础语法，重点是学习CSS选择器的概念和声明，以及CSS的继承和层叠。理解和掌握这些概念不仅为建立标准的XHTML页面带来很多好处，同时是设计CSS样式的基础。具体知识点如下：

- 深入讲解CSS各类选择器的概念和声明
- 讲解CSS的继承和层叠
- 颜色和长度单位
- URL链接外部资源

3.1　选择器

选择器是 CSS 样式与网页标签建立联系的标识，为了使 XHTML 文档中特定的标签能应用 CSS 样式，同时也是 CSS 语法中最重要和最基本的概念。选择器有许多类型，包括标签选择器、类选择器、ID 选择器、全局选择器、组合选择器、继承选择器和伪类等。

3.1.1　标签选择器

为实现 XHTML 文档的展现要求，我们在 XHTML 文档中会使用许多标签，例如，p 标签、h1 标签等。若要使文档中的所有 p 标签都使用同一个 CSS 样式，就应使用标签选择器。图 3.1 为标签选择器的结构图。

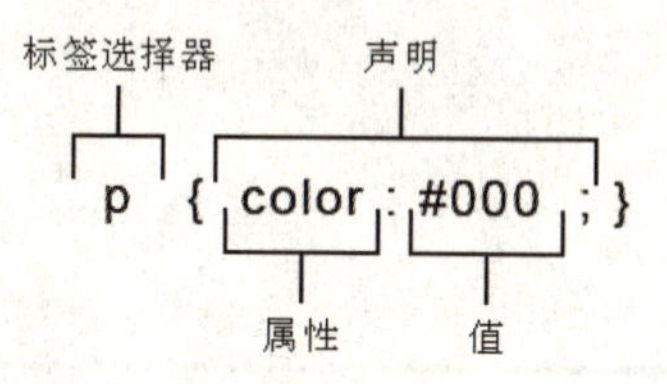

图 3.1　标签选择器的结构图

其中，p 指的就是在 XHTML 文档中该 CSS 样式应用于标签 p，在花括号中的是标签选择器的声明，声明中指定了要改变的标签的属性和值。在图 3.1 中，要改变的是 p 标签的文字颜色属性，值为#000，即为黑色。

【示例 3.1】 本例的 XHTML 文档中有两个 p 标签和两个 h1 标签。使用标签选择器给 p 标签和 h1 标签中的文字设置颜色属性，代码如下。

```
-----------------------------------文件名：标签选择器.html--------------------------------------
01    <!DOCTYPE html PUBLIC "-//W3C//DTD XHTML 1.0 Transitional//EN"
02    "http://www.w3.org/TR/xhtml1/DTD/xhtml1-transitional.dtd">
03    <html xmlns="http://www.w3.org/1999/xhtml">
04    <head>
05    <meta http-equiv="Content-Type" content="text/html; charset=gb2312" />
06    <title>标签选择器</title>
07    <style type="text/css">
08        p{ color:blue;}                              /*设置文字颜色为蓝色*/
09        h1{ color:red;}                              /*设置文字颜色为红色*/
10    </style>
11    </head>
12
13    <body>
14        <p>示例：p 标签内的文字颜色为蓝色</p>
15        <p>示例：p 标签内的文字颜色为蓝色</p>
16        <h1>示例：h1 标签内的文字颜色为红色</h1>
17        <h1>示例：h1 标签内的文字颜色为红色</h1>
18    </body>
19    </html>
```

【代码解析】示例 3.1 中的第 14～17 行声明了两个 p 标签和两个 h1 标签。在代码第 8、9 行中使用标签选择器分别设定这两种标签的 CSS 样式，只需设定一次。则在此 XHTML 文档中，所有的 p 标签的文字都为蓝色，所有的 h1 标签的文字都为红色。若文档中有更多的 p 标签，其颜色都会变为蓝色；对于 h1 标签，也是同理。运行结果如图 3.2 所示。

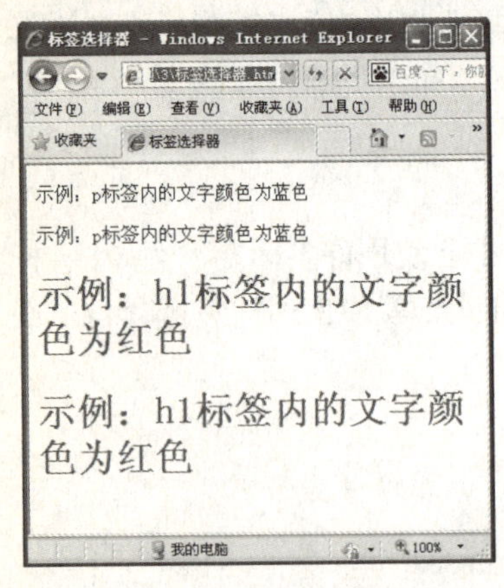

图 3.2　使用标签选择器后的效果

> **说明：** 标签选择器可以直接改变该标签的所有样式。

3.1.2　类选择器

如果 XHTML 文档中的同一个标签需要被多次使用，而且我们想为这些标签赋予不同的样式，该怎么办呢？显然，标签选择器无法满足，所以，在实际应用中，相同的标签赋予不同的 CSS 样式就应使用类选择器，图 3.3 为类选择器的结构图。

在图 3.3 中，类选择器由英文句号和类选择器名组成。其中，class 是类选择器名，class 不是固定的写法，它可由任意英文名称代替，但应遵循一定的命名规则。所有选择器的声明部分都是一致的，所以，类选择器和标签选择器的声明方式是一样的。类选择器与标签选择器的不同在于，类选择器除了声明外，应用时还需要把类选择器的名称指定给 XHTML 文档中的标签。

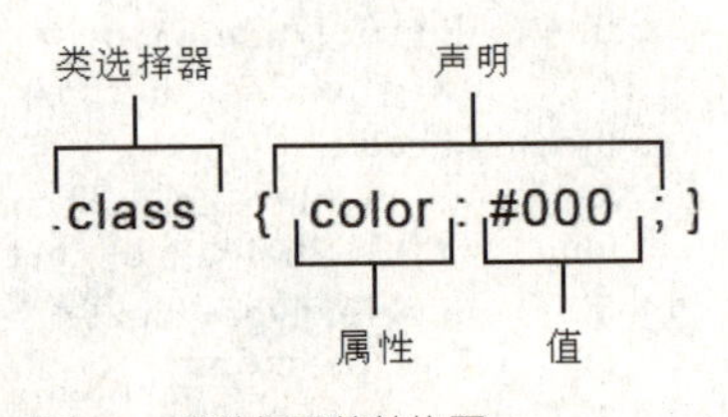

图 3.3　类选择器的结构图

以下是使用类选择器定义 CSS 样式的步骤。

（1）编写合适的类选择器名，然后定义 CSS 样式声明。以下是定义类选择器名为 news 的 CSS 样式代码。

```
.news{ font-size:20px;              /*设置文字大小为 20px */
    color:green;                    /*设置文字颜色为绿色*/
    }
```

（2）把以 news 为名的 CSS 样式应用到 XHTML 某个指定的标签中。将 news 样式指定给标签的方法如下：

```
<p class="news">新闻</p>
```

其中，在<p>中写入 class="news"的语句。class 和等号都是固定的写法，在双引号中写入类选择器的名称。例如，为 h1 标签添加名为 content 的 CSS 样式的方法如下：

```
<h1 class="content">内容</h1>
```

类选择器的特点是能使 CSS 样式实现复用。在一个 XHTML 文档中，多个标签可以应用同一个类选择器定义的 CSS 样式。

【示例 3.2】 本例的 XHTML 文档中有三个文段，需要为每个文段设置一种颜色。使用不同的类选择器就能为每个文段设置一种颜色，代码如下。

```
----------------------------------文件名：标签选择器 2.html-----------------------------------
01    <!DOCTYPE html PUBLIC "-//W3C//DTD XHTML 1.0 Transitional//EN"
02    "http://www.w3.org/TR/xhtml1/DTD/xhtml1-transitional.dtd">
03    <html xmlns="http://www.w3.org/1999/xhtml">
04    <head>
05    <meta http-equiv="Content-Type" content="text/html; charset=gb2312" />
06    <title>标签选择器</title>
07    <style type="text/css">
08        p { font-size:30px; font-weight:bold;}          /*文字大小设置为 30px，样式为粗体*/
09        .one{color:red;}                                 /*文字颜色设置为红色*/
10        .two{color:green;}                               /*文字颜色设置为绿色*/
11        .three{color:yellow;}                            /*文字颜色设置为黄色*/
12    </style>
13    </head>
14    <body>
15        <p class="one">第一个类选择器设置为红色</p>
16        <p class="two">第二个类选择器设置为绿色</p>
17        <p class="three">第三个类选择器设置为黄色</p>
18    </body>
19    </html>
```

【代码解析】 在示例 3.2 中，在代码第 9 ~ 11 行声明了类选择器 one、two 和 three，并分别设置了一种文字颜色。在代码的第 15 ~ 17 行为每个 p 标签依次应用了一个相应的类选择器，每个文段的文字就应用了相应的颜色。在本例中，在代码的第 8 行先使用标签选择器 p 为所有的文段设置了相同的文字属性，设置了文字的大小和粗体，运行结果如图 3.4 所示。

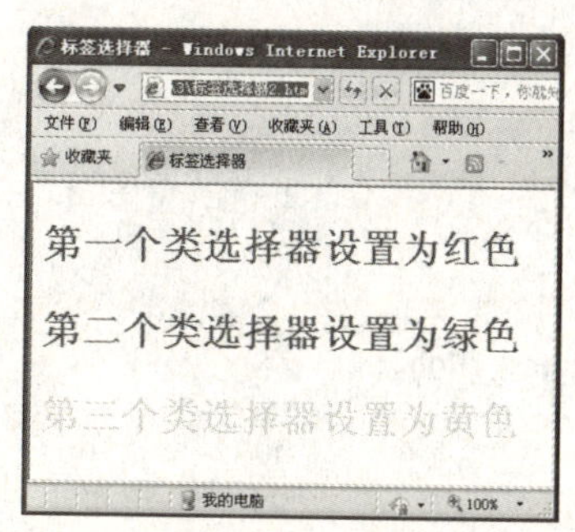

图 3.4　使用类选择器后的效果

技巧： 在实际应用中，通常都会使用这种方法来设置页面元素的样式。先使用标签选择器设定好共同的属性，然后使用类选择器设置不同的属性。

3.1.3 ID 选择器

ID 选择器和类选择器在声明上是相似的，不同的是，声明的“.”换成了“#”。在一个 XHTML 文档中，一个 ID 选择器只能把其 CSS 样式指定给一个标签。图 3.5 为 ID 选择器的结构图。

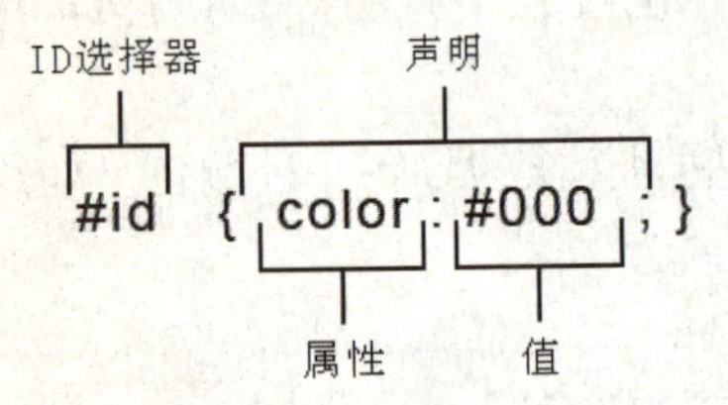

图 3.5 ID 选择器的结构图

图 3.5 中的 ID 选择器由#号和选择器名组成。和类选择器一样，其中的 ID 是 ID 选择器名，ID 不是固定的写法，可由任意的英文名称代替。以下是使用 ID 选择器定义 CSS 样式的步骤。

（1）编写合适的 ID 选择器名，然后定义 CSS 样式声明。以下是定义 ID 选择器名为 colorID 的 CSS 样式代码。

```
#colorID{ font-size:20px;                    /*设置文字大小为 20px */
        color:green;                         /*设置文字颜色为绿色*/
        }
```

（2）把以 colorID 为名的 CSS 样式应用到 XHTML 某个指定的标签中。将 colorID 样式指定给标签的方法如下：

```
<p id="colorID">特别报道</p>
```

其中，在<p>中写入 id=" colorID "语句，id 和等号都是固定的写法，在双引号中写入 ID 选择器的名称。例如，为 h4 标签添加 ID 名为 home 的 CSS 样式的方法如下：

```
<h4 id="home">主页</h4>
```

【示例 3.3】 本例使用 ID 选择器 colorID 来设置文字的颜色。使用 ID 选择器的 p 标签中的文字显示的颜色为红色，不使用 ID 选择器的 p 标签中的文字的颜色则显示为默认颜色，代码如下。

```
-----------------------------------文件名：ID 选择器.html--------------------------------------
01    <!DOCTYPE html PUBLIC "-//W3C//DTD XHTML 1.0 Transitional//EN"
02    "http://www.w3.org/TR/xhtml1/DTD/xhtml1-transitional.dtd">
03    <html xmlns="http://www.w3.org/1999/xhtml">
04    <head>
05    <meta http-equiv="Content-Type" content="text/html; charset=gb2312" />
06    <title>ID 选择器</title>
07    <style type="text/css">
08        p{ font-size:20px;                 /*文字大小设置为 20 像素*/
09         font-weight:bold; }               /*文字设置为粗体*/
```

```
10          #colorID{color:red;}                /*文字颜色设置为红色*/
11      </style>
12      </head>
13
14      <body>
15          <p>ID 选择器</p>
16          <p id="colorID">ID 选择器（colorID）</p>
17          <p id="colorID">ID 选择器（colorID）</p>
18      </body>
19      </html>
```

【代码解析】在示例 3.3 中，代码的第 10 行声明了一个 colorID 的 ID 选择器，而代码的第 15 行中的 p 标签没有应用该 ID 选择器，文字颜色为默认的颜色（多数情况下是黑色）。代码的第 16、17 行声明两个 p 标签应用了 colorID 选择器，文字颜色为红色。运行结果如图 3.6 所示。

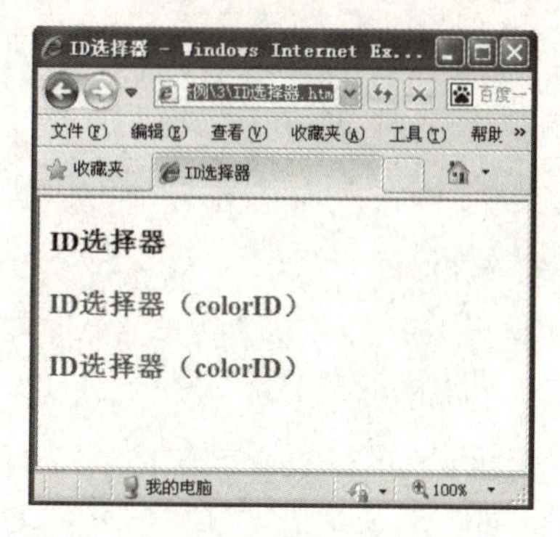

图 3.6　使用 ID 选择器后的效果

在该 XHTML 文档中的两个 p 标签应用了同一个 ID 标签，浏览器中显示出相应的 CSS 样式。在多数浏览器中，复用 ID 标签对于显示样式没什么影响。由于 id 标记中，不仅与 CSS 样式有调用关系，JavaScript 脚本语言也可以调用 id 标记。但是对于 JavaScript 来说，id 标记是唯一的。

注意：若在同一个 XHTML 文档中出现了一个以上相同的 id 标记，JavaScript 在查找 id 标记时就会出错，所以 ID 选择器的名称尽量不要重复。

3.1.4　全局选择器

全局选择器是一个星号，它能作用于 XHTML 文档中的所有元素。图 3.7 为全局选择器的结构图。

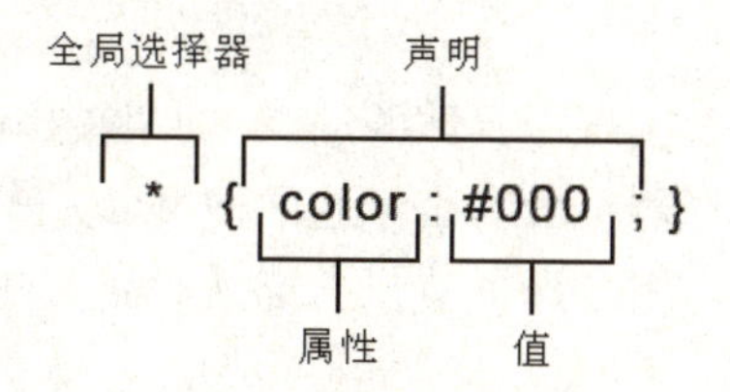

图 3.7　全局选择器的结构图

在图 3.7 中，用全局选择器声明的 CSS 样式可应用于整个 XHTML 文档的任何标签。

【示例 3.4】 使用全局选择器给 XHTML 文档中的所有标签设置文字的相应属性，则在 XHTML 文档中的所有标签中的文字属性都会改变，代码如下。

```
--------------------------------文件名：全局选择器.html------------------------------------
01    <!DOCTYPE html PUBLIC "-//W3C//DTD XHTML 1.0 Transitional//EN"
02    "http://www.w3.org/TR/xhtml1/DTD/xhtml1-transitional.dtd">
03    <html xmlns="http://www.w3.org/1999/xhtml">
04    <head>
05    <meta http-equiv="Content-Type" content="text/html; charset=gb2312" />
06    <title>全局选择器</title>
07    <style type="text/css">
08         *{ color:red;              /*整个网页文字颜色设置为红色*/
09         font-weight:bold;          /*整个网页文字设置为粗体*/
10         font-size:30px;}           /*整个网页文字大小设置为 30px */
11    </style>
12    </head>
13
14    <body>
15        <p>标签 p</p>
16        <h1>标签 ONE</h1>
17        <h2>标签 TWO</h2>
18    </body>
19    </html>
```

【代码解析】在示例 3.4 中，代码的第 8～10 行声明了一个全局 CSS 样式，第 15～17 行分别声明了 p 标签、h1 标签和 h2 标签。这些标签中的文字属性都应用了全局选择器定义的 CSS 样式，文字显示为 30 像素、红色、粗体。运行结果如图 3.8 所示。

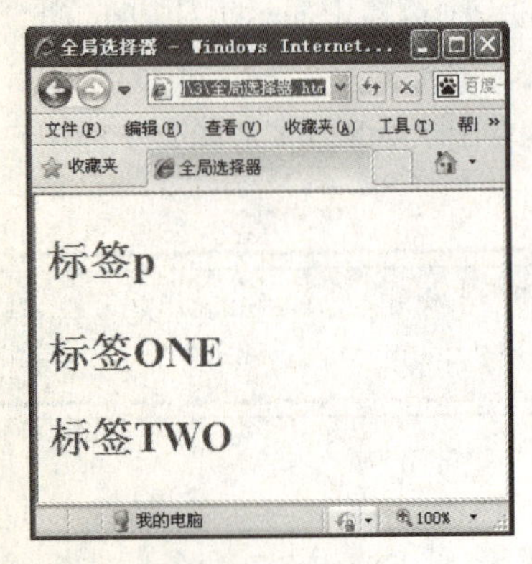

图 3.8　使用全局选择器的效果

3.1.5　组合选择器

标签选择器、类选择器和 ID 选择器可以组合起来使用，实现更具体的约束。一般的组合方式是标签选择器和类选择器组合，或标签选择器和 ID 选择器组合。由于这两种组合方式的原理和效果一样，所以只介绍标签选择器和类选择器的组合。组合选择器只是选择器的一种组合形式，并不算是一种真正的选择器，但在实际中经常使用。

标签选择器和类选择器组合使用就是把两个选择器写在一起，起到范围限制的作用。图3.9为标签选择器和类选择器的组合结构图。组合使用这两个选择器的作用是使CSS样式的设置范围更准确。

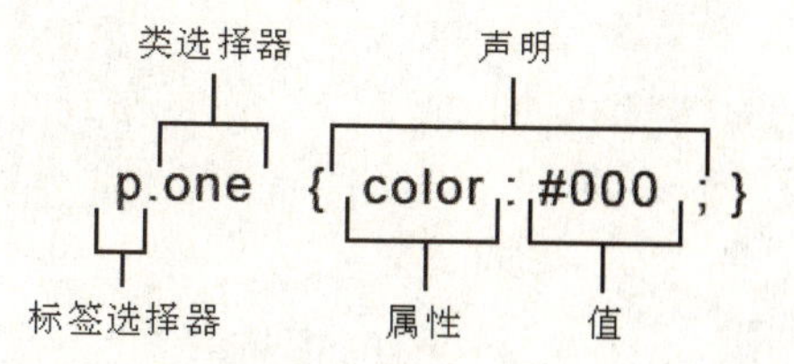

图3.9　标签选择器和类选择器的组合结构图

在图3.9中，标签选择器写在最前面，紧接着是一个类选择器，两者之间没有空格，而用一个点隔开。

【示例3.5】 使用标签选择器和类选择器的组合，代码如下。

```
---------------------------文件名：标签选择器和类选择器组合使用.html------------------------------
01    <!DOCTYPE html PUBLIC "-//W3C//DTD XHTML 1.0 Transitional//EN"
02    "http://www.w3.org/TR/xhtml1/DTD/xhtml1-transitional.dtd">
03    <html xmlns="http://www.w3.org/1999/xhtml">
04    <head>
05    <meta http-equiv="Content-Type" content="text/html; charset=gb2312" />
06    <title>标签选择器和类选择器组合使用</title>
07    <style type="text/css">
08        p{ font-size:20px; font-weight:bold;}                /*文字设置为20px粗体*/
09    h4{ font-size:30px; font-weight:bold;}                  /*文字设置为30px粗体*/
10        p{ color:green;}                                    /*文字颜色设置为绿色*/
11        p.one{color:red;}                                   /*文字颜色设置为红色*/
12        .one{color:orange;}                                 /*文字颜色设置为橘色*/
13    </style>
14    </head>
15
16    <body>
17        <p>颜色设置仅应用标签选择器</p>
18        <p class="one">颜色设置为标签选择器和类选择器合用</p>
19        <h4 class="one">颜色设置仅应用类选择器</h4>
20    </body>
21    </html>
```

【代码解析】在示例3.5中，代码的第10行设定了所有的p标签中的文字为绿色；第12行定义了名称为one的类选择器，其设置文字颜色为红色；第17行的p标签中的文字显示为绿色，第19行的h4标签应用了one类选择器的CSS样式，文字颜色显示为橘色。第18行的p标签应用了one类选择器，但文字颜色不显示为绿色或者橘色，而是显示为红色。因为其应用了组合选择器，就会优先使用组合选择器的CSS样式。组合选择器的工作原理是，在XHTML文档中查找所有的p标签，然后在p标签中查找应用了one名称的类选择器。如果找到了应用one类选择器的p标签，则将组合选择器定义的CSS样式赋予该p标签。运行结果如图3.10所示。

使用该种组合的方法最大的用处是，可以把在同一种标签中的某个标签区分出来。例如，一个XHTML文档中的所有p标签都是红色，其中一个要设定为蓝色，就可以使用组合选择器。

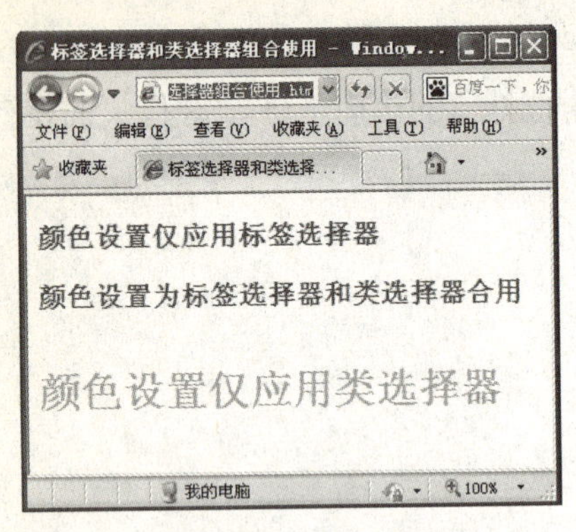

图 3.10 使用标签选择器和类选择器的组合

警告： 组合使用标签选择器和类选择器时，最好只组合一个标签选择器和一个类选择器。由于浏览器之间的差异，组合太复杂会造成显示结果不准确。

3.1.6 继承选择器

学习继承选择器的使用就必须先了解文档树和 CSS 的继承。每个 XHTML 都可以被看做一个文档树，文档树的根部就是 html 标签，而 head 和 body 标签就是其子元素。在 head 和 body 里的其他标签就是 html 标签的子孙元素。整个 XHTML 就呈现一种祖先和子孙的树状关系。CSS 的继承是指子孙元素继承祖先元素的某些属性。以下通过实例来详细讲解这两个重要的 CSS 概念。

1. 文档树

一个 XHTML 文档可以被看做一棵树，称为文档树。

【示例 3.6】 是一个简单的 XHTML 文档，代码如下。

```
-----------------------------------文件名：文档树.html------------------------------------
01    <!DOCTYPE html PUBLIC "-//W3C//DTD XHTML 1.0 Transitional//EN"
02    "http://www.w3.org/TR/xhtml1/DTD/xhtml1-transitional.dtd">
03    <html xmlns="http://www.w3.org/1999/xhtml">
04    <head>
05    <meta http-equiv="Content-Type" content="text/html; charset=gb2312" />
06    <title>文档树</title>
07    </head>
08    <body>
09        <p>
10          <b>第一个标签 b</b>是标签 p 的子元素              /*文字加粗*/
11        </p>
12        <p>
13          <em>第一个标签 em</em>是标签 p 的子元素           /*文字斜体*/
14        </p>
15        <h4>
16          <b>第二个标签 b</b>是标签 h4 的子元素
17            <em>第二个标 em</em>是标签 h4 的子元素
18        </h4>
```

```
19    </body>
20    </html>
```

文档结构可以解释为如图 3.11 所示的一个树状结构。

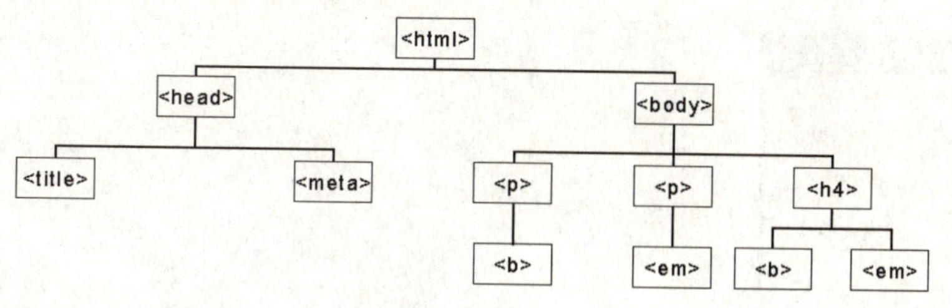

图 3.11　文档树结构

在文档树中，标签 html 是整个文档树的根。标签 html 包含标签 head 和标签 body。标签 head 和标签 body 都被称为标签 html 的子元素。同理，标签 head 包含标签 title 和标签 meta，所以标签 title 和 meta 是标签 head 的子元素；而标签 head 和 body 在文档树的同一级，是兄弟关系；标签 html 和标签 meta 则是爷孙的关系。

2. CSS 的继承

CSS 的继承就是子元素继承父元素或更上一级元素的属性样式。CSS 的继承建立在文档树的基础上。

【示例 3.7】 本例说明了 CSS 中的继承关系。在 p 标签中的子元素会继承 p 标签的文字属性，代码如下。

```
-----------------------------------文件名：CSS 的继承.html------------------------------------
01    <!DOCTYPE html PUBLIC "-//W3C//DTD XHTML 1.0 Transitional//EN"
02    "http://www.w3.org/TR/xhtml1/DTD/xhtml1-transitional.dtd">
03    <html xmlns="http://www.w3.org/1999/xhtml">
04    <head>
05    <meta http-equiv="Content-Type" content="text/html; charset=gb2312" />
06    <title>CSS 的继承</title>
07    <style type="text/css">
08        p{ text-decoration:underline;              /*文字设置有下画线 */
09        font-size:20px;}                           /*文字大小设置为 20px*/
10    </style>
11    </head>
12
13    <body>
14        <p>
15         <b>加粗标签 b</b>是标签 p 的子元素；<em>斜体标签 em</em>是标签 p 的子元素
16        </p>
17    </body>
18    </html>
```

【代码解析】 在示例 3.7 中，代码的第 14 ~ 16 行声明的 p 标签内包含一个 b 标签和一个 em 标签，其中的 b 标签和 em 标签是 p 标签的子元素。第 8、9 行设置 p 标签嵌套的文字为 20 像素，带下画线。在没有对 b 标签和 em 标签指定 CSS 样式时，其继承了父元素的属性，也是 20 像素大小，并带下画线。CSS 的继承只发生在父子、爷孙等关系中，并不发生在兄弟关系中。

示例 3.7 中，b 标签和 em 标签是兄弟关系，但属性并没有相互继承。b 标签没有继承 em 标签的斜体属性，em 标签也没有继承 b 标签的粗体属性。改变子元素的属性完全不会影响父元素的属性，显示结果如图 3.12 所示。

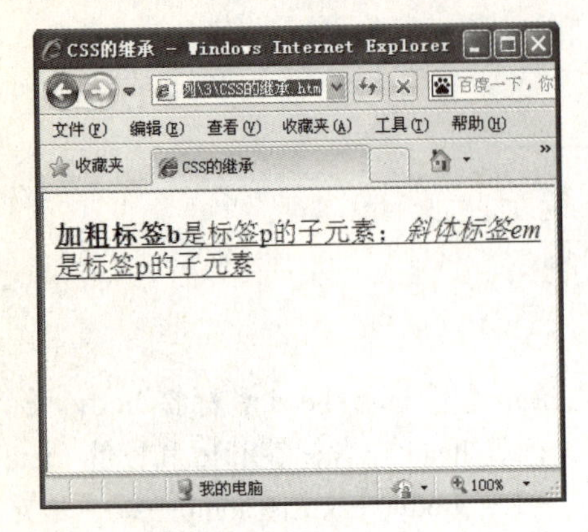

图 3.12　CSS 的继承示例

提示： 某些属性是不会继承的，例如，边框、补白和边界等。不会继承的 CSS 属性将在后面章节详细讲解。

3. 继承选择器

了解 XHTML 文档的文档树和 CSS 继承后，下面来学习运用继承选择器。图 3.13 为继承选择器的结构图，其中的 p 标签为父元素，b 标签为子元素。但不仅是父子元素可以应用继承选择器，爷孙关系或跨级等更多的元素也可以应用。只要具有上下级关系的元素，都可以运用继承选择器。两个元素间的空格是必不可少的，它表示前后两者是继承关系。

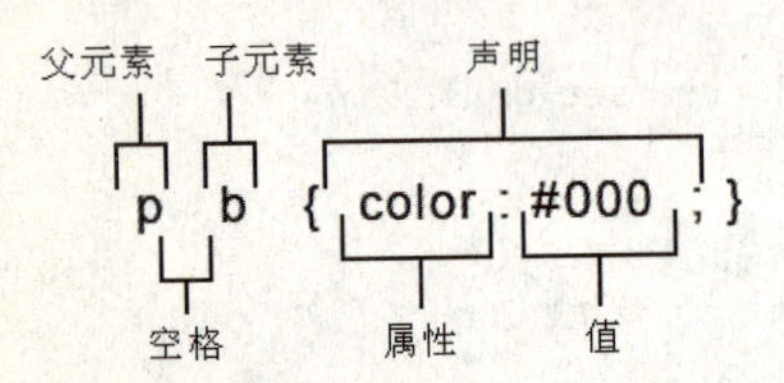

图 3.13　继承选择器结构图

【示例 3.8】　本例使用继承选择器来定义子元素的文字属性。在 XHTML 文档中有两个 b 标签，可以使用继承选择器来设置其中一个的文字属性，代码如下。

```
-----------------------------------文件名：继承选择器.html-----------------------------------
01    <!DOCTYPE html PUBLIC "-//W3C//DTD XHTML 1.0 Transitional//EN"
02    "http://www.w3.org/TR/xhtml1/DTD/xhtml1-transitional.dtd">
03    <html xmlns="http://www.w3.org/1999/xhtml">
04    <head>
05    <meta http-equiv="Content-Type" content="text/html; charset=gb2312" />
06    <title>继承选择器</title>
07    <style type="text/css">
08        p span b{ text-decoration: line-through;        /*文字设置有删除线 */
```

```
09              font-size:20px;}                       /*设置文字大小为 20px*/
10      </style>
11      </head>
12
13      <body>
14          <p>
15            <span>屋外<b>下</b>大雨</span>
16          </p>
17          <p>
18            <em>屋外<b>下</b>大雨</em>
19          </p>
20      </body>
21      </html>
```

【代码解析】本例中，代码第 14 ~ 19 行声明的两个 p 标签中都有 b 标签，但只有第一个 p 标签中的 b 标签应用了设定的 CSS 样式，显示为 20 像素，带删除线。原因是使用了代码的第 8、9 行的继承选择器，按照 p->span->b 的路径查找到 b 标签，发挥了 CSS 样式的设置效果。而另外一个 b 标签是在 p->em->b 路径下，所以不会应用继承选择器 p->span->b 中指定的 CSS 样式。显示结果如图 3.14 所示。

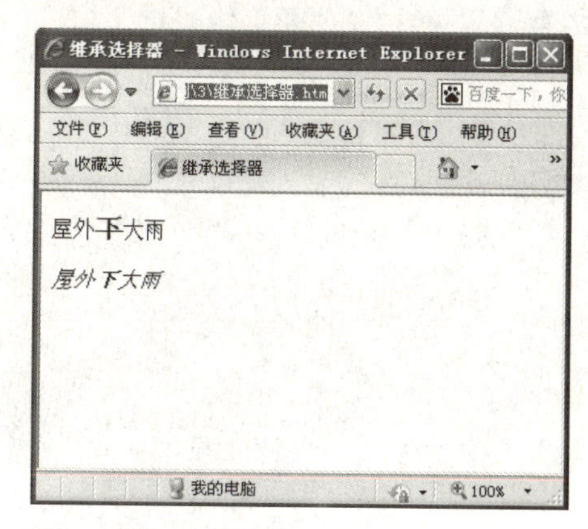

图 3.14　继承选择器示例

除了可以使用标签作为继承选择器外，还有可以使用组合选择器嵌套在继承选择器中。以下列出一些例子：

```
p.news div.content{color:red;}              /*设置文字颜色为红色*/
div#news p div#color{color:red;}            /*设置文字颜色为红色*/
```

注意：组合选择器和继承选择器的区别在于，组合选择器之间没有空格，继承选择器之间必须有空格。另外，组合选择器也可以用于继承选择器的构成。

3.1.7　伪类与伪元素

本节介绍最后一种选择器——伪类。用伪类定义的 CSS 样式并不是作用在标签上的，而是体现在标签的状态上。由于很多浏览器支持不同类型的伪类，没有一个统一的标准，所以，很多伪类都不常被用到。伪类包括：first-child、:link:、vistited、:hover、:active、:focus 和:lang 等。

其中有一组伪类是主流浏览器都支持的，就是超链接的伪类，包括:link:、:active、vistited 和:hover，这四个伪类用来控制超链接的四种状态的样式，各个状态解释如表 3.1 所示。

表 3.1　超链接伪类表

伪类标识	含　义
a:link:	设置超链接在未被访问前的样式
a:active	设置超链接在被用户激活（在鼠标点击与释放之间发生的事件）时的样式
a:vistited	设置超链接在其链接地址已被访问过时的样式
a:hover	设置超链接在其鼠标悬停时的样式

【示例 3.9】 使用超链接的伪类设定超链接在四个不同状态下的样式，代码如下。

```
--------------------------------文件名：使用超链接的伪类.html------------------------------------
01    <!DOCTYPE html PUBLIC "-//W3C//DTD XHTML 1.0 Transitional//EN"
02    "http://www.w3.org/TR/xhtml1/DTD/xhtml1-transitional.dtd">
03    <html xmlns="http://www.w3.org/1999/xhtml">
04    <head>
05    <meta http-equiv="Content-Type" content="text/html; charset=gb2312" />
06    <title>使用超链接的伪类</title>
07    <style type="text/css">
08        a:link{ color: orange}                /*超链接在未被访问前的文字颜色设置为橘色*/
09        a:active{ color:blue;}                /*超链接在被用户激活时文字颜色设置为蓝色*/
10        a:visited{color: green;}              /*超链接已被访问过时文字的颜色设置为绿色*/
11        a:hover{color:red;}                   /*超链接在其鼠标悬停时文字的颜色设置为红色*/
12    </style>
13    </head>
14
15    <body>
16        <a href="#">我是链接，请点我</a>
17        <a href="#">我是链接，请点我</a>
18        <a href="#">我是链接，请点我</a>
19        <a href="#">我是链接，请点我</a>
20    </body>
21    </html>
```

【代码解析】示例 3.9 中，代码的第 8 ~ 11 行设置了超链接在四个不同状态下的文字颜色。根据超链接的状态设置超链接的文字颜色是为了方便用户知道超链接当前的状态。例如，若用户单击了某个超链接后，该超链接的颜色就随之改变，用户就知道该链接曾单击过。显示结果如图 3.15 所示。

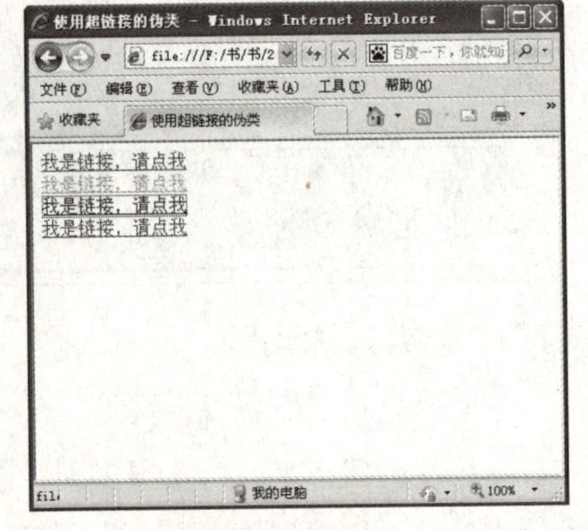

图 3.15　超链接伪类

3.2　声明

上一节中，我们学习了各类选择器的结构，现在介绍声明，使选择器真正具有功能。声明是构成 CSS 语句的一部分，声明写在选择器之后。CSS 的声明写在一对花括号中，其中包含 CSS 的属性和值。它的写法有明确的规则，若不遵守声明的规则，则可能导致 CSS 样式失效。以下是 CSS 声明的规则：

- 声明中的属性和值之间用分号隔开。
- 声明中可以包含多个属性，详见 3.2.1 节的多重声明。
- 使用多重声明时，每个声明之间用分号隔开。
- 声明的花括号必须书写完整。

3.2.1　多重声明

多重声明是指在对同一个选择器设置属性时，可以把所有的属性写在同一选择器中，而不需要分开书写。

【示例 3.10】 为 h1 标签添加 CSS 样式设置，代码如下：

```
01    h1{ color:red;}                  /*文字颜色设置为红色*/
02    h1{ font-size:14px;}             /*文字大小设置为 14 像素*/
03    h1{ font-weight:bold;}           /*文字设置为粗体*/
```

【代码解析】在上述 CSS 样式表中，代码的第 1 ~ 3 行为 h1 分别设置了三个属性，每条 CSS 语句中只包含一个属性。初学者常使用这种方法设置 CSS 样式。但在实际运用中，一个大型网站的 CSS 样式表多达千条，使用上述声明方式会使整个 CSS 文档显得臃肿复杂。CSS 的声明中可以包含多个属性设置，但把同一选择器的所有属性设置写在同一声明中会更好。将上述对 h1 的三次声明语句合并为一次，代码如下：

```
01    h1{
02    color:red;                                /*文字颜色设置为红色*/
03    font-size:14px;                           /*文字大小设置为 14 像素*/
04    font-weight:bold;}                        /*文字设置为粗体*/
```

【代码解析】以上声明方式被称为多重声明，即声明的花括号中包含多个属性设置，如代码第 2 ~ 4 行。在多重声明的 CSS 语句中，分号起到分隔每个属性设置的功能。声明中的最后一个属性设置可以不使用分号。但是为了统一格式，建议每个属性设置都用分号隔开。

3.2.2　集体声明

当我们使用选择器时，若遇到多个选择器的声明相同，那么使用集体声明可以有效地节省开发时间。集体声明是指若样式表中有多个选择器使用相同的属性设置，这些选择器可以并列写在一起。这样设置好网页中某个元素的 CSS 样式后，其他同样式的元素也可以直接应用相同的样式。

【示例 3.11】 本例中 h1、h2 和 h3 标签的样式设置是一致的，代码如下。

```
01    h1{  color: green;                        /*文字颜色设置为绿色*/
02         font-size:16px;                      /*文字大小设置为 16 像素*/
03         font-weight:bold;}                   /*文字设置为粗体*/
04    h2{  color: green;                        /*文字颜色设置为绿色*/
05         font-size:16px;                      /*文字大小设置为 16 像素*/
06         font-weight:bold;}                   /*文字设置为粗体*/
```

```
07    h3{ color: green;                    /*文字颜色设置为绿色*/
08        font-size:16px;                  /*文字大小设置为 16 像素*/
09        font-weight:bold;}               /*文字设置为粗体*/
```

【代码解析】从上述例子可以看出，同样的代码应用到三个不同的标签时，要书写三次。为了缩减代码量和重用代码，此时可使用 CSS 提供的集体声明方式。将示例 3.11 中的声明用集体声明的方式改写，代码如下：

```
01    h1,h2,h3{ color:red;                 /*设置文字颜色设置为红色*/
02         font-size:16px;                 /*设置文字大小设置为 16 像素*/
03         font-weight:bold;}              /*设置文字设置为粗体*/
```

【代码解析】CSS 集体声明是把具有相同声明语句的 CSS 选择器写在一起，每个选择器之间使用逗号隔开，其中没有空格。

任何选择器都能使用集体声明，如示例 3.12 所示。

【示例 3.12】 集体声明举例，代码如下：

```
01    .one{      color:green;                      /*文字颜色设置为绿色*/
02               font-size:16px;                   /*文字大小设置为 16 像素*/
03               text-decoration:underline;}       /*文字带下画线*/
04    #two{      color:green;                      /*文字颜色设置为绿色*/
05               font-size:16px;                   /*文字大小设置为 16 像素*/
06               text-decoration:underline;}       /*文字带下画线*/
07    p .three{ color:green;                       /*文字颜色设置为绿色*/
08               font-size:16px;                   /*文字大小设置为 16 像素*/
09               text-decoration:underline;}       /*文字带下画线*/
```

将示例 3.12 中的声明用集体声明的方式改写，代码如下：

```
01    .one,#two,p .three{    color:green;                    /*文字颜色设置为绿色*/
02                           font-size:16px;                 /*文字大小设置为 16 像素*/
03                           text-decoration:underline;}     /*文字带下画线*/
```

【代码解析】在示例 3.12 中，类选择器 one、ID 选择器 two 和继承选择器 p .three 都使用了相同的声明。这三条 CSS 语句就可以用集体声明的方式合并。

但实际运用中，很少出现两条完全相同的 CSS 声明，而是声明部分中某些属性设置相同，如示例 3.13 所示。

【示例 3.13】 集体声明举例，代码如下：

```
01    .news {   color:green;                          /*文字颜色设置为绿色*/
02              font-size:20px;                       /*文字大小设置为 20 像素*/
03              text-decoration:underline;}           /*文字带下画线*/
04    .content{ color:green;                          /*文字颜色设置为绿色*/
05              font-size:16px;                       /*文字大小设置为 16 像素*/
06              text-decoration:underline;}           /*文字带下画线*/
```

【代码解析】示例 3.13 中，代码的第 1 行类选择器 news 和第 4 行 content 的声明只有 color 属性和 text-decoration 属性在设置上是一致的，而 font-size 的属性值设置不同，这时可以将相同部分的属性用集体声明改写，不同的属性单独声明。

改写示例 3.13 的代码如下：

```
01    .news,.content{    color:green;                 /*文字颜色设置为绿色*/
```

```
02                  font-size:20px;                /*文字大小设置为20像素*/
03                  text-decoration:underline;}    /*文字带下画线*/
04     .content{  font-size:16px;}                 /*文字大小设置为16像素*/
```

【代码解析】示例3.13中，代码的第1～3行将类选择器news和content相同的属性设置写在了一个声明中。此时，两个类选择器作用的页面元素显示是一致的，文字都显示为20像素绿色，并且带下画线。而第4行代码重新将类选择器content的font-size属性设置为16像素，该属性会覆盖原来设置的font-size属性，此时类选择器content作用的文字大小就会显示为16像素绿色，并且带下画线。

注意：每个选择器之间使用的逗号是英文状态下的半角逗号。

3.3　CSS的层叠原理

2.3节简单介绍了CSS，我们了解到CSS的全称为Cascading Style Sheets，即层叠样式表。学习CSS的层叠是深入学习CSS原理的基础，所以本节将详细讲解CSS的层叠原理。当出现多个样式共同作用于某个页面元素时，就需要决定哪一个会被应用。CSS的层叠就是一个决定CSS样式优先级的规则。在深入理解CSS的层叠规则前，先要理解以下相关的内容。

3.3.1　CSS样式来源

在之前的章节中，每个XHTML文档的外观都是由CSS样式控制的。实际上，除了网页设计师制作的CSS样式外，还有其他样式影响着网页文档的外观，具体如下：

- 浏览器的默认样式。
- 用户自定义的样式。
- 网页制作者制作的样式。

其中，网页制作者制作的样式优先级高于用户自定义的样式；用户自定义的样式优先级高于浏览器默认的样式。对于网页制作者来说，制作CSS样式是为了改变网页的外观，使其美观。对于用户来说，制作自定义的样式是为了更好地浏览网页。

技巧：某些浏览器提供一些辅助功能让有需要的用户定义样式。

3.3.2　选择器的优先级

由于CSS的某些属性有继承性，一个页面元素往往应用了多个选择器定义的CSS样式。CSS的选择器具有优先级，用于决定哪个选择器定义的样式最终被应用到页面元素上。选择器的优先级可以用数字表示，数字越大，优先级越高。表3.2列出了CSS各种选择器的优先级。

表 3.2　CSS 选择器的优先级

选择器	A	B	C	D	优先级
*	0	0	0	0	0
p	0	0	0	1	1
p a	0	0	0	2	2
p a.color	0	0	1	2	12
p.color.text	0	0	2	1	21
p.color div#news	0	1	1	2	112
style="…."	1	0	0	0	1000

在表 3-2 中：

- 在页面元素内用 style 属性链入的 CSS 样式，A 列计为 1，否则计为 0。
- B 列为选择器中含有 ID 选择器的数量，例如，继承选择器中有 1 个 ID 选择器，则 B 列记为 1。
- C 列为选择器中类选择器和伪类选择器的数量。
- D 列为选择器中标签选择器的个数。
- A、B、C 和 D 列的数字分别代表该选择器的优先级数字的千位、百位、十位和个位。例如 A 的数字是 0，B 是 1，C 是 0，D 是 1，那么优先级数就是 101。数字越大，代表优先级越高。

【分析】如表 3.2 所示，继承选择器 p #new .color 中有 1 个 ID 选择器，B 为 1；1 个类选择器，C 为 1；一个标签选择器，D 为 1；该继承选择器不是写在 style 属性内的，A 为 0。所以继承选择器 p #news .color 的优先级数是 111。若 A、B、C、D 中某个数字大于 9，就记为 9。例如，有一个集成选择器中有 10 个标签选择器，其优先级数也记为 9。

【示例 3.14】 本例中含有三个不同类型的选择器，共同作用于同一个标签 p。查看该文档在浏览器中的显示效果就能验证哪个选择器的优先级较高，代码如下。

```
----------------------------------文件名：验证选择器的优先级.html----------------------------------
01    <!DOCTYPE html PUBLIC "-//W3C//DTD XHTML 1.0 Transitional//EN"
02    "http://www.w3.org/TR/xhtml1/DTD/xhtml1-transitional.dtd">
03    <html xmlns="http://www.w3.org/1999/xhtml">
04    <head>
05    <meta http-equiv="Content-Type" content="text/html; charset=gb2312" />
06    <title>验证选择器的优先级</title>
07    <style type="text/css">
08        p{ font-size:25px;}                         /*文字大小设置为 25 像素*/
09        .name{ font-size:25px;}                     /*文字大小设置为 25 像素*/
10        #idname{ font-size:32px;}                   /*文字大小设置为 32 像素*/
11    </style>
12    </head>
13
14    <body>
15        <p>一六六七年年复活节后不久，<span class="name" id="idname">牛顿</span>返回剑桥大学，
16    10 月被选为三一学院初级院委，翌年获得硕士学位，同时成为高级院委。1669 年，巴罗为了提携牛顿而辞去了教授
```

```
17      之职，26 岁的牛顿晋升为数学教授。巴罗让贤，在科学史上一直被传为佳话。</p>
18      </body>
19      </html>
```

显示结果如图 3.16 所示。

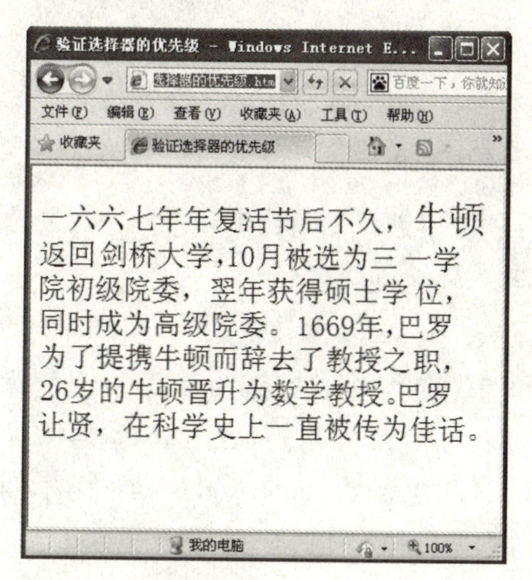

图 3.16　验证选择器的优先级

【代码解析】在示例 3.14 中，第 15 行代码 span 标签应用了两个选择器，一个是类选择器 name，一个是 ID 选择器 idname。类选择器 name 的优先级数是 10，而 ID 选择器 idname 的优先级数是 100。ID 选择器的优先级高于类选择器，所以 span 标签会应用 ID 选择器所设置的 CSS 样式。

3.3.3　!important 语句

在设计网页时，如果总要考虑选择器的优先级，那么工作量将非常大。CSS 2.0 中使用了重要规则可以提高声明中某个属性设置的优先级，这个重要规则就是!important 语句。在声明的属性设置中使用!important 语句后，其优先级最高。以下为使用!important 语句的代码：

```
p{ color:#333 !important; }
```

!important 语句写在一个属性设置的分号之前。例如，上述例子中设置 color:#333 后添加一个空格，然后写!important 语句，再写分号。

【示例 3.15】　本例中的标签选择器 span 的优先级要比组合选择器 span.name 的优先级低。但是在标签选择器 span 中使用!important 语句，能把其优先级提升到最高，代码如下。

```
-----------------------------------文件名：重要规则.html-------------------------------------
01      <!DOCTYPE html PUBLIC "-//W3C//DTD XHTML 1.0 Transitional//EN"
02      "http://www.w3.org/TR/xhtml1/DTD/xhtml1-transitional.dtd">
03      <html xmlns="http://www.w3.org/1999/xhtml">
04      <head>
05      <meta http-equiv="Content-Type" content="text/html; charset=gb2312" />
06      <title>重要规则</title>
```

```
07    <style type="text/css">
08        p{ font-size:22px;}                          /*文字大小设置为 22 像素*/
09        span.name{ font-size:22px;}                  /*文字大小设置为 22 像素*/
10        span{ font-size:30px !important;}            /*文字大小设置为 30 像素*/
11    </style>
12    </head>
13
14    <body>
15        <p>听了妈妈的话 ，<span class="name">爱迪生</span>感到新奇极了，他想，母鸡卧在鸡蛋上就能孵
16    出小鸡来，鸡蛋是怎样变成小鸡的呢？人卧在上边行不行？他决定试一试。爱迪生从家里拿来几个鸡蛋，在邻居家
17    找了个僻静的地方，他先搭好一个窝，在下边铺上柔软的茅草，再把鸡蛋摆好，然后就蹲坐在上边，他要亲眼看一
18    看鸡蛋是怎样孵成小鸡的。 当时被人当成笑料。</p>
19    </body>
20    </html>
```

【代码解析】在示例 3.15 中，选择器 span.name 的优先级数是 11，而选择器 span 的优先级数是 1。按照优先级数计算，在 span 标签内的文字应该是 22 像素。但是在浏览器中显示的文字是 30 像素，这是因为 span 标签的字体大小的属性应用了!important。显示结果如图 3.17 所示。

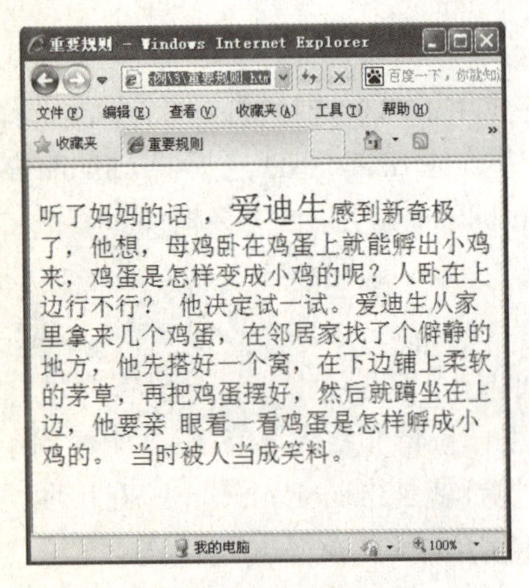

图 3.17 利用!important 后的效果

说明：在选择器 span 内使用了!important 语句，该属性设置的优先级就最高。

3.3.4 顺序优先级

当出现多个相同的选择器设置相同的属性时，后定义的选择器的优先级较高。

```
p{ color:green;}                    /*文字颜色设置为绿色*/
p{ color:blue;}                     /*文字颜色设置为蓝色*/
```

在上述代码中，分别在两个标签选择器 p 中设置文字颜色的属性。由于后定义的选择器的优先级较高，所以 p 标签嵌套的文字是蓝色的。

3.3.5　CSS 的层叠规则

有了前面知识的学习，我们再来看层叠规则。当同一个元素的同一个属性对应了多个 CSS 语句的时候，就需要 CSS 的层叠规则来决定哪个属性设置优先应用。如示例 3.16 所示，一个 p 标签的 color 属性在多个 CSS 语句中都有设置。

【示例 3.16】 在本例中，p 标签的文字颜色属性被类选择器 blue 和标签选择器 p 同时设置。类选择器 blue 设置文字为蓝色，标签选择器 p 设置文字颜色为黄色。由于类选择器的优先级高于标签选择器 p，所以文字会显示为蓝色，代码如下：

```
----------------------------文件名：一个元素同一个属性被多次设置.html----------------------------
01	<!DOCTYPE html PUBLIC "-//W3C//DTD XHTML 1.0 Transitional//EN"
02	"http://www.w3.org/TR/xhtml1/DTD/xhtml1-transitional.dtd">
03	<html xmlns="http://www.w3.org/1999/xhtml">
04	<head>
05	<meta http-equiv="Content-Type" content="text/html; charset=gb2312" />
06	<title>一个元素同一个属性被多次设置</title>
07	<style type="text/css">
08	.blue{ color:blue;}                    */文字属性颜色设置为蓝色*/
09	p{ color:yellow;}                      */文字属性颜色为设置黄色*/
10	</style>
11	</head>
12
13	<body>
14	    <p class="blue">一个元素的颜色属性被多次设置</p>
15	</body>
16	</html>
```

【代码解析】 示例 3.16 的第 8、9 行代码中，p 标签文字的 color 属性有两个选择器同时设置，这时候就出现要应用哪个选择器定义的 CSS 样式的问题。在前面讲述了对比选择器优先级的办法，可以知道，类选择器的优先级高于标签选择器。所以 p 标签的文字应用的是类选择器的 CSS 样式，文字显示为蓝色。这就是 CSS 层叠的一个表现，实际应用中，CSS 层叠规则的使用会更复杂。

CSS 层叠的规则要考虑的不仅仅是选择器的优先级，还需要考虑其他因素。以下是 CSS 层叠规则按照优先级先后顺序计算的因素：

- CSS 规则的重要性和来源。
- CSS 规则的特殊性。
- CSS 规则在文档中出现的顺序。

CSS 层叠规则算法过程分为以下步骤：

（1）针对某一元素的某一属性，列出所有给该属性指定值的 CSS 规则。如示例 3.16 中，在 p 标签上，有两条 CSS 语句设定了 color 属性。

（2）根据声明的重要性和来源进行优先级排序。重要性有两种：important（使用!important 语句的 CSS 属性设置）和 normal（未使用!important 语句的 CSS 属性设置）。在 CSS 属性设置中添加 !important 的重要性要高于未添加!important 的。重要性和来源的优先级排序从低到高是：

- 浏览器的默认样式。
- 用户自定义样式中的 normal 规则。
- 网页作者制作的样式中的 normal 规则。
- 网页作者制作的样式中的 important 规则。
- 用户自定义样式中的 important 规则。

在第（2）步的计算中，若上述任何一条 CSS 规则的优先级高于其他规则，那么 CSS 层叠规则结束，页面元素就应用该 CSS 规则中的样式。若有多条 CSS 规则具有最高优先级，那么 CSS 的层叠规则的计算就要进行第（3）步。

（3）使用选择器的优先级算法计算哪个选择器拥有较高优先级。

在这一步的计算中，若上述任何一个 CSS 语句的优先级高于其他语句，那么 CSS 层叠规则结束。页面元素就应用该 CSS 语句中的样式。若有多条 CSS 语句具有最高优先级，那么 CSS 的层叠规则的计算就要进行第（4）步。

（4）使用顺序优先级的方法比较 CSS 语句的优先级，出现在后的 CSS 语句总是比出现在前面的具有更高的优先级。因此，出现在最后的那条语句将被作为页面元素属性的值。

至此，算法结束。

3.4 颜色单位

在前面多次提到颜色的设置，现在我们来具体学习 CSS 的颜色设置。颜色应该属于 CSS 属性的值，而非单位。但是在 CSS 标准里，CSS 的颜色被归类为单位。CSS 设置颜色可以使用颜色名称、RGB 数值、RGB 百分比和颜色十六进制。

3.4.1 颜色名称

使用颜色的名称来表示颜色的属性值是最直接的赋值方法。其中，有 16 种颜色是规范的，主流的浏览器都能识别这 16 种颜色。在表 3.3 中列出了规范的 16 种颜色的名称。

表 3.3 规范的 16 色

black（黑）	lime（浅绿）	gray（灰）	green（绿）
white（白）	aqua（水绿）	siliver（银）	teal（深青）
red（红）	blue（蓝）	maroon（褐）	navy（深蓝）
Yellow（黄）	fuchsia（紫红）	olive（橄榄）	purple（紫）

在表 3.3 中列出的标准颜色是主流浏览器都兼容的，大部分浏览器能识别 140 多种颜色名称，但是这些颜色的名称对应的颜色值却不一定都相同。例如，在不同的浏览器中，对 orange 这个颜色名称可能会解释为颜色值不同的橘色。使用颜色名称来表示颜色对设计者而言是非常利于命名和记忆的方式。

技巧： 在实际运用中，若只使用 16 种规范的颜色，就会让设计显得非常枯燥，页面色彩也会显得不够丰富。

3.4.2　百分比颜色

除了使用英文名称为颜色属性定值外，还可以使用百分比来定值。在使用百分比颜色前，首先要了解 RGB 颜色。RGB 色彩模式是工业界的一种颜色标准，通过对红（R）、绿（G）、蓝（B）三个颜色通道的变化以及它们相互之间的叠加来得到各式各样的颜色表现。RGB 即代表红、绿、蓝三个通道的颜色，这个标准几乎包括了人类视力所能感知的所有颜色，是目前运用最广的颜色系统之一。

使用百分比颜色设置 RGB 颜色就是设置 R、G、B 三个颜色的百分比，其示例代码如下。

```
rgb(100%,100%,100%);                    /*设置 RGB 颜色为白色*/
```

其中，第一个百分比值代表红色，第二个代表绿色，第三个代表蓝色。每个百分比值的取值范围从 0%到 100%。把三个值都设置为 100%，则得到的颜色是白色。若设三个百分比都为 0，则得到的颜色是黑色。若希望得到灰色，就需要把三个百分比设置为一样的数值。示例 3.17 中列出了不同灰度级别的颜色。

【示例 3.17】 使用百分比颜色来设置文字的颜色，使每行文字都显示为灰色，并使每行文字的颜色的灰度级别都不同，代码如下。

```
------------------------文件名：使用百分比颜色设置不同灰度级别的颜色.html--------------------------
01    <!DOCTYPE html PUBLIC "-//W3C//DTD XHTML 1.0 Transitional//EN"
02    "http://www.w3.org/TR/xhtml1/DTD/xhtml1-transitional.dtd">
03    <html xmlns="http://www.w3.org/1999/xhtml">
04    <head>
05    <meta http-equiv="Content-Type" content="text/html; charset=gb2312" />
06    <title>使用百分比颜色设置不同灰度级别的颜色</title>
07    <style type="text/css">
08    p.zero{   color:rgb(0%,0%,0%);}              /*使用百分比为单位设置颜色为全黑色*/
09    p.one{    color:rgb(10%,10%,10%);}           /*使用百分比为单位设置颜色为灰色，灰度为
10    90%*/
11    p.two{    color:rgb(20%,20%,20%);}           /*使用百分比为单位设置颜色为灰色，灰度为
12    80%*/
13    p.three{  color:rgb(30%,30%,30%);}           /*使用百分比为单位设置颜色为灰色，灰度为
14    70%*/
15    p.four{   color:rgb(40%,40%,40%);}           /*使用百分比为单位设置颜色为灰色，灰度为
16    60%*/
17    p.five{   color:rgb(50%,50%,50%);}           /*使用百分比为单位设置颜色为灰色，灰度为
18    50%*/
19    p.six{    color:rgb(60%,60%,60%);}           /*使用百分比为单位设置颜色为灰色，灰度为
20    40%*/
21    p.seven{  color:rgb(70%,70%,70%);}           /*使用百分比为单位设置颜色为灰色，灰度为
22    30%*/
23    p.eight{  color:rgb(80%,80%,80%);}           /*使用百分比为单位设置颜色为灰色，灰度为
24    20%*/
25    p.nine{   color:rgb(90%,90%,90%);}           /*使用百分比为单位设置颜色为灰色，灰度为
26    10%*/
```

```
27    p.ten{    color:rgb(100%,100%,100%);}              /*使用百分比为单位设置颜色为全白色*/
28    </style>
29    </head>
30
31    <body>
32    <p class="zero">rgb(0%,0%,0%),颜色为灰色，灰度为 90%</p>
33    <p class="one">rgb(10%,10%,10%),颜色为灰色，灰度为 80%</p>
34    <p class="two">rgb(20%,20%,20%),颜色为灰色，灰度为 70%</p>
35    <p class="three">rgb(30%,30%,30%),颜色为灰色，灰度为 60%</p>
36    <p class="four">rgb(40%,40%,40%),颜色为灰色，灰度为 50%</p>
37    <p class="five">rgb(50%,50%,50%),颜色为灰色，灰度为 40%</p>
38    <p class="six">rgb(60%,60%,60%),颜色为灰色，灰度为 30%</p>
39    <p class="seven">rgb(70%,70%,70%),颜色为灰色，灰度为 20%</p>
40    <p class="eight">rgb(80%,80%,80%),颜色为灰色，灰度为 10%</p>
41    <p class="nine">rgb(90%,90%,90%),颜色为灰色，灰度为 90%</p>
42    <p class="ten">rgb(100%,100%,100%),颜色为全白色</p>
43    </body>
44    </html>
```

运行结果如图 3.18 所示。

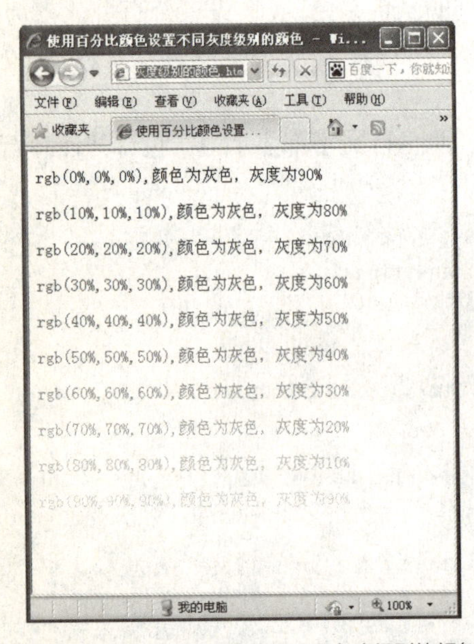

图 3.18　使用百分比颜色设置不同灰度级别的颜色

【代码解析】在示例 3.17 中，第 8～27 行代码设置了从黑色到白色的不同灰度级别的颜色。应注意的是，设置灰度百分比越高，则灰度越低。

若要设置带色彩的颜色，就需要把三个百分比值设置为不同的数值。表 3.4 中是一些常用的颜色对应的百分比值。

表 3.4　百分比颜色

颜色名称	百分比颜色值	颜色名称	百分比颜色值
红色	rgb(100%,0%,0%)	紫色	rgb(100%,0%,100%)

续表

颜色名称	百分比颜色值	颜色名称	百分比颜色值
蓝色	rgb(0%,0%,100%)	金黄色	rgb(100%,80%,0%)
绿色	rgb(0%,100%,0%)	棕褐色	rgb(100%,80%,60%)
黄色	rgb(100%,100%,0%)	靛蓝色	rgb(20%,0%,100%)

注意：使用百分比颜色的时候不要使用小数来设置，例如，23.4%这样的数值。某些浏览器并不能解释小数，这就会使颜色产生较大的偏差。

3.4.3　数字颜色

使用数字颜色的设置方法和百分比颜色是类似的，不同之处是数字颜色的取值范围从 0 到 255。使用数字颜色设置 RGB 颜色就是设置 R、G、B 三个颜色的数值，示例代码如下。

```
rgb(255,255,255);                    /*设置 RGB 颜色为白色*/
```

其中，第一个数值代表红色，第二个代表绿色，第三个代表蓝色。若把三个值都设置为 255，则得到的颜色是白色。若设三个百分比都为 0，则得到的颜色是黑色。若希望得到灰色，就需要把三个颜色数值都设置为一样的值。表 3.5 中是一些常用的颜色对应的数字值。

表 3.5　数字颜色

颜色名称	数字颜色值	颜色名称	数字颜色值
红色	rgb(255,0,0)	紫色	rgb(255,0,255)
蓝色	rgb(0,0,255)	金黄色	rgb(255,204,0)
绿色	rgb(0,255,0)	棕褐色	rgb(255,204,153)
黄色	rgb(255,255,0)	靛蓝色	rgb(51,0,255)

对比表 3.4 和表 3.5 可以推算出百分比颜色和数字颜色的转换关系。例如，棕褐色的百分比表示为 rgb(100%,80%,60%)，棕褐色的数字颜色为 rgb(255,204,153)。每个百分比值乘以 255，就得到棕褐色的数字颜色值。若某个颜色的百分比值为 26%，其数字颜色值就是 26% × 255=66.3。由于数字颜色的数值只允许是整数，就需要四舍五入为 66。

3.4.4　十六进制颜色

在之前的章节中，曾经使用如下的设置颜色数值的方法：

```
color:#ff0000;            /*设置文字颜色为红色*/
color:#00ff00;            /*设置文字颜色为绿色*/
color:#0000ff;            /*设置文字颜色为蓝色*/
```

其中，#ff0000 代表使用十六进制表示颜色数值，#代表使用的是十六进制，所以在使用十六进制颜色时不能省略#号。Dreamweaver 中的代码提示能弹出拾色器，如图 3.19 所示。当吸管在拾色器的某个颜色上时，拾色器上方就会出现该颜色的十六进制颜色值。

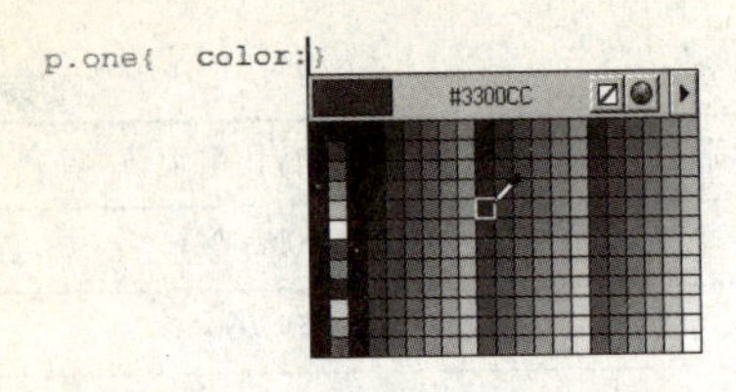

图 3.19 Dreamweaver 中的拾色器

【示例 3.18】 使用十六进制颜色来设置文字的颜色，使每行文字都呈现不同的颜色，代码如下。

```
---------------------------------文件名：十六进制的颜色.html-----------------------------------
01    <!DOCTYPE html PUBLIC "-//W3C//DTD XHTML 1.0 Transitional//EN"
02    "http://www.w3.org/TR/xhtml1/DTD/xhtml1-transitional.dtd">
03    <html xmlns="http://www.w3.org/1999/xhtml">
04    <head>
05    <meta http-equiv="Content-Type" content="text/html; charset=gb2312" />
06    <title>十六进制的颜色</title>
07    <style type="text/css">
08    p.navy{color: #800001;}                  /*文字颜色设置为深褐色*/
09    p.maroon{color: #808280;}                /*文字颜色设置为灰色*/
10    p.gray{color: #001080;}                  /*文字颜色设置为深蓝色*/
11    </style>
12    </head>
13
14    <body>
15    <p class="navy">褐色 navy</p>
16    <p class="maroon">灰色 maroon</p>
17    <p class="gray">深蓝色 gray</p>
18    </body>
19    </html>
```

【代码解析】在示例 3.18 中，第 8～10 行代码定义了三个 p 标签的组合选择器，声明为颜色属性，属性值为十六进制，运行结果如图 3.20 所示。

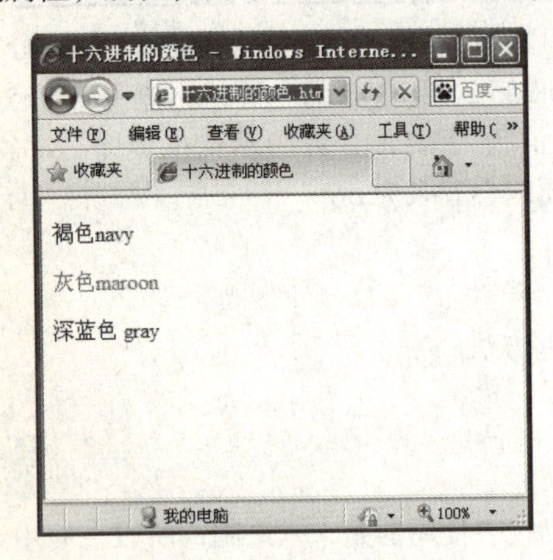

图 3.20 十六进制的颜色

表 3.6 中是一些常用的颜色对应的十六进制值。

表 3.6　十六进制颜色

颜色名称	十六进制颜色值	颜色名称	十六进制颜色值
红色	#ff0000	紫色	#ff00ff
蓝色	#0000ff	金黄色	#ffcc00
绿色	#00ff00	棕褐色	#ffcc99
黄色	#ffff00	靛蓝色	#3300ff

上述使用的十六进制颜色都含有六个数字或者字母。但某些时候看到使用三个数字或者字母设置十六进制颜色，代码如下。

```
color:#f00;                /*设置文字颜色为红色*/
color:#0f0;                /*设置文字颜色为绿色*/
color:#00f;                /*设置文字颜色为蓝色*/
```

使用三个数字或者字母表示十六进制颜色称为短十六进制。例如，#ff0000 能用#f00 表示，其中，ff 能简写成一个 f，00 能简写成一个 0。但是#ff0003 是不能写成#f003 的。

技巧：只有当三对数字都能被简写时，十六进制颜色才能使用短十六进制来简写。

表 3.6 中所有的十六进制数都能简写成短十六进制，如表 3.7 所示。

表 3.7　短十六进制颜色

颜色名称	短十六进制颜色值	颜色名称	短十六进制颜色值
红色	#f00	紫色	#f0f
蓝色	#00f	金黄色	#fc0
绿色	#0f0	棕褐色	#fc9
黄色	#ff0	靛蓝色	#30f

3.5　长度单位

在设计网页时，我们常常要考虑网页元素的位置和占版面的大小，例如，边框大小、页边距等都需要靠长度来设置，所以长度单位在 CSS 中极其重要。长度由数值和单位组合而成，只有数值带上单位，长度才会正确显示。长度单位分为绝对单位和相对单位。

3.5.1　绝对单位

绝对单位通常是在现实中用于度量长度的物理单位。在网页中可以使用的绝对长度单位有四种，分别为英寸（in）、厘米（cm）、毫米（mm）和磅（pt），表 3.8 列出了这四种单位的转换关系。

表 3.8　绝对单位

单位名称	转换关系
英寸（in）	1 厘米等于 0.0394 英寸
厘米（cm）	1 英寸等于 2.54 厘米
毫米（mm）	1 厘米为 10 毫米
磅（pt）	磅是标准的印刷单位。72 磅为 1 英寸

在网页设计中，极少使用绝对单位，因为每个用户的显示器可能不同，浏览器可能也不相同，很难使用绝对单位去统一定义网页元素的大小。

3.5.2　相对单位

在设计网页时，为了兼容不同的浏览器和显示器分辨率，应使用相对单位，其能适应不同的浏览器和屏幕分辨率。常用的相对单位有 px 和 em。

1．px

px 是像素单位。像素是用来计算数码影像的一种单位，一个像素通常被视为图像的最小点。若把影像放大数倍，会发现这些连续的色调其实是由许多色彩相近的小方点所组成的，这些小方点就是构成影像的最小单位——像素（Pixel）。通俗地说，在屏幕上的影像是由一个个连续的像素点构成的。

【示例 3.19】 使用 px 设置网页元素的大小。在本例中，使用了三个 div 标签，其宽高都使用 px 为单位来设置，代码如下。

```
-----------------------------文件名：使用px设置的网页元素的大小.html------------------------------
01    <!DOCTYPE html PUBLIC "-//W3C//DTD XHTML 1.0 Transitional//EN"
02    "http://www.w3.org/TR/xhtml1/DTD/xhtml1-transitional.dtd">
03    <html xmlns="http://www.w3.org/1999/xhtml">
04    <head>
05    <meta http-equiv="Content-Type" content="text/html; charset=gb2312" />
06    <title>使用px设置的网页元素的大小</title>
07    <style type="text/css">
08    div{ background:red; margin:10px; font-size:0}      /*div标签的背景设置为黑色，边距设置为10
09    像素*/
10    div.one{ width:80px; height:80px;}                  /*第一个div标签宽高设置为80像素*/
11    div.two{ width:40px; height:40px;}                  /*第二个div标签宽高设置为40像素*/
12    div.three{ width:10px; height:10px;}                /*第三个div标签宽高设置为10像素*/
13    div.four{ width:1px; height:1px;}                   /*第四个div标签宽高设置为1像素*/
14    </style>
15    </head>
16
17    <body>
18    <div class="one"></div>
19    <div class="two"></div>
20    <div class="three"></div>
21    <div class="four"></div>
22    </body>
23    </html>
```

【**代码解析**】在示例 3.19 的代码第 21 行，即最后一个 div 标签的大小就是 1 像素。在 IE 6.0 中没有 1 像素高的 div 容器，所以在 IE 6.0 中显示为 2 像素高。在 Firefox 浏览器（即火狐浏览器）中，最后一个 div 标签的宽高就是 1 像素大小。其他 div 标签在 IE 6 和火狐中都是同一大小，运行结果如图 3.21 和图 3.22 所示。

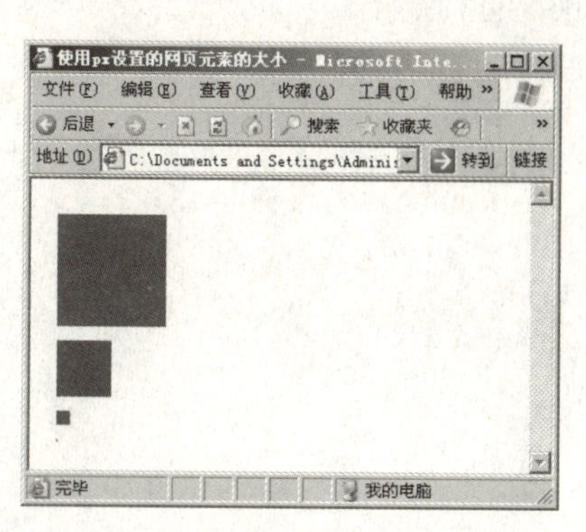

图 3.21　使用 px 设置网页元素的大小（IE 6.0）

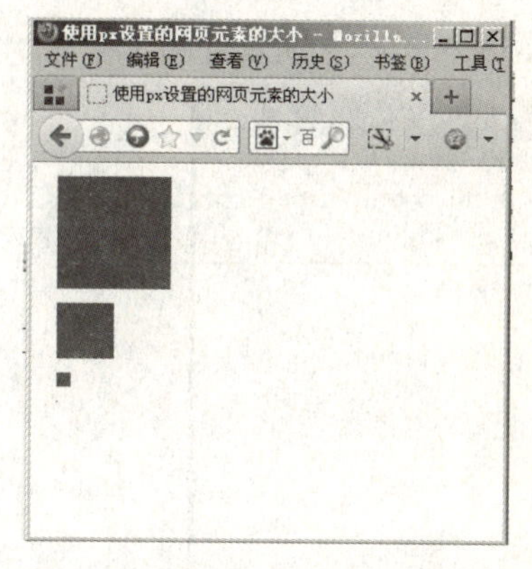

图 3.22　使用 px 设置的网页元素的大小（火狐）

像素是根据用户显示器的分辨率来计算的。例如，1 像素在分辨率为 72dpi 和 96dpi 的屏幕上显示的大小不同。但是由于像素是相对单位，所以，从整体上看，页面元素的相对位置是不变的。

技巧：在网页设计中，使用最多的长度单位就是像素。

2. em

em 其实就是当前字体的 font-size 的属性值。若在网页中设置一个文字的大小为 12px，那么这个文字大小就是 1em。当在同一个网页中设置一个文字为 18px 时，这个文字的大小就是 1.5em。由于 12px × 1.5=18px，所以 18px 就是 1.5em。em 是随着当前字体的大小变化而变化的。示例 3.20 设置了两行文字，使用 em 为单位设置文字大小，代码如下。

```
-----------------------------文件名：使用 em 为单位设置文字大小.html--------------------------------
01    <!DOCTYPE html PUBLIC "-//W3C//DTD XHTML 1.0 Transitional//EN"
02    "http://www.w3.org/TR/xhtml1/DTD/xhtml1-transitional.dtd">
03    <html xmlns="http://www.w3.org/1999/xhtml">
04    <head>
05    <meta http-equiv="Content-Type" content="text/html; charset=gb2312" />
06    <title>使用 em 为单位设置文字大小</title>
07    <style type="text/css">
08    div.one{ font-size:16px;}              /*文字大小设置为 16 像素*/
09    div.one p{ font-size:1.5em;}           /*文字大小设置为 1.5em*/
10    div.two{ font-size:24px;}              /*文字大小设置为 24 像素*/
11    </style>
12    </head>
13
14    <body>
15    <div class="one">文字大小设置为 16 像素<p class="one">文字大小设置为 1.5em</p></div>
```

```
16      <div class="two"><p>文字大小设置为24像素</p></div>
17      </body>
18      </html>
```

【代码解析】在示例3.20中，第15行代码设置的文字大小为16像素，就是1em。第二行文字设置为1.5em，浏览器就会执行16px×1.5=24px的计算，所以第二行文字的大小为24像素。第三行文字大小设置为24像素，用于对比，运行结果如图3.23所示。

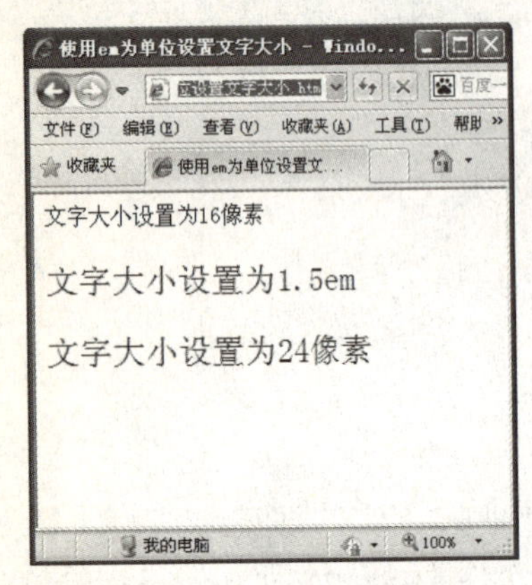

图3.23 使用em为单位设置文字大小

3.6 URL

为能使用外部资源，我们常通过标签URL链接来引入。URL指的是一个文件、文档或者图片等资源所在的路径，其语法结构如下：

```
url（一个路径）
```

其中，由于路径的写法不同，URL分为绝对URL和相对URL。

3.6.1 绝对URL

绝对URL指的是URL放在任何网页中都能正常使用，因为它是网络空间中的一个绝对位置。下面是一个使用绝对URL的示例。

```
body {background-image: url(http://www.baidu.com/img/logo.gif);}
```

说明： background-image属性定义了body的背景图片，url给出了图片的路径。

该样式实现的效果是设置body的背景为logo.gif。其中，url的值"http://www.baidu.com/img/logo.gif"放在任何位置都能正确显示。

3.6.2 相对URL

相对URL是指相对于文档自身所在位置的路径。例如，CSS文件和名称为logo.gif的图片文件处于相同的目录。当 CSS 中使用这张图片时，URL 的写法如下。

```
body {background-image: url(logo.gif);}
```

说明： url 的值“logo.gif”是相对于 CSS 文件的。当 CSS 文件的位置发生变化时，logo.gif 就不能正常显示了。

注意： 在 CSS 中使用相对 URL 时，是相对于 CSS 文件，而不是相对于 HTML（或 XHTML）文档。在书写 url 属性时，url 和后面的括号“(”之间不能插入空格键，否则会导致设置失效。

3.7　继承性

继承性是 CSS 的一个重要特性。如果某个属性具有继承性，则属性作用在父元素的同时，也会作用于其包含的子元素。一个关于继承性的示例如下。

```
div{color:#666666;}
<div>这是一个关于<p>继承性</p>的示例</div>
```

该样式实现的功能为：在 div 元素和其包含的子元素 p 中，文本的字体颜色都为灰色，子元素 p 继承了父元素 div 的属性设置，其应用于网页的效果如图 3.24 所示。

这是一个关于

继承性

的示例

图 3.24　关于继承性的一个示例

注意： 不是所有的属性都具有继承性。

3.8　小结

本章讲解了 CSS 的基本语法。本章前半部分介绍了常用的 CSS 选择器类型、CSS 声明，以及 CSS 的继承和层叠。其重点是理解并正确运用 CSS 选择器和声明，难点是 CSS 的继承和层叠的概念。后半部分介绍 CSS 技术中常用的单位，包括颜色单位和长度单位。设置颜色单位有颜色名称、百分比颜色、数字颜色和十六进制颜色共四种方法，单位设置的知识主要是掌握相对单位，重点是理解并正确运用 CSS 的单位。难点是理解 CSS 单位的不同设置方法之间的差异。下一章将讲解如何使用 CSS 样式来控制文本的外观样式。

第2篇

CSS 页面布局技巧

网页开发手记：CSS+DIV网页布局实战详解

第4章 设置文本样式

大家在浏览网页时，会发现一篇文章通过段落划分层次、字体的样式和颜色来突出和强调重点的内容。这些效果都是通过对文本字体和文本段落进行设置获得的。CSS 拥有丰富的文本属性，可以设置文字样式和段落样式。本章将讲述如何使用 CSS 设置网页中的文字和段落样式。知识点包括：

- 使用 CSS 样式设置文字大小、颜色
- 使用 CSS 样式加粗字体，设置成斜体
- 使用 CSS 样式为字体添加下画线、顶画线和删除线
- 使用 CSS 样式转换英文大小写和了解文本属性的复合写法
- 使用 CSS 样式控制段落的对齐方式、段落样式和段落间距

4.1　字体类型

在印刷行业中，字体的使用是非常自由的。在印刷品中可以使用各种各样的字体来丰富产品外观。但是这种便利并不适用于网页，因为在网页上表现的字体并不是由服务器决定的，而是由用户的终端系统来支持的。字体并不是浏览器的一部分，而是电脑系统的一部分。当设计师在设定网页字体的时候，使用了用户没有安装的一种字体，那么用户在浏览这个网页时就看不到设计师所设定的字体。此时，在网页上显示的是用户系统默认的字体。

绝大部分的用户系统默认支持的中文字体有宋体、黑体、幼圆、楷体等；默认支持的英文字体有 Arial、Arial Black、Arial Narrow、Century Gothic、Comic Sans MS、Georgia、Impact、Monotype、Palatino、Symbol、Times New Roman、Verdana 等。在网页设计中，宋体和 Arial 字体使用的频率最高，因为这两种字体是大部分系统默认安装的字体。

CSS 提供了 font-family 属性用于改变网页展现的文字字体，以下是使用 font-family 属性的通用语法：

```
font-family:name;
```

其中，name 值代表字体的名称，它可以设置为一个字体的名称或者是一组字体的合集。

【示例 4.1】 对 font-family 设置了中文字体和英文字体，代码如下。

```
font-family:宋体,黑体,幼圆;                                  /*设置中文字体*/
font-family:Arial, "Times New Roman",Times, serif;          /*设置英文字体*/
```

在 font-family 属性中若依次添加多个字体名称，显示的优先级是按先后顺序排列的。若用户系统中没有安装相应的宋体，则字体会显示为黑体，若没有黑体，则显示为幼圆。对于英文字体的设置也是如此。请注意，字体之间用逗号隔开。

【示例 4.2】 通过 body 标签的 font-family 属性来设置整个网页文字的字体样式，代码如下。

```
----------------------------------文件名：中文字体.html--------------------------------------
01   <!DOCTYPE html PUBLIC "-//W3C//DTD XHTML 1.0 Transitional//EN"
02   "http://www.w3.org/TR/xhtml1/DTD/xhtml1-transitional.dtd">    <!--使用 XHTML 1.0 规范-->
03   <html xmlns="http://www.w3.org/1999/xhtml">               <!--定义名字空间，也是 HTML 页面开始
04   -->
05   <head>                                                     <!-页面的头部开始-->
06   <meta http-equiv="Content-Type" content="text/html; charset=gb2312" />
07   <style type="text/css">  <!-内部 CSS 定义开始-->
08             body{font-family:宋体,仿宋,幼圆;}  /*设置网页文字字体样式依次为宋体、黑体和幼圆*/
09   <!-设置页面主体的字体-->
10   </style>                          <!-内部 CSS 定义结束-->
11   </head>                           <!-页面的头部结束-->
12
13   <body>                            <!-页面的主体开始-->
14   改变字体
15   </body>                           <!-页面的主体结束-->
16   </html>                           <!-HTML 页面结束-->
```

【代码解析】 第 8 行代码设置 body 标签的 font-family 属性可以使整个页面都应用宋体、仿

宋或者幼圆中的一种字体样式。具体使用哪种字体取决于用户的系统字体。在 font-family 属性设置中更改宋体、黑体和幼圆的顺序，可以在浏览器中看到字体样式的改变。

【示例 4.3】 本例分别使用内嵌式和行内样式调用 font-family 属性，其实现的效果是一致的，但要注意两者在书写时的不同，代码如下。

```
---------------------------------文件名：英文字体.html----------------------------------
01    <!DOCTYPE html PUBLIC "-//W3C//DTD XHTML 1.0 Transitional//EN"
02    "http://www.w3.org/TR/xhtml1/DTD/xhtml1-transitional.dtd">
03    <html xmlns="http://www.w3.org/1999/xhtml">
04    <head>                          <!—页面的头部开始-->
05    <meta http-equiv="Content-Type" content="text/html; charset=gb2312" />
06    <style type="text/css">                <!—内部 CSS 头部定义开始-->
07    /*设置网页文字字体样式依次为 Arial、Times New Roman、Times 和 serif */
08    body{font-family:Arial, "Times New Roman",Batang ;}        <!—设置页面主体的英文字体-->
09    </style>                                          <!—内部 CSS 定义结束-->
10    </head>                                           <!—页面的头部结束-->
11
12    <body>                                            <!—页面的主体开始-->
13    <p style="font-family: Arial, 'Times New Roman',Times,serif ;"> Change font face</p>
14    </body>                                           <!—页面的主体结束-->
15    </html>                                           <!—HTML 页面结束-->
```

【代码解析】在第 8 行代码中，若内嵌的样式语句中字体名称包含空格，如 Times New Roman，则引用该字体时需要使用双引号；第 13 行代码中，若在标签内嵌样式语句中的字体名称包含空格，则引用该字体时需要使用单引号。

注意： font-family 属性具有继承性。在设置了一个标签的 font-family 属性后，该标签中所有其他的子标签都会应用该字体属性。

4.2 字体大小设置

我们在浏览网页时，发现标题特别大，这就是网页通过设置文本字体大小来突出网页内容的重要程度。文字的默认大小是由用户的浏览器决定的。在 IE 6、IE 7、IE 8 和火狐浏览器中，网页显示的文字默认大小为 16 像素，设计人员可以使用 CSS 的 font-size 属性来设置网页中文字的大小。

CSS 提供了 font-size 属性用于改变文字的大小。以下是使用 font-size 属性的通用语法。

```
font-size:textsize;
```

其中，textsize 用于定义文字大小的属性值。textsize 值可以是百分比或关键字。

【示例 4.4】 使用不同的单位设置文字大小，代码如下。

```
---------------------------------文件名：字体大小.html----------------------------------
01    <!DOCTYPE html PUBLIC "-//W3C//DTD XHTML 1.0 Transitional//EN"
02    "http://www.w3.org/TR/xhtml1/DTD/xhtml1-transitional.dtd">
03    <html xmlns="http://www.w3.org/1999/xhtml">
04    <head>
```

```
05      <title>使用 em 和百分比定义文字大小</title>
06      <meta http-equiv="Content-Type" content="text/html; charset=gb2312" />
07      <style type="text/css">
08      h1{font-size:12px;}                              /*像素设置文字大小*/
09      h2{font-size:120%;}                              /*百分比设置文字大小*/
10      h3{font-size:1em;}                               /*单位 em 设置文字大小*/
11      h4{font-size:large;}                             /*关键字设置文字大小*/
12      h5{font-size:12in;}                              /*物理长度单位设置文字大小*/
13      </style>
14      </head>
15
16      <body>
17            <h1>我爱网页设计 12px</h1>
18            <h2>我爱网页设计 120%</h2>
19            <h3>我爱网页设计 1em</h3>
20            <h4>我爱网页设计 large</h4>
21            <h5>我爱网页设计 12in</h5>
22      </body>
23      </html>
```

【代码解析】代码中第 8 ~ 12 行分别列出了 5 种字体大小的单位，比较常用的是第一种，用 px 像素单位设置字体大小，任意浏览器的默认字体高都是 16px。所有未经调整的浏览器都符合 1em=16px。那么 12px=0.75em，10px=0.625em。

提示：设置 textsize 的值可以使用相对大小或绝对大小两种方法。

4.2.1　相对大小定义

本书第 3 章介绍了相对长度单位，现在我们就用相对长度单位的方法定义文字大小，textsize 值可以使用相对长度单位定义和相对关键字定义。

1. 使用相对长度单位定义文字大小

像素（px）实际上也属于相对长度单位，是相对于屏幕分辨率的相对单位。而单位 em 是服从文档继承关系的相对单位。使用像素定义 font-size 的值是固定的，不会继承父元素的原始文字大小。而使用单位 em 定义的文字大小则会继承父元素文字的原始大小。关于 px 像素和 em 单位的知识，可查阅本书 3.5 节的内容。

【示例 4.5】　本例使用 em 和百分比设置文字大小为原文字大小的三倍，代码如下。

```
----------------------------文件名：使用 em 和百分比定义文字大小.html-----------------------------
01      <!DOCTYPE html PUBLIC "-//W3C//DTD XHTML 1.0 Transitional//EN"
02      "http://www.w3.org/TR/xhtml1/DTD/xhtml1-transitional.dtd">
03      <html xmlns="http://www.w3.org/1999/xhtml">
04      <head>
05      <title>使用 em 和百分比定义文字大小</title>
06      <meta http-equiv="Content-Type" content="text/html; charset=gb2312" />
07      <style type="text/css">
08          p{font-family:Arial, Helvetica, sans-serif;}              /*设置 p 标签的字体属性*/
09          .px1{font-size:16px;}                                  /*设置字体大小为 16 像素*/
```

```
10          .px2{font-size:48px;}                          /*设置字体大小为 48 像素*/
11          .em{font-size:3em;}                            /*设置字体大小为 3em*/
12          .percent{font-size:300%;}                      /*设置字体大小为 300%*/
13      </style>
14      </head>
15
16      <body>
17              <p class="px1">字体大小 12px
18               <span class="em">字体大小 3em</span>
19               <span class="percent">字体大小 400%</span>
20              <span class="px2">字体大小 48px</span>21  </p>
22      </body>
23      </html>
```

运行结果如图 4.1 和图 4.2 所示。

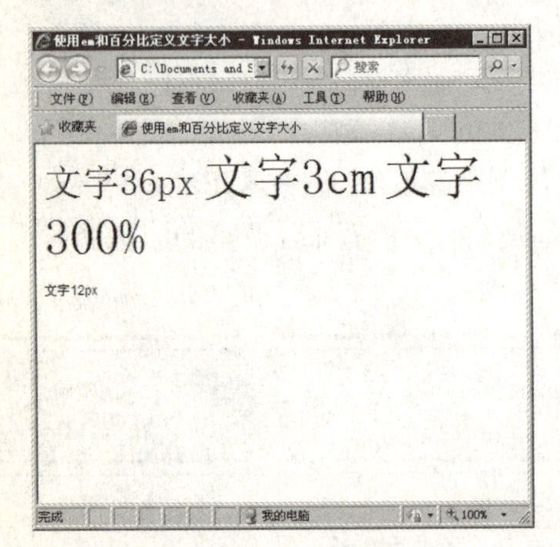

图 4.1　使用 em 和百分比定义文字大小（IE）

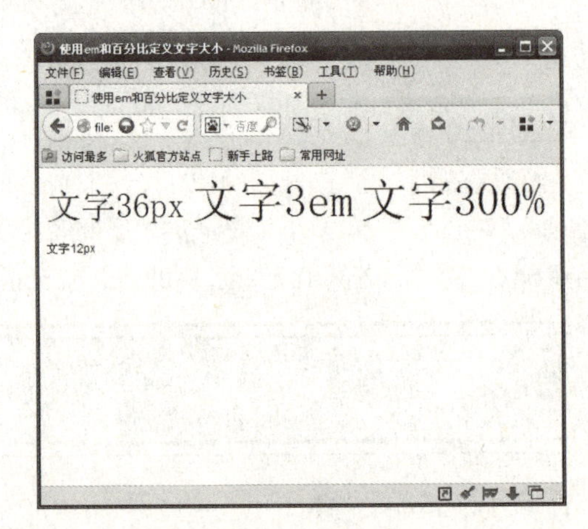

图 4.2　使用 em 和百分比定义文字大小（火狐）

【代码解析】由图 4.1 和图 4.2 可知，使用相对大小的方法设置文字的大小在 IE 和火狐浏览器下得到的效果是一致的。在示例 4.5 中，代码第 17～20 行定义的 p 标签内包含三个 span 标签，所以 p 标签是 span 标签的父元素。文字大小具有继承性，span 标签的文字大小原始值会继承 p 标签的文字大小，也就是 16 像素。设置第一个 span 标签的文字大小为 3em，则该 span 标签中的文字大小就是 16 像素 ×3=48 像素；设置第二个 span 标签的文字大小为 300%，则该 span 标签中的文字大小就是 16 像素 ×300%=48 像素；设置第三个 span 标签为 48 像素用于对比前两个 span 标签的文字大小。

说明：网页设置相对长度单位大小是不会影响不同浏览器的浏览效果的。

2. 使用相对关键字文字大小

使用相对大小方法定义文字大小，我们除了使用 em 和百分比，还可以使用相对关键字。CSS 提供了 larger 和 smaller 关键字用于设定 font-size 属性。使用 larger 关键字使文字变大；使用 smaller 关键字使文字变小。

【示例 4.6】 本例使用相对关键字 smaller 和 larger 定义文字大小，代码如下。

```
-----------------------------文件名：使用相对关键字定义文字大小.html------------------------------
01    <!DOCTYPE html PUBLIC "-//W3C//DTD XHTML 1.0 Transitional//EN"
02    "http://www.w3.org/TR/xhtml1/DTD/xhtml1-transitional.dtd">
03    <html xmlns="http://www.w3.org/1999/xhtml">
04    <head>
05    <title>使用相对关键字定义文字大小</title>
06    <meta http-equiv="Content-Type" content="text/html; charset=gb2312" />
07    <style type="text/css">
08        p{font-family:宋体,Arial, Helvetica;}                    /*设置 p 标签的字体属性*/
09        p{font-size:28px;}                                      /*设置文字大小为 28 像素*/
10        .larger{ font-size:larger;}                             /*设置关键字为 larger*/
11        .smaller{ font-size:smaller;}                           /*设置关键字为 smaller*/
12    </style>
13    </head>
14
15    <body>
16        <p>文字 28px
17            <span class="larger">字体 larger</span>
18            <span class="smaller">字体 smaller</span>
19        </p>
20    </body>
21    </html>
```

运行结果如图 4.3 和图 4.4 所示。

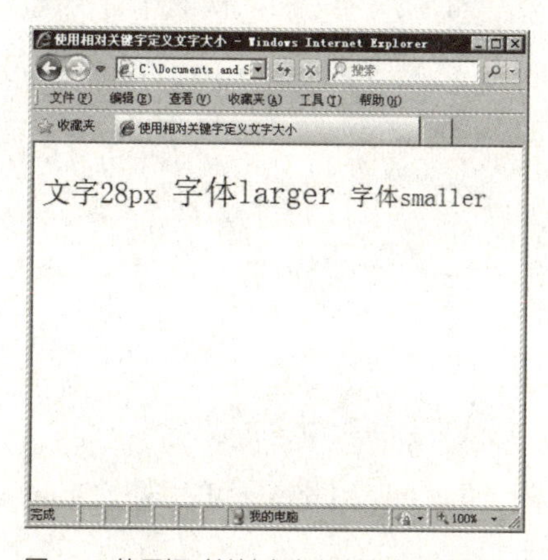

图 4.3　使用相对关键字定义文字大小（IE）

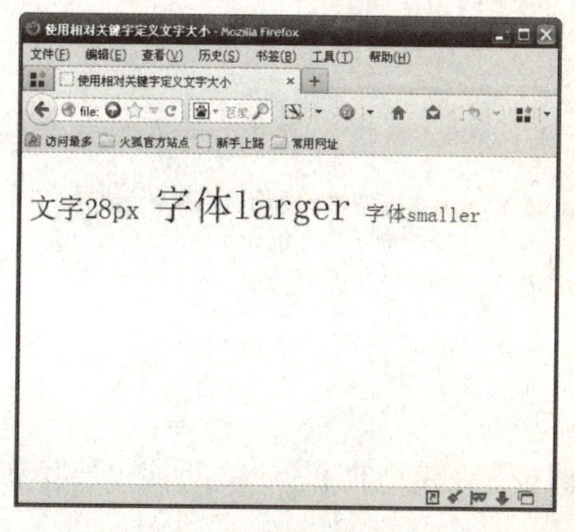

图 4.4　使用相对关键字定义文字大小（火狐）

【代码解析】使用相对关键字定义文字大小，则子元素是根据缩放因子来计算文字大小的。在 CSS 2 规则中，缩放因子是 1.2 倍，则使用 larger 关键字就是子元素文字相对于父元素文字的大小进行放大；使用 smaller 关键字就是子元素文字相对于父元素文字的大小进行缩小。

在示例 4.6 中，第 16～19 行代码中的标签 p 是标签 span 的父元素。标签 span 的原始文字大小是 28 像素。第一个 span 标签的文字大小定义为 larger，则该 span 标签中的文字大小就是 28 像素×1.2=33.6 像素；设置第二个 span 标签的文字大小为 smaller，则该 span 标签中的文字大小就是 28 像素/1.2=23.3 像素，则显示为 23 像素。

4.2.2 绝对大小定义

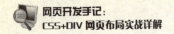

除了可以使用相对大小的方法定义网页中的文字大小外，还可以使用绝对大小的方法定义其中的文字大小。绝对单位的知识可以参阅 3.5.1 节的内容。

1. 使用物理长度单位定义文字大小

使用绝对大小的方法定义文字大小，textsize 值可以使用物理长度单位定义和绝对关键字定义。

【示例 4.7】 本例使用各种物理长度方法定义文字大小，代码如下。

```
----------------------------文件名：使用物理长度单位定义文字大小.html----------------------------
01    <!DOCTYPE html PUBLIC "-//W3C//DTD XHTML 1.0 Transitional//EN"
02    "http://www.w3.org/TR/xhtml1/DTD/xhtml1-transitional.dtd">
03    <html xmlns="http://www.w3.org/1999/xhtml">
04    <head>
05    <title>使用物理长度单位定义文字大小</title>
06    <meta http-equiv="Content-Type" content="text/html; charset=gb2312" />
07    <style type="text/css">
08         p{font-family: 宋体,黑体, Helvetica;}              /*设置 p 标签的字体属性*/
09         p.pt{ font-size:24pt;}                            /*设置字体大小为 24 磅*/
10         p.cm{ font-size:0.6cm;}                           /*设置字体大小为 0.6 厘米*/
11         p.mm{ font-size:8mm;}                             /*设置字体大小为 8 毫米*/
12         p.pc{ font-size:2pc;}                             /*设置字体大小为 2 点*/
13         p.inch{ font-size:0.4in;}                         /*设置字体大小为 0.4 英寸*/
14    </style>
15    </head>
16
17    <body>
18        <p class="pt">字体 24pt</p>
19        <p class="cm">字体 0.6cm</p>
20        <p class="mm">字体 8mm</p>
21        <p class="pc">字体 2pc</p>
22        <p class="inch">字体 0.4in</p>
23    </body>
24    </html>
```

【代码解析】在代码的第 9 ~ 13 行使用长度单位 pt、pc、in、cm 和 mm，可以定义 font-size 属性。

2. 使用关键字定义文字大小

使用绝对大小方法定义文字大小，除了可以使用物理长度单位外，还可以使用关键字。CSS 提供了 xx-small、 x-small、small、medium、large、x-large 和 xx-large 共 7 个关键字用于设定 font-size 属性。

【示例 4.8】 使用绝对关键字方法定义文字大小，代码如下。

```
----------------------------文件名：使用绝对关键字定义文字大小.html----------------------------
01    <!DOCTYPE html PUBLIC "-//W3C//DTD XHTML 1.0 Transitional//EN"
02    "http://www.w3.org/TR/xhtml1/DTD/xhtml1-transitional.dtd">
03    <html xmlns="http://www.w3.org/1999/xhtml">
```

```
04      <head>
05      <title>使用绝对关键字定义文字大小</title>
06      <meta http-equiv="Content-Type" content="text/html; charset=gb2312" />
07      <style type="text/css">
08          p{font-family:Arial, Helvetica, sans-serif;}         /*设置p标签的字体属性*/
09          p.medium{ font-size:medium;}                         /*字体大小关键字为 medium*/
10          p.large{ font-size:large;}                           /*字体大小关键字为 large*/
11          p.xLarge{ font-size:x-large;}                        /*字体大小关键字为 x-large*/
12          p.xxLarge{ font-size:xx-large;}                      /*字体大小关键字为 xx-large*/
13          p.medium{ font-size:medium;}                         /*字体大小关键字为 medium*/
14          p.xxSmall{ font-size:xx-small;}                      /*字体大小关键字为 xx-small*/
15          p.xSmall{ font-size:x-small;}                        /*字体大小关键字为 x-small*/
16          p.small{ font-size:small;}                           /*字体大小关键字为 small*/
17      </style>
18      </head>
19
20      <body>
21          <p class="large">文字 large</p>
22          <p class="xLarge">文字 xLarge</p>
23          <p class="xxLarge">文字 xxLarge</p>
24          <p class="medium">文字 medium</p>
25          <p class="xxSmall">文字 xxSmall</p>
26          <p class="xSmall">文字 xSmall</p>
27          <p class="small">文字 small</p>
28      </body>
29      </html>
```

【代码解析】示例 4.8 的显示结果如图 4.5 所示。其中，代码的第 13 行 medium 关键字定义的文字大小是浏览器默认字体大小。若浏览器默认的字体大小是 16 像素，则 medium 关键字定义的文字大小就是 16 像素。而其他关键字定义的文字大小会根据缩放因子自动计算。在 CSS 2 规则中，缩放因子是 1.2。因此，代码的第 10 ~ 12 行中，large 关键字定义的文字大小是 16 像素 × 1.2=19.2 像素，在网页上显示为 19 像素大小；代码的第 14 ~ 16 行中，small 关键字定义的文字大小是 16 像素/1.2=13.3 像素，在网页上显示为 13 像素大小；其他关键字定义的文字大小也依此类推。

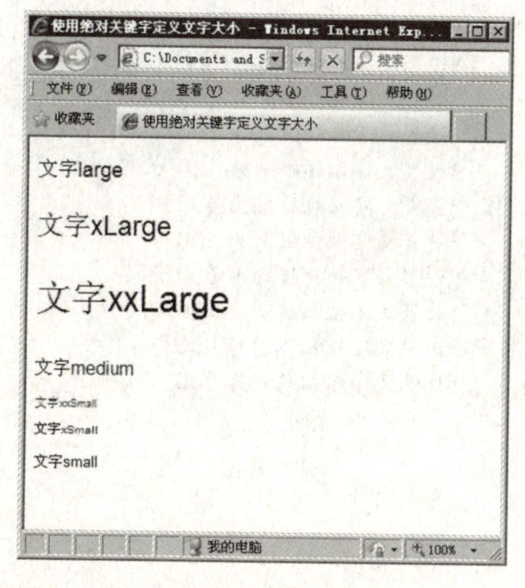

图 4.5　使用关键字定义文字大小

注意： 使用关键字定义文字大小时，即使将 body 的 font-size 属性定义为 12 像素，也不能改变 medium 定义的文字大小。

在实际的网页设计中，较少使用绝对大小的方法设置文字大小。因为若显示器的分辨率不一致，或者浏览器的设置不一致时，将可能导致文字溢出边界。

4.3 字体加粗

网页内容的重要信息或需要强调的信息通常以加粗的方式来显示。在 HTML 中，使用 b 标签设置文段加粗，CSS 提供了 font-weight 属性用于改变网页上文字的粗细，可减小 b 标签的重复应用，该属性还可以把 b 标签中显示为粗体的文字变细。以下是使用 font-weight 属性的通用语法：

```
font-weight:textweight;
```

其中，textweihgt 值代表文字的粗细值，它可以使用数字或者关键字设置。可以使用的数字有 100、200、300、400、500、600、700、800 和 900；可以使用的关键字有 bold、bolder、lighter 和 normal。

【示例 4.9】 使用 font-weight 属性设置网页文字的粗细，代码如下。

```
------------------------------------文件名：设置文字粗细.html------------------------------------
01    <!DOCTYPE html PUBLIC "-//W3C//DTD XHTML 1.0 Transitional//EN"
02    "http://www.w3.org/TR/xhtml1/DTD/xhtml1-transitional.dtd">
03    <html xmlns="http://www.w3.org/1999/xhtml">
04    <head>
05    <title>设置文字粗细</title>
06    <meta http-equiv="Content-Type" content="text/html; charset=gb2312" />
07    <style type="text/css">
08       body{font-family: 宋体,黑体, Helvetica;;}
09         .weightBold{font-weight:bold;}                      /*设置文字粗细为 bold*/
10         .weightBolder{font-weight:bolder;}                  /*设置文字粗细为 bolder*/
11         .weightLighter{font-weight:lighter;}                /*设置文字粗细为 lighter*/
12         .weightNormal{font-weight:normal;}                  /*设置文字粗细为 normal*/
13         .weight100{font-weight:100;}                        /*设置文字粗细级别为 100*/
14         .weight200{font-weight:200;}                        /*设置文字粗细级别为 200*/
15         .weight300{font-weight:300;}                        /*设置文字粗细级别为 300*/
16         .weight400{font-weight:400;}                        /*设置文字粗细级别为 400*/
17         .weight500{font-weight:500;}                        /*设置文字粗细级别为 500*/
18         .weight600{font-weight:600;}                        /*设置文字粗细级别为 600*/
19         .weight700{font-weight:700;}                        /*设置文字粗细级别为 700*/
20         .weight800{font-weight:800;}                        /*设置文字粗细级别为 800*/
21         .weight900{font-weight:900;}                        /*设置文字粗细级别为 900*/
22     </style>
23     </head>
24
25     <body>
26         </p>
27         <p class="weightBold">文字粗细 Bold</p>
```

```
28        <p class="weightBolder">文字粗细 Bolder</p>
29        <p class="weightLighter">文字粗细 Lighter</p>
30        <p class="weightNormal">文字粗细 Normal</p>
31        <p><b>b 标签文字</b></p>
32        <p><b class="weightLighter">b 标签文字变细</b></p>
33          <p>
34            <span class="weight100">文字粗细 100</span>
35            <span class="weight200">文字粗细 200</span>
36            <span class="weight300">文字粗细 300</span>
37            <span class="weight400">文字粗细 400</span>
38            <span class="weight500">文字粗细 500</span>
39        </p>
40            <p>
41            <span class="weight600">文字粗细 600</span>
42            <span class="weight700">文字粗细 700</span>
43            <span class="weight800">文字粗细 800</span>
44            <span class="weight900">文字粗细 900</span>
45    </body>
46    </html>
```

显示结果如图 4.6 所示。

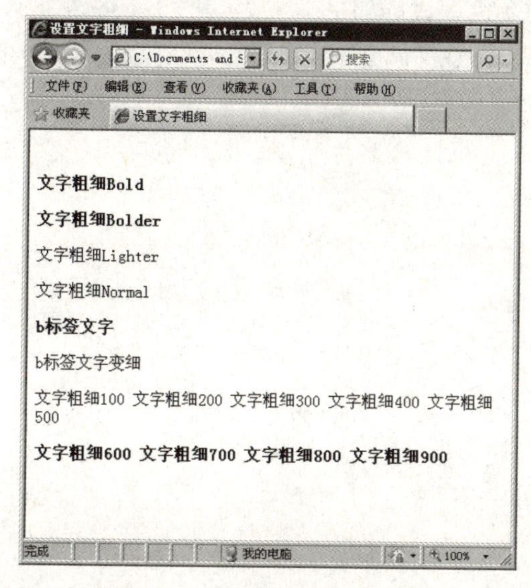

图 4.6　使用 font-weight 属性设置文字的粗细

【代码解析】在代码的第 13 ~ 21 行使用数字设置文字粗细，共有 9 个级别。在没有使用 b 标签的情况下，数值 100 ~ 500 所设置的文字粗细是一致的。使用数值 600 ~ 900 所设置的文字就会明显加粗。代码的第 11 ~ 12 行，使用 lighter 和 normal 设置的文字粗细是不变的；在代码的第 9、10 行使用关键字 bold 和 bolder 设置的文字会明显加粗。而使用了 b 标签后，使用 normal 或 lighter 样式设置文字，则 b 标签内的文字变为正常显示，而不是加粗。

> **技巧：**在编写 CSS 样式时，常使用 normal 和 bold 两个值进行文字的加粗和变细，其他值不常用。

4.4 字体颜色

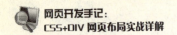

字体还可以通过设置颜色来突出重要信息的功能和美化页面。CSS 提供了 color 属性用于改变网页上文字的颜色。以下是使用 color 属性的通用语法：

```
color:textcolor;
```

其中，textcolor 值代表颜色名，它可以使用颜色名称、rgb 值和十六进制值设置。

【示例 4.10】 设置颜色的不同方法，代码如下。

```
01    .colorA{color:red;}                        /*使用颜色名称设置文字颜色*/
02    .colorE{color:#ff0000;}                    /*使用十六进制设置文字颜色*/
03    .colorF{color:#f00;}                       /*使用十六进制缩写设置文字颜色/
04    .colorB{color:rgb(255,0,0);}               /*使用 rgb 数值设置文字颜色*/
05    .colorC{color:rgb(100%,0%,0%);}            /*使用 rgb 百分比设置文字颜色*/
```

【代码解析】代码的第 1 行颜色值为颜色的单词，第 2、3 行为十六进制的颜色值；第 4、5 行则为十六进制换算为十进制的数值和百分比值。

【示例 4.11】 使用 color 属性设置网页文字的颜色，代码如下。

```
-----------------------------------文件名：字体颜色设置.html----------------------------------------
01    <!DOCTYPE html PUBLIC "-//W3C//DTD XHTML 1.0 Transitional//EN"
02    "http://www.w3.org/TR/xhtml1/DTD/xhtml1-transitional.dtd">
03    <html xmlns="http://www.w3.org/1999/xhtml">
04    <head>
05    <title>字体颜色设置</title>
06    <meta http-equiv="Content-Type" content="text/html; charset=gb2312" />
07    <style type="text/css">
08          .colorA{color:red;}                    /*使用颜色名称设置文字颜色为红色*/
09          .colorB{color:#ff0000;}                /*使用十六进制设置文字颜色为红色*/
10          .colorC{color:#f00;}                   /*使用十六进制缩写设置文字颜色*/
11          .colorD{color:rgb(255,0,0);}           /*使用 rgb 值设置文字颜色为红色*/
12          .colorE{color:rgb(100%,0%,0%);}        /*使用 rgb 百分比设置文字颜色为红色*/
13    </style>
14    </head>
15
16    <body>
17    <p class="colorA">使用关键字设置文字颜色
18    <span>文字颜色具有继承性</span>
19    </p>
20       <p class="colorB">使用十六进制设置文字颜色</p>
21       <p class="colorC">使用十六进制缩写设置文字颜色</p>
22       <p class="colorD">使用 rgb 数值设置文字颜色</p>
23       <p class="colorE">使用 rgb 百分比设置文字颜色</p>
24    </body>
25    </html>
```

显示结果如图 4.7 所示。

【代码解析】设置文字颜色的方法和设置其他页面元素颜色的方法是一致的。应该注意的是，文字的颜色属性也是具有继承性的。在示例 4.11 中，代码的第 8 ~ 12 行分别定义了三种数值的颜色，分别为英文、十六进制、十进制。第17行代码中，第一个p标签包含了一个span标签。第18行代码在没有设置span标签文字颜色的情况下，span标签文字的颜色继承自p标签的文字颜色属性。所以，span标签文字颜色和p标签文字颜色都为红色。

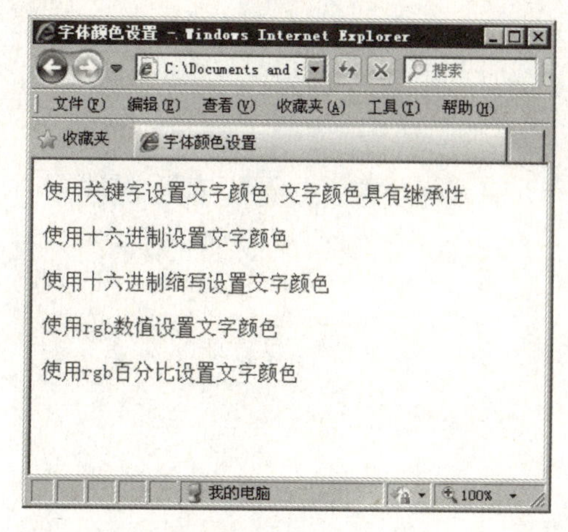

图4.7 字体颜色设置

技巧：在颜色方法的使用中，十六进制的方法是最常被使用的。

4.5 斜体

在网页内容中，当引用到别人的语句或文章时，为体现内容为引用，最好用斜体来表现。在HTML中，使用em标签和i标签可以将文字倾斜。CSS提供了font-style属性用于设置网页中的文字是否倾斜。以下是使用font-style属性的通用语法：

```
font-style:textstyle;
```

其中，textstyle值代表文字是否倾斜，它可以使用normal、italic、oblique三个关键字进行设置。使用normal代表文字不倾斜，使用italic和oblique代表文字倾斜。

【示例4.12】 使用font-style属性设置网页文字的斜体，代码如下。

```
-----------------------------------文件名：字体斜体设置.html-----------------------------------
01    <!DOCTYPE html PUBLIC "-//W3C//DTD XHTML 1.0 Transitional//EN"
02    "http://www.w3.org/TR/xhtml1/DTD/xhtml1-transitional.dtd">
03    <html xmlns="http://www.w3.org/1999/xhtml">
04    <head>
05    <title>字体斜体设置</title>
06    <meta http-equiv="Content-Type" content="text/html; charset=gb2312" />
07    <style type="text/css">
08       body{ font-size:30px;font-family: 宋体,黑体, Helvetica;;}
09         .styleOblique{font-style:oblique;}                /*文字样式为oblique*/
10         .styleNormal{font-style:normal;}                  /*文字样式为normal*/
11         .styleItalic{font-style:italic;}                  /*文字样式为italic*/
```

```
12    </style>
13    </head>
14
15    <body>
16        <p class="styleOblique">斜体字体</p>
17         <p class="styleNormal">直立字体</p>
18        <p class="styleItalic">斜体字体</p>
19    </body>
20    </html>
```

显示结果如图 4.8 所示。

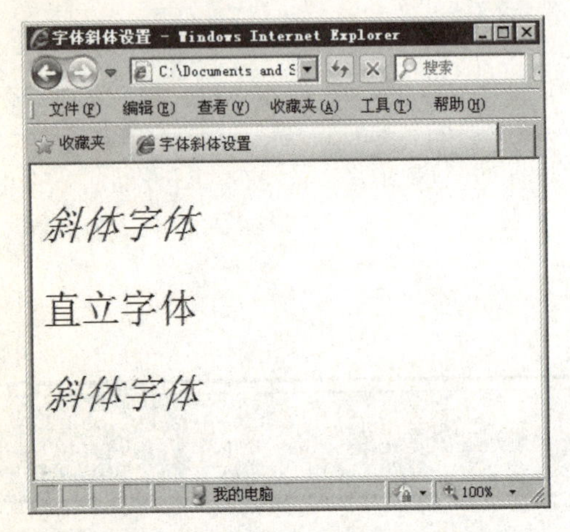

图 4.8　使用 font-style 属性设置文字的倾斜

【代码解析】代码的第 17 行使用 normal 关键字设置的文字是不会倾斜的，如图 4.8 所示；在代码的第 16、18 行的.styleOblique 和.styleItalic 类选择符分别使用 oblique 和 italic 关键字设置的文字是倾斜的。通常情况下，使用 oblique 和 italic 关键字设置所得的倾斜文字外观是一致的。

4.6　下画线、顶画线和删除线

在网页中，带有链接的文字通常用下画线来提示。在购物网站中，常使用删除线来修饰旧的价格。下画线、顶画线和删除线统称为修饰线。CSS 提供了 text-decoration 属性用于设置网页上文字的修饰线。以下是使用 text-decoration 属性的通用语法：

```
text-decoration:textline
```

其中，textline 值代表文字修饰线，它可以使用 none、underline、overline、line-through 和 blink 关键字进行设置。在默认情况下，一般文字是没有修饰线的，其 text-decoration 属性为 none。而超链接 a 标签的修饰线默认为下画线。使用 underline 代表给文字添加下画线；使用 overline 代表给文字添加顶画线；使用 line-through 代表给文字添加删除线；使用 blink 代表使文字闪烁。

【示例 4.13】 使用 text-decoration 属性设置网页文字的修饰线，代码如下。

```
-----------------------------------文件名：使用文字修饰线.html-----------------------------------
```

```
01    <!DOCTYPE html PUBLIC "-//W3C//DTD XHTML 1.0 Transitional//EN"
02    "http://www.w3.org/TR/xhtml1/DTD/xhtml1-transitional.dtd">
03    <html xmlns="http://www.w3.org/1999/xhtml">
04    <head>
05    <title>使用文字修饰线</title>
06    <meta http-equiv="Content-Type" content="text/html; charset=gb2312" />
07    <style type="text/css">
08        .styleOne{text-decoration:underline;}                /*文字修饰线为下画线*/
09        .styleTwo{text-decoration:blink;}                    /*文字为闪烁文字*/
10       .styleThree{text-decoration:overline;}                /*文字修饰线为顶画线*/
11        .styleFour{text-decoration:line-through;}            /*文字修饰线为删除线*/
12    </style>
13    </head>
14
15    <body>
16        <p class="styleOne">文字下画线</p>
17        <p class="styleTwo">文字闪烁</p>
18          <p class="styleThree">文字顶画线</p>
19        <p class="styleFour">文字删除线</p>
20    </body>
21    </html>
```

显示结果如图 4.9 所示。

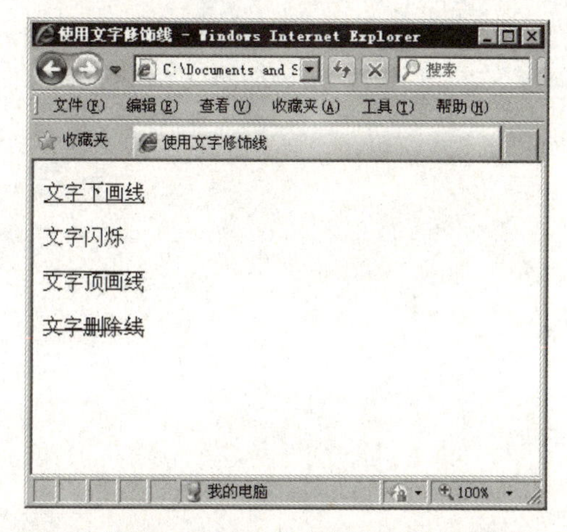

图 4.9　使用 text-decoration 属性设置文字的修饰线

【代码解析】代码的第 8 ~ 11 行分别设置了文字的下画线、闪烁、顶画线、删除线。文字的下画线、顶画线和删除线在 IE 浏览器和火狐浏览器中显示是一致的。

> **注意：**文字闪烁的效果在 IE 浏览器中不能正常显示，只能在火狐浏览器中正常显示。

文字的修饰线可以混合使用，即可以同时使用下画线、顶画线和删除线。在混合使用这些属性时，每个属性之间用空格隔开。

【示例 4.14】　混合使用 text-decoration 属性设置网页文字的修饰线，代码如下。

```
---------------------------------文件名：文字修饰线混合使用.html---------------------------------
01    <!DOCTYPE html PUBLIC "-//W3C//DTD XHTML 1.0 Transitional//EN"
02    "http://www.w3.org/TR/xhtml1/DTD/xhtml1-transitional.dtd">
03    <html xmlns="http://www.w3.org/1999/xhtml">
04    <head>
05    <title>文字修饰线混合使用</title>
06    <meta http-equiv="Content-Type" content="text/html; charset=gb2312" />
07    <style type="text/css">
08        .styleOne{text-decoration:underline overline;}     /*为文字同时添加下画线和顶画线*/
09        .styleTwo{text-decoration:line-through underline;} /*为文字同时添加删除线和下画线*/
10        .styleThree{text-decoration:line-through underline overline;}     /*为文字同时添加删
11    除线、下画线和顶画线*/
12        .styleFour{text-decoration:overline line-through;} /*为文字同时添加顶画线和删除线*/
13    </style>
14    </head>
15
16    <body>
17        <p class="styleOne">文字下画线 文字顶画线</p>
18        <p class="styleTwo">文字删除除 文字下画线 文字顶画线</p>
19         <p class="styleThree">文字顶画线 文字删除线</p>
20        <p class="styleFour">文字删除线 文字下画线</p>
21    </body>
22    </html>
```

【代码解析】代码 8 ~ 12 行通过 text-decoration 为四个类选择器.styleOne、.styleTwo、.styleThree 和.styleFour 分别设置了顶划线、删除线和下画线的复合样式，显示结果如图 4.10 所示。

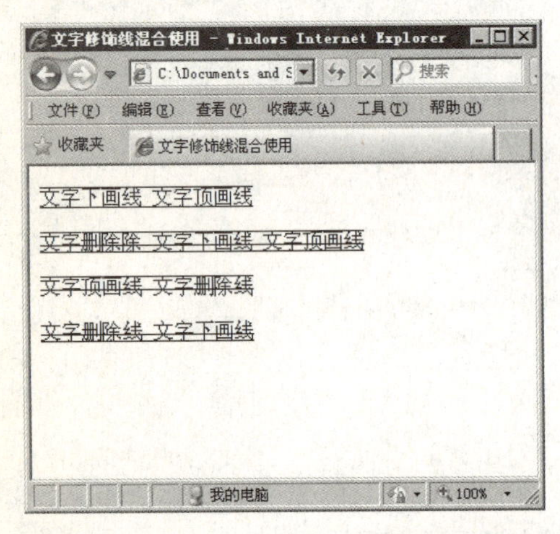

图 4.10 使用 text-decoration 属性设置文字的修饰线

4.7 英文字母大小写

英文的书写语法往往要涉及首字母大写。在编辑网页中的英文内容时常会涉及字母大小写转换的问题。CSS 提供了 text-transform 属性用于设置英文文字的大小写。以下是使用 text-decoration 属性的通用语法：

```
text-transform:texttype;
```

其中，texttype 值代表英文文字是否大小写，它可以使用 none、capitalize、uppercase 和 lowercase 关键字进行设置。使用 none 值后，文字维持原来的大小写，无转换发生；使用 capitalize 将每个单词的第一个字母转换成大写，其余字母不转换；使用 uppercase 使所有的字母转换成大写；使用 lowercase 使所有的字母转换成小写。

【示例 4.15】 使用 text-transform 属性设置文字的大小写，代码如下。

```
--------------------------------文件名：文字大小写设置.html--------------------------------
01    <!DOCTYPE html PUBLIC "-//W3C//DTD XHTML 1.0 Transitional//EN"
02    "http://www.w3.org/TR/xhtml1/DTD/xhtml1-transitional.dtd">
03    <html xmlns="http://www.w3.org/1999/xhtml">
04    <head>
05    <title>文字大小写设置</title>
06    <meta http-equiv="Content-Type" content="text/html; charset=gb2312" />
07    <style type="text/css">
08        .uppercase{ text-transform:uppercase;}                  /*英文全部设置为大写*/
09        .lowercase{ text-transform:lowercase;}                  /*英文全部设置为小写*/
10        .capitalize{ text-transform:capitalize;}                /*英文首字母设置为大写*/
11        .none{ text-transform:none}                             /*不改变英文的大小写*/
12    </style>
13    </head>
14
15    <body>
16         <p class="uppercase">文字母大写 uppercase</p>
17       <p class="lowercase">文字母小写 LOWERCASE</p>
18       <p class="capitalize">文首字母大写 capitalize</p>
19       <p class="none">文字母维持原来的大小写 NoChange</p>
20    </body>
21    </html>
```

显示结果如图 4.11 所示。

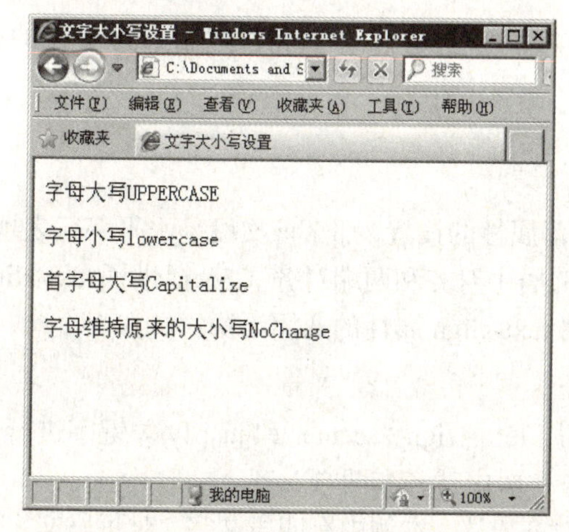

图 4.11　使用 text-transform 属性设置文字的大小写

【代码解析】在代码的第 8～11 行分别设置了英文大写转换、英文小写转换、英文首字母大写和不改变。代码的第 16～19 行显示的效果如图 4.11 所示。

4.8 文本的复合属性

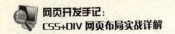

复合属性就是其属性值由多个属性组成。只要是复合属性，都能应用属性速写法定义 CSS 样式。例如，font 属性是一个复合属性，多个文字属性的值可以并列缩写在 font 属性下。

【示例 4.16】 对文字同时设置 font-family、font-size、font-weight 和 font-style 属性，代码如下。

```
01    font-family:"Lucida Grande",sans-serif;
02    font-size:1em;
03    font-style:italic;
04    font-weight:bold;
```

可以缩写为以下形式：

```
font: "Lucida Grande",sans-serif 1em italic bold;
```

其中，font 属性代表了所有的文字属性。在设置 font 属性的值时，不需要写属性名，只需要写属性的值即可，每个值之间用空格隔开。font 属性包含 font-style、font-variant、font-weight、font-size、line-height 和 font-family。

> **注意：** 缩写 font 属性，至少要定义 font-size 和 font-family 两个值，而且缩写的属性必须都属于 font 属性。

4.9 文字的段落样式

在网页中，文章的布局往往通过设置段落样式来体现层次感。本节将讲述用 CSS 提供的段落属性来控制段落样式。

4.9.1 段落的水平对齐方式

在网页中输入一段文字后，若没有进行任何段落属性的设置，那么该文段是水平一行表现。文段的水平对齐有四种方式，分别为左对齐、右对齐、居中对齐和两端对齐。CSS 提供了 text-align 属性来控制文段水平排列的对齐方式，以下是使用 text-align 属性的通用语法：

```
text-align:direction;
```

其中，direction 代表文段对齐的方式，可以使用 left、right、center 和 justify 关键字进行设置。使用这些关键字分别代表文段左对齐、右对齐、居中对齐和两端对齐。

【示例 4.17】 使用 text-align 属性设置文段的对齐方式。本例中有四段文字，对每段文字设置不同的 text-align 属性，代码如下。

```
-----------------------------文件名：段落的水平对齐方式设置.html--------------------------------
01    <!DOCTYPE html PUBLIC "-//W3C//DTD XHTML 1.0 Transitional//EN"
02    "http://www.w3.org/TR/xhtml1/DTD/xhtml1-transitional.dtd">
```

```
03    <html xmlns="http://www.w3.org/1999/xhtml">
04    <head>
05    <title>段落的水平对齐方式设置</title>
06    <meta http-equiv="Content-Type" content="text/html; charset=gb2312" />
07    <style type="text/css">
08        body{font-family:Arial, Helvetica, sans-serif;}     /*设置网页的字体属性*/
09        p{ border-bottom:1px solid #333;}                   /* p 标签的下边框设置为 1 像素灰色实
10    线*/
11        span{display:block;}                                /* span 标签显示设置为块级元素*/
12        .center{text-align:center;}                         /*段落水平对齐方式设置为居中对齐*/
13        .justify{text-align:justify;}                       /*段落水平对齐方式设置为两端对齐*/
14        .left{text-align:left;}                             /*段落水平对齐方式设置为左对齐*/
15        .right{text-align:right;}                           /*段落水平对齐方式设置为右对齐*/
16    </style>
17    </head>
18
19    <body>
20       <p class="center">第三段文字为居中对齐:
21         <span> 4 种饮品: </span>
22             <span>甜牛奶 Sweet milk 酸牛奶 Sour milk </span>
23             <span>小果咖啡 Coffea arabica  甜牛奶 Sweet milk </span>
24       </p>
25       <p class="justify">第四段文字为两端对齐:
26         <span>常喝 4 种饮品: </span>
27             <span>甜牛奶 Sweet milk 酸牛奶 Sour milk</span>
28             <span>小果咖啡 Coffea arabica  甜牛奶 Sweet milk </span>
29       </p>
30       <p class="left">第一段文字为左对齐:
31         <span>4 种饮品: </span>
32             <span>甜牛奶 Sweet milk 酸牛奶 Sour milk</span>
33             <span>小果咖啡 Coffea arabica 甜牛奶 Sweet milk </span>
34       </p>
35       <p class="right">第二段文字为右对齐:
36         <span>常喝 4 种饮品: </span>
37             <span>甜牛奶 Sweet milk 酸牛奶 Sour milk</span>
38             <span>小果咖啡 Coffea arabica 甜牛奶 Sweet milk </span>
39       </p>
40    </body>
41    </html>
```

显示结果如图 4.12 所示。

【代码解析】在示例 4.17 中，第 9 行代码设置 p 标签的下边框线 border-bottom 为 1 像素的直线，用于分隔四个段落。第 11 行代码设置 span 标签的 display 属性为 block，用于使每个 span 标签的文段换行。在 HTML 中，常用 br 标签分行，但在 XHTML 中，不推荐使用该标签。在通常情况下，左对齐和两端对齐都显示为左对齐。

4.9.2　段落的垂直对齐方式

在垂直对齐方式方面，CSS 提供了 writing-mode 属性和 layout-flow 属性来控制文本的排列方式。

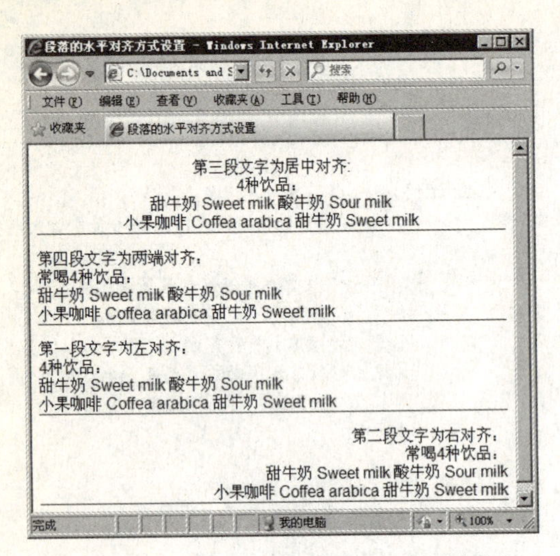

图 4.12　使用 text-align 属性设置段落的水平对齐方式

1. 使用 writing-mode 属性设置文段垂直对齐

以下是使用 writing-mode 属性的通用语法：

```
writing-mode: lr-tb | tb-rl;
```

其中，lr-tb 代表文字按照左右-上下的方向排列；tb-rl 代表文字按照上下-右左的方向排列。在默认情况下，文字按照左右-上下的方向排列。

【示例 4.18】 使用 writing-mode 属性设置文段的垂直对齐方式。本例中设置文段的 writing-mode 属性为 tb-rl，文段会垂直显示，代码如下。

```
------------------------------------文件名：垂直的文字.html------------------------------------
01    <!DOCTYPE html PUBLIC "-//W3C//DTD XHTML 1.0 Transitional//EN"
02    "http://www.w3.org/TR/xhtml1/DTD/xhtml1-transitional.dtd">
03    <html xmlns="http://www.w3.org/1999/xhtml">
04    <head>
05    <title>垂直的文字</title>
06    <meta http-equiv="Content-Type" content="text/html; charset=gb2312" />
07    <style type="text/css">
08
09        body{font-family: 宋体,黑体, Helvetica;;}        /*设置网页的字体属性*/
10        p{ writing-mode:tb-rl;}                          /*设置p标签的文字垂直显示*/
11    </style>
12    </head>
13
14    <body>
15        <p>鹦鹉指鹦形目众多艳丽、爱叫的鸟。它们以其美丽无比的羽毛，善学人语技能的特点，更为人们所欣赏和
16  钟爱。这些属于鹦形目的飞禽，分布在温、亚热、热带的广大地域。鹦鹉是典型的攀禽，对趾型足，两趾向前两趾向后，
17  适合抓握，鹦鹉的鸟喙强劲有力，可以食用硬壳果。
18  </p>
19    </body>
20    </html>
```

【代码解析】第 10 行代码在 p 标签选择器内使用了属性 writing-mode，属性值为 tb-rl，则

文字按照上下-右左的方向排列，显示结果如图 4.13 所示。

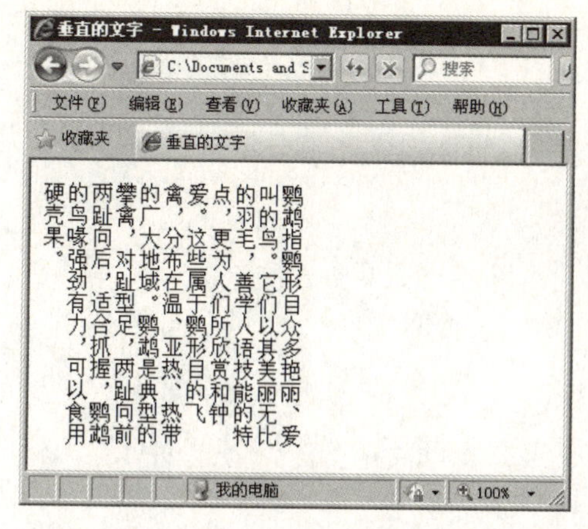

图 4.13　使用 writing-mode 属性设置段落的垂直对齐方式

2. 使用 layout-flow 属性设置文段的垂直对齐

以下是使用 layout-flow 属性的通用语法：

```
layout-flow:horizontal | vertical-ideographic;
```

其中，horizontal 代表文本水平排列。vertical-ideographic 代表文本垂直排列。

【示例 4.19】使用 layout-flow 属性设置文段的垂直对齐方式。本例中设置文段的 layout-flow 属性值为 vertical-ideographic，文段会垂直显示，代码如下。

```
-----------------------文件名：layout-flow属性设置段落的垂直对齐方式.html-----------------------
01    <!DOCTYPE html PUBLIC "-//W3C//DTD XHTML 1.0 Transitional//EN"
02    "http://www.w3.org/TR/xhtml1/DTD/xhtml1-transitional.dtd">
03    <html xmlns="http://www.w3.org/1999/xhtml">
04    <head>
05    <title>layout-flow属性设置段落的垂直对齐方式</title>
06    <meta http-equiv="Content-Type" content="text/html; charset=gb2312" />
07    <style type="text/css">
08        body{font-family: 宋体,黑体, Helvetica; }                /*设置网页的字体属性*/
09        p{layout-flow:vertical-ideographic;}                   /* p标签的文字设置为垂直显示*/
10    </style>
11    </head>
12
13    <body>
14        <p>“咖啡”(Coffee)一词源自埃塞俄比亚的一个名叫卡法(kaffa)的小镇，在希腊语中“Kaweh”的意思
15    是“力量与热情”。茶叶与咖啡、可可并称为世界三大饮料。咖啡树是属茜草科常绿小乔木，日常饮用的咖啡是用咖啡
16    豆配合各种不同的烹煮器具制作出来的，而咖啡豆就是指咖啡树果实内之果仁，再用适当的烘焙方法烘焙而成。另有
17    图书以此为名
18        </p>
19    </body>
20    </html>
```

显示结果如图 4.14 所示。

【代码解析】由图 4.13 和图 4.14 所示，使用 writing-mode（示例 4.18 的第 10 行代码）和 layout-flow（示例 4.19 的第 9 行代码）得到的效果是一致的。但是，使用以上两种方法设置的

垂直文本效果只能在 IE 浏览器上显示，在火狐浏览器中均失效。

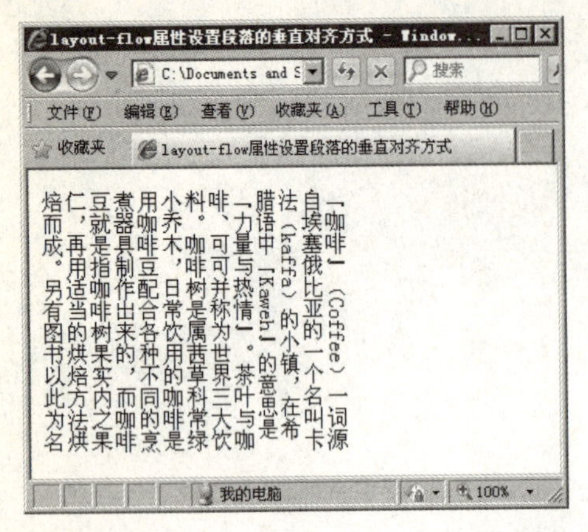

图 4.14　使用 layout-flow 属性设置段落的垂直对齐方式

> **技巧：** 在设置文本垂直排列后，可以使用 text-align 属性来控制文本的上对齐、居中对齐和下对齐。

4.9.3　首行缩进

文章每一段落的开始都通过首行缩进来引导。CSS 提供了 text-indent 属性来控制文段首行缩进的距离，以下是使用 text-indent 属性的通用语法：

```
text-indent:distant;
```

其中，distant 代表文段首行缩进的数值，可以设置为像素值或百分比。

【示例 4.20】 使用 text-indent 属性设置文本的首行缩进。本例中使用了像素值和百分比设置 text-indent 属性，代码如下。

```
-----------------------------------文件名：段落首行缩进.html-----------------------------------
01    <!DOCTYPE html PUBLIC "-//W3C//DTD XHTML 1.0 Transitional//EN"
02    "http://www.w3.org/TR/xhtml1/DTD/xhtml1-transitional.dtd">
03    <html xmlns="http://www.w3.org/1999/xhtml">
04    <head>
05    <title>段落首行缩进</title>
06    <meta http-equiv="Content-Type" content="text/html; charset=gb2312" />
07    <style type="text/css">
08        body{font-family: 宋体,黑体, Helvetica;}              /*设置网页的字体属性*/
09        . one {text-indent:16px;}                             /*第一段文字设置首行缩进 16px*/
10        .two{text-indent:10%;}                                /*第二段文字设置首行缩进 10%*/
11        .three{text-indent:32px;}                             /*第三段文字设置首行缩进 32px*/
12    </style>
13    </head>
14    <body>
15        <p class="one">1. 干葡萄酒：含糖量低于 4g/L，品尝不出甜味，具有洁净、幽雅、香气和谐的果香和干
16    红葡萄酒酒香。</p>
17        <p class="two">2. 半干葡萄酒：含糖量在 4～12g/L，微具甜感，酒的口味洁净、幽雅、味觉圆润，具有
18    和谐愉悦的果香和酒香。</p>
```

```
19          <p class="three">3. 半甜葡萄酒：含糖量在 12～50 g/L，具有甘甜、爽顺、舒愉的果香和酒香。</p>
20      </body>
21      </html>
```

显示结果如图 4.15 所示。

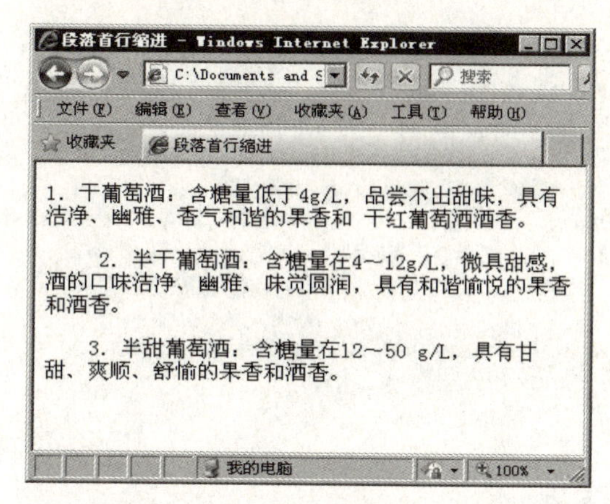

图 4.15　使用 text-indent 属性设置段落的首行缩进

【代码解析】从图 4.15 中可以看到，第一段文字缩进的距离是一个字的大小，即为 16 像素；第二段文字缩进的大小为 10%，代表缩进整行文字总长度的 10%；第三段文字缩进的距离是两个字的大小，即为 32 像素。

> **技巧：**通常使用像素设置文本首行缩进。

4.9.4　行间距与字间距

在文本段落中，行与行之间的距离称为行间距；文本中字与字之间的距离称为字间距。适当调整行间距和字间距，可以改善阅读愉悦性。

1. 行间距

CSS 提供了 line-height 属性来控制文段的行间距。以下是使用 line-height 属性的通用语法：

```
line-height:height;
```

其中，height 代表行与行之间的距离，可以使用各种长度单位进行设置。

【示例 4.21】　使用 line-height 属性设置文段的行间距，代码如下。

```
-----------------------------------文件名：行间距设置.html-----------------------------------
01      <!DOCTYPE html PUBLIC "-//W3C//DTD XHTML 1.0 Transitional//EN"
02      "http://www.w3.org/TR/xhtml1/DTD/xhtml1-transitional.dtd">
03      <html xmlns="http://www.w3.org/1999/xhtml">
04      <head>
05      <title>行间距设置</title>
06      <meta http-equiv="Content-Type" content="text/html; charset=gb2312" />
07      <style type="text/css">
```

```
08          body{font-family: 宋体,黑体, Helvetica; }              /*设置网页的字体属性*/
09          .one{line-height:16px;}                           /*第一段文字的行间距设置为 16px*/
10          .two{line-height:2em;}                            /*第二段文字的行间距设置为 2em*/
11          .three{line-height:32px;}                         /*第三段文字的行间距设置为 32px*/
12      </style>
13      </head>
14      <body>
15          <p class="one">第一、去梗，也就是把葡萄果粒从梳子状的枝梗上取下来。因枝梗含有特别多的单宁酸，
16      在酒液中有一股令人不快的味道。</p>
17          <p class="two">第二、压榨果粒。酿制红酒的时候，葡萄皮和葡萄肉是同时压榨的，红酒中所含的红色
18      色素，就是在压榨葡萄皮的时候释放出的。就因为这样，所有红酒的色泽才是红的。</p>
19          <p class="three">第三、榨汁和发酵。经过榨汁后，就可得到酿酒的原料——葡萄汁。有了酒汁就可酿制
20      好酒，葡萄酒是通过发酵作用得的产物。经过发酵，葡萄中所含的糖分会逐渐转化成酒精和二氧化碳。因此，
21      在发酵过程中，糖分越来越少，而酒精度则越来越高。通过缓慢的发酵过程，可酿出口味芳香细致的红葡萄酒。
22      </p>
23      </body>
24      </html>
```

显示结果如图 4.16 所示。

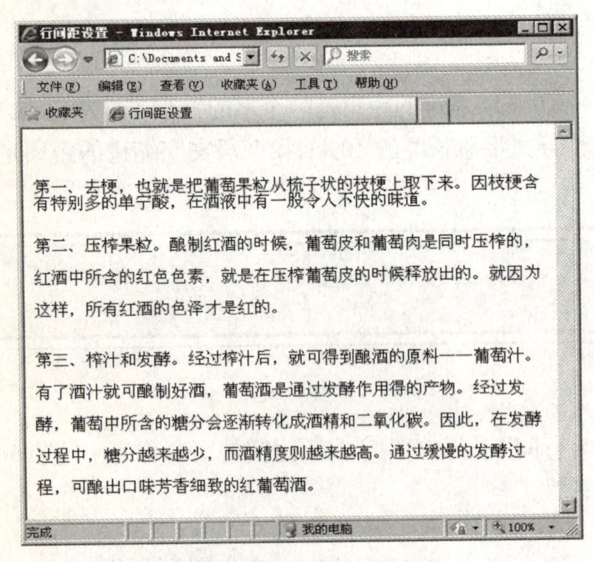

图 4.16 使用 line-height 属性设置段落的行间距

【代码解析】line-height 的数值是两行文字基线的距离，基线即是文字的下画线。在示例 4.21 中，第 15、16 行代码设置第一段文字的行间距是 16 像素，即行间距为一个文字的大小(文字默认大小为 16 像素)；代码第 17、18 行为第二段文字，其行间距为 2em，即为 16px×2=32px；第 19、20 行代码设置第三段文字的行间距为 32 像素，即为两个文字的大小。所以，第三段和第二段文字的行间距是一致的。

设置文字的大小通常使用像素作为单位，但设置行间距就以 em 作为单位。使用 em 作为单位可以使行间距随着文字大小的变化而变化。

【示例 4.22】 使用相对单位 em 设置行间距，代码如下。

```
------------------------------------文件名：行间距设置 2.html------------------------------------
01    <!DOCTYPE html PUBLIC "-//W3C//DTD XHTML 1.0 Transitional//EN"
```

```
02      "http://www.w3.org/TR/xhtml1/DTD/xhtml1-transitional.dtd">
03      <html xmlns="http://www.w3.org/1999/xhtml">
04      <head>
05      <title>行间距设置 2</title>
06      <meta http-equiv="Content-Type" content="text/html; charset=gb2312" />
07      <style type="text/css">
08          body{font-family: 宋体,黑体, Helvetica;}
09          p{ line-height:2em;}                          /*设置所有文段的行高为 2em*/
10          .one{ font-size:16px;}                        /*设置第一段文字的文字大小为 16px*/
11          .two{ font-size:12px; }                       /*设置第二段文字的文字大小为 12px*/
12      </style>
13      </head>
14
15      <body>
16          <p class="one">第一、去梗，也就是把葡萄果粒从梳子状的枝梗上取下来。因枝梗含有特别多的单宁酸，
17      在酒液中有一股令人不快的味道。压榨果粒。酿制红酒的时候，葡萄皮和葡萄肉是同时压榨的，红酒中所含的
18    红色色素，就是在压榨 19 葡萄，皮的时候释放出的。就因为这样，所有红酒的色泽才是红的。</p>
19          <p class="two">第二、榨汁和发酵。经过榨汁后，就可得到酿酒的原料——葡萄汁。有了酒汁就可酿制
20      好酒，葡萄酒是通过发酵作用得的产物。经过发酵，葡萄中所含的糖分会逐渐转化成酒精和二氧化碳。因此，
21      在发酵过程中，糖分越来越少，而酒精度则越来越高。通过缓慢的发酵过程，可酿出口味芳香细致的红葡萄酒。
22      </p>
23      </body>
24  </html>
```

显示结果如图 4.17 所示。

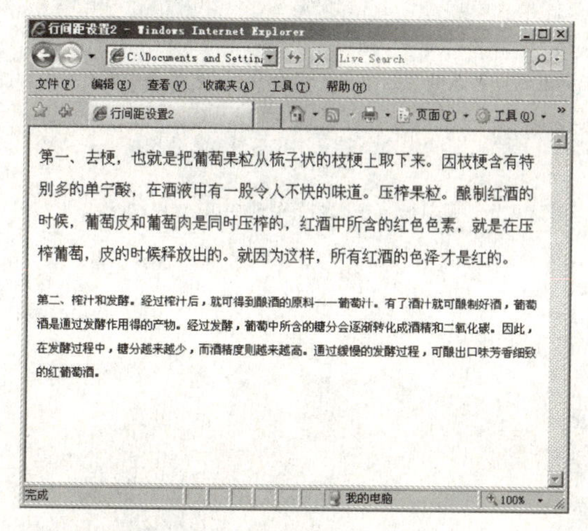

图 4.17　使用相对单位 em 设置行间距

【代码解析】在示例 4.22 的第 16、17 行代码中，第一段文字的大小为 16px，行间距设置为 2em，则 16px × 2=32px；在第 19 ~ 22 行代码中，第二段文字的大小是 12px，由于行间距是 2em，则行间距是 12px × 2=24px。如图 4.17 所示，每行文字之间都有一行空白，文字是均匀分布的。使用相对单位 em 设置行间距的方法可以减少为每一种字体都设置的麻烦。

技巧：通常，文字设置为 12 像素大小，则行间距设置为 20 像素或 22 像素时比较合理和美观。

2．字间距

CSS 提供了 letter-spacing 属性来控制文字之间的距离。以下是使用 letter-spacing 属性的通用语法：

```
letter-spacing:space;
```

其中，space 代表字与字之间的距离，可以使用各种长度单位进行设置。

【示例 4.23】 使用 letter-spacing 属性设置文本的字间距，代码如下。

```
-----------------------------------文件名：字间距设置.html-----------------------------------
01  <!DOCTYPE html PUBLIC "-//W3C//DTD XHTML 1.0 Transitional//EN"
02  "http://www.w3.org/TR/xhtml1/DTD/xhtml1-transitional.dtd">
03  <html xmlns="http://www.w3.org/1999/xhtml">
04  <head>
05  <title>字间距设置</title>
06  <meta http-equiv="Content-Type" content="text/html; charset=gb2312" />
07  <style type="text/css">
08      body{font-family: 宋体,黑体, Helvetica;}
09      .one{ letter-spacing:16px;}                     /*字间距设置为 16 像素*/
10      .two{ letter-spacing:2em;}                      /*字间距设置为 2em*/
11      .three{ letter-spacing:32px;}                   /*字间距设置为 32 像素*/
12  </style>
13  </head>
14
15  <body>
16      <p class="one">葡萄酒的品种很多，因葡萄的栽培、葡萄酒生产工艺条件的不同，产品风格各不相同。
17      </p>
18      <p class="two">葡萄酒的品种很多，因葡萄的栽培、葡萄酒生产工艺条件的不同，产品风格各不相同。
19      </p>
20      <p class="three">葡萄酒的品种很多，因葡萄的栽培、葡萄酒生产工艺条件的不同，产品风格各不相同。
21      </p>
22  </body>
23  </html>
```

显示结果如图 4.18 所示。

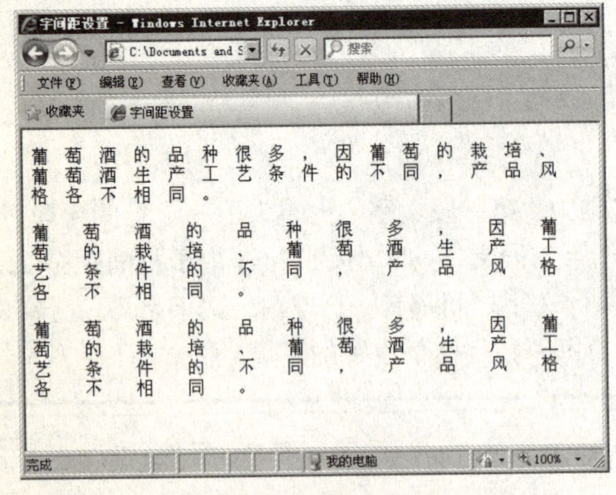

图 4.18 使用 letter-spacing 属性设置文本的字间距

【代码解析】设置字间距与设置行间距的方法是一致的。在示例 4.23 的代码第 16、17 行中，第一段文字的字间距是 16 像素，即为一个文字的距离；第 18、19 行代码中，第二段文字的字间距是 2em，即为 16px × 2=32px，也即为两个文字的距离；第 20、21 行代码中，第三段文字的字间距是 32 像素，即为两个文字的距离。

> **注意：**使用 letter-spacing 属性设置英文时，则每个字母会分隔。要设置每个英文单词之间的距离时，要使用 word-spacing 属性，设置的方法和 letter-spacing 一样。

4.10　实例：简单的文章页面

通过前面章节的学习，现在我们来演练编辑一个简单的文章页面，从而综合使用之前讲述的各个控制文本的 CSS 属性。本例的效果如图 4.19 所示。

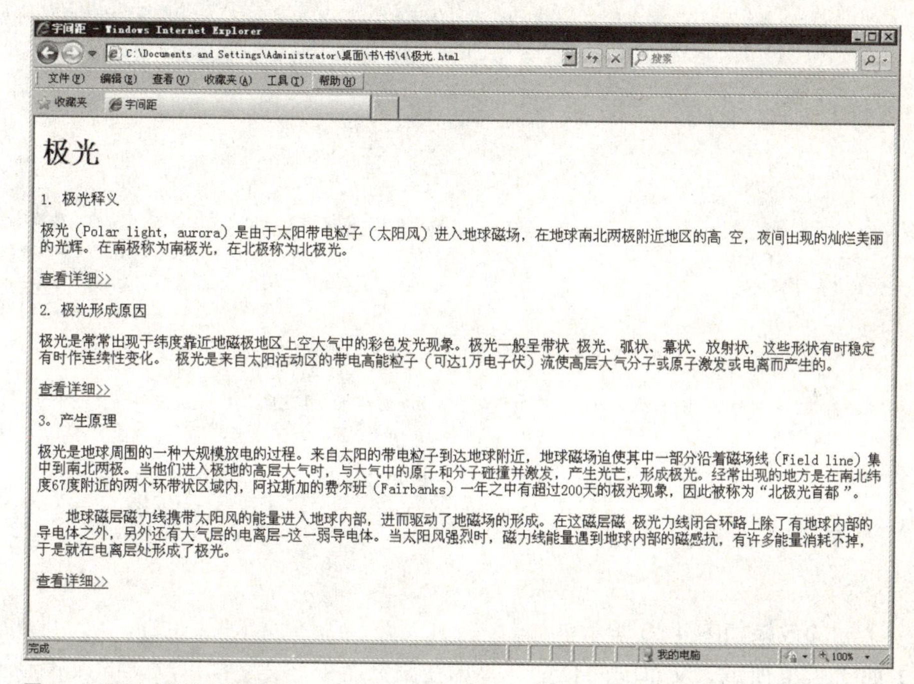

图 4.19　示例：简单的文章页面

（1）新建一个标准 XHTML 文档，命名为极光.html。在该 XHTML 文档中确定全部内容，在 body 标签中写入文章页的内容。用 h1 标签嵌套标题，用 p 标签嵌套文段。

```
--------------------------------------文件名：极光.html--------------------------------------
<!DOCTYPE html PUBLIC "-//W3C//DTD XHTML 1.0 Transitional//EN"
"http://www.w3.org/TR/xhtml1/DTD/xhtml1-transitional.dtd">
<html xmlns="http://www.w3.org/1999/xhtml">
<head>
<title>字间距</title>
<meta http-equiv="Content-Type" content="text/html; charset=utf-8" />
```

```
<style type="text/css">

</style>
</head>

<body>
    <h1>极光</h1>                                    /*h1标题标签*/
  <p>1. 极光释义</p>                                 /*段落标题标签*/
 <p>
        极光（Polar light，aurora）是由于太阳带电粒子（太阳风）进入地球磁场，在地球南北两极附近地区的高空，夜间出现的灿烂美丽的光辉。在南极称为南极光，在北极称为北极光。
 </p>

 <a href="#">查看详细>></a>
 <p>2. 极光形成原因</p>
 <p>
 极光是常常出现于纬度靠近地磁极地区上空大气中的彩色发光现象。极光一般呈带状  极光、弧状、幕状、放射状，这些形状有时稳定有时作连续性变化。 极光是来自太阳活动区的带电高能粒子（可达1万电子伏）流使高层大气分子或原子激发或电离而产生的。
 </p>
 <a href="#">查看详细>></a>

 <p>3。产生原理</p>

 <p>极光是地球周围的一种大规模放电的过程。来自太阳的带电粒子到达地球附近，地球磁场迫使其中一部分沿着磁场线( Field line）集中到南北两极。当他们进入极地的高层大气时，与大气中的原子和分子碰撞并激发，产生光芒，形成极光。经常出现的地方是在南北纬度67度附近的两个环带状区域内，阿拉斯加的费尔班（Fairbanks）一年之中有超过200天的极光现象，因此被称为“北极光首都”。
  </p>

 <p>   地球磁层磁力线携带太阳风的能量进入地球内部，进而驱动了地磁场的形成。在这磁层磁   极光力线闭合环路上除了有地球内部的导电体之外，另外还有大气层的电离层-这一弱导电体。当太阳风强烈时，磁力线能量遇到地球内部的磁感抗，有许多能量消耗不掉，于是就在电离层处形成了极光。
 </p>
 <a href="#">查看详细>></a>
 </body>
 </html>
```

执行步骤（1）后的效果如图4.20所示。

【代码解析】如图4.20所示，文章的内容全部显示在浏览器中，文字都以默认的设置显示。

（2）设置标题居中，颜色为红色。标题是用h1标签嵌套的，所以只需设置h1标签的属性。以下是设置标题的代码：

```
h1{ font-size:25px;              /*设置标题的文字大小为25px */
    color:red;                   /*设置标题的文字颜色为红色*/
    text-align:center; }         /*设置标题的文字居中显示*/
```

（3）文中有三个小标题，为了区分小标题和正文，要设置小标题的样式。设置小标题文字的颜色为紫色，字体为斜体。由于小标题和正文都是以p标签嵌套的，所以要给小标题添加类选择器。以下是设置小标题样式的代码：

```
.title{ font-size:17px;          /*设置小标题的文字大小为 17px */
        font-style:italic;       /*设置小标题的文字斜体显示*/
        color: #751B7C;  }       /*设置小标题的文字颜色为紫色*/
```

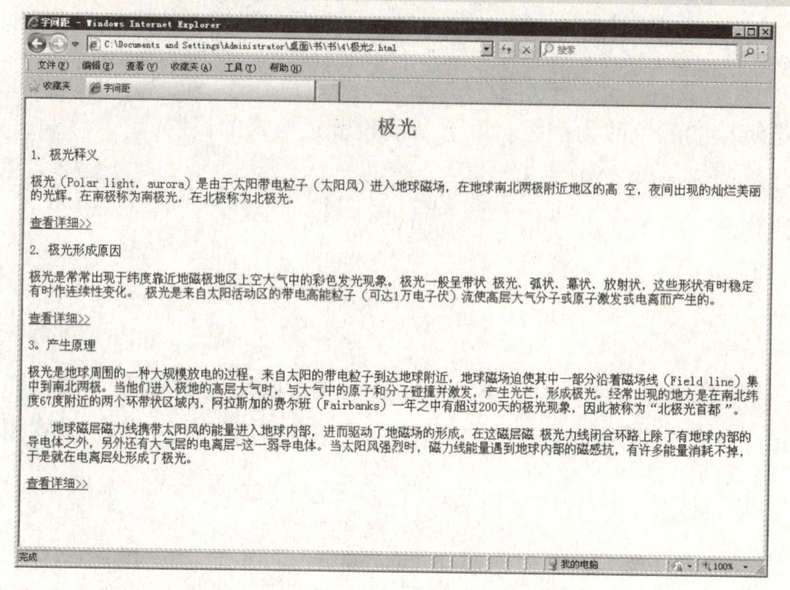

图 4.20　执行步骤（1）后的结果

把类选择器指向每个小标题，代码如下：

```
<p class="title">1.极光释义</p>
<p class="title">2.极光形成原因</p>
<p class="title">3.产生原理</p>
```

执行步骤（2）、（3）后的结果如图 4.21 所示。

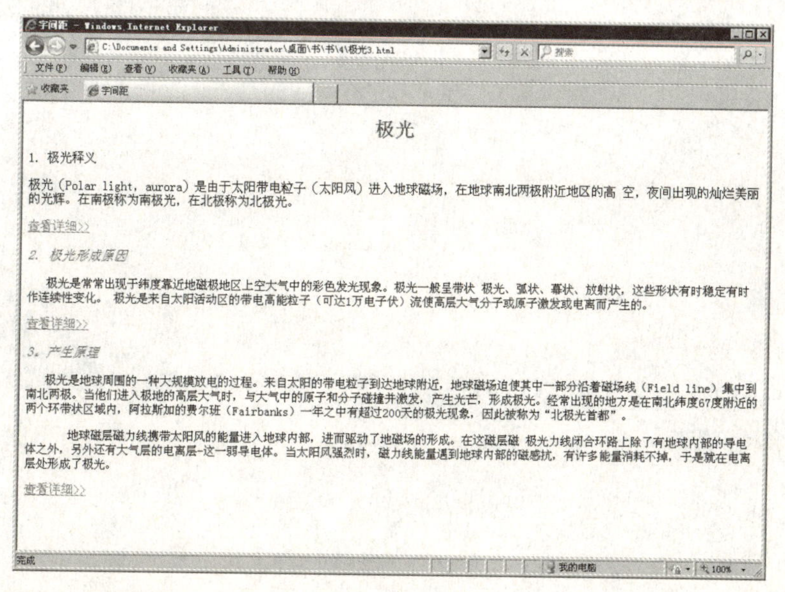

图 4.21　执行步骤（2）和步骤（3）后的结果

（4）为正文指定类选择器，然后设置正文的行间距和首行缩进，最后把类选择器指向每个正文文段。以下是设置正文样式的代码：

```
.detail{ font-size:15px;          /*设置正文的的文字大小为 15px*/
         line-height:18px;        /*设置正文的的文字行间距为 18px*/
         text-indent:25px;}       /*设置正文的的文字首行缩进为 25px*/
```

（5）为了突出链接，把链接的颜色改为橙色。以下是设置链接样式的代码：

```
a{ color:#FF6600;}        /*设置链接的颜色为橙色*/
```

至此，完成本实例的制作。

4.11 小结

本章讲解了使用 CSS 属性设置文本的样式，重点是如何熟练地运用 CSS 提供的属性控制文字的样式，难点是如何记忆和掌握常用的 CSS 文本属性。下一章将讲述使用 CSS 设置图片样式的方法。

第5章 在页面内添加图片

在网站中，能让浏览者留下最深刻印象的往往是图片。网页美化最简单、最直接的方法就是添加图片。利用图像不仅能创建精美的网页，还能够给网页增加生机，而且能更直观地表达内容。虽然CSS没有提供针对图片样式的属性，但是恰当地使用CSS的其他属性和配合页面布局一样能创造出很精美的图片效果。本章将会学到以下内容：

- 如何在网页中引入图片
- 使用CSS控制图片的样式
- 实现图文混排
- 图片显示问题的处理
- 为图片添加链接

5.1 在网页中插入图片

在标准 XHTML 文档中嵌入图片的方式和传统的 HTML 嵌入图片的方式一样，都是使用 img 标签。以下是使用 img 标签嵌入图片的代码：

```
<img src="image.jpg/>
```

以上是一个最简单的在网页中插入图片的方式。其中，src 属性是指要插入的图片文件所在的路径，可以是相对地址或绝对地址。

【示例 5.1】 本例示范了如何在网页中插入一张图片，代码如下。

```
---------------------------------文件名：在网页中插入图片.html---------------------------------
01    <!DOCTYPE html PUBLIC "-//W3C//DTD XHTML 1.0 Transitional//EN"
02    "http://www.w3.org/TR/xhtml1/DTD/xhtml1-transitional.dtd">
03    <html xmlns="http://www.w3.org/1999/xhtml">
04    <head>
05    <meta http-equiv="Content-Type" content="text/html; charset=utf-8" />
06    <title>在网页中插入图片</title>
07    </head>
08
09    <body>
10        <img src="image.jpg"/>
11    </body>
12    </html>
```

【代码解析】 运行结果如图 5.1 所示，第 10 行代码的作用是将图片 image.jpg 插入到网页中，并显示在浏览器的左上角。所有插入网页的图片都会被默认放置在父元素的左上角中。在示例 5.1 中，第 9 行代码中的 img 标签的父元素是 body 标签，所以图片会被放置到整个网页的左上角。

图 5.1 在网页中插入图片

注意： 能在浏览器上使用的图片类型是有限的。通常，GIF 和 JPEG 格式的图片使用最广泛。由于某些格式的图片不能在浏览器中显示，所以，在插入网页图片前应先使用 photoshop 或者 Firework 图像等处理软件转换图片格式。

5.2　控制图片的大小

图片引入网页后，其原始大小往往与设计师需要的大小不同，这时 CSS 的 width 和 height 属性适用于控制图片的宽度和高度。以下是使用 width 和 height 属性的通用语法：

```
width:picwidth;
height:picheight;
```

其中，picwidth 和 picheight 可以用任何长度单位来修饰。通常情况下使用像素为单位。

5.2.1　设置图片的固定大小

【示例 5.2】 本例使用像素单位控制网页中图片的大小，分别设置 width 和 height 属性为 200px，网页上图片的宽度和高度都会变为 200 像素，代码如下。

```
--------------------------------文件名：控制网页中图片的大小.html--------------------------------
01    <!DOCTYPE html PUBLIC "-//W3C//DTD XHTML 1.0 Transitional//EN"
02    "http://www.w3.org/TR/xhtml1/DTD/xhtml1-transitional.dtd">
03    <html xmlns="http://www.w3.org/1999/xhtml">
04    <head>
05    <meta http-equiv="Content-Type" content="text/html; charset=utf-8" />
06    <title>控制网页中图片的大小</title>
07    <style type="text/css">
08        img{ width:200px; height:200px;} /*图片的宽度设置为 200px，高度为 200px*/
09    </style>
10    </head>
11
12    <body>
13        <img src="image.jpg"/>
14    </body>
15    </html>
```

【代码解析】运行结果如图 5.2 所示，图片 image.jpg 的宽度和高度都变为 200px。由于原图片的宽度和高度不是一比一的关系，所以在缩放图片后会产生明显的拉伸变形。要使图片在拉伸时不变形，可以使用百分比控制图片大小或者单独控制宽度（或高度）。

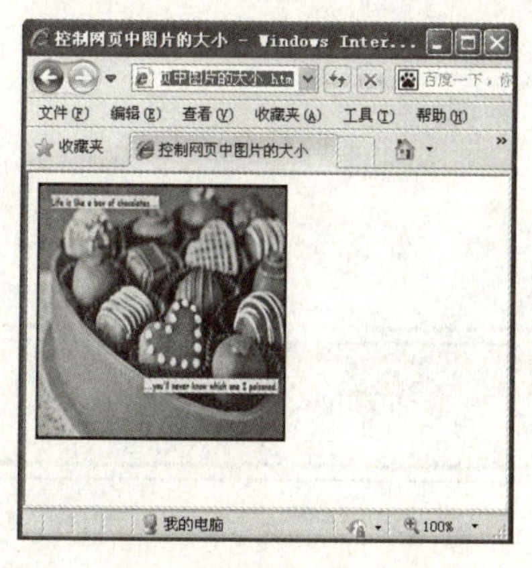

图 5.2　使用像素单位控制网页中图片的大小

5.2.2 使用百分比控制图片的宽和高

为使图片不变形，使用百分比设置图片的宽和高能使图片按照等比例缩放。图片的最终宽度（或高度）=img 标签的父元素的宽度（或高度）×缩放百分比。

【示例 5.3】 本例设置图片的 width 和 height 属性都为 60%，得到的图片宽和高是 img 标签的父元素宽和高的 60%，代码如下。

```
----------------------------文件名：使用百分比控制网页中图片的大小.html----------------------------
01    <!DOCTYPE html PUBLIC "-//W3C//DTD XHTML 1.0 Transitional//EN"
02    "http://www.w3.org/TR/xhtml1/DTD/xhtml1-transitional.dtd">
03    <html xmlns="http://www.w3.org/1999/xhtml">
04    <head>
05    <meta http-equiv="Content-Type" content="text/html; charset=utf-8" />
06    <title>使用百分比控制网页中图片的大小</title>
07    <style type="text/css">
08        img{ width:60%; height:60%;}     /*图片的宽度设置为父元素的 60%，高度为父元素的 60%*/
09    </style>
10    </head>
11
12    <body>
13        <img src="image.jpg"/>
14    </body>
15    </html>
```

【代码解析】效果如图 5.3 所示，在第 8 行代码中使用百分比属性值缩放图片，图片的宽高比例不变。虽然使用百分比缩放图片，但是图片缩放不是根据原图片的尺寸进行缩放，而是根据父元素的尺寸进行缩放。在示例 5.3 中，由于 body 标签是 img 标签的父元素，所以设置图片大小为 60%，就相当于图片的大小为整个网页的 60%。当放大浏览器的窗口时，图片也会放大。

图 5.3 使用百分比控制网页中图片的大小

技巧： 使用百分比缩放图片时，最好把 img 标签放置到一个固定大小的父元素中。

【示例 5.4】 本例在 img 标签外添加了一个 div 标签，div 标签的宽高是固定的。即使用百分比设置 img 标签的宽高，图片也不会跟随页面缩放，代码如下。

```
--------------------------------文件名：不跟随页面缩放的图片.html--------------------------------
01    <!DOCTYPE html PUBLIC "-//W3C//DTD XHTML 1.0 Transitional//EN"
02    "http://www.w3.org/TR/xhtml1/DTD/xhtml1-transitional.dtd">
03    <html xmlns="http://www.w3.org/1999/xhtml">
04    <head>
05    <meta http-equiv="Content-Type" content="text/html; charset=utf-8" />
06    <title>不跟随页面缩放的图片</title>
07    <style type="text/css">
08        div{ width:500px; height:337px;}      /*图片的父元素宽高与原图片设置为大小一致*/
09        img{ width:60%; height:60%;}          /*图片的宽度设置为父元素的 60%，高度为父元素的 60%*/
10    </style>
11    </head>
12
13    <body>
14      <div><img src="image.jpg"/></div>
15    </body>
16    </html>
```

【代码解析】效果如图 5.4 所示，当缩放浏览器的窗口时，图片也不会跟随浏览器窗口的缩放而缩放。在示例 5.4 中，第 14 行代码的 img 标签外增添了一个 div 标签，该 div 标签就成了 img 标签的父元素。第 8 行代码定义 div 标签的宽高与原 image.jpg 的宽高一致，即宽为 500px，高为 337px。当设置图片的宽高为 60%时，则图片的宽高都为父元素宽高的五分之三。

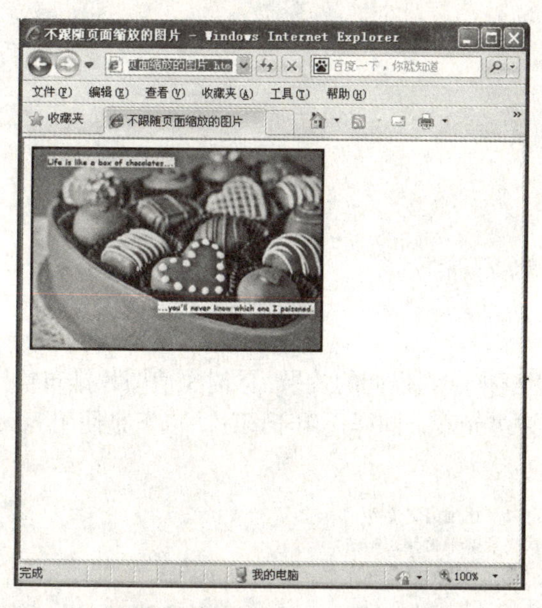

图 5.4　不跟随页面缩放的图片

5.2.3　单独控制图片的宽度或高度

单独设置图片的宽度后，图片的宽度就按照设置缩放，而高度是按照宽度的缩放值自动按比例缩放的，整张图片缩放后保持比例不变。单独设置图片的高度，宽度也一样按比例缩放。

【示例 5.5】 本例只设置了图片的宽度，没有设置高度。图片的宽度会变为 150 像素，而高度自动等比例缩放到合适的大小，整张图片不拉伸变形，代码如下。

```
-------------------------------文件名:单独控制图片的宽度或高度 html-------------------------------
01    <!DOCTYPE html PUBLIC "-//W3C//DTD XHTML 1.0 Transitional//EN"
02    "http://www.w3.org/TR/xhtml1/DTD/xhtml1-transitional.dtd">
03    <html xmlns="http://www.w3.org/1999/xhtml">
04    <head>
05    <meta http-equiv="Content-Type" content="text/html; charset=utf-8" />
06    <title>单独控制图片的宽度或高度</title>
07    <style type="text/css">
08         img{ width:150px;}        /*图片的宽度设置为 150px*/
09    </style>
10    </head>
11
12    <body>
13        <img src="image.jpg"/>
14    </body>
15    </html>
```

【代码解析】运行结果如图 5.5 所示。关键代码为第 8 行，图片的宽度设置为 150px。

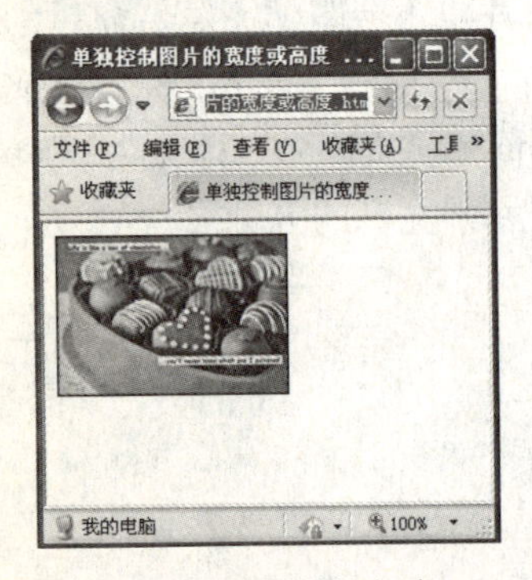

图 5.5　单独控制图片的宽/高

5.3　为图片设置边框效果

为了突出显示在网页上的图片，可以增加边框来起到强调的效果，同时也使图片排布整齐，也可使图片更美观。CSS 的 border 属性适用于许多元素，同样适用于图片。以下是使用 border 属性的通用语法：

```
01  border-width:width;                          /*设置边框的宽度*/
02  border-style:style;                          /*设置边框的样式*/
03  border-color:color;                          /*设置边框的颜色*/
```

代码第 1 行的 border-width 是指边框的宽度，width 可以用任何长度单位来设置；代码第 2 行 border-style 是指边框的样式，style 指的是设置边框样式的关键字。可以利用 Dreamweaver 中的代码提示功能看到所有的边框样式，如图 5.6 所示。而在第 3 行代码中，border-color 是指边框的颜色，color 可以用任何颜色单位来设置。

【示例 5.6】 设置图片边框的属性，使图片的四边都带有 4 像素蓝色实心外框，代码如下。

```
-------------------------------------文件名：图片的边框效果.html-------------------------------------
01    <!DOCTYPE html PUBLIC "-//W3C//DTD XHTML 1.0 Transitional//EN"
```

```
02      "http://www.w3.org/TR/xhtml1/DTD/xhtml1-transitional.dtd">
03      <html xmlns="http://www.w3.org/1999/xhtml">
04      <head>
05      <meta http-equiv="Content-Type" content="text/html; charset=utf-8" />
06      <title>图片的边框效果</title>
07      <style type="text/css">
08          img{  border-width:4px;             /*边框宽度设置为 4px*/
09                border-style:solid;           /*边框样式设置为实线*/
10                border-color:blue;     }      /*边框颜色设置为蓝色*/
11      </style>
12      </head>
13
14      <body>
15          <img src="image.jpg"/>
16      </body>
17      </html>
```

【代码解析】如图 5.7 所示，示例 5.6 的第 8 行代码为图片增添了一个 4 像素宽的边框。边框的样式和颜色可以多变，在第 9、10 行代码中，将边框的样式和颜色分别设置为实线和蓝色。

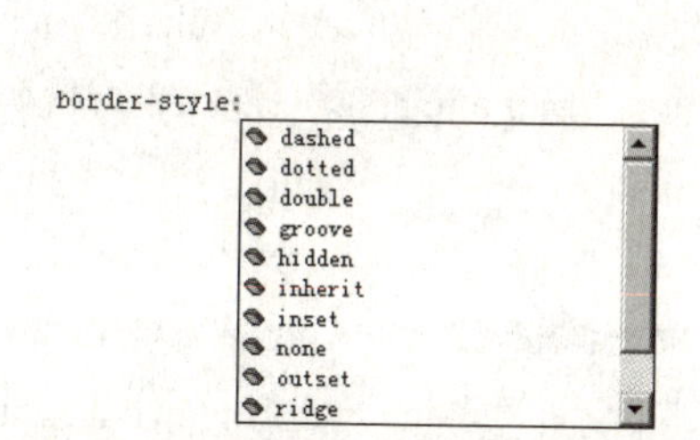

图 5.6　边框的样式

图 5.7　为图片增加边框

技巧：边框属性不仅可以用于添加边框，还可以用于某些特定的场合去掉边框。

5.4　图片与文本混排

在设计网站时，为了更直观、更清楚地表达意思，常常需要图文并用，所以，合理排布图片和文字的布局，能使网页显得生动并且充满说服力。图文混排是网页制作和设计的一个重要技术。

【示例 5.7】　通过实例的形式讲述如何制作一个文字环绕图片的网页，效果如图 5.8 所示。

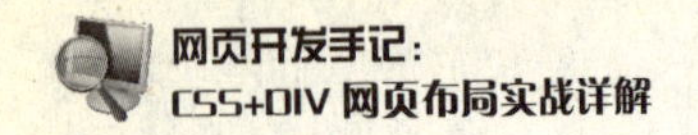

（1）新建一个文件夹，命名为 chapter6，在该文件夹中新建一个标准的 XHTML 文档，命名为文字环绕.html。然后在文档中添加一个文件名为 image.jpg 的图片。首先在 body 标签中写入网页所包含的内容，该网页主要包含一个大标题、一张图片和三段文字。标题使用 h1 标签嵌入，图片使用 img 标签嵌入，文字使用 p 标签嵌入。另外给 img 标签添加 alt 属性（5.5 节将有详细介绍），在图片不能显示时给用户提示，写入 XHTML 文档的代码如下。

```
-----------------------------------文件名：文字环绕.html-----------------------------------
01    <!DOCTYPE html PUBLIC "-//W3C//DTD XHTML 1.0 Transitional//EN"
02    "http://www.w3.org/TR/xhtml1/DTD/xhtml1-transitional.dtd">
03    <html xmlns="http://www.w3.org/1999/xhtml">
04    <head>
05    <meta http-equiv="Content-Type" content="text/html; charset=utf-8" />
06    <title>文字环绕</title>
07    </head>
08
09    <body>
10         <h3>网页设计总体方案主题鲜明</h3>
11       <img src=" image.jpg " alt="该图片不能显示，图片为插图"/>
12         <p>Web 站点应针对所服务对象（机构或人）的不同而具有不同的形式。有些站点只提供简洁文本信息；
13    有些则采用多媒体表现手法，提供华丽的图像、闪烁的灯光、复杂的页面布置，甚至可以下载声音和录像片段。
14    好的 Web 站点把图形表现手法和有效的组织与通信结合起来。</p>
15         <p>为了做到主题鲜明突出，要点明确，我们将按照客户的要求，以简单明确的语言和画面体现站点的主
16    题；调动一切手段充分表现网站点的个性和情趣，办出网站的特点。 </p>
17         <p>Web 站点主页应具备的基本成分包括： 页头：准确无误地标识你的站点和企业标志； Email 地址：
18    用来接收用户垂询； 联系信息：如普通邮件地址或电话； 版权信息：声明版权所有者等。 </p>
19    </body>
20    </html>
```

【代码解析】第 10 行代码创建标题，第 11 行代码引入图片 image.jpg，第 12 ~ 18 行代码创建了三个 p 标签，并引入三段文字。

执行步骤（1）后的效果如图 5.9 所示。

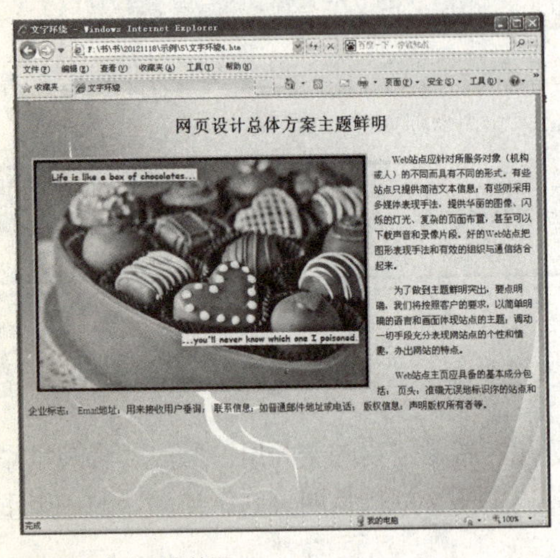

图 5.8　文字环绕效果

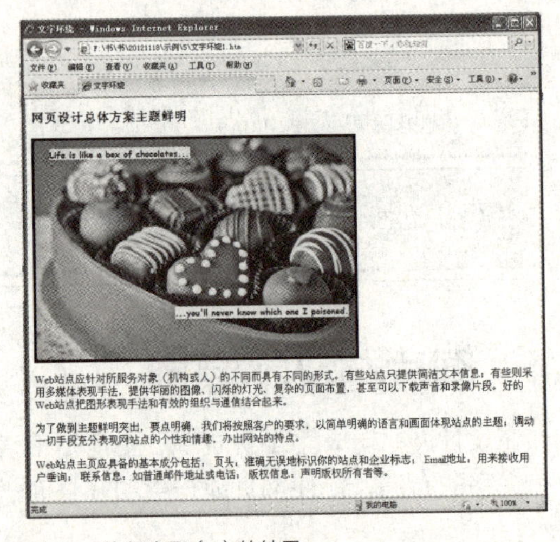

图 5.9　执行步骤（1）的结果

（2）在文档 head 标签内嵌入<sytle></style>标签，在此添加 CSS 代码（也可以把 CSS 代码

写入外部文档，然后链入到 XHTML 文档中），然后给网页添加一个背景。为整个网页添加背景的方法是设置 body 标签的 background 属性，代码如下：

```
body{ background:url(bg.jpg);}      /*设置 bg.jpg 为背景图片*/
```

上述的 bg.jpg 是带有浅色图案的图片，如图 5.10 所示。图片 bg.jpg 与文字环绕.html 在同一文件夹中。使用一张图片来设置 body 的 background 属性，图片会平铺整个网页，效果如图 5.11 所示。

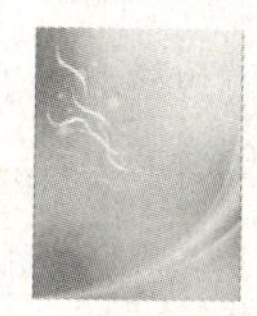

图 5.10　图片 bg.jpg

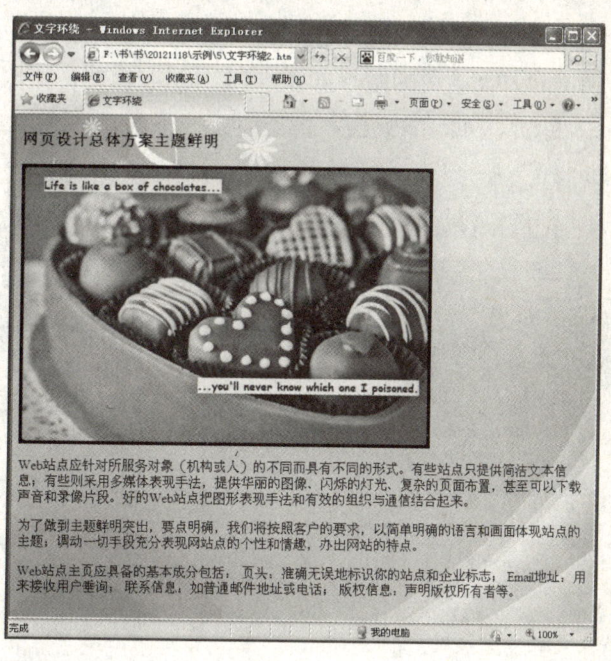

图 5.11　执行步骤（2）的结果

（3）设置标题的样式，使其居中显示，颜色为蓝色，文字大小为 26 像素，代码如下。

```
01   h3{ font-size:26px;              /*文字大小设置为 26 像素*/
02       color:#000066;               /*颜色为设置蓝色*/
03       text-align:center;}          /*标题居中*/
```

（4）实现文字环绕图片只需要把 img 标签设置为向左浮动即可，代码如下。

```
img{ float:left; }                    /*设置图片向左浮动*/
```

执行步骤（3）、（4）后的结果如图 5.12 所示。从图 5.12 可以看到，图片向左边浮动，文字紧贴着图片。关于 float 属性的详细内容，将在本书后面的章节介绍，目前读者只需要知道这是一个使文字环绕图片的方法即可。

（5）图片与文字紧贴的效果显得页面非常紧凑，使用 margin 属性能使图片和文字分开，同时给图片添加一个 2 像素粗的边框，代码如下。

```
01  img{   float:left;                  /*设置图片向左浮动*/
02         border:3px solid #ccc;       /*边框为 3 像素粗灰色实线*/
03         margin:0 10px;}              /*边距为左右 10 像素*/
```

【代码解析】第 3 行代码设置 margin:0 10px;代表图片左右两边各空 10 像素，这样就能使文字与图片分开 10 像素的距离。关于 margin 的属性，将在本书的后面章节介绍。

（6）设置正文的文字属性，使文字行高为 22 像素、大小为 14 像素，首行缩进 28 像素，代码如下。

```
01    p{  line-height:22px;                  /*设置正文的行距为 22 像素*/
02        text-indent:28px;                  /*首行缩进 28 像素*/
03        font-size:14px;}                   /*文字大小为 14 像素*/
```

【代码解析】代码第 1 行 line-height 主要体现行距效果；text-indent 是首行缩进属性。

执行步骤（5）、（6）后的结果如图 5.13 所示。至此，完成该实例的制作。

图 5.12　执行步骤（3）、（4）的结果

图 5.13　执行步骤（5）、（6）的结果

5.5　图片无法显示

我们在浏览网页时，时常会发现有些网页的图片无法正常显示，而显示为一个 ，这是因为网络传输问题或图片相对路径改变引起的，这样就会丢失需要的部分信息。这时为了让浏览者获悉图片包含的信息，应增加图片说明文字。使用 img 标签的 alt 属性能给图片添加说明文字。在图片不能正常显示的情况下，该说明文字就会出现在浏览器中。

【示例 5.8】 在 img 标签中设置 alt 属性为图片增加说明文字，在图片不能正常显示的情况下，alt 属性中的文字将会给用户提示，代码如下。

```
----------------------------文件名：使用alt属性解决图片不显示的问题.html----------------------------
01    <!DOCTYPE html PUBLIC "-//W3C//DTD XHTML 1.0 Transitional//EN"
02    "http://www.w3.org/TR/xhtml1/DTD/xhtml1-transitional.dtd">
03    <html xmlns="http://www.w3.org/1999/xhtml">
04    <head>
05    <meta http-equiv="Content-Type" content="text/html; charset=utf-8" />
06    <title>使用alt属性解决图片不显示的问题</title>
```

```
07      <style type="text/css">
08          img{ border:4px solid blue;}       /*设置图片的边框为 4 像素蓝色的实线*/
09      </style>
10      </head>
11      <body>
12          <img src="image2.jpg" alt="该图片不能显示，该图片原为风景图片"/>
13      </body>
14      </html>
```

【代码解析】在示例 5.8 中，第 12 行代码引用的图片 image2 是不存在的，所以在浏览器上只显示 alt 属性内所包含的提示文字，效果如图 5.14、图 5.15 所示。

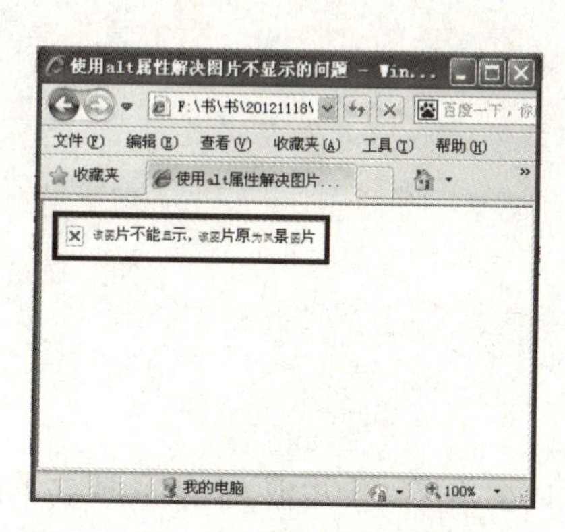

图 5.14　使用 alt 属性解决图片不显示的问题（IE）

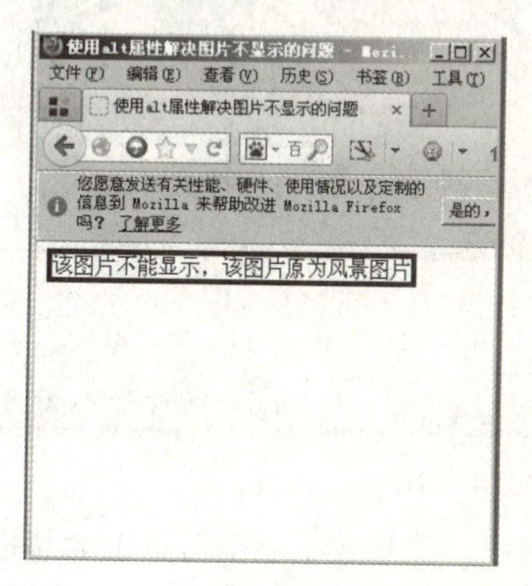

图 5.15　使用 alt 属性解决图片不显示的问题（火狐）

5.6　给图片增加链接

为了节省版面，设计者往往会把图片排版得很小，只供读者预览，如果读者对图片内容感兴趣，可以通过单击预览图片的链接，看大图。以下是把图片设置为可点击的链接的代码：

```
<a href="#"><img src="image.jpg" alt="该图片不能显示，该图片原为风景图片"/></a>
```

其中，在 a 标签中 href 属性后的#符号可以用任意网页地址代替。

【示例 5.9】　在 img 标签外嵌套 a 标签，就可以使图片变成一个超链接，代码如下。

```
--------------------------------文件名：设置图片超链接.html--------------------------------
01      <!DOCTYPE html PUBLIC "-//W3C//DTD XHTML 1.0 Transitional//EN"
02      "http://www.w3.org/TR/xhtml1/DTD/xhtml1-transitional.dtd">
03      <html xmlns="http://www.w3.org/1999/xhtml">
04      <head>
05      <meta http-equiv="Content-Type" content="text/html; charset=utf-8" />
06      <title>设置图片超链接</title>
07      </head>
08
09      <body>
10          <a href="#"><img src="image.jpg" alt="该图片不能显示，该图片原为风景图片"/></a>
11      </body>
12      </html>
```

【代码解析】在示例 5.9 的代码第 10 行<a href="#">为图片 image.jpg 设置了超链接。运行结

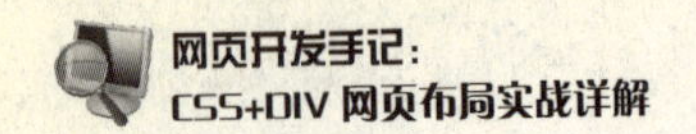

果如图 5.16 所示。

图 5.16　设置图片超链接

在图 5.16 中，图片成了一个可点击的超链接，但是同时多出了一个边框。这是由于在默认情况下，超链接的图片会带有边框。若要使可点击的图片不带边框，则将图片的 border 属性值设置为 none 即可，即在<style></style>中插入如下代码：

```
img{ border:none;}  /*设置图片没有边框*/
```

5.7　小结

本章讲解了使用 CSS 设置图片的样式。通常使用 CSS 样式控制的是图片的排版。本章的重点是掌握使用 CSS 技术改变图片属性，这些 CSS 技术也是基本的网页制作技巧，难点是使用 CSS 技术来控制图片的排版和图文混排。下一章将介绍使用 CSS 样式设置网页元素背景的方法。

第 6 章　设置页面背景

在设计网页时，除了在页面上排版图片和文字外，还会设计背景以突显网站主题。HTML 的大部分元素都提供背景属性 background 支持，通过该属性为网页元素提供背景颜色和背景图片，例如 body 标签、table 表格、div 层等。本章将与读者一起学习设置页面背景，具体的知识点如下：

- 页面元素引用背景
- 背景图片样式设置
- 背景属性
- 圆角制作的示例

6.1 设置页面元素的背景色

为了能设置页面元素的背景颜色，CSS 专门提供 background-color 属性用于设置页面元素的背景颜色。以下是使用 background-color 属性的通用语法：

```
background-color;color;
```

其中，color 值代表颜色名，它可以使用颜色名称、rgb 值和十六进制值设置。若要为整个网页设置一个背景颜色，就需要设置 body 标签的 background-color 属性。

【示例 6.1】 本例中设置了 body 标签的 background-color 属性，同时在 XHTML 文档中还设置有三个 div 标签，每个都使用不同的颜色命名方式设置其背景颜色，代码如下。

```
-------------------------------文件名：设置网页元素的背景颜色.html-------------------------------
01    <!DOCTYPE html PUBLIC "-//W3C//DTD XHTML 1.0 Transitional//EN"
02    "http://www.w3.org/TR/xhtml1/DTD/xhtml1-transitional.dtd">
03    <html xmlns="http://www.w3.org/1999/xhtml">
04    <head>
05    <meta http-equiv="Content-Type" content="text/html; charset=utf-8" />
06    <title>设置网页元素的背景颜色</title>
07    <style type="text/css">
08    body{ background-color:gray;}                    /*网页整体背景颜色设置为灰色*/
09    div{ width:100px; height:100px;}                 /*div 标签设置为一个 100 像素宽和 100 像素高的容器*/
10    div#one{ background-color: rgb(30%,40%,50%)}          /*第一个 div 标签的背景设置为靛蓝色*/
11    div#two{ background-color: rgb(255,0,0); }            /*第二个 div 标签的背景设置为红色*/
12    div#three{ background-color:; blue; }                 /*第三个 div 标签的背景设置为粉蓝色*/
13    </style>
14    </head>
15
16    <body>
17       <div id="one"></div>
18        <div id="two"></div>
19        <div id="three"></div>
20    </body>
21    </html>
```

【代码解析】运行效果如图 6.1 所示，第 8 行代码设置 body 标签的 background-color 属性为灰色后，整个网页的背景都为灰色。第 9 行代码设置三个 div 标签都为 100 像素宽和 100 像素高，第 10～12 行代码分别设置 div 标签的 background-color 属性后，背景色就会铺满整个 div 标签设定的大小。

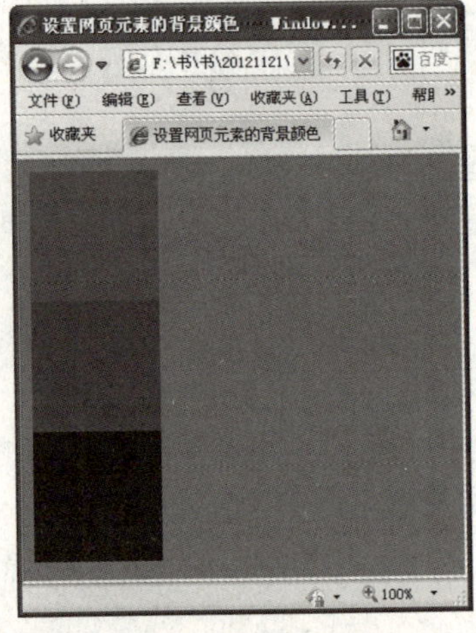

图 6.1 设置网页元素的背景颜色

技巧： 大部分标签都具有 background-color 属性。例如，p 标签和 a 标签，都能设置 background-color 属性。

6.2　设置背景图片

我们除了可以使用颜色设置背景外，还可以使用更漂亮的图片设置背景。使用图片作为网页元素的背景，就会涉及图片的位置和重复方式。使用 CSS 样式能精确地控制背景图片的位置和重复方式。

6.2.1　设置页面元素的背景图片

如何为背景添加图片？CSS 提供的 background-image 属性可以直接为页面元素插入一个背景图片。以下是使用 background-image 属性的通用语法：

```
background-image:url(pic.jpg);
```

使用 background-image 属性插入背景图片，只需使用 url 直接链入所需要使用的背景图片即可。其中，pic.jpg 就是所使用的背景图片。例如，设置 body 的 background-image 属性就能为整个网页设置背景图。

【示例 6.2】本例中设置了 body 标签的 background-image 属性插入一张名为 bg.jpg 的图片。注意，bg.jpg 的位置和本例的 XHTML 文档在同一个文件目录下，代码如下。

```
--------------------------------文件名：设置网页的背景图片.html--------------------------------
01    <!DOCTYPE html PUBLIC "-//W3C//DTD XHTML 1.0 Transitional//EN"
02    "http://www.w3.org/TR/xhtml1/DTD/xhtml1-transitional.dtd">
03    <html xmlns="http://www.w3.org/1999/xhtml">
04    <head>
05    <meta http-equiv="Content-Type" content="text/html; charset=utf-8" />
06    <title>设置网页的背景图片</title>
07    <style type="text/css">
08    body{ background-image:url(bg.jpg);}                /*网页整体背景图片设置为bg.gif*/
09    </style>
10    </head>
11
12    <body>
13    </body>
14    </html>
```

【代码解析】代码中使用的图片 bg.jpg 如图 6.2 所示；示例 6.2 的运行结果如图 6.3 所示。图片 bg.jpg 平铺了整个网页，引用的代码是第 8 行。在默认情况下，使用 body 的 background-image 属性设置背景图，所使用的图片无论大小，都会重复地平铺整个网页。若要改变背景图片的重复铺设方式，就要使用 6.2.2 节介绍的 background-repeat 属性。

图 6.2　图片 bg.jpg

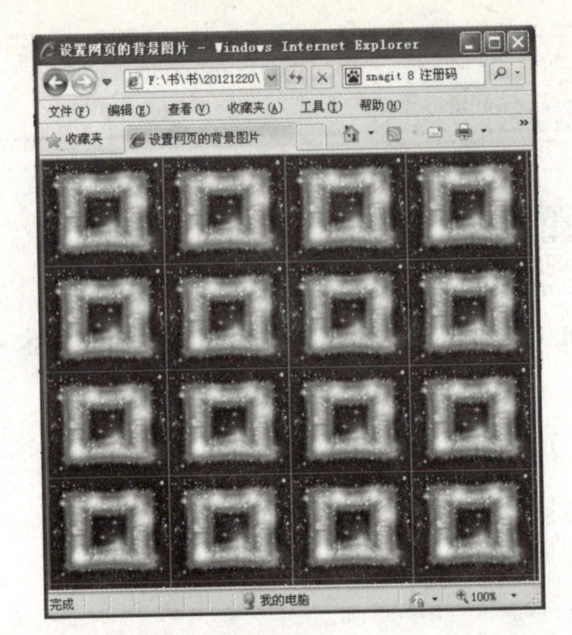

图 6.3　设置网页的背景图片

6.2.2　背景图的平铺

在很多情况下，我们需要改变背景图在网页元素中的铺设方式，这时就需要使用 CSS 提供的 background-repeat 属性。以下是使用 background-repeat 属性的通用语法：

```
background-repeat:repeatmode;
```

其中，repeatmode 有以下四个属性可供选择。

- repeat：背景图在纵向和横向上平铺。
- no-repeat：背景图不平铺。
- repeat-x：背景图在横向上平铺。
- repeat-y：背景图在纵向上平铺。

【示例 6.3】 本例设置了四个 div 标签，每个标签的大小为 180 像素宽、180 像素高。在这四个 div 标签中应用以上四种背景图的铺设方式，代码如下。

```
------------------------------文件名：设置背景图的重复方式.html--------------------------------
01    <!DOCTYPE html PUBLIC "-//W3C//DTD XHTML 1.0 Transitional//EN"
02    "http://www.w3.org/TR/xhtml1/DTD/xhtml1-transitional.dtd">
03    <html xmlns="http://www.w3.org/1999/xhtml">
04    <head>
05    <meta http-equiv="Content-Type" content="text/html; charset=utf-8" />
06    <title>设置背景图的重复方式</title>
07    <style type="text/css">
08    div{  background-image:url(bg.jpg);          /*div 标签背景图片设置为 bg.jpg*/
09       width:180px; height:180px;                /*div 标签的高度和宽度都设置为 180 像素*/
10       float:left;                               /*div 标签向左浮动*/
11       border:1px solid #666;                    /*div 标签的边框设置为 1 像素灰色实线*/
12       margin:5px;}                              /*div 标签的四边边距设置为 5 像素*/
```

```
13
14      div#one{  background-repeat:no-repeat;}                /*第一个 div 标签背景图不平铺*/
15      div#two{  background-repeat:repeat;}                   /*第二个 div 标签背景图在纵向和横向上平铺
16      */
17      div#three{  background-repeat:repeat-x}                /*第三个 div 标签背景图在横向上平铺*/
18      div#four{  background-repeat:repeat-y;}                /*第四个 div 标签背景图在纵向上平铺*/
19      </style>
20      </head>
21
22      <body>
23       <div id="one">1</div>
24         <div id="two">2</div>
25         <div id="three">3</div>
26         <div id="four">4</div>
27      </body>
28      </html>
```

【代码解析】运行结果如图 6.4 所示，第 14 行代码为第一个 div 标签设置背景图片的铺设方式为 no-repeat，图片会出现在 div 标签容器的左上角；第 15 行代码为第二个 div 标签设置背景图片的铺设方式为 repeat，图片在横向和纵向上都会平铺；第 17 行代码为第三个 div 标签设置背景图片的铺设方式为 repeat-x，图片在横向上平铺；在第 18 行代码中，第四个 div 标签中的背景图片的铺设方式被设置为 repeat-y，图片在纵向上平铺。

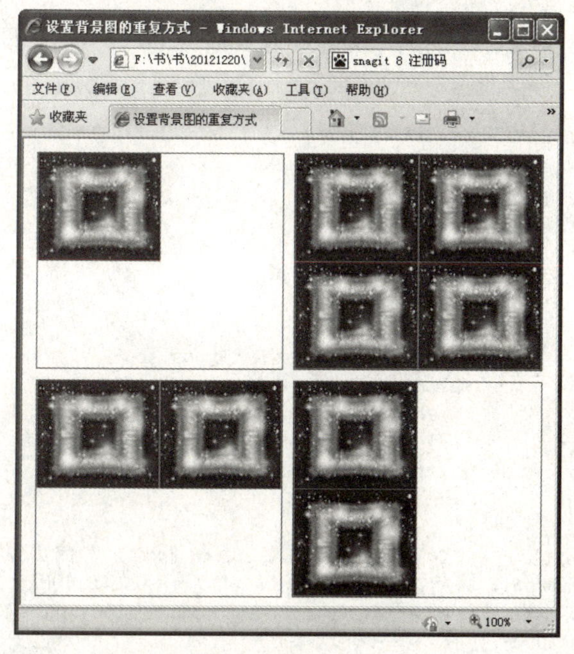

图 6.4　设置背景图的重复铺设方式

说明： 默认情况下，background-repeat 的属性值为 repeat，所以示例 6.2 中的背景图片会平铺整个网页。

6.2.3 背景图的位置

很多时候，我们会根据网页某部分的具体内容设置背景，这就需要为背景明确指明展示的位置。在默认情况下，背景图总是出现在页面元素的左上角。若设置背景图的 background-repeat 为 no-repeat，背景图就会出现在网页元素的左上角；若设置 background-repeat 为其他重复值，背景图也是从左上角开始平铺的。所以需要使用 CSS 提供 background-position 属性用于改变背景图与页面元素的相对位置。以下是使用 background-position 属性的通用语法：

```
background-position:position;
```

其中，position 值可以使用长度单位、百分比值和关键字来设定。

1. 使用长度单位设置背景图的位置

使用任何长度单位都能设置背景图与页面元素的位置，通常情况下，使用像素为单位。在设置 background-position 属性的时候都要设置两个数值，代码如下。

```
background-position:10px 20px;
```

10px 代表背景图与其所在的页面元素的横向相对位置为 10 像素；20px 代表背景图与其所在的页面元素的纵向相对位置为 20 像素。也就是说，背景图沿着 x 轴方向向右推移 10 像素，沿着 y 轴方向向下推移 20 像素。

【示例 6.4】 本例设置了四个 div 标签，每个标签的大小为 200 像素宽、200 像素高。设置背景图片在 div 标签中的不同位置，代码如下。

```
-----------------------------文件名:使用长度单位设置背景图的位置.html-----------------------------
01  <!DOCTYPE html PUBLIC "-//W3C//DTD XHTML 1.0 Transitional//EN"
02  "http://www.w3.org/TR/xhtml1/DTD/xhtml1-transitional.dtd">
03  <html xmlns="http://www.w3.org/1999/xhtml">
04  <head>
05  <meta http-equiv="Content-Type" content="text/html; charset=utf-8" />
06  <title>使用长度单位设置背景图的位置</title>
07  <style type="text/css">
08  div{  background:url(pos.jpg);                    /*div 标签背景图片设置为 pos.jpg*/
09     width:200px; height:200px;                     /*div 标签的高度和宽度都设置为 200 像素*/
10     float:left;                                    /*div 标签向左浮动*/
11     border:1px solid #666;                         /*div 标签的边框设置为 1 像素灰色实线*/
12     margin:5px;                                    /*div 标签的四边边距设置为 5 像素*/
13     background-repeat:no-repeat;}
14
15  div#one{ background-position:0px 0px;}           /*第一个 div 标签背景图的左上角与(0,0)重合*/
16  div#two{ background-position:100px 100px;}       /*第一个 div 标签背景图的左上角与(100,100)重合*/
17  div#three{ background-position:50px 100px;}      /*第一个 div 标签背景图的左上角与(50,100)重合*/
18  div#four{ background-position:200px 200px;}      /*第一个 div 标签背景图的左上角与(200,200)重合*/
19  </style>
20  </head>
21
22  <body>
23      <div id="one">1</div>
24      <div id="two">2</div>
25      <div id="three">3</div>
```

```
26          <div id="four">4</div>
27      </body>
28      </html>
```

【代码解析】效果如图 6.5 所示，图 6.6 为示例 6.4 的分析图。代码第 15 行设置第一个 div 标签的背景图与 div 标签的相对位置为横向 0px、纵向 0px，所以背景图和 div 的左上角紧贴。代码第 16 行设置第二个 div 标签的背景图与 div 标签的相对位置为横向 100px、纵向 100px。背景图以第三个 div 标签的左上角为原点，向右推移 50 像素，向下推移 100 像素。第四个 div 标签的背景图向右和向下推移了 200 像素，刚好是 div 标签的宽度和高度，所以背景图不可见了。

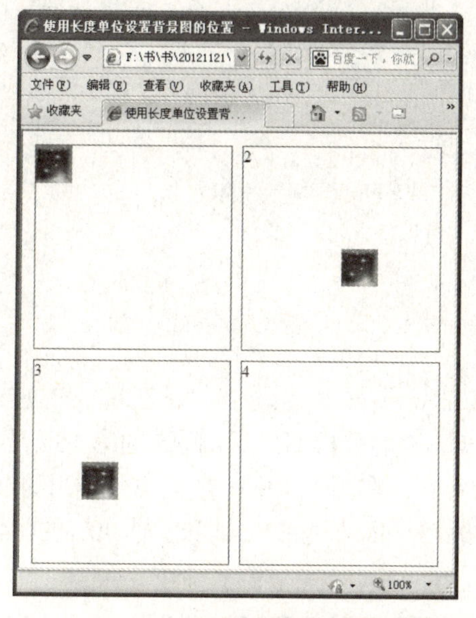

图 6.5　使用长度单位设置背景图的位置

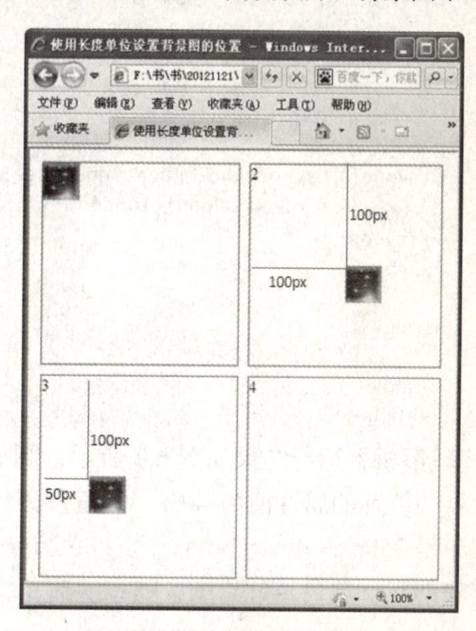

图 6.6　使用长度单位设置背景图的位置（【代码解析】图）

> **注意：**若只使用一个长度值设定 background-position 属性，那么这个长度值就是指横向的偏移像素值。纵向默认为居中对齐。

2．使用百分比设置背景图的位置

使用百分比设置背景图的位置与使用长度单位设置背景图的位置的方法类似。把长度单位改为百分比符号就可以了，代码如下。

```
background-position:30% 30%;
```

但是设置 10px 和 10%的意义并不相同。假设背景图的宽高为 40px，背景图所在的页面元素宽高为 300px，设置 background-position 第一个值为 30%，就代表背景图 30%的位置和页面元素 30%的位置对齐。背景图 40px × 30%=12px，页面元素 300px × 30%=90px。也就是说，背景图的 *x* 轴方向 12 像素的位置和页面元素 *x* 轴方向 90 像素的位置对齐。对于 background-position，第二个百分比值也是如此。

【示例 6.5】　本例设置了一个 div 标签，大小为 350 像素宽、350 像素高。设置

background-position 属性的两个值都为 40%，代码如下。

```
------------------------------文件名：使用百分比设置背景图的位置.html------------------------------
01    <!DOCTYPE html PUBLIC "-//W3C//DTD XHTML 1.0 Transitional//EN"
02    "http://www.w3.org/TR/xhtml1/DTD/xhtml1-transitional.dtd">
03    <html xmlns="http://www.w3.org/1999/xhtml">
04    <head>
05    <meta http-equiv="Content-Type" content="text/html; charset=utf-8" />
06    <title>使用百分比设置背景图的位置</title>
07    <style type="text/css">
08    div{  background:url(pos.jpg);                 /*div 标签背景图片设置为 pos.jpg*/
09        width:350px; height:350px;                 /*div 标签的高度和宽度都设置为 350 像素*/
10        float:left;                                /*div 标签向左浮动*/
11        border:1px solid #667;                     /*div 标签的边框设置为 1 像素灰色实线*/
12        margin:4px;}                               /*div 标签的四边边距设置为 4 像素*/
13
14    div#one{  background-repeat:no-repeat;         /*背景图设置为不重复*/
15            background-position:40% 40%;}          /*背景图位置设置为 40%*/
16    </style>
17    </head>
18
19    <body>
20        <div id="one"></div>
21    </body>
22    </html>
```

【代码解析】运行结果如图 6.7 所示，图 6.8 为示例 6.5 的分析图。示例 6.5 的第 15 行代码设置背景图位置的属性值为 40%，通过形象比较可以看到，在图 6.8 中，左上角分析用的红色方块大小是 350px × 40%=140px。该红色方块的右下角就是 div 标签的 x 轴和 y 轴 40%的位置。红色方块的右下角也是背景图 x 轴和 y 轴 40%的位置。

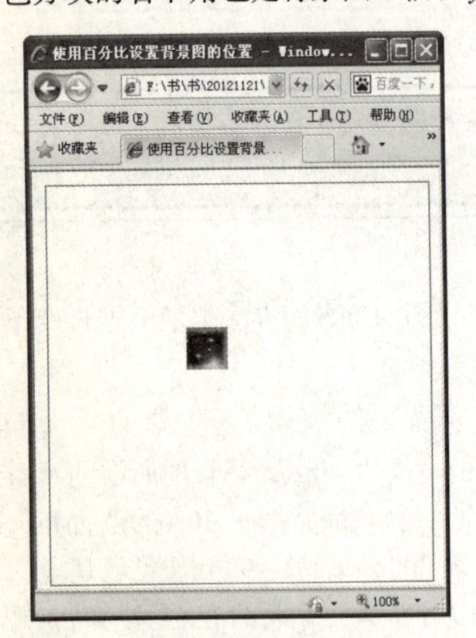

图 6.7　使用百分比设置背景图的位置

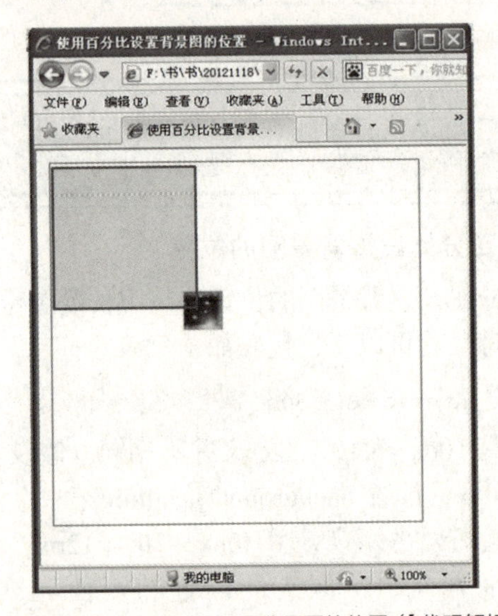

图 6.8　使用百分比设置背景图的位置（【代码解析】图）

使用百分比设置背景图的位置通常只设置 0%、50%和 100%这三个值。设置百分比为 0%

时，代表背景图和其父元素左上角对齐；设置百分比为 50%时，代表背景图和其父元素中心对齐；设置百分比为 100%时，代表背景图和其父元素右下角对齐。

3. 使用关键字设置背景图的位置

设置 background-position 属性的关键字有六个。横向上有三个关键字，分别是 left、center 和 right；纵向上也有三个关键字，分别是 top、center 和 bottom。若要设置背景图和其所在的页面元素的右下角对齐，代码如下。

```
background-position:right bottom;
```

设置横向上的关键字为 left，就相当于设置百分比为 0%，背景图位于页面元素 x 轴的最左边；设置为 center 就相当于设置百分比为 50%，背景图位于页面元素 x 轴的中心；设置为 right 就相当于设置百分比为 100%，背景图位于页面元素 x 轴的最右边。对于纵向上的三个关键字，也是如此推算。

【示例 6.6】 本例设置了九个 div 标签，每个标签的大小为 100 像素宽、100 像素高。使用关键字设置背景图片在 div 标签中的不同位置，代码如下。

```
------------------------------文件名：使用关键字设置背景图的位置.html------------------------------
01    <!DOCTYPE html PUBLIC "-//W3C//DTD XHTML 1.0 Transitional//EN"
02    "http://www.w3.org/TR/xhtml1/DTD/xhtml1-transitional.dtd">
03    <html xmlns="http://www.w3.org/1999/xhtml">
04    <head>
05    <meta http-equiv="Content-Type" content="text/html; charset=utf-8" />
06    <title>使用关键字设置背景图的位置</title>
07    <style type="text/css">
08    div{
09       width:100px; height:100px;                  /*div 容器宽度和高度都为 100 像素*/
10       float:left;                                 /*div 容器向左浮动*/
11       border:1px solid #667;                      /*div 容器边框为 1 像素灰色实线*/
12       margin:4px;                                 /*div 容器四边边距为 4 像素*/
13       background:url(pos.gif);                    /*div 容器背景图片为 pos.gif*/
14       background-repeat:no-repeat;}               /*div 容器背景图片不重复*/
15
16    div#A{ background-position:left top;}          /*背景图横向左对齐，纵向顶对齐*/
17    div#B{ background-position:left center;}       /*背景图横向左对齐，纵向居中对齐*/
18    div#C{ background-position:center top;}        /*背景图横向居中对齐，纵向顶对齐*/
19    div#D{ background-position:left bottom;}       /*背景图横向左对齐，纵向底对齐*/
20    div#E{ background-position:center center;}     /*背景图横向居中对齐，纵向居中对齐*/
21    div#F{ background-position:center bottom;}     /*背景图横向居中对齐，纵向底对齐*/
22    div#G{ background-position:right center;}      /*背景图横向右对齐，纵向居中对齐*/
23
24    div#H{ background-position:right top;}         /*背景图横向右对齐，纵向顶对齐*/
25    div#I{ background-position:right bottom;}      /*背景图横向右对齐，纵向底对齐*/
26    </style>
27    </head>
28
29    <body>
30         <div id="A">left/top</div>
31       <div id="B">left/center</div>
32       <div id="C">left/bottom</div>
33       <div id="D">center/top</div>
```

```
34          <div id="E">center/center</div>
35          <div id="F">center/bottom</div>
36          <div id="G">right/top</div>
37          <div id="H">right/center</div>
38          <div id="I">right/bottom</div>
39      </body>
40      </html>
```

【代码解析】运行结果如图 6.9 所示。示例 6.6 中列出了使用关键字设置背景图位置的所有配搭。第 16～25 行代码设置了九种 DIV 标签的组合样式，分别对齐样式为左上、左中、左下、中上、中中、中下、右上、右中、右下。

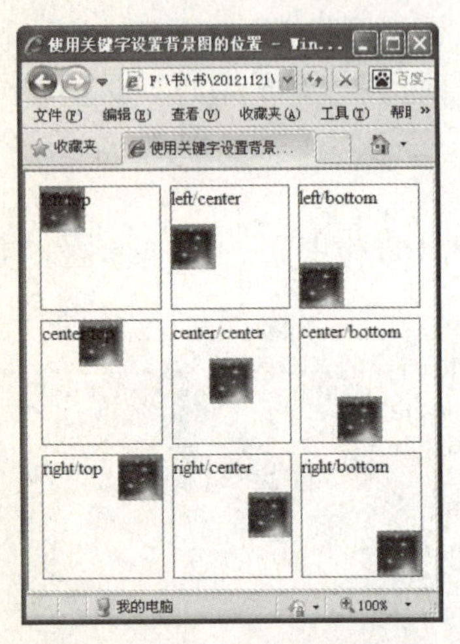

图 6.9　使用关键字设置背景图的位置

> **注意：**若只使用一个关键字设定 background-position 属性，那么这个关键字就是指横向的对齐方式。纵向默认为居中对齐。

6.2.4　滚动和固定的背景图

当网页的内容超过浏览器的窗口时，该页面右侧就会产生滚动条。当用户拖动滚动条时，就能浏览到页面下方的内容，有时在拖动时会发现网页的背景也会跟着改变。若要实现当拖动滚动条时背景不移动，就需要使用 CSS 提供的 background-attachment 属性。background-attachment 属性只有两个值，分别是 scroll 和 fixed，scroll 表示背景图随对象内容滚动；fixed 表示背景图固定。默认属性值为 scroll。

【示例 6.7】　本例设置 body 标签的背景图为固定不动。当用户拖动滚动条时，网页的背景也不会移动，代码如下。

```
------------------------------------文件名：固定背景图.html------------------------------------
01    <!DOCTYPE html PUBLIC "-//W3C//DTD XHTML 1.0 Transitional//EN"
02    "http://www.w3.org/TR/xhtml1/DTD/xhtml1-transitional.dtd">
03    <html xmlns="http://www.w3.org/1999/xhtml">
04    <head>
05    <meta http-equiv="Content-Type" content="text/html; charset=utf-8" />
```

```
06    <title>固定背景图</title>
07    <style type="text/css">
08     body{  background:url(poem.jpg);              /*网页的背景图设置为poem.jpg*/
09         background-position:top right;          /*网页的背景图位置设置为右上角*/
10         background-repeat:no-repeat;            /*网页的背景图不重复*/
11         background-attachment:fixed;}           /*网页的背景图固定在网页中*/
12     p{ font-size:14px;                          /*文字大小设置为14像素*/
13     line-height:22px;                           /*文字行高22像素*/
14        text-indent:28px;                        /*文字首行缩进28像素*/
15       color:#003300;                            /*文字颜色设置为深绿色*/
16    }
17    </style>
18    </head>
19
20    <body>
21    <p>牡丹江</p>
22    <p>牡丹江市，因松花江上最大支流之一的牡丹江横跨市区因而得名。</p>
23    <p>“牡丹”在满语中称为“穆丹乌拉”，“穆丹”汉译为“曲曲弯弯”之意。</p>
24    <p>“乌拉”为“江”之意。</p>
25    <p>即弯弯曲曲的江。此江在唐代时期称“敖罗河”；以后又称“忽汉河”；</p>
26    <p>金代称“胡里改江”；元代称“窝多里江”，又称“忽尔哈江”；</p>
27    <p>清代称“库尔堪江”、“忽尔哈河”，后称牡丹江。</p>
28    <p>上述所涉及的“敖罗”、“忽汗”、“库尔堪”、“忽尔哈”等在满语中的含义均是“围网”的意思。</p>
29    <p>牡丹江市位于北温带中部，属温带大陆季风气候，半湿润地区。</p>
30    <p> 2007年：平均气温6.1℃，平均降水量579.7毫米，日照时数2339.8，平均相对湿度64%。</p>
31    <p>牡丹江地处盆地，四面环山，四季分明。西部山脉阻挡沙尘暴的入侵，使得牡丹江地区免受沙尘天气。</p>
32    <p>牡丹江东部濒临日本海，植物茂盛。空气湿润。</p>
33    <p>全市山地、丘陵占总面积78%，森林资源丰富，有10个林业局、14个营林局。</p>
34    <p>中部为牡丹江河谷盆地，东部有穆兴平原，土地肥沃，盛产水稻、小麦、大豆、烤烟和西瓜。</p>
35    <p>所产卢城稻、宁安大蒜久负盛名。辖区内有牡丹江、乌苏里江、穆棱河、绥芬河、海浪河等300多条河流，
36    水利资源丰富，有著名的镜泊湖地下发电厂。</p>
37
38    </body>
39    </html>
```

【代码解析】运行结果如图6.10和图6.11所示。对比图6.10和图6.11发现，当用户拖动滚动条时，背景图片会一直固定在右上角。关键的设置代码为第11行，属性是background-attachment，其值为fixed。

图6.10　固定背景图（网页顶部）

图6.11　固定背景图（网页底部）

注意： 在 IE 6 浏览器中，只有设置 body 标签的 background-attachment 属性为 fixed 才生效。其他标签如 div 标签，设置 fixed 不生效。

6.3 背景颜色和背景图片的层叠

同时使用背景颜色和背景图片时，背景图片会覆盖背景颜色。

【示例 6.8】 本例是一个同时使用背景颜色和背景图片的示例，代码如下。

```
-------------------------------文件名：背景颜色和背景图片的层叠.html-------------------------------
01    body{
02        background-image:url(images/background_big.gif);            /*背景设置*/
03        background-repeat:no-repeat;                                 /*背景图片不重复*/
04        background-position:center;
05        background-color:#cccccc;}                                   /*背景颜色设置*/
```

【代码解析】该例中，代码第 2、3 行设置了一个居中的不重复的背景图片，代码第 5 行同时设置了背景颜色为“#cccccc”，其应用于网页中的效果如图 6.12 所示。

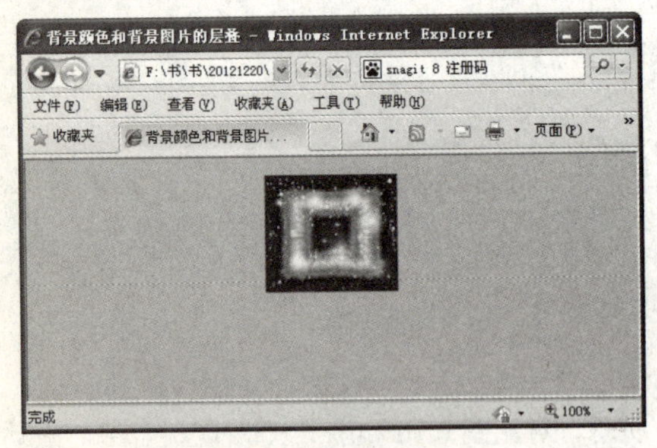

图 6.12 背景颜色和背景图片同时使用的示例

从图 6.12 可以看到，背景图片显示在背景颜色的上面。也就是说，当同时定义了背景图片和背景颜色时，在没有背景图片的地方会显示出背景颜色。

6.4 背景属性

在前面的章节中，我们对各个背景属性进行了罗列，同时也向读者展现了页面效果功能。本节将学习背景属性的缩写，以及背景属性在内联元素中的使用。

6.4.1 背景属性缩写

前面介绍的 background-image、background-position、background-repeat 和 background-attachment 属性可以使用 background 属性进行缩写。

【示例 6.8】 实现以上四个属性的代码如下。

```
01    background-image:url(poem.jpg);                          /*背景设置图片*/
02    background-position:top right;                           /*背景图片定义位置*/
03    background-repeat:no-repeat;
04    background-attachment:fixed;                             /*图片不会滚动*/
```

可以缩写为以下形式：

```
background:url(poem.jpg) top right no-repeat fixed;
```

6.4.2　背景属性在内联元素中的使用

background-position 属性使用在内联元素中时，在 IE 6.0 和 Firefox 中的显示效果是不同的。

【示例 6.9】在内联元素中使用 background-position 属性的示例，其代码如下。

```
----------------------------文件名：背景属性在内联元素中的使用.html------------------------------
01    <!DOCTYPE html PUBLIC "-//W3C//DTD XHTML 1.0 Transitional//EN"
02    "http://www.w3.org/TR/xhtml1/DTD/xhtml1-transitional.dtd">
03    <html xmlns="http://www.w3.org/1999/xhtml">
04    <head>
05       <title>背景属性在内联元素中的使用</title>
06       <style type="text/css">
07    .screem{
08       background:url(bg.jpg);
09       background-repeat:no-repeat;
10       background-position:right center;                      /*定义背景图片位置*/
11       background-color:#cccccc;}                             /*设置背景颜色*/
12    </style>
13    </head>
14    <body>
15    <span class="screem">
16      注意背景图的位置。通过这个在内联元素中使用背景图像位置属性的示例，这将有助于对这个值的理解，
17    请注意学习文字和背景图片之间的位置关系.</span>
18    </body>
19    </html>
```

【代码解析】在该例中，第 10 行代码设置了内联元素的背景图片位置为右侧中间。该样式在 Firefox 17.0 浏览器中的显示效果如图 6.13 所示。在 IE 6.0 中的显示效果如图 6.14 所示。

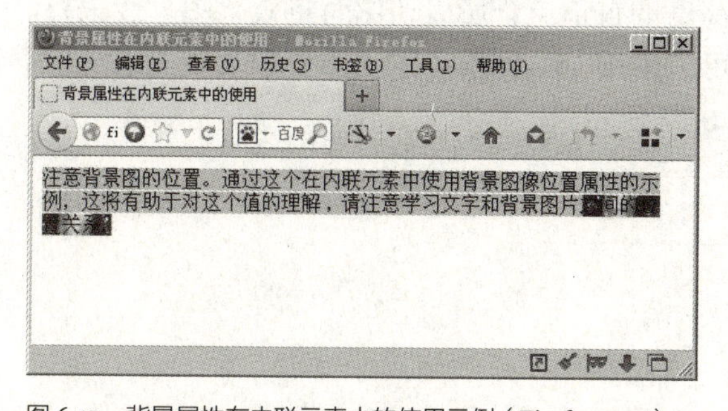

图 6.13　背景属性在内联元素中的使用示例（Firefox 17.0）

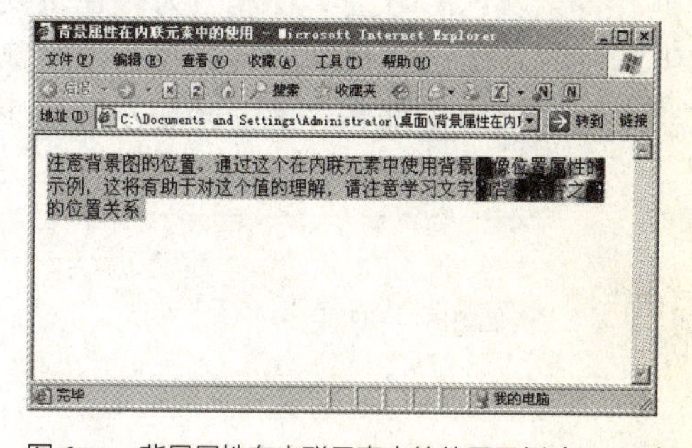

图 6.14　背景属性在内联元素中的使用示例（IE 6.0）

从图 6.13 和图 6.14 中可以看出，在 Firefox 17.0 浏览器中，以所有的行为一个连续的框来设置背景。在 IE 6.0 浏览器中，会把内联元素的各行作为一个块来设置背景。在内联元素中使用背景颜色和背景图像时，一定要注意这个问题。

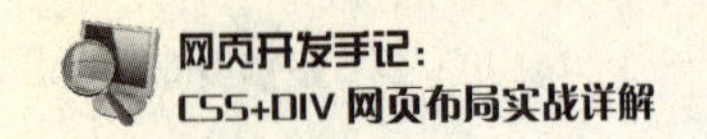

注意： 浏览器升级到 IE 8 版本后，展示效果与 Firefox 17.0 一样。

6.5 利用图片设置圆角背景

由于在网页中使用圆角效果的情况非常多，所以这里单独用一节来讨论。制作圆角背景的方法有很多，但是使用最多且兼容性最好的还是使用图片的方法。由于在实际制作中，需要的显示效果不同，可以分为以下几种情况。

我们在浏览网页时，很多时候发现选项卡或页面里部分内容的边框的四角是圆的，不是尖的，这样的设计通常叫做圆角。圆角使网页看起来更加柔和、美观，其制作方法有很多，常用的是图片和边框结合的方法。下面以显示效果来分类，向大家介绍圆角的制作方法。

6.5.1 背景图片自适应高度

单线圆角的意思是圆角的边线没有任何修饰，例如阴影、外发光等。

【示例 6.10】 本例是一个单线圆角的效果，如图 6.15 所示。

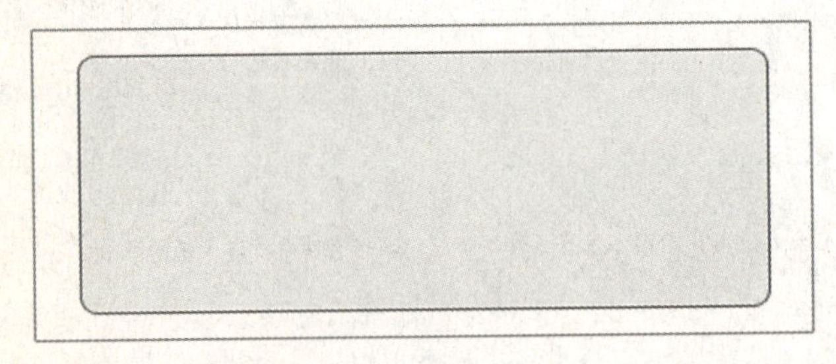

图 6.15 单线圆角的效果图

从图 6.15 可以看出，要制作这样的圆角效果，除圆角的部分以外，其他地方都可以使用边框和背景颜色的方法实现。因为现在只要求高度的自适应，所以切图时将效果图分成三行。上下两张图片用做圆角框的顶和底，中间部分可以使用 div 元素（定义边框和背景）来实现。切出来的圆角框顶部和底部图片如图 6.16、图 6.17 所示。

图 6.16 圆角框顶部图片

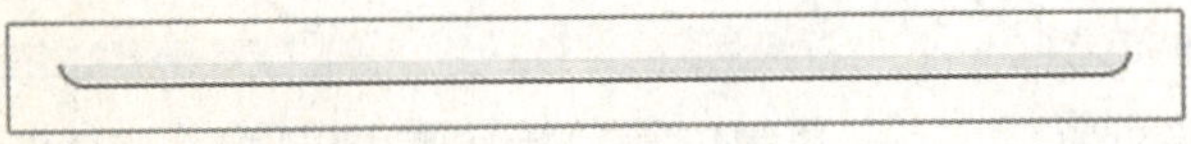

图 6.17 圆角框底部图片

制作好背景图片后，就可以制作页面的结构部分，其代码如下。

```
--------------------------------文件名：背景图片自适应高度.html----------------------------------
```

```
01      <div class="content">
02        <div class="round_top"></div>
03          <div class="round_content">单线的圆角框背景图片自适应高度实例</div>
04          <div class="round_bottom"></div></div>
```

【代码解析】代码第 2 ~ 4 行纵向生成三个 div 元素，分别制作圆角框的三个部分。代码第 2 行和第 4 行的 div 层是用来放圆角图的，代码第 3 行的 div 生成左右两个边框，以配合上下的圆角图片，从视觉上形成封闭的圆角图形。

结构部分制作完后，就可以制作 CSS 部分了。对于头部和底部的图片，因为表现的是内容，所以用背景图片的形式显示。对于中间的内容部分，用左右边框衔接背景图片的边线，用背景颜色衔接背景图片的颜色，其 CSS 代码如下。

```
---------------------------------文件名：背景图片自适应高度.html---------------------------------
01    .content{
02      width:379px;}                              /*定义父元素的宽度和背景图片的宽度相同*/
03    .round_top{
04      height:25px;
05      background:url(top.jpg) no-repeat left top;
06      font-size:1px;}                            /*取消默认的最小高度设置*/
07    .round_content{
08      background:#eeeeee;
09      border-left:1px solid #333334;             /*用边框代替图片边线*/
10      border-right:1px solid #333334;
11      margin:0px 15px 0px 15px;
12      padding:20px;}
13    .round_bottom{
14      height:25px;
15      background:url(bottom.jpg) no-repeat left top;
16      font-size:1px;}
```

【代码解析】代码第 1、2 行为外围 div 的样式，宽度为 379px；代码第 3 ~ 6 行和第 13 ~ 16 行为上 div 和下 div 的样式，由于图片高度为 25 像素，所以高度属性 height 设置为 25 像素。代码第 7 ~ 12 行为中 div 样式，主要设置左右边框 border-left 和 border-right，与上下圆角图片对应形成封闭。

说明：在 round_top 和 round_bottom 中，定义 font-size 属性值为 1 像素。其原因在于，如果没有定义这个属性，则 div 元素的高度会使用页面中定义的文本高度。

该样式应用于网页，其效果如图 6.18 所示。

该样式中，由于 content 和 round-content 部分都没有定义高度，所以可以做到高度的自适应，增加内容后的效果如图 6.19 所示。

在以上示例中，因为上下两张背景图片的宽度是固定的，所以内容的宽度也是固定的。下面讲解怎样制作水平自适应的圆角框。

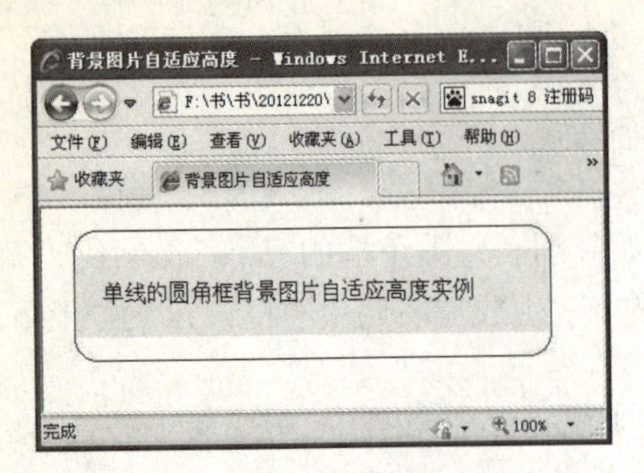

图 6.18　制作完成的单线圆角框

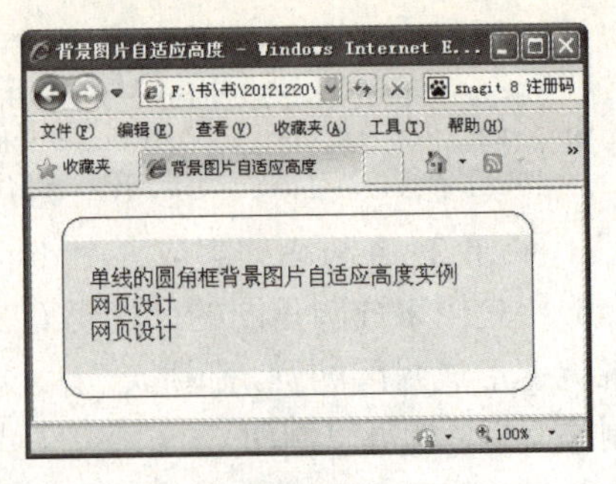

图 6.19　增加内容后的效果

6.5.2　背景图片自适应宽度

与实现自适应高度一样，实现自适应宽度的原理也很简单。首先要更换一下图片的切法，将纵向三行改成横向三列，此时左右两列的背景图片如图 6.20 所示。

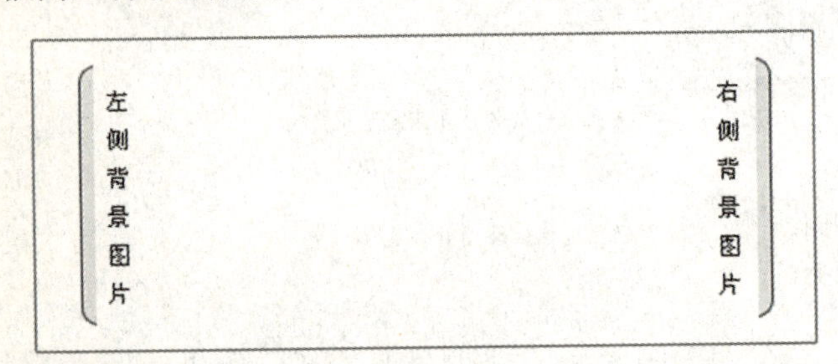

图 6.20　左右两侧的背景图片效果

接下来，实现元素水平排列，其方法有很多选择，可以使用浮动属性将元素排成一行，也可以使用绝对定位，还可以使用嵌套元素的方式实现。

【示例 6.11】 采用嵌套 div 的方法实现这个布局，其代码如下。

```
--------------------------------文件名：背景图片自适应宽度.html--------------------------------
01        <div class="main">
02          <div class="content">
03            <div class="round_left">
04              <div class="round_content">这是一个单线的宽度自适应圆角框</div>
05            </div>
06          </div>
07        </div>
```

【代码解析】代码第 2～6 行为该结构，嵌套了三层 div，其中最外面的两层分别用来制作右侧和左侧的背景。最内一层通过上下边线和背景衔接左右两侧的背景图片。其 CSS 样式如下。

```
--------------------------------文件名：背景图片自适应宽度.html--------------------------------
01          .content
02          {
03            width:400px;
04            background:url(right.jpg) no-repeat right top;
05            height:176px;}
06          .round_left
07          {
```

```
08          background:url(left.jpg) no-repeat left top;
09          padding-left:15px;
10          height:176px;
11          padding:8px 0px 0px 0px;                /*4 个方向的补白*/
12        }
13      .round_content
14      {
15          margin:0px 25px 0px 25px;               /*4 个方向的页边距*/
16          background:#eeeeee;
17          height:148px;                            /*注意高度的定义，否则左右背景图片不能正常显示
18  */
19          border-top:1px solid #333333;
20        border-bottom:1px solid #333333;
21        padding:10px 0px 0px 30px;}
```

【代码解析】该结构也是一个三层嵌套。代码第 1 ~ 5 行在最外层，结果是呈现右圆角图片的效果，同时定好 div 高度为 176px，与图片高度一致。代码第 6 ~ 12 行实现左圆角图片呈现；代码第 11 行的 padding 让最里层 div 不挡住圆角图片。代码第 13 ~ 21 行是最里层 div；代码第 19、20 行实现上下两条边框线，与左右圆角实现闭合效果。

该样式中，首先通过使用 padding 属性，使元素的背景图片显示出来，然后制作中间的内容部分，其应用于网页的效果如图 6.21 所示。

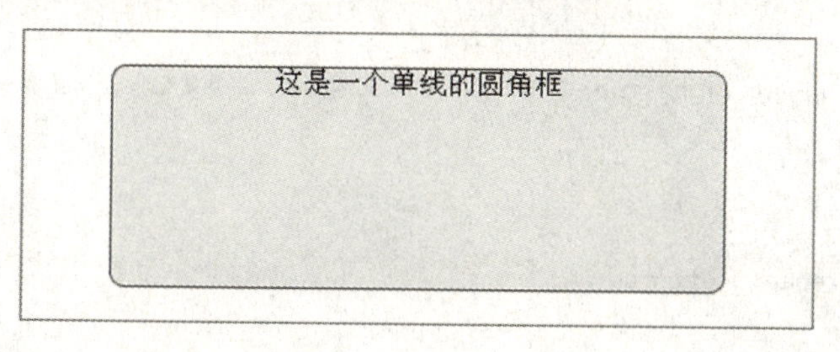

图 6.21　宽度自适应的示例

此时，如果更改 content 的宽度为 100%，则可以做成全屏宽度自适应效果。

6.5.3　背景图片的完全自适应

【示例 6.12】 本例实现单色或者单线圆角框完全自适应效果。同样先要更换一下图片的切法，这次切下图片的四角，切开后的图片如图 6.22 所示。

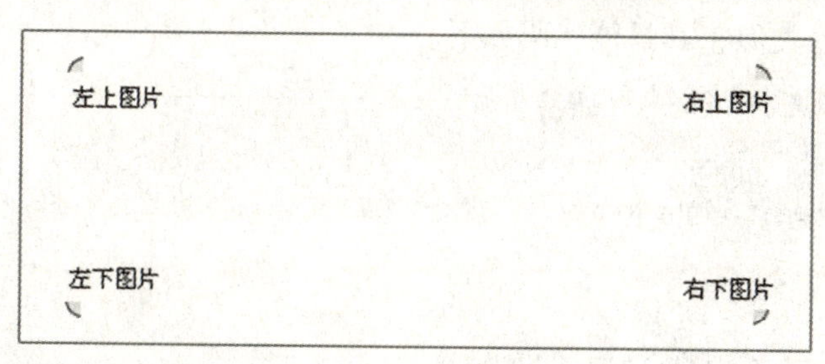

图 6.22　四角的切图

接下来，看一下实现的原理：首先采用水平自适应的方法，使左上、右上部分做到宽度自

适应。用同样的方法，使左下和右下的部分也可以自适应宽度。这样就完成了水平自适应部分。然后，在上下两部分的中间加入内容部分，使用背景和边线的方法衔接顶部和底部，做到垂直自适应。

根据以上分析，制作页面结构代码如下。

```
--------------------------------文件名：背景图片完全自适应.html----------------------------------
01    <div class="content">
02        <div class="top">
03          <div class="top_left"><div class="top_line"></div></div></div>
04        <div class="round_content">这是一个单线的圆角框背景图片的完全自适应</div>
05          <div class="bottom">
06          <div class="bottom_left"><div class="bottom_line"></div></div></div>
07          </div>
```

【代码解析】代码第 2 ~ 6 行为主要结构的 div 部分，主要分为上中下三部分。代码第 2、3 行的 div 为上部分，其中包含两个 div；代码第 4 行的 div 为中间部分；代码第 5、6 行为下部分，其中也包含两个 div。

下面开始编写 CSS 代码，top 部分的样式代码如下。

```
--------------------------------文件名：背景图片完全自适应.html----------------------------------
01    .top{
02      padding-right:25px;                                  /*在补白中显示背景图片*/
03      background:url(tr.jpg) no-repeat right top;          /*背景设置了图片，不重复铺设，位置右上*/
04      font-size:1px;}
05    .top_left{
06      padding-left:25px;                                   /*左补白*/
07      padding-top:2px;
08      background:url(tl.jpg) no-repeat left top;
09      font-size:1px;}
10    .top_line{
11      border-top:1px solid #333334;
12      background:#eeeeed;
13      font-size:1px;
14      height:22px;}                                        /*注意高度值的计算*/
```

【代码解析】以上为 top 部分，依然采用三个嵌套的 div 达到水平自适应。代码第 1 ~ 4 行为第一层 div，主要功能是实现右圆角图片呈现。代码第 5 ~ 9 行是第二层 div，主要实现左圆角图片呈现。代码第 10 ~ 14 行为第三层 div，实现左上和右上圆角之间的封闭边框。

bottom 部分的 CSS 样式与 top 部分类似，其具体代码如下。

```
--------------------------------文件名：背景图片完全自适应.html----------------------------------
01    .bottom{
02      padding-right:25px;
03      background:url(br.jpg) no-repeat right top;          /*背景设置了图片，不重复铺设，位置右上*/
04      font-size:1px;}
05    .bottom_left{
06      padding-left:25px;                                   /*左补白 25 像素*/
07      background:url(bl.jpg) no-repeat left top;
08      font-size:1px;}
09    .bottom_line{
10      border-bottom:1px solid #333334;                     /*对应圆角的边框实线*/
```

```
11        background:#eeeeed;
12        font-size:1px;
13        height:22px;}
```

【代码解析】以上样式是 bottom 部分，代码第 1～4 行的 bottom 样式定义了右下角；代码第 5～8 行的 bottom_left 样式定义了左下角。

接下来，制作 round_content 部分。这一部分比较简单，只需要定义元素的背景和左右边线，其代码如下。

```
--------------------------------文件名：背景图片完全自适应.html----------------------------------
01    .round_content{
02        margin-left:2px;
03        margin-right:2px;
04        background:#eeeeed;
05        border-left:1px solid #333334;          /*对应圆角的左边框实线*/
06        border-right:1px solid #333334;         /*对应圆角的右边框实线*/
07        padding:20px;}
```

【代码解析】主要为中间部分的 div 设置左右两条边框线，与上下圆角图形成封闭效果。代码第 2、3 行的 margin-left 和 margin-right 使边框线与圆角图案线对齐。代码第 7 行定义 padding 属性的目的是使内容与边框产生一段距离。定义完所有的 CSS 样式后，页面显示效果如图 6.23 所示。

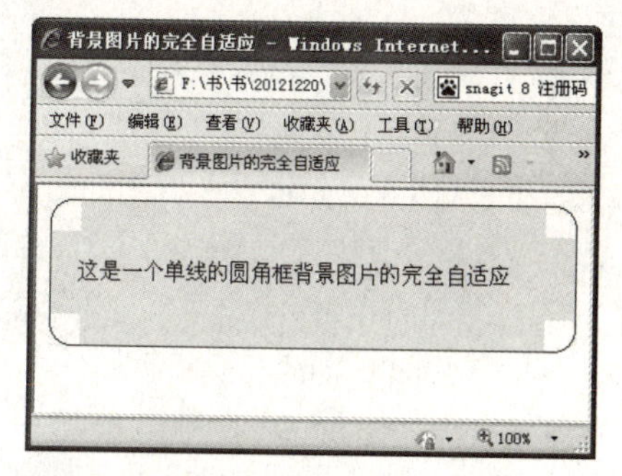

图 6.23　制作后的圆角框效果

增加内容后，显示效果如图 6.24 所示。

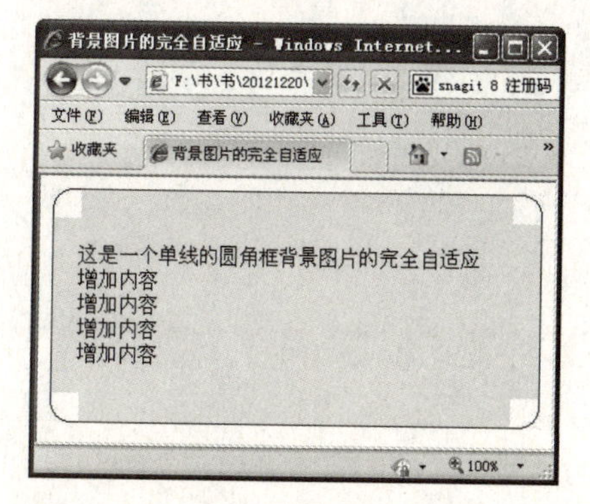

图 6.24　增加内容后的垂直自适应效果

接下来，更改浏览器窗口的大小，测试能否水平自适应，其效果如图 6.25 所示。

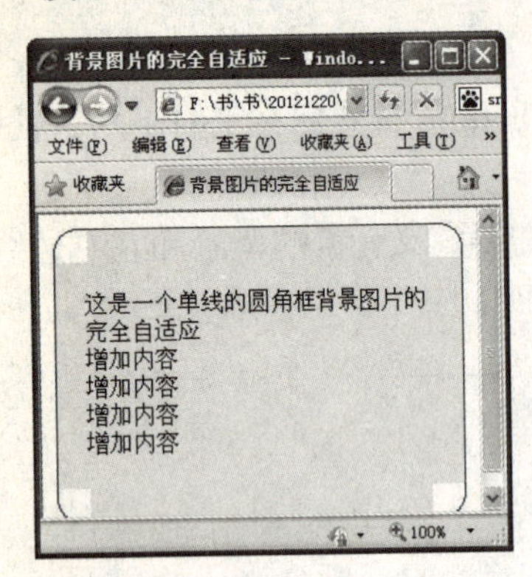

图 6.25　更改浏览器窗口大小之后的页面显示效果

6.6 小结

本章讲解了使用 CSS 的 background 属性用于更改页面元素的背景设置，重点是更改页面元素的背景颜色、背景图片位置和铺设方式，难点是结合 XHTML 和 CSS 的背景属性创建类似圆角的页面效果。下一章将讲述使用 CSS 控制超链接的样式。

第7章 用CSS控制超链接样式

我们在浏览网页时，会发现其中有很多超链接，有些是一个字、一个词、一句话，有些则是图片，还有的是Flash动画。通过这些超链接，我们可以跳转到目标页面，或指向一个文件，甚至是一个应用程序。设计网页时可以通过伪类对链接的样式进行控制，来引导客户浏览网页，同时增加互动的丰富元素。下面将详细介绍a的几种伪类的使用及实际应用。

- 链接属性详解
- 链接的设置顺序与继承性
- 链接表现形式丰富的示例

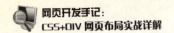

7.1 链接的属性详解

超链接的标签为<a></a>，网页上的超链接通常是在链接标签内引用文字或者图片，以下是在网页中实现文字超链接和图片超链接的代码：

```
<a href="http:www.baidu.com">百度搜索引擎</a>
<a href="picture.jpg"><img src="picture.jpg"/></a>
```

在第 3 章中已经介绍过超链接的四个伪类，为了方便后面学习，这里我们再复习一下，如表 7.1 所示。

表 7.1 超链接伪类表

伪类名称	含　义
a:link	设置超链接在未被访问前的样式
a:active	设置超链接被用户激活（在鼠标点击与释放之间发生的事件）时的样式
a:vistited	设置超链接的链接地址已被访问过的样式
a:hover	设置超链接在其鼠标悬停时的样式

分别为超链接的每个状态设置样式的代码如下：

```
a:link{ color:orange;}          /*超链接未被访问前，文字颜色设置为橘色*/
a:visited{ color:green;}        /*超链接已被访问时，文字颜色设置为绿色*/
a:hover{ color:red;}            /*超链接在其鼠标悬停时，文字颜色设置为红色*/
a:active{ color:blue;}          /*超链接被用户激活时，文字颜色设置为蓝色*/
```

若对超链接的四种状态都设置为同一种样式，则只需要设置 a 标签的样式即可，代码如下：

```
a{ color:001; }                 /*设置超链接在任何状态下都为黑色*/
```

若设置 a 标签的 CSS 属性后，再设置其伪类属性，则可以改写该状态下超链接的属性。例如，设置 a 标签的文字颜色为黑色，再设置 a:hover 的文字颜色为蓝色，则可以使鼠标滑过超链接时，文字为蓝色。其余三个状态仍为黑色。

在默认情况下，文字作为超链接时会带有下画线，用于提示该文字可链接。若要消除该超链接的下画线，就要将 text-decoration 属性设置为 none，代码如下：

```
a{ text-decoration:none;}       /*设置超链接没有下画线*/
```

注意：超链接的伪类需要按照表里的顺序进行设置，才能正常显示其伪类的样式效果。

7.2 链接的设置顺序与继承性

链接伪类还有两个特别的性质，其一是伪类在文本中是按从上到下的顺序排列的，若顺序不正确，就会影响伪类正常的显示效果；其二是伪类的继承性。在定义 CSS 时要注意，以保证样式的正确展示。

7.2.1　使用链接的顺序

使用 CSS 对五个链接选择符进行修饰时，其中的前四个伪类在使用时要有固定的顺序，否则页面将无法达到预期的显示效果。

【示例 7.1】 正确的使用顺序是按照:link 伪类、:visited 伪类、:hover 伪类、:active 伪类的顺序。下面是一个指定链接样式的示例，其代码如下。

```
-------------------------------------文件名：使用链接的顺序.html--------------------------------
01    <!DOCTYPE html PUBLIC "-//W3C//DTD XHTML 1.0 Transitional//EN"
02    "http://www.w3.org/TR/xhtml1/DTD/xhtml1-transitional.dtd">
03    <html xmlns="http://www.w3.org/1999/xhtml">
04    <head>
05        <title>使用链接的顺序</title>
06        <style type="text/css">
07    a:link{                                         /*设置超链接在未被访问前的样式*/
08      font-size:32px;
09      color:#333333;
10      text-decoration:none;}
11    a:visited{                                      /*设置超链接在被用户激活时的样式*/
12      font-size:12px;
13      color:#000000;}
14    a:hover{                                        /*设置超链接在其链接地址已被访问后的样式*/
15      font-size:24px;
16      font-weight:bold;
17      color:#cccccc;}
18    a:active{                                       /*设置超链接在其鼠标悬停时的样式*/
19      font-size:18px;}
20    </style>
21    </head>
22    <body>
23      <a href="#">这是一句含有超链接的文本。</a>
24    </body>
25    </html>
```

【代码解析】代码第 7～19 行为链接状态的四个伪类，这四个伪类的设置顺序是不能改变的。该样式应用于网页，当链接没有被访问过时，效果如图 7.1 所示。

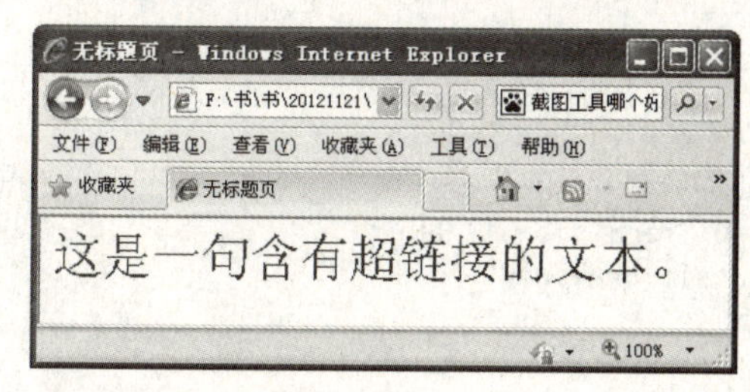

图 7.1　未访问过的链接效果

当鼠标悬停在链接上时，效果如图 7.2 所示。

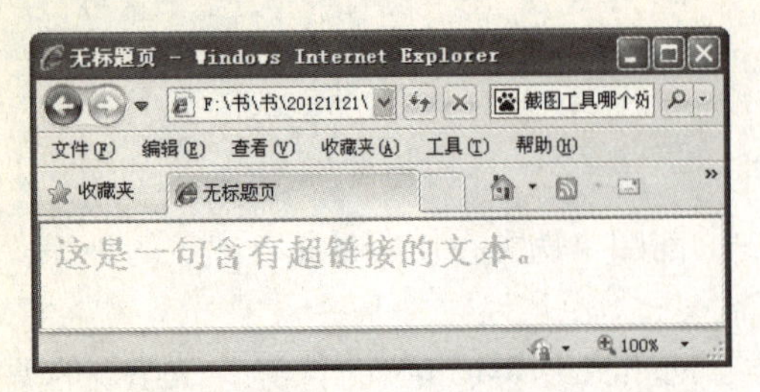

图 7.2　鼠标悬停时的效果

当链接已被访问后，效果如图 7.3 所示。

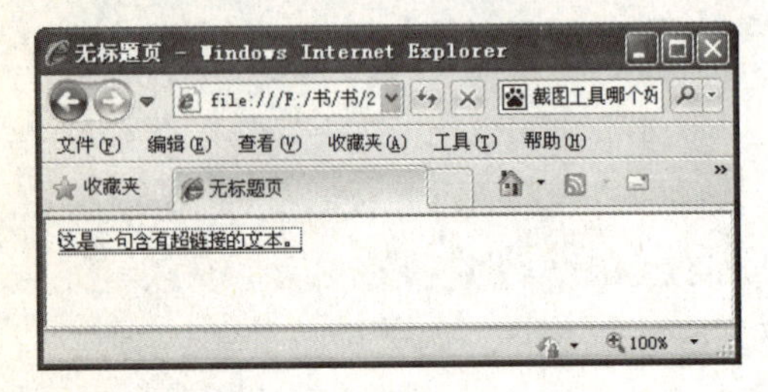

图 7.3　链接已被访问后的效果

如果交换一下四个伪类的顺序，则可能有一些效果无法显示。例如，现在交换 a:visited 和 a:hover 两个伪类的顺序，则在链接访问后，鼠标悬停状态的效果将无法正常显示。此时页面中鼠标悬停状态的显示效果如图 7.4 所示。

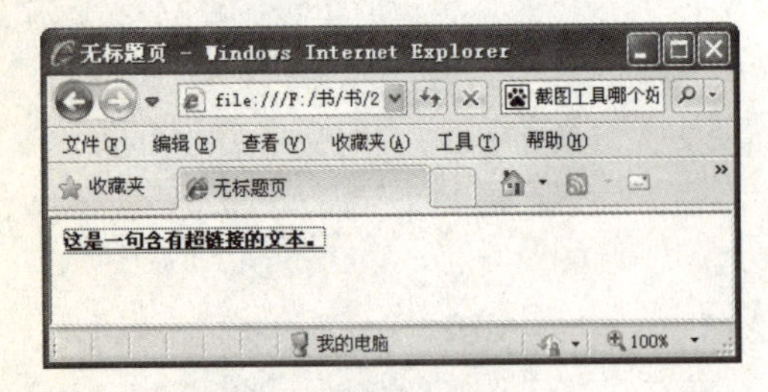

图 7.4　交换顺序后的鼠标悬停效果

7.2.2　链接的继承性

链接的属性有顺序要求，同时用伪类定义的链接属性又是有继承性的。

【示例 7.2】　本例是一个使用链接继承的示例，其具体代码如下。

```
-------------------------------------文件名:链接的继承性1.html-------------------------------------
01    <!DOCTYPE html PUBLIC "-//W3C//DTD XHTML 1.0 Transitional//EN"
02    "http://www.w3.org/TR/xhtml1/DTD/xhtml1-transitional.dtd">
03    <html xmlns="http://www.w3.org/1999/xhtml">
04    <head>
05       <title>链接的继承性</title>
06       <style type="text/css">
07    .content a:link{
08      font-size:20px;
09      color:green;                     /*超链接未被访问前的文字颜色设置为绿色*/
```

```
10        text-decoration:underline;}
11     .link{
12        color:blue;}
13     </style>
14     </head>
15     <body>
16        <div class="content"><p class="link">
17     <a href="#">这是一句含有超链接的文本。</a></p></div>
18     </body>
19     </html>
```

【代码解析】该样式应用于网页的效果如图 7.5 所示。从图 7.5 可以看出，代码第 16 行 p 元素中的链接继承代码第 7 ~ 10 行 div 元素中的链接属性，所以最后的链接文字的大小为 20px，颜色为绿色。在子元素中，定义的普通文本属性并不对其中的链接部分产生影响。

图 7.5　链接的继承示例

从前面的内容我们已经知道，文本的修饰是不可继承的。一旦为元素定义了文本修饰，在其子元素中便无法取消该样式。但是在使用伪类定义链接属性时，使用文本修饰不会产生这种现象。

【示例 7.3】　在子元素中定义新的链接样式，覆盖原来的链接样式，其代码如下。

```
-----------------------------------------文件名:链接的继承性2.html-----------------------------------
01     <!DOCTYPE html PUBLIC "-//W3C//DTD XHTML 1.0 Transitional//EN"
02     "http://www.w3.org/TR/xhtml1/DTD/xhtml1-transitional.dtd">
03     <html xmlns="http://www.w3.org/1999/xhtml">
04     <head>
05        <title>无标题页</title>
06        <style type="text/css">
07     .content a:link{
08        font-size:20px;
09        color:red;                          /*超链接未被访问前的文字颜色设置为红色*/
10        text-decoration:underline;}         /*超链接有下画线*/
11     .link a:link{
12        font-size:18px;
13        color:blue;
14        text-decoration:none;}              /*超链接去掉下画线*/
15     </style>
16     </head>
17     <body>
18        <div class="content"><p class="link">
19     <a href="#">这是一句含有超链接的文本。</a></p></div>
20     </body>
21     </html>
```

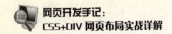

【代码解析】代码第7～10行定义的父元素div的样式文字大小为20px，颜色为红色，有下画线。代码第11～14行在子元素p标签中定义了新的链接样式，字大小为18px，蓝色，无下画线。页面中的链接将采用新的链接样式，替代父元素中继承的样式，其效果如图7.6所示。

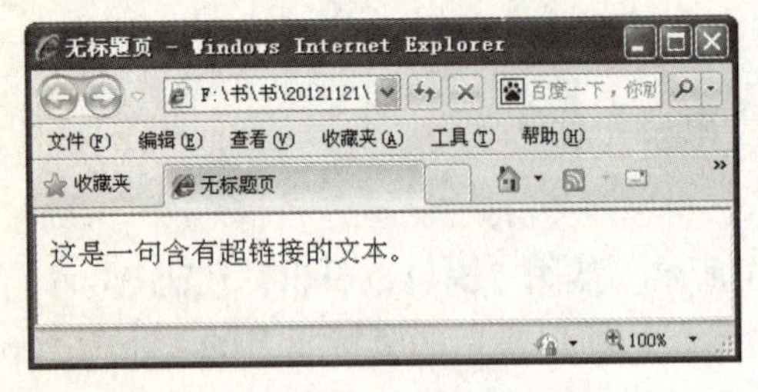

图7.6 子元素中定义新的链接样式后的效果

从以上示例代码中可以看出，如果要更改某一个元素的链接样式，最好使用“子选择符”的形式来定义新的样式。示例7.2与示例7.3也体现了选择符优先级的知识，具体的优先级的内容请参阅3.3节。

7.3 丰富超链接的表现形式

在设计网页时，为了吸引读者单击链接，综合应用文字和图片通常能使超链接的样式产生多种变化，使网页中的超链接往往具有丰富的表现形式。

7.3.1 通过不同的链接效果显示各种状态

为了吸引用户的注意，提高点击率，在网页中的超链接常常使用一些引人注目的图片来修饰。通常将这些图片作为背景图插入到超链接中。本节以两个实例来讲述如何巧妙地设置超链接的背景图。

1. 制作虚线下画线

超链接的下画线在默认情况下是实线，但在网页上使用彩色虚线作为下画线更美观，更能吸引用户注意。

【示例7.4】 如何使用一张背景图制作出精致的下画线。

（1）新建一个XHTML文档，插入一个超链接。由于要使用彩色虚线作为下画线，所以，首先要设置超链接不带下画线，代码如下。

```
------------------------------------文件名：制作虚线下画线.html--------------------------------
01    <!DOCTYPE html PUBLIC "-//W3C//DTD XHTML 1.0 Transitional//EN"
02    "http://www.w3.org/TR/xhtml1/DTD/xhtml1-transitional.dtd">
03    <html xmlns="http://www.w3.org/1999/xhtml">
04    <head>
05    <meta http-equiv="Content-Type" content="text/html; charset=utf-8" />
06    <title>排行榜</title>
07    <style type="text/css">
08    a{ text-decoration:none;}                /*设置超链接无下画线*/
```

```
09      </style>
10      </head>
11
12      <body>
13      <a href="#">这是一句含有超链接的文本</a>
14      </body>
15      </html>
```

【代码解析】执行步骤（1）的结果如图 7.7 所示。代码第 13 行设置了一个文本链接。要特别注意代码第 8 行，取消了默认的链接下画线。

（2）制作彩色虚线所用的图片。该图片宽为 39 像素，高为 3 像素，将其命名为 dot.jpg，如图 7.8 所示。该图片就是组成一条虚线的基本元素。把该图片设置为背景图，设置其重复方式为 repeat-x，就能实现一条彩色虚线，然后将其位置设置在底部。在<style></style>中插入 CSS 样式，代码如下。

```
a{ text-decoration:none;                          /*设置超链接无下画线*/
 background:url(dot.jpg) repeat-x bottom;}  /*使用图片 dot.jpg 为背景图*/
```

执行步骤（2）的结果如图 7.9 所示。

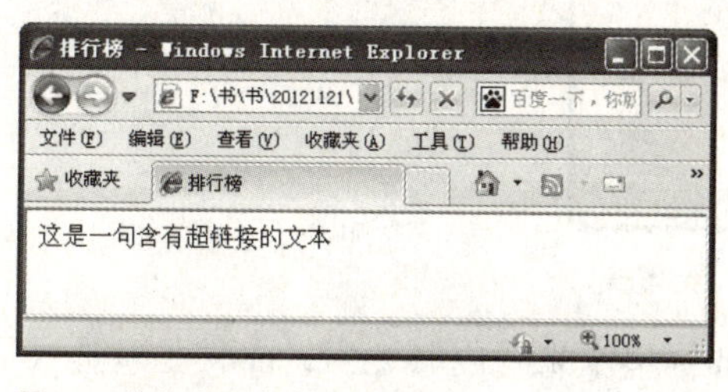

图 7.7　执行步骤（1）后的结果

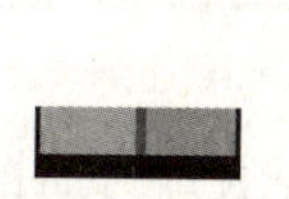

图 7.8　dot.gif

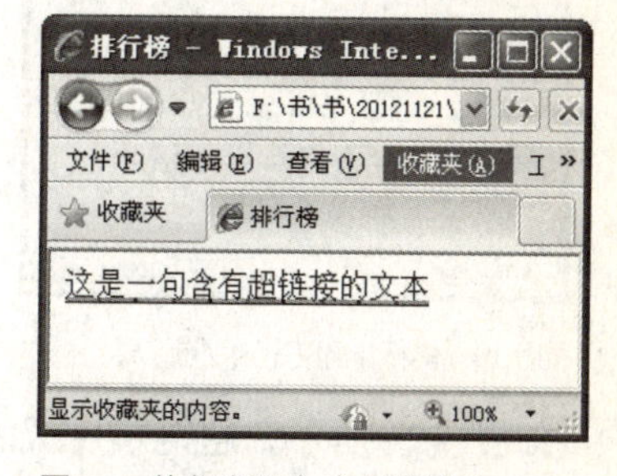

图 7.9　执行步骤（2）后的结果

说明：图 7.9 中超链接的下画线变成了一条虚线。

2．制作排行榜

在一些产品推荐的网站中，时常可以看到网站通过排行榜向客户推荐产品，例如，音乐排行榜、点击率排行榜。使用有序列表可以自动产生排行数字，但是从外观看并不够美观。

【示例 7.5】　介绍如何设置一个美观的点击率排行榜。

（1）新建一个 XHTML 文档，插入三个超链接，代码如下。

```
-----------------------------------文件名：制作排行榜.html--------------------------------------
01      <!DOCTYPE html PUBLIC "-//W3C//DTD XHTML 1.0 Transitional//EN"
02      "http://www.w3.org/TR/xhtml1/DTD/xhtml1-transitional.dtd">
03      <html xmlns="http://www.w3.org/1999/xhtml">
04      <head>
05      <meta http-equiv="Content-Type" content="text/html; charset=utf-8" />
06      <title>排行榜</title>
07      <style type="text/css">
08      </style>
```

```
09    </head>
10
11    <body>
12    <a href="#">800 点击率</a>          <!--超链接文本-->
13    <a href="#">900 点击率</a>
14    <a href="#">1000 点击率</a>
15    </body>
16    </html>
```

【代码解析】执行步骤（1）的结果如图 7.10 所示。浏览器中出现三个水平排列的超链接。以上没有加入任何 CSS 样式，下面通过以下步骤逐步加入。

（2）一般排行榜都是垂直排列的，要使这三个超链接垂直排列，执行设置其 display 属性为 block。在<style></style>中插入 CSS 样式，代码如下。

```
a{ display:block;}                /*设置超链接的显示属性为 block*/
```

执行步骤（2）的结果如图 7.11 所示。

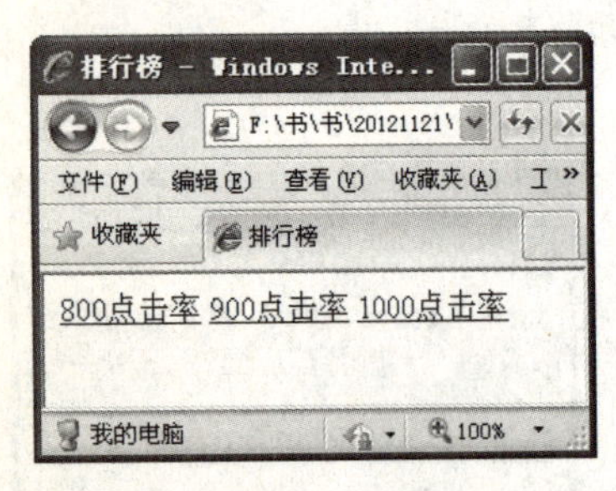

图 7.10　执行步骤（1）后的结果

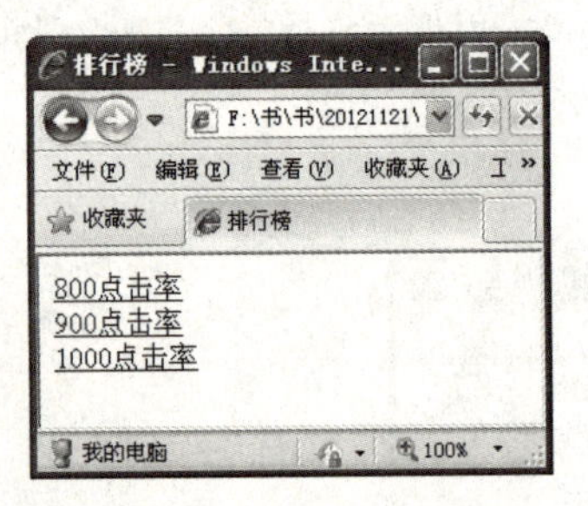

图 7.11　执行步骤（2）后的结果

如图 7.11 所示，超链接变成了垂直排列。由于 a 标签本来是内联元素，内联元素是水平排列的。将超链接的 display 属性设置为 block 属性值后，超链接就变为块级元素。块级元素是垂直排列的。

技巧：若想让菜单变成垂直菜单，可以使用块级元素来进行设置。

（3）在每个超链接前添加一张小图片。本例一共需要三张小图片，分别为 01.jpg、02.jpg 和 03.jpg，每张图片上有排行顺序，本实例使用的图片如图 7.12 所示。设置三个 ID 选择器，分别把三张图片作为背景图应用到三个超链接中。把图片作为超链接的背景图，要把背景图设置在超链接的左边，并且无重复。在<style></style>中插入 CSS 样式，代码如下。

```
a#one{ background:url(01.jpg) no-repeat left;}      /*第一个超链接的背景图设置为 01.jpg*/
a#two{ background:url(02.jpg) no-repeat left;}      /*第二个超链接的背景图设置为 02.jpg*/
a#three{ background:url(03.jpg) no-repeat left;}    /*第三个超链接的背景图设置为 03.jpg*/
```

设置完 ID 选择器后，把 ID 选择器指定给三个超链接，代码如下。

```
<a href="#" id="one">800 点击率</a>
<a href="#" id="two">900 点击率</a>
<a href="#" id="three">1000 点击率</a>
```

执行步骤（3）的结果如图 7.13 所示。

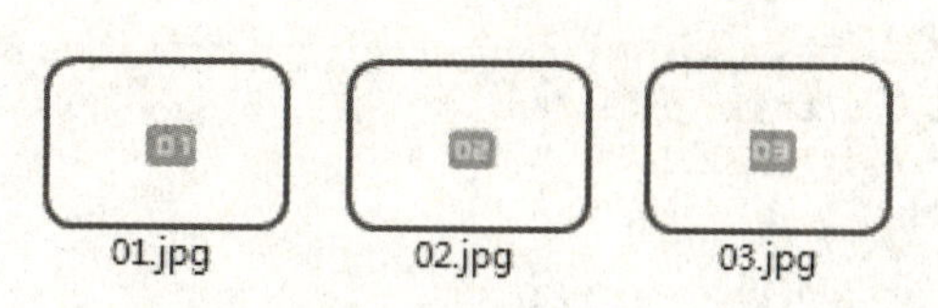

图 7.12　本实例图片

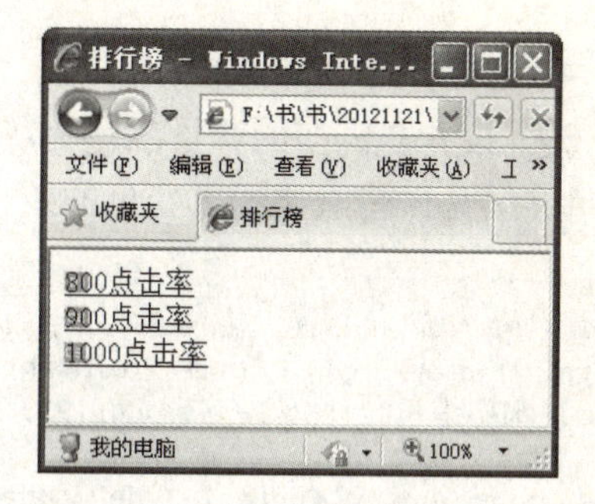

图 7.13　执行步骤（3）后的结果

（4）如图 7.13 所示，三张图片分别作为超链接的背景图出现在超链接的左边。但是超链接的文字挡住了背景图。为了显示背景图，把超链接的左边补白设置为 20 像素，代码如下。

```
a{ display:block; padding-left:20px;}        /*超链接的显示属性设置为 block，左边补白设置为 20 像素*/
```

执行步骤（4）的结果如图 7.14 所示。

（5）设置超链接的文字大小和四个状态的样式，代码如下。

```
01    a{ display:block;                          /*超链接的显示属性设置为 block*/
02    padding-left:20px;                         /*超链接左边补白设置为 20 像素*/
03    font-size:14px;                            /*超链接文字大小设置为 14 像素*/
04     line-height:22px;}                        /*超链接文字行高设置为 22 像素*/
05    a:link{ color:green;}                      /*超链接未被访问前的文字颜色设置为绿色*/
06    a:visited{ color:maroon;}                  /*超链接已被访问后的文字颜色设置为褐色*/
07    a:hover{ color:blue;}                      /*超链接在其鼠标悬停时的文字颜色设置为蓝色*/
08    a:active{ color:red;}                      /*超链接被用户激活时的文字颜色设置为红色*/
```

【代码解析】代码第 5～8 行为链接的四个伪类定义了颜色样式。执行步骤（5）的结果如图 7.15 所示。

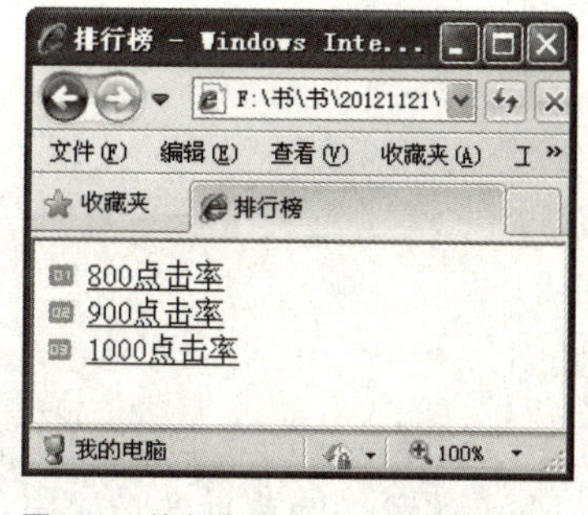

图 7.14　执行步骤（4）后的结果

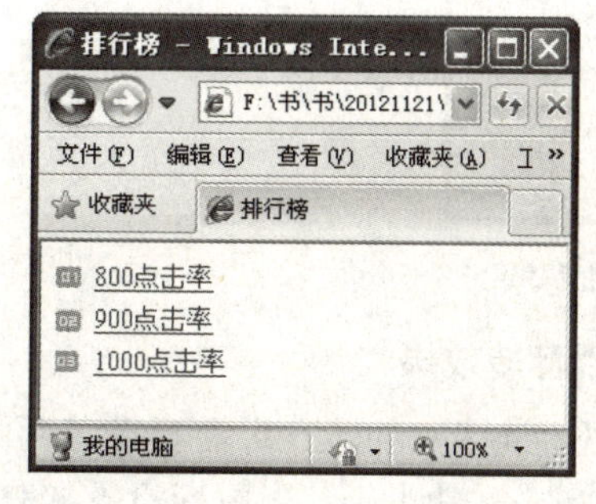

图 7.15　执行步骤五（5）后的结果

7.3.2　超链接翻转效果

我们在浏览网页时，发现当鼠标移动到一些菜单上时，菜单的背景色会改变，以起到突显作用，这是给超链接的伪类设置了背景图。若给 a:hover 设置背景图，那么当鼠标滑过该超链接时，就能使图片产生翻转效果。本节包含两个小实例，第一个实例使用简单的背景颜色实现翻转，第二个实例使用背景图片实现翻转。

1. 使用背景颜色实现翻转效果

【示例 7.6】 设置超链接的背景颜色为灰色，设置鼠标滑过超链接时的背景颜色为浅蓝色。当鼠标滑过超链接时，就能显示出变色的效果，代码如下。

```
------------------------------文件名：使用背景颜色实现的翻转效果.html------------------------------
01    <!DOCTYPE html PUBLIC "-//W3C//DTD XHTML 1.0 Transitional//EN"
02    "http://www.w3.org/TR/xhtml1/DTD/xhtml1-transitional.dtd">
03    <html xmlns="http://www.w3.org/1999/xhtml">
04    <head>
05    <meta http-equiv="Content-Type" content="text/html; charset=utf-8" />
06    <title>使用背景颜色实现的翻转效果</title>
07    <style type="text/css">
08    a{ background:#d6d6d6;}                    /*超链接的背景颜色设置为灰色*/
09    a:hover{ background:#33CCFF;}              /*鼠标滑过超链接时的背景颜色设置为浅蓝色*/
10    </style>
11    </head>
12    <body>
13    <a href="#">今日播报</a>
14    <a href="#">昨日播报</a>
15    <a href="#">往日新闻</a>
16    </body>
17    </html>
```

【代码解析】如图 7.16 所示，代码第 8 行设置超链接在静态时的背景颜色为灰色；代码第 9 行中，当鼠标滑过超链接时，背景颜色就会变为蓝色。

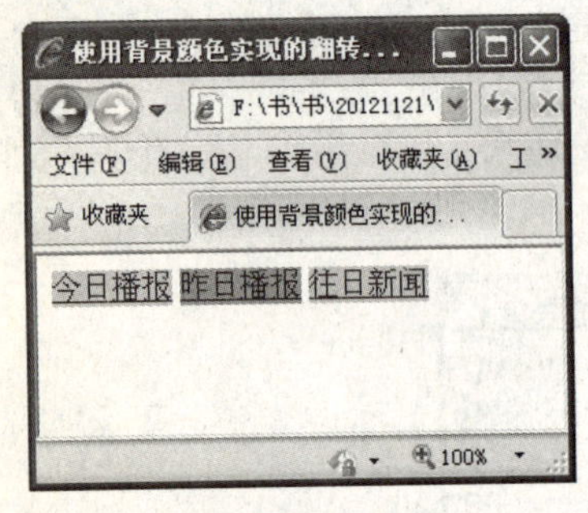

图 7.16 使用背景颜色实现翻转效果

2. 使用背景图片实现翻转效果

以变换背景图片实现超链接的翻转效果需要准备两张图片，一张图片应用在 a 标签的背景上，另外一张图片应用在 hover 伪类上。当鼠标没有接触超链接时，超链接的背景就是应用在 a 标签上的背景图片；当鼠标滑过超链接时，背景图片就会更换为应用在 hover 伪类上的图片，从而实现翻转效果。

（1）**【示例 7.7】** 沿用示例 7.6 的 XHTML 文档，代码如下。

```
------------------------------文件名：使用背景颜色实现的翻转效果 1.html------------------------------
01    <!DOCTYPE html PUBLIC "-//W3C//DTD XHTML 1.0 Transitional//EN"
02    "http://www.w3.org/TR/xhtml1/DTD/xhtml1-transitional.dtd">
```

```
03    <html xmlns="http://www.w3.org/1999/xhtml">
04    <head>
05    <meta http-equiv="Content-Type" content="text/html; charset=utf-8" />
06    <title>使用背景颜色实现的翻转效果</title>
07    <style type="text/css">
08    </style>
09    </head>
10
11    <body>
12    <a href="#">今日播报</a>
13    <a href="#">昨日播报</a>
14    <a href="#">往日新闻</a>
15    <a >
16    </body>
17    </html>
```

【代码解析】示例 7.7 的把 a 标签和 hover 伪类的背景色去掉了。

（2）使用背景图片实现的翻转效果按上述方式描述，只是需要使用图片作为背景图。本例需要使用两张图片，如图 7.17 和图 7.18 所示。图 7.17 为超链接静态时的背景图，名为 bg2.jpg；图 7.18 为鼠标滑过超链接时的背景图，名为 hover.jpg，这两张图片都是宽为 15 像素，高为 29 像素。图 7.17 和图 7.18 是图片拉宽后的效果图。当使用这两张图片作为背景图时，会设置其重复方式为横向平铺，所以，使用宽度小于文本长度的图片即可。

（3）设置 bg2.jpg 为超链接的背景图，重复方式为横向重复。为显示背景图，需要设置超链接为一个 100 像素宽和 30 像素高的块级元素。在<style></style>中插入 CSS 样式，代码如下。

```
01    a{ width:100px; height:30px;                /*超链接为 100 像素宽、30 像素高*/
02    background:url(bg2.jpg) repeat-x;           /*设置 bg2.jpg 图片为背景图*/
03    display:block;                              /*设置超链接为块级元素*/
04    border:1px solid #ccc; }                    /*设置边框为 1 像素灰色实线*/
```

【代码解析】关键代码在第 2 行和第 3 行，引用了 bg2.jpg 图片作为背景，为实现换行效果，使用了块级设置。执行步骤（3）的结果如图 7.19 所示。

图 7.17　bg2.jpg　　图 7.18　hover.jpg

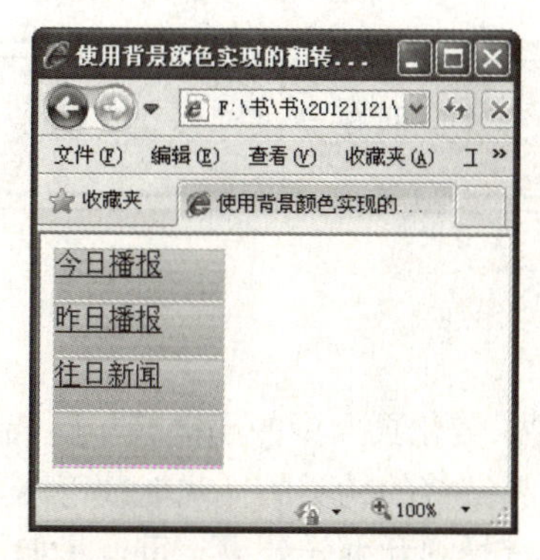

图 7.19　执行步骤（3）后的结果

（4）如图 7.19 所示，每个超链接都出现了由 bg2.jpg 横向重复排列构成的背景图。但是超链接的文字样式不够美观，而且文字未居中。代码第 7、8 行设置超链接的 line-height:30px 和 text-align:center 能使文字垂直和水平都居中显示在背景图的中央。在<style></style>中插入 CSS

样式，代码如下。

```
01    a{ width:100px; height:30px;              /*超链接设置为100像素宽、30像素高*/
02    background:url(bg.jpg) repeat-x;          /*bg.jpg图片设置为背景图*/
03    display:block;                            /*超链接设置为块级元素*/
04    border:1px solid #ccc;                    /*边框设置为1像素灰色实线*/
05    font-size:14px;                           /*文字大小设置为14像素*/
06    text-decoration:none;                     /*超链接不带下画线*/
07    line-height:30px;                         /*行高设置为30像素*/
08    text-align:center;                        /*文字居中对齐*/
09    color:#333;                               /*文字颜色设置为灰色*/
10    margin:5px;}                              /*边距设置为四边5像素*/
```

【代码解析】以上代码对超链接进行样式设置。例如，代码第3行设置超链接为块级元素，目的是使其竖行排列；代码第7行设置了行高为30像素。执行步骤（4）的结果如图7.20所示。

（5）设置 hover.jpg 为鼠标滑过时显示的背景图，铺设方式为横向重复。在<style></style>中插入CSS样式代码如下。

```
a:hover{ background:url(hover.jpg) repeat-x;}        /* hover.jpg设置为鼠标滑过超链接时的背景图*/
```

执行步骤（5）的结果如图7.21所示。

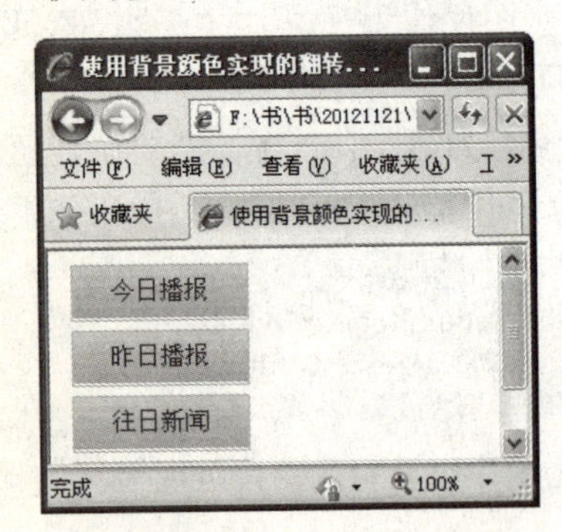

图7.20 执行步骤（4）后的结果

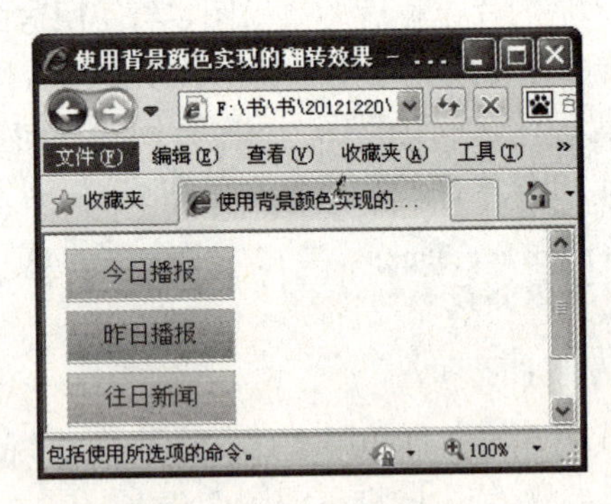

图7.21 执行步骤（5）后的结果

> **技巧：**若将更多的属性结合在一起使用，可以让页面变得更加美观。

7.4 小结

本章讲解了使用CSS样式来美化页面中的超链接。超链接的伪类共有四个，分别是link、hover、visited和active。设置超链接的伪类的样式能改善网页的用户体验感。本章利用两个小实例来讲解如何制作超链接的背景图和翻转效果，重点是如何设置和美化超链接样式，难点是对超链接属性和超链接伪类的理解。下一章将介绍使用CSS控制列表样式的方法。

第 8 章 列表样式

在网页中，利用列表的方式来表述内容能让人一目了然，逻辑清晰。在使用列表时，不会局限于使用圆点或者编号的列表符来引导列出条款或说明，我们常常会结合 CSS 的控制样式，通过图片或背景颜色来丰富列表的展现样式，甚至还会通过一些闪烁的修饰来强调特别的列表项。下面将详细介绍列表样式，内容包括：

- 列表的类型
- 丰富列表的样式
- 列表的简写

8.1 列表的类型

我们日常使用的列表主要有三种类型，其一为无序列表，常用来实现导航和新闻列表的设置；其二为有序列表，多数用来实现条文款项的表示；其三为定义列表，用于制作图文混排的模式。对于 XHTML 文档，制作有语义的内容时，使用列表是非常重要的。

8.1.1 无序列表

我们先来学习无序列表。无序列表是指列表的列表符为圆点或者其他图形，而非数字列表。无序列表由<ul></ul>标签包含多个<li></li>标签组成。标签 ul 的作用是说明其包含的列表是无序的；每组的 li 标签用于包含一个列表项目。

【示例 8.1】 本例是无序列表的基本形式，代码如下。

```
-----------------------------------文件名：无序列表.html--------------------------------------
01    <!DOCTYPE html PUBLIC "-//W3C//DTD XHTML 1.0 Transitional//EN"
02    "http://www.w3.org/TR/xhtml1/DTD/xhtml1-transitional.dtd">
03    <html xmlns="http://www.w3.org/1999/xhtml">
04    <head>
05    <meta http-equiv="Content-Type" content="text/html; charset=utf-8" />
06    <title>无序列表</title>
07    <style type="text/css">
08
09    </style>
10    </head>
11    <body>
12    <ul>                                   <!--列表标签-->
13        <li>足球</li>
14        <li>蓝球</li>
15        <li>乒乓球</li>
16    </ul>
17    </body>
18    </html>
```

【代码解析】运行结果如图 8.1 所示。在默认情况下，代码第 13～15 行定义的无序列表符是一个黑色小圆点。在不同的浏览器中，无序列表的默认标记有所不同。无序列表的基本形式是在 ul 标签中嵌套 li 标签。通常情况下，使用 li 标签嵌套列表的内容，而不使用 ul 标签嵌套内容。

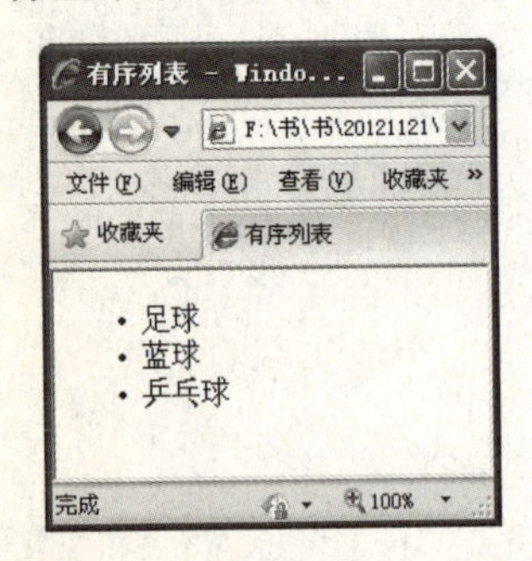

图 8.1 无序列表示例

无序列表中可以继续嵌套列表，用于表示多层结构。两层结构的无序列表如示例8.2所示。

【示例8.2】　在第一个li中嵌入一个无序列表，就构成了一个具有两层结构的无序列表，代码如下。

```
---------------------------------文件名：无序列表嵌入.html---------------------------------
01    <!DOCTYPE html PUBLIC "-//W3C//DTD XHTML 1.0 Transitional//EN"
02    "http://www.w3.org/TR/xhtml1/DTD/xhtml1-transitional.dtd">
03    <html xmlns="http://www.w3.org/1999/xhtml">
04    <head>
05    <meta http-equiv="Content-Type" content="text/html; charset=utf-8" />
06    <title>无序列表嵌入</title>
07    <style type="text/css">
08
09    </style>
10    </head>
11    <body>
12    <ul>                                        <!--列表标签-->
13        <li>足球
14            <ul>                                <!--嵌套列表标签-->
15              <li>火车头足球</li>
16              <li>匹克足球</li>
17              <li>NIKE足球</li>
18            </ul>
19        </li>
20
21        <li>篮球</li>
22        <li>乒乓球</li>
23    </ul>
24    </body>
25    </html>
```

【代码解析】代码第14行在第一层列表“足球”下面出现了第二层无序列表。第14~18行定义的第二层无序列表的列表符也和第一层无序列表的列表符不一样。若是继续嵌套第三层列表，那么第三层列表的列表符将是小正方形。上述两层无序列表在网页中的显示结果如图8.2所示。

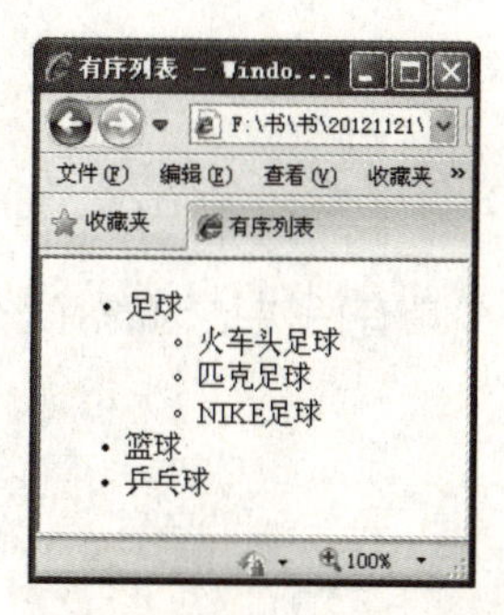

图8.2　两层结构的无序列表示例

注意：在示例8.2中，要特别注意嵌入第二层无序列表的位置是在“足球”这两个文字后面。

8.1.2 有序列表

学习了无序列表后，现在来学习与其相对的有序列表。有序列表是指列表的列表符为数字的列表。有序列表由<ol></ol>标签包含多个<li></li>标签组成。标签<ol>的作用是说明其包含的列表是有序的；每组 li 标签用于包含一个列表项目。

【示例 8.3】 有序列表的基本形式，示例代码如下。

```
------------------------------------文件名：有序列表.html------------------------------------
01    <!DOCTYPE html PUBLIC "-//W3C//DTD XHTML 1.0 Transitional//EN"
02    "http://www.w3.org/TR/xhtml1/DTD/xhtml1-transitional.dtd">
03    <html xmlns="http://www.w3.org/1999/xhtml">
04    <head>
05        <title>有序列表</title>
06    </head>
07    <body>
08    <ol>                         <!--有序列表标签-->
09          <li>足球</li>
10          <li>篮球</li>
11          <li>乒乓球</li>
12    </ol>
13    </body>
14    </html>
```

【代码解析】在默认情况下，有序列表的列表符是数字。在代码第 8 ~ 12 行中，有序列表使用<ol></ol>标签包含多个<li></li>标签；而无序列表使用<ul></ul>包含多个<li></li>标签。有序列表和无序列表一样，可以嵌套多层。上述有序列表在网页中的显示效果如图 8.3 所示。

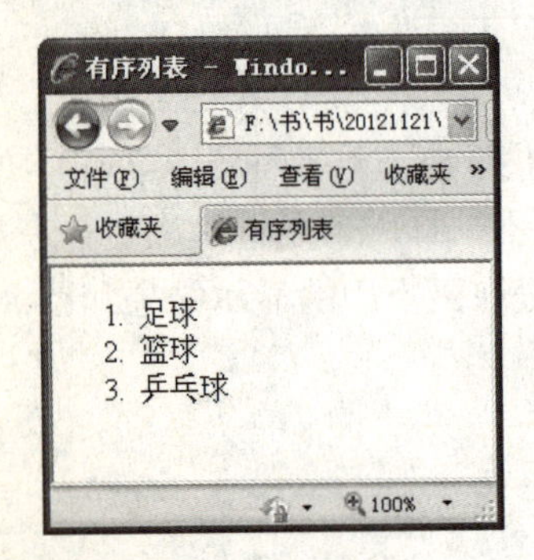

图 8.3 有序列表示例

【示例 8.4】 将示例 8.2 中的<ul>标签改为<ol>标签，就构成了一个具有两层结构的有序列表，代码如下。

```
------------------------------------文件名：有序列表嵌入.html------------------------------------
01    <!DOCTYPE html PUBLIC "-//W3C//DTD XHTML 1.0 Transitional//EN"
02    "http://www.w3.org/TR/xhtml1/DTD/xhtml1-transitional.dtd">
03    <html xmlns="http://www.w3.org/1999/xhtml">
04    <head>
05        <title>有序列表嵌入</title>
06    </head>
07    <body>
08    <ol>                         <!--有序列表标签-->
```

```
09          <li>篮球
10              <ol>                              <!--第二层有序列表嵌套-->
11                <li>火车头足球</li>
12                <li>匹克足球</li>
13                <li>NIKE 足球</li>
14              </ol>
15          </li>
16
17          <li>足球</li>
18          <li>乒乓球</li>
19      </ol>
20      </body>
21      </html>
```

【代码解析】代码第 10 ~ 14 行定义了第二层嵌套的有序列表。上述两层有序列表在网页中的显示效果如图 8.4 所示，每一层有序列表都有数字编号。

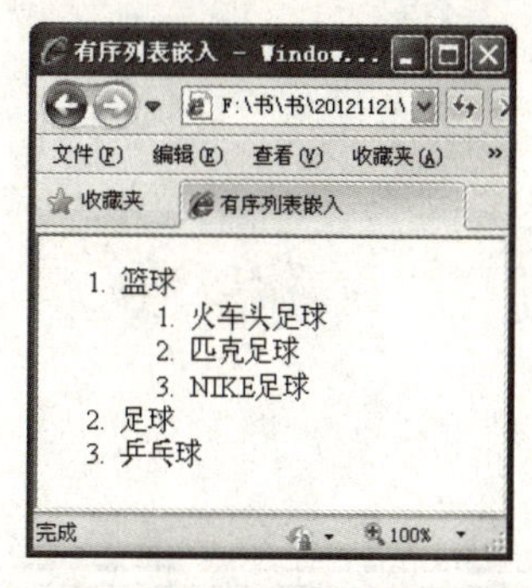

图 8.4　两层结构的有序列表示例

8.1.3　定义列表

第三种列表是定义列表，它虽然在网页中出现较少，但也不应忽视。定义列表有别于有序列表和无序列表，它由<dl></dl>标签包含<dt></dt>和<dd></dd>标签组成。标签<dl>的作用是说明其包含的列表是一个定义列表；一般标签 dt 包含的内容是一个概念，而标签 dd 包含的内容是该概念的解释。

【示例 8.5】 本例是定义列表的基本形式，代码如下。

```
----------------------------------文件名：定义列表.html----------------------------------------
01      <!DOCTYPE html PUBLIC "-//W3C//DTD XHTML 1.0 Transitional//EN"
02      "http://www.w3.org/TR/xhtml1/DTD/xhtml1-transitional.dtd">
03      <html xmlns="http://www.w3.org/1999/xhtml">
04      <head>
05          <title>定义列表</title>
06      </head>
07      <body>
08      <dl>                              <!--定义列表标签-->
09          <dt>篮球</dt>
10          <dd>足球是足球运动或足球比赛的简称。当然它也指足球比赛中的用球。足球运动是一项古老的体育活
11      动，源远流长，
12          最早起源于中国古代的一种球类游戏“蹴鞠”，后来经过阿拉伯人传到欧洲，发展成现代足球。
13      </dd>
```

```
14          <dt>足球</dt>
15          <dd>篮球是一个由两队参与的球类运动，每队出场 5 名队员。目的是将球进入对方球篮框中得分，并阻
16      止对方获得球权和
17          得分。可将球向任何方向传、投、拍、滚或运，但要受规则的限制。</dd>
18      </dl>
19      </body>
20      </html>
```

【代码解析】在默认情况下，定义列表没有列表符，代码第 8 行定义了 dl 标签，声明定义列表；代码第 9 行和第 14 行定义了 dt 标签；代码第 10 ~ 13 行和第 15 ~ 17 行定义了 dd 标签。标签 dt 和标签 dd 所包含的内容不对齐。标签 dd 包含的文字解释了标签 dt 包含的概念。上述定义列表在网页中的显示效果如图 8.5 所示。

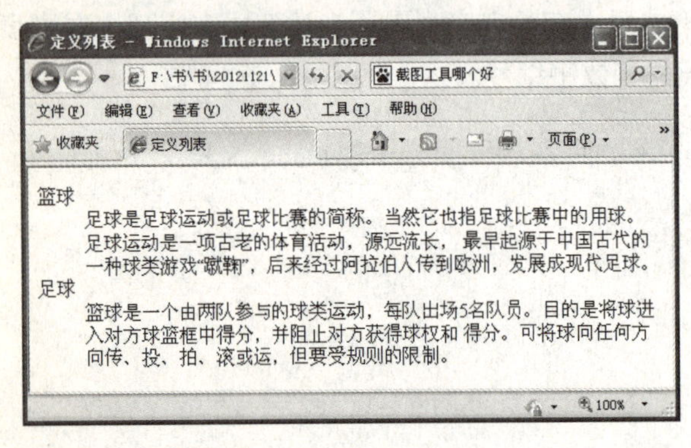

图 8.5　定义列表示例

技巧： 通常情况下，若要显示一组名词解释，就会使用到定义列表。

8.2　改变列表符的样式

在前面的章节中，我们学习了列表的基本样式。下面将通过 CSS 中提供的 list-style-type、list-style-image 和 list-style-position 属性来改变列表符的样式，以丰富列表的表现形态。但是由于定义列表在默认情况下没有列表符，所以上述三个属性对定义列表来说是无效的。

8.2.1　使用自带的列表符

有序列表和无序列表都有默认的列表符。CSS 中的 list-style-type 属性包含的多个值可用于改变默认的列表符。以下是使用 list-style-type 属性的通用语法：

```
list-style-type:type;
```

其中，type 为 CSS 自带的列表符。

【示例 8.6】列出 CSS 提供的绝大部分列表符，通过在标签 ul 中定义 list-style-type 的属性。本例中有多个 ul 标签，每对 ul 标签代表一个无序列表，使用 ID 选择器为每个列表定义一种列

表符，代码如下。

```
---------------------------------文件名：使用自带的列表符.html-----------------------------------
01    <!DOCTYPE html PUBulC "-//W3C//DTD XHTML 1.0 Transitional//EN"
02    "http://www.w3.org/TR/xhtml1/DTD/xhtml1-transitional.dtd">
03    <html xmlns="http://www.w3.org/1999/xhtml">
04    <head>
05    <meta http-equiv="Content-Type" content="text/html; charset=utf-8" />
06    <title>使用自带的列表符</title>
07    <style>
08    body{ font-size:14px; font-family:Arial, Helvetica, sans-serif;}
09    ul#circle{ list-style-type:circle;}                    /*设置列表符为空心圆*/
10    ul#decimal{ list-style-type: disc l;}                  /*设置列表符为实心圆*/
11    ul#square{ list-style-type:square;}                    /*设置列表符为实心方块*/
12    ul#decimal{ list-style-type:decimal;}                  /*设置列表符为阿拉伯数字*/
13    ul#lower-roman{ list-style-type:lower-roman;}          /*设置列表符为小写罗马字母*/
14    ul#upper-roman{ list-style-type:upper-roman;}          /*设置列表符为大写罗马字母*/
15    ul#lower-alpha{ list-style-type:lower-alpha;}          /*设置列表符为小写英文字母*/
16    ul#upper-alpha{ list-style-type:upper-alpha;}          /*设置列表符为大写英文字母*/
17
18    ul#katakana{ list-style-type:katakana;}                /*设置列表符为日文片假名字符*/
19    ul#hiragana{ list-style-type:hiragana;}                /*设置列表符为日文平假名字符*/
20    ul#hiragana-iroha{ list-style-type:hiragana-iroha;}/*设置列表符为日文平假名序号*/
21
22    ul#lower-greek{ list-style-type:lower-greek;}          /*设置列表符为基本的希腊小写字母*/
23    ul#lower-latin{ list-style-type:lower-latin;}          /*设置列表符为小写拉丁字母*/
24    ul#upper-latin{ list-style-type:upper-latin;}          /*设置列表符为大写拉丁字母*/
25    ul#armenian{ list-style-type:armenian;}                /*设置列表符为传统的亚美尼亚数字*/
26    ul#hebrew{ list-style-type:hebrew;}                    /*设置列表符为传统的希伯莱数字*/
27    ul#georgian{ list-style-type:georgian;}                /*设置列表符为传统的乔治数字*/
28
29    ul.safe { background:#ccc; }                           /*能够在多个浏览器下安全显示的列表符*/
30    .none { list-style-type: none;}                        /*设置列表不带列表符*/
31
32    </style>
33    </head>
34
35    <body>
36            <ul id='square' class='safe'><li>square-实心方块</li></ul>
37            <ul id='disc' class='safe'><li>disc-实心圆</li></ul>
38            <ul id='circle' class='safe'><li>circle-空心圆</li></ul>
39            <ul id='decimal' class='safe'><li>decimal-阿拉伯数字</li></ul>
40            <ul id='lower-roman' class='safe'><li>lower-roman-小写罗马字母</li></ul>
41            <ul id='upper-roman' class='safe'><li>upper-roman-大写罗马字母</li></ul>
42            <ul id='lower-alpha' class='safe'><li>lower-alpha-小写英文字母</li></ul>
43            <ul id='upper-alpha' class='safe'><li>upper-alpha-大写英文字母</li></ul>
44
45            <ul id='katakana'><li>katakana-日文片假名字符</li></ul>
46            <ul id='hiragana'><li>hiragana-日文平假名字符</li></ul>
47            <ul id='hiragana-iroha'><li>hiragana-iroha-日文平假名序号</li></ul>
48
49            <ul id='lower-greek'><li>lower-greek-基本的希腊小写字母</li></ul>
50            <ul id='lower-latin'><li>lower-latin-小写拉丁字母</li></ul>
51            <ul id='upper-latin'><li>upper-latin-大写拉丁字母  </li></ul>
```

```
52          <ul id='armenian'><li>armenian-传统的亚美尼亚数字</li></ul>
53          <ul id='hebrew'><li>hebrew-传统的希伯莱数字</li></ul>
54          <ul id='georgian'><li>georgian-传统的乔治数字</li></ul>
55
56          <ul class="none safe"><li>没有列表符</li></ul>
57    </body>
58    </html>
```

【代码解析】第 9 ~ 29 行代码列出了 CSS 中的列表符，但常用的列表符只有前面几种。代码第 36 ~ 54 行为列表符样式的展现和注释。在标准的浏览器 Firefox 17.0 下，每一个 CSS 的列表符都能被准确地显示出来，如图 8.6 所示。但在 IE 8.0 浏览器中，某些列表符不能被准确地显示，如图 8.7 所示。带有灰色背景的列表符都是可以被 IE 8.0 准确显示的；不带灰色背景的列表符不能被显示，只用默认的黑色圆点或方框代替。

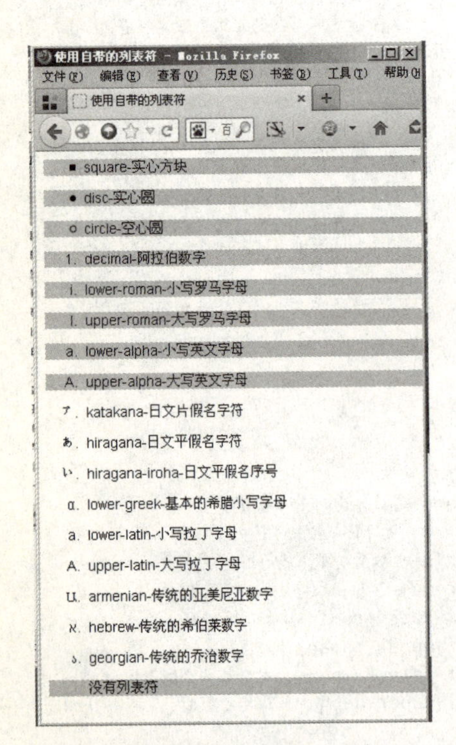

图 8.6　列表符显示效果（Firefox 17.0）

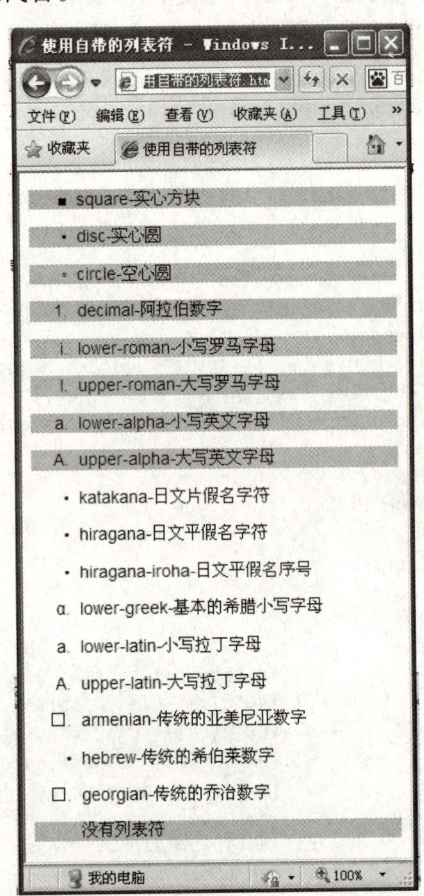

图 8.7　列表符显示效果（IE 8.0）

技巧：若把 list-style-type 属性定义为 none，则列表不带列表符。

8.2.2　用背景图片改变列表符

在网页中，为体现美观，列表经常使用非常小巧精致的图片替代。使用 CSS 中的 list-style-image 属性能将一张小图片替换为默认的列表符。在示例 8.7 中，使用一张名为 list_mark.jpg 的小图片替换默认的列表符。注意，list_mark.jpg 要和示例 8.7 的 XHTML 文档放在同一文件目录下。小图片 list_marker.jpg 如图 8.8 所示，其大小为 9 像素宽，6 像素高。

图 8.8　小图片 list_marker.gif

使用 list-style-image 属性设定列表符图片时，要使用 url 定义图片的路径，代码如下。

```
list-style-image:url(list_mark.gif);
```

【示例 8.7】 使用 list-style-image 属性将小图片 list_marker.jpg 替换为默认的列表符。在标签 ul 中定义 list-style-image 属性，代码如下。

```
-----------------------------------文件名：用背景图片改变列表符.html-----------------------------
01    <!DOCTYPE html PUBlIC "-//W3C//DTD XHTML 1.0 Transitional//EN"
02    "http://www.w3.org/TR/xhtml1/DTD/xhtml1-transitional.dtd">
03    <html xmlns="http://www.w3.org/1999/xhtml">
04    <head>
05    <meta http-equiv="Content-Type" content="text/html; charset=utf-8" />
06    <title>用背景图片改变列表符</title>
07    <style type="text/css">
08     ul{ list-style-image:url(list_mark.jpg);}          /*设置图片 list_mak.jpg 为列表符*/
09    </style>
10    </head>
11
12    <body>
13              <ul>
14                    <li>篮球简介 </li>
15                 <li>篮球历史起源</li>
16                 <li>篮球基本规则</li>
17                 <li>篮球规则演变</li>
18                 <li>篮球基本技巧</li>
19                  </ul>
20    </body>
21    </html>
```

【代码解析】代码第 8 行列表符引用了图片 list_mark.jpg。代码第 13 ~ 19 行列表符变为图片 list_mark.jpg。要注意的是，使用 list-style-image 插入的列表图片是不能使用 CSS 样式更改大小的。若想更改图片的大小，就需要在插入图片前更改，就是只能更改替代列表符的图片，运行结果如图 8.9 所示。

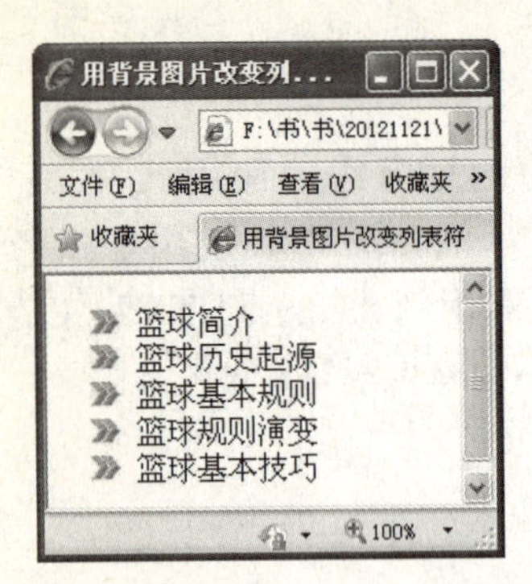

图 8.9　小图片 list_marker.jpg 列表符示例

注意：若 list-style-image 的属性设置为 none 或指定的图片不存在，则 list-style-type 属性就会发挥作用。换言之，若 list-style-image 属性生效，list-style-type 属性就不生效。

8.2.3　改变列表符的位置

为使网页的文体显示更漂亮的效果，有时需要改变列表符与列表的相对位置。CSS 提供了 list-style-position 属性用于改变列表符和列表的相对位置，该属性包含两个值，分别是 inside 和 outside。默认情况下，list-style-position 的属性值为 outside，以下是两个值代表的意义。

- outside：列表项目标记放置在文本以外，且环绕文本不根据标记对齐。
- inside：列表项目标记放置在文本以内，且环绕文本根据标记对齐。

以下是使用 list-style-position 属性的通用语法：

```
list-style-position:inside/outside;
```

【示例 8.8】 本例有两个列表，一个列表定义了 list-style-position 的属性为 inside，另一个定义为 outside，代码如下。

```
----------------------------------------文件名：改变列表符的位置.html--------------------------------
01    <!DOCTYPE html PUBlIC "-//W3C//DTD XHTML 1.0 Transitional//EN"
02    "http://www.w3.org/TR/xhtml1/DTD/xhtml1-transitional.dtd">
03    <html xmlns="http://www.w3.org/1999/xhtml">
04    <head>
05    <meta http-equiv="Content-Type" content="text/html; charset=utf-8" />
06    <title>改变列表符的位置</title>
07    <style type="text/css">
08     ul#inside{ list-style-position:inside;}            /*列表符的位置设置在列表的内侧*/
09     ul#outside{ list-style-position:outside;}          /*列表符的位置设置在列表的外侧*/
10
11    </style>
12    </head>
13
14    <body>
15       <ul id="inside">
16          <li>如果任何一方连续犯规 3 次，就要算对方命中一球。连续犯规的意思是指：在一段时间里，对方队
17    员未发生犯规，而本方队员接连发生犯规。</li>
18       </ul>
```

```
19        <ul id="outside">
20           <li>如果任何一方连续犯规 3 次，就要算对方命中一球。连续犯规的意思是指：在一段时间里，对方队
21               员未发生犯规，而本方队员接连发生犯规。</li>
22        </ul>
23     </body>
24     </html>
```

【代码解析】代码第 8 行中，设置 id 选择符 inside 的 list-style-position 的属性值为 inside，代码第 15 ~ 18 行的样式为第一个列表符号与整个列表项目左对齐，列表符在列表项文字里面；代码第 9 行中，设置 id 选择符 outside 的 list-style-position 的属性值为 outside，代码第 19 ~ 22 行的样式为第二个列表符号在列表项目的外侧，运行结果如图 8.10 所示。

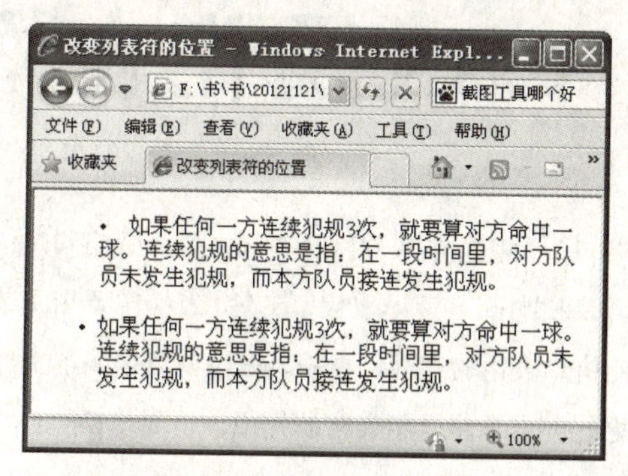

图 8.10　改变列表符的位置

8.2.4　列表属性的简写

上述 list-style-type、list-style-image 和 list-style-position 属性可以用复合属性 list-style 进行缩写。

【示例 8.9】　对列表同时设置 list-style-image 和 list-style-position 属性，代码如下。

```
list-style-image:url(list_mark.gif);
list-style-position:inside;
```

可以缩写为以下形式：

```
list-style:url(list_mark.gif) inside;
```

由于设置 list-style-image 属性后，list-style-type 属性就不会生效，所以，list-style 属性通常不会同时为 list-style-image 和 list-style-type 属性的缩写。

8.3　小结

本章讲解了三种列表方式以及使用列表相关属性改变列表符的方法，重点是如何使用 CSS 样式更改列表符的默认样式、位置，以及如何使用图片代替列表符；难点是灵活运用 CSS 技术设置列表的样式制作不同的排版方式。下一章将介绍用 CSS 样式美化表格的方法。

第9章 用 CSS 美化表格

在网页中，表格的一大功能是实现网页布局，不少门户网站过去都是这样用的，后来被 CSS 逐渐取代。现在，表格主要用来装载和罗列数据，使信息表达的直观性更强。表格在数据展现上比列表的表现效果更好。本章将介绍表格的知识，主要包括：

- 一个表格的基本元素
- 如何用 CSS 控制表格样式
- 表格的边线和背景

9.1 表格的基本页面元素

在以前，不少网页设计大师都会在表格中通过使用 table、tr 和 td 标签来为页面进行布局。但是表格作为数据载体使用，它包含的元素不仅仅是这几个。示例 9.1 中使用了一个语义明确的表格。

【示例 9.1】 本例是一个简单的学生成绩表，使用表格来列出所有的数据，代码如下。

```
---------------------------------文件名：成绩表.html------------------------------------------
01    <!DOCTYPE html PUBLIC "-//W3C//DTD XHTML 1.0 Transitional//EN"
02    "http://www.w3.org/TR/xhtml1/DTD/xhtml1-transitional.dtd">
03    <html xmlns="http://www.w3.org/1999/xhtml">
04    <head>
05    <meta http-equiv="Content-Type" content="text/html; charset=utf-8" />
06    <title>成绩表</title>
07    <style type="text/css"> </style>
08    </head>
09
10    <body>
11        <table border="1" summary="学生成绩表">          <!--表格标签-->
12        <caption>学生成绩表</caption>
13          <tr>                                        <!--行标签-->
14                <th></th>                             <!--表头标签-->
15               <th>张三</th>
16               <th>李四</th>
17               <th>王五</th>
18            </tr>
19            <tr>
20              <th >语文</th>
21              <td>90</td>                             <!--列标签-->
22               <td>95</td>
23               <td>93</td>
24            </tr>
25            <tr>
26              <th>数学</th>
27              <td>100</td>
28               <td>96</td>
29               <td>98</td>
30            </tr>
31        </table>
32    </body>
33    </html>
```

【代码解析】 在代码第 12 行中，表格使用了 caption 标记，该标记用于嵌入表格的标题。使用 caption 嵌入的标题“员工出勤表”会出现在表格的顶部。代码第 14 行、第 20 行和第 26 行使用了 th 标签，其区别在于 td 使标签内的文字加粗，运行结果如图 9.1 所示。

> **技巧：** 使用 caption 属性对搜索引擎来说是友好的。

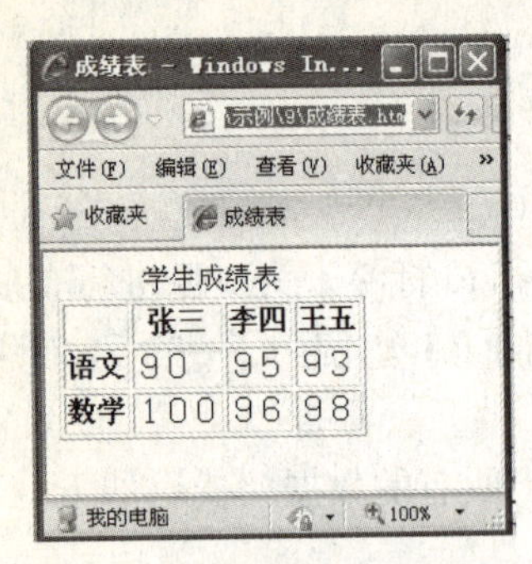

图 9.1　使用表格实现员工出勤表

在 table 标签中使用了 summary 属性来嵌入关于该表格的说明。Summary 中的语句不会出现在页面的任何地方，但是对搜索引擎来说同样是友好的。

在 table 标签中也使用了 border="1"来设置表格每个单元格的边框。若没有在 table 标签中设置其 border 属性，整个 table 都不会带边框。若用 CSS 设置 table 的 border 属性为 1 像素实线，则表格外框会出现边框，而每个单元格不会出现边框。

在示例 9.1 中使用了多个 th 标签。该标签用于表示行或列的名称，例如，“语文”代表表格中第二行所有数据的名称；“李四”代表第三列所有数据的名称。

在 XHTML 文档中，table 标签中还能插入 thead、tbody 和 tfoot 三个标签，这三个标签用于区分表格的不同部分。thead 代表表格的头部，tbody 代表表格的主要数据内容，tfoot 代表表格的底部。通常，thead 用于放置表格顶部的列名称，tbody 用于放置表格数据，tfoot 用于放置表格的说明等。示例 9.2 是一个杂货价目表，示范了如何使用以上三个标签划分表格的区域。

【示例 9.2】 本例使用 thead、tbody 和 tfoot 来划分杂货价目表的内容区域。thead 用于放置表格的列名称，tbody 用于放置表格的主要数据，tfoot 用于放置整个价目表的总价，代码如下。

```
--------------------------------文件名：杂货价目表.html--------------------------------
01    <!DOCTYPE html PUBLIC "-//W3C//DTD XHTML 1.0 Transitional//EN"
02    "http://www.w3.org/TR/xhtml1/DTD/xhtml1-transitional.dtd">
03    <html xmlns="http://www.w3.org/1999/xhtml">
04    <head>
05    <meta http-equiv="Content-Type" content="text/html; charset=utf-8" />
06    <title>糖果价目表</title>
07    <style type="text/css">
08    thead{ background:#e0e4ff;}        /*设置 thead 的背景色*/
09    tbody{ background:#feffce;}        /*设置 tbody 的背景色*/
10    tfoot{ background:#ffeace;}        /*设置 tfoot 的背景色*/
11    </style>
12    </head>
13
14    <body>
15        <table border="1" summary="日用品价目表">
16        <caption>日用品价目表</caption>
17            <thead>
18            <tr>
19                <th>商品</th>
20                <th>价格</th>
21                <th>数量</th>
```

```
22            </tr>
23             </thead>
24            <tbody>
25            <tr>
26               <td>电池</td>
27                <td>5 元</td>
28                <td>2</td>
29            </tr>
30            <tr>
31               <td>水果刀</td>
32                <td>10 元</td>
33                <td>1</td>
34            </tr>
35            <tr>
36               <td>开瓶器</td>
37                <td>1 元</td>
38                <td>2</td>
39            </tr>
40            <tr>
41               <td>指甲钳</td>
42                <td>3 元</td>
43                <td>2</td>
44            </tr>
45            </tbody>
46            <tfoot>
47            <tr><td colspan="4">总价:28 元</td>
48            </tr>
49            </tfoot>
50        </table>
51    </body>
52    </html>
```

【代码解析】代码第 17～23 行通过引用 thead 标签，设置了“商品”、“价格” 和“数量”三个字段。代码第 24、45 行是表格的主体部分，使用 tbody 标签呈现了杂货具体的数据内容。代码第 46～49 行为表格的底部，是杂货数据的总价。thead、tbody 和 tfoot 分别设置了不同的背景颜色来区分。使用这三个标签区分表格的区域能令表格的语义更明确。运行结果如图 9.2 所示。

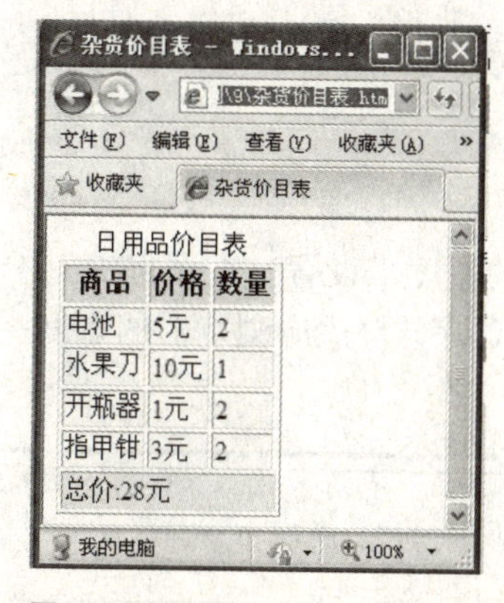

图 9.2　使用 thead、tbody 和 tfoot 标签划分表格区域

注意： 代码第 47 行 colspan 是列合并设置属性。

9.2 使用 CSS 控制表格元素

本节将介绍如何通过 CSS 修饰表格设置我们需要的表格样式。一般的表格在呈现数据时，显得枯燥，好的设计可起到赏心悦目的作用。

9.2.1 设置表格的大小

在 CSS 出现之前，设置表格宽度时，需要为 table 标签添加属性和属性值，从而就会导致代码显得非常臃肿，可读性差。现在使用 CSS 的 width 属性就能设置表格元素的宽度，通常使用像素值和百分比来设置表格元素的宽度。

【示例 9.2】 对本例中的整个表格设置宽度为 400 像素，CSS 代码如下。

```
table{width:400px;}          /*表格设置宽度为 500 像素*/
```

所得的表格如图 9.3 所示。

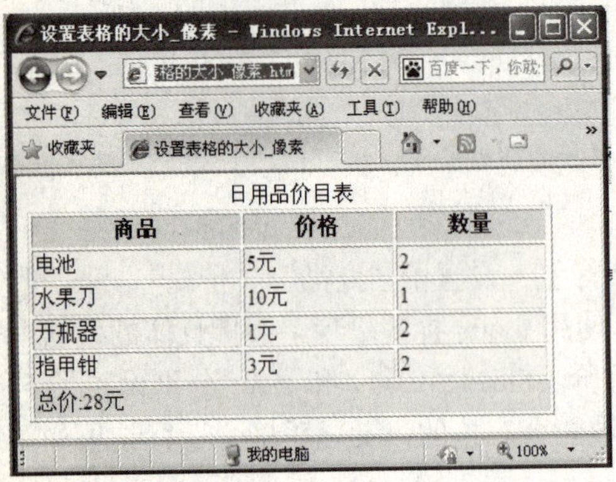

设置表格的大小_像素 - Windows Internet Expl...

文件(F) 编辑(E) 查看(V) 收藏夹(A) 工具(T) 帮助(H)

日用品价目表

商品	价格	数量
电池	5元	2
水果刀	10元	1
开瓶器	1元	2
指甲钳	3元	2
总价:28元		

我的电脑 100%

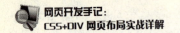

图 9.3 设置表格宽度为 400 像素

对示例 9.2 中的整个表格设置宽度为 80%，CSS 代码如下。

```
table{width:80%;}          /*表格宽度设置为 80%*/
```

所得的表格如图 9.4 所示。

用百分比设置表格的宽度时，表格的宽度会根据其父元素的宽度来设置。在示例 9.2 中，表格的父元素是 body 标签，使用百分比设置表格宽度后，其宽度就会自适应浏览器的宽度。所以，当放大浏览器时，表格也会随之放大到网页宽度的 80%。

技巧： 对于表格中的其他元素，也可以使用像素值和百分比来设置宽度。

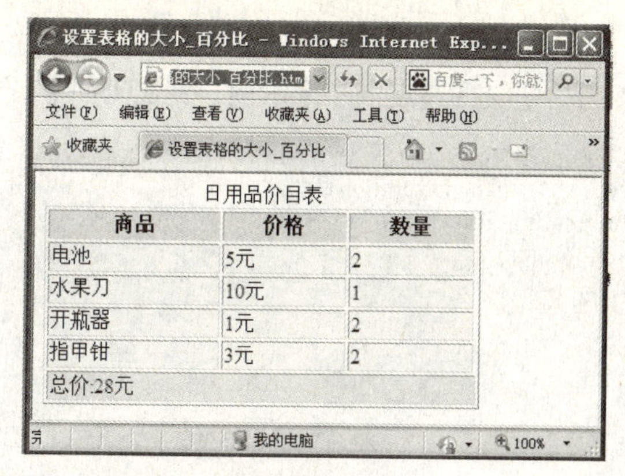

图 9.4　设置表格宽度为 80%

9.2.2　表格边框的分开与合并

很多时候，为了使表格看上去更精美，就需去掉单元格的边框。例如，希望得到如 Excel 中的单线表格，就要使用 CSS 的 border-collapse 属性，其通用语法如下：

```
border-collapse:separate/collapse;                    /*表格的边框设置为分离或合并*/
```

border-collapse 有两个值可选，默认值为 separate。设置为 collapse 后，单元格中的边框就会重叠在一起。

【示例 9.3】 将示例 9.2 中表格的 border-collapse 设置为 collapse。设置属性后就能去除表格单元格边框间的空隙，其中的 CSS 代码如下。

```
table{ border-collapse:collapse; width:80%;}      /*表格的边框合并，宽度设置为 80%*/
```

运行结果如图 9.5 所示。

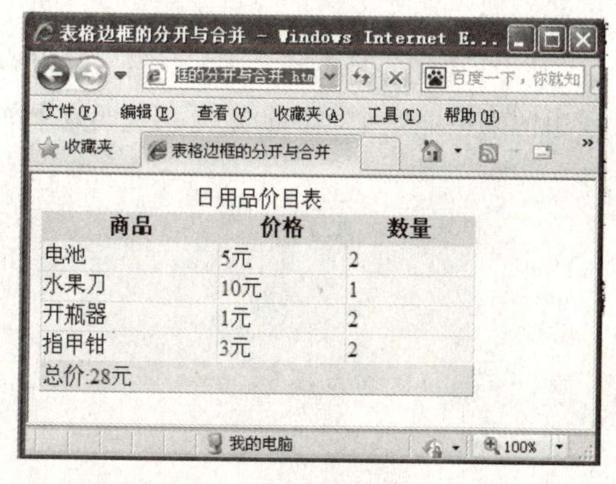

图 9.5　设置表格的 border-collapse 值为 collapse

9.2.3　表格内的文字位置

我们在设计网页的时候，常常会遇到浏览器不兼容的问题，例如，使用 div 等典型的块元素，当内容超出元素定义的高度时，在 Firefox 17.0 浏览器中，元素并不能自动增加高度来适应内容。但是在表格中，却可以实现这种自动适应内容的效果。

【示例 9.4】 本例是表格中的内容高度大于表格定义的高度的一个示例，其代码如下。

```
---------------------------文件名：表格内的文字位置.html---------------------------------------
01    <!DOCTYPE html PUBLIC "-//W3C//DTD XHTML 1.0 Transitional//EN"
02    "http://www.w3.org/TR/xhtml1/DTD/xhtml1-transitional.dtd">
03    <html xmlns="http://www.w3.org/1999/xhtml">
04    <head>
05       <title>表格内的文字位置</title>
06       <style type="text/css">
07    table{
08       float:left;                    /*左浮动*/
09       width:100px;
10       height:50px;
11       border-collapse:collapse;      /*合并单元格的边框*/
12       background:#eeeeee;}
13    td{
14       border:1px solid #333333;}   /*边框实线，1像素宽度，浅黑色*/
15    </style>
16    </head>
17    <body>
18    <table>
19      <tr class="line1">
20        <td>网页设计</td>
21      </tr>
22    </table>
23    <table>
24      <tr class="line1">
25        <td>网页设计中关于表格中的内容和表格大小之间的关系。</td>
26      </tr>
27    </table>
28    </body>
29    </html>
```

【代码解析】代码第 7～12 行设置了表格样式，其中，第 11 行属性 border-collapse 设置为 collapse 值，合并边框。代码第 13、14 行设置了列边框来突显两个表格的差异，示例效果如图 9.6 所示。

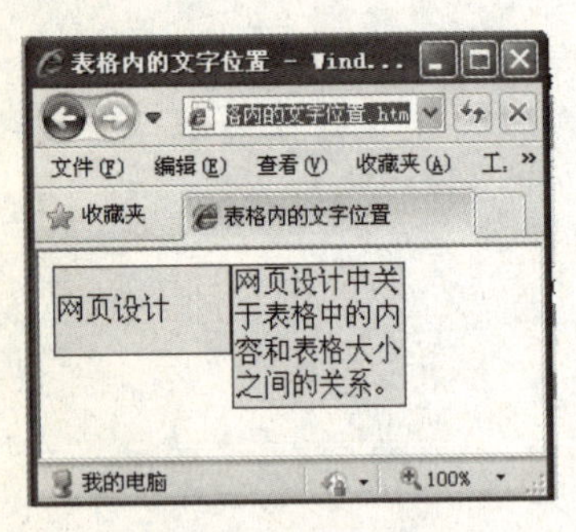

图 9.6　单元格自动适应内容的示例

此时，在 IE 浏览器和 Firefox 17.0 浏览器中显示的效果和图 9.6 相同。这也解释了为什么使用表格不会出现不兼容问题的原因。

9.3　控制表格的边线和背景

很多时候，我们为了让表格数据看上去较柔和，常常会为表格设置适当的背景色。本节将介绍如何为表格设置背景色。有关边线的知识，前面章节已有介绍，这里不再重复。

【示例 9.5】 表格示例，其代码如下。

```
---------------------------文件名：控制表格的边线和背景.html------------------------------------
01    <table>                              <!--表标签-->
02      <tr>                               <!--行标签-->
03        <td>A</td>                        <!--列标签-->
04        <td>B</td> </tr>
05      <tr>
06        <td>C</td>
07        <td>D</td> </tr>
08      </table>
```

【代码解析】这是一个两行两列的表格，总共有四个单元格。根据嵌套元素的背景显示规律，如果要给所有的单元格统一定义一种背景色，可以通过控制 table 的属性来实现。因为 tr 和 td 都是 table 的子元素，只要子元素中没有声明背景颜色，则默认为透明。

同样的道理，如果要控制某一行的颜色，就可以在 tr 中定义背景颜色。如果要控制某一个单元格的颜色，则只能在该单元格中定义独立的样式。

【示例 9.6】 一个关于表格边线和背景修饰的示例，其代码如下。

```
---------------------------文件名：控制表格的边线和背景.html------------------------------------
01    <!DOCTYPE html PUBLIC "-//W3C//DTD XHTML 1.0 Transitional//EN"
02    "http://www.w3.org/TR/xhtml1/DTD/xhtml1-transitional.dtd">
03    <html xmlns="http://www.w3.org/1999/xhtml">
04    <head>
05        <title>控制表格的边线和背景</title>
06        <style type="text/css">
07    table{
08      width:400px;
09      height:100px;
10      border-collapse:collapse;                  /*合并单元格的边框*/
11      background:#eeeeee;}
12    td{
13      border:1px solid #333333;}                 /*设置单元格的边框为 1 像素的灰色实线*/
14    .line1{
15      background:#cccccc;}
16    </style>
17    </head>
18    <body>
19    <table>
20      <tr  class="line1">
21        <td>A</td>
22        <td>B</td> </tr>
23      <tr>
24        <td>C</td>
25        <td>D</td> </tr>
26      </table>
27    </body>
```

```
28    </html>
```

【代码解析】在该样式中，首先在代码第 10 行使用 border-collapse 属性，合并所有单元格的边线。然后在代码第 12、13 行为 td 列定义边框，制作出一条 1 像素宽的边线。接着在代码第 11 行的 table 中定义背景颜色。最后在 tr 中用代码第 14、15 行定义新的背景颜色覆盖继承的背景颜色。该样式应用于网页，其效果如图 9.7 所示。

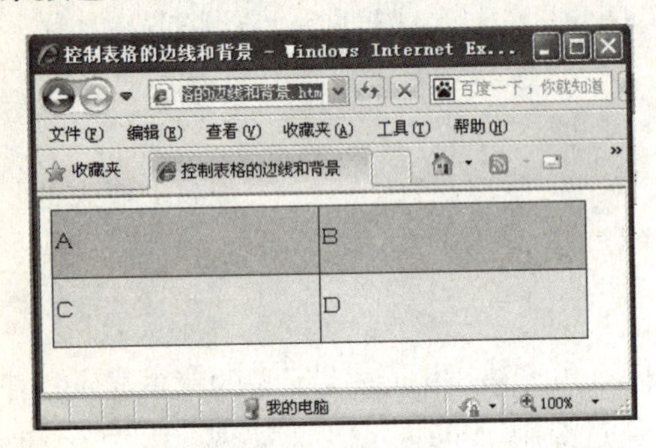

图 9.7　更改边框和背景颜色后的表格

9.4　小结

本章讲解了表格中具有语义的标签以及使用 CSS 样式对表格进行美化，重点是使用 CSS 样式设置表格的边框与背景等基本属性，难点是合理运用表格中具有语义的标签。下一章将介绍使用 CSS 样式美化表单样式的方法。

第 10 章 用 CSS 控制表单样式

客户与系统交互往往是通过提交表单信息来体现的，例如，常见的表单应用有用户注册、用户登录和提交报名表格等。通常，网页设计者通过表格来实现整个页面的表单布局样式，很多时候会使版面显得单调。通过 CSS 可以为表单设置丰富的样式，例如，文本框的边框颜色、背景色和背景图等。本章的主要知识点如下：

- 了解表单的基本元素
- 美化和排版 fieldset 标签
- 美化文本框、下拉列表、提交按钮

10.1 表单的基本元素

表单是功能型网站中经常使用的元素，通过使用各种控件，例如文本框、按钮，实现用户与网站的交互或信息采集。一个表单由三个基本元素组成：第一个是表单标签<form></form>，它包含了处理表单数据所用CGI程序的URL和数据提交到服务器的方法；第二个是表单域，它包含了文本框、密码框、隐藏域、多行文本框、复选框、单选框、下拉选择框和文件上传框等；第三个是表单按钮，它包括提交按钮、复位按钮和一般按钮。表单按钮用于将数据传送到服务器上或者取消输入。

10.1.1 form标签和fieldset标签

网页上的元素都有自己的标签，表单标签就是form标签。form标签的功能是用于声明表单，定义采集数据的范围，其中包含的数据将被提交到服务器或者电子邮件里。通常，网页设计师会将form标签作为一个容器来安放表单域。但在标准的XHTML文档中，应该使用语义明晰的<fieldset></fieldset>标签来安放整个表单。

使用<fieldset></fieldset>标签能对表单的相关信息进行分类。fieldset标签中可以包含legend标签，legend标签可用于插入表单的标题来为表单进行分类。如示例10.1所示，使用了两个fieldset标签，一个用于注册基本信息，一个用于提交详细信息，分别都用legend标签插入其标题。

【示例10.1】 本例使用了两个fieldset标签，一个用于注册基本信息，一个用于提交详细信息，代码如下。

```
-----------------------------------文件名：fieldset标签.html-----------------------------------
01    <!DOCTYPE html PUBLIC "-//W3C//DTD XHTML 1.0 Transitional//EN"
02    "http://www.w3.org/TR/xhtml1/DTD/xhtml1-transitional.dtd">
03    <html xmlns="http://www.w3.org/1999/xhtml">
04    <head>
05    <meta http-equiv="Content-Type" content="text/html; charset=utf-8" />
06    <title>fieldset标签</title>
07    <style type="text/css"></style>
08    </head>
09    <body>
10     <form action="" method="post">
11        <fieldset>
12            <legend>用户登入注册</legend>                                    <!--表单标题-->
13                    <p><label>登入名</label><input type="text"/></p>         <!--文本控件-->
14                    <p><label>登入密码</label><input type="password"/></p>   <!--密码控件-->
15                 <p><label>密码确认</label><input type="password"/></p>
16                 <p><input type="submit"/><input type="reset"/></p>
17          </fieldset>
18        </form>
19
20     <form action="" method="post">
21       <fieldset>
22            <legend>用户详细信息</legend>                                    <!--表单标题-->
23                    <p><label>生日</label><input type="text"/></p>           <!--文本控件-->
```

```
24                <p><label>住址</label><input type="text"/></p>
25              <p><label>电话号码</label><input type="text"/></p>
26          </fieldset>
27        </form>
28    </body>
29    </html>
```

【代码解析】代码第 11～17 行和第 21～26 行定义了两个 fieldset 标签，为了区分“用户登入注册”和“用户详细信息”两个表单，从图 10.1 中可以看出，fieldset 标签的周围会出现一个边框。为了区分每个 fieldset 标签，通常使用 legend 标签插入其标题。legend 标签中的标题会出现在 fieldset 标签的顶部。

运行结果如图 10.1 所示。

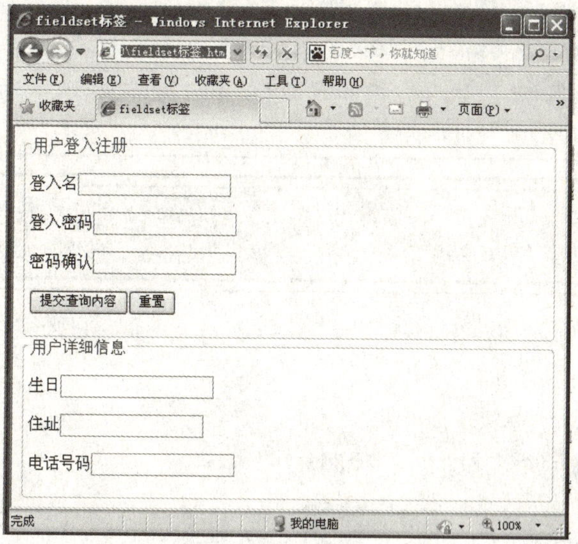

图 10.1　使用 fieldset 标签示例

注意：包含在 fieldset 标签里的其他表单标签，在浏览时会显示在边框中。

10.1.2　表单域的种类

我们来看表单的第二个基本元素表单域。常用的表单域有文本框、密码框、隐藏域、多行文本框、复选框、单选框、下拉选择框和文件上传框等。首先介绍使用 input 标签包含的表单域，如表 10.1 所示。

表 10.1　input 标签包含的表单域

input 标签	名　称	含　义
<input type="text" />	文本框	可以有一个值属性 value，用来设置文本框里的默认文本
<input type="password" />	密码框	用于输入密码，以星号代替用户所输入的实际字符

续表

input 标签	名　称	含　义
<input type="checkbox" />	复选框	用户可以快速选择或者不选一个条目。可以有一个预选属性 checked，像这样的格式<input type="checkbox" checked="checked" />
<input type="radio" />	单选框	与复选框相似，但是用户只可在一个组中选择一个单选按钮。它也有一个预选属性 checked，使用方法与复选框一样
<input type="file" />	文件对话框	打开或者保存一个文档
<input type="submit" />	提交按钮	选择后提交整个表单，可以用值属性 value 来控制按钮上显示的文本
<input type="reset" />	重置按钮	选择后会重置表单内容的按钮
<input type="button" />	静态按钮	一个静态的按钮，若不添加代码，就没有实际作用
<input type="image" />	图像按钮	以图像代替按钮文本，src 属性是必须的，像 img 标签一样
<input type="hidden" />	隐藏域	不会在页面中显示任何内容，它用来传输诸如用户正在用的页面的名字或者 Email 地址等表单必须传输的内容

说明： 大部分表单域都使用 input 标签来表示，然后使用 input 标签的 type 值来设置具体的表单域。除了 input 标签外，常用的表单域还有 textarea 标签和 select 标签。

textarea 标签是多行文本输入框标签，该标签基本上就是一个比较大的文本框。它必须有行属性 rows 和列属性 cols，代码如下。

```
<textarea rows="5" cols="20">输入备注</textarea>
```

select 与选项标签 option 可以一起制作一个下拉选框，代码如下。

```
01    <select>                                        <!--下拉列表选择标签-->
02      <option value="0-100">0-100</option>          <!--下拉列表选项标签-->
03      <option value="100-200">100-200</option>
04      <option value="200-300">200-300</option>
05    </select>
```

【代码解析】 以上代码为列表内容。

10.2　美化 fieldset 标签

上一节介绍了表单的基本元素，本节将介绍美化表单的知识。

【示例 10.2】 本例是对实例 10.1 的文档进行排版美化。

（1）整个网页的边距和补白初始值都设置为 0，代码如下。

```
*{ margin:0; padding:0;}        /*设置网页中所有元素的边距和补白初始值都为 0*/
```

（2）使用 width 属性能限制整个 fieldset 的宽度。设置 fieldset 的补白，能使其装载的表单元素不会紧贴在 fieldset 标签的四边。fieldset 自带一个黑色边框，使用 border 属性能改变该边框的样式，代码如下。

```
01    fieldset{ width:350px;                      /*设置宽度为 350 像素*/
02          margin:20px; padding:20px;            /*边距和补白都为 20 像素*/
03    border:1px solid green }                    /*边框为 1 像素绿色实线*/
```

【代码解析】以上代码对 fieldset 标签进行了 CSS 设计，分别设定宽度为 350px，页边距为 20px，边框为绿色。执行步骤（2）的结果如图 10.2 所示。

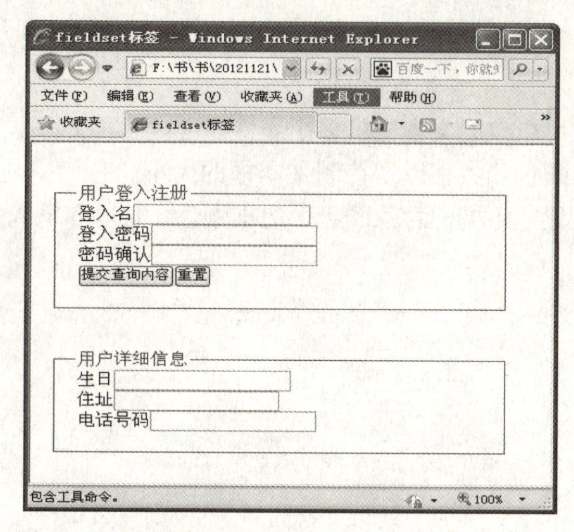

图 10.2　执行步骤（2）的结果

（3）legend 标签是用于嵌入表单的标题。对 legend 标签设置边框和文字属性，代码如下。

```
legend{ border:1px solid #93d242;        /*边框设置为 1 像素绿色*/
color:#660099;}                          /*文字颜色设置为蓝紫色*/
```

【代码解析】以上代码为表单标题域设置了边框和字体的颜色为#660099，执行步骤（3）的结果如图 10.3 所示。

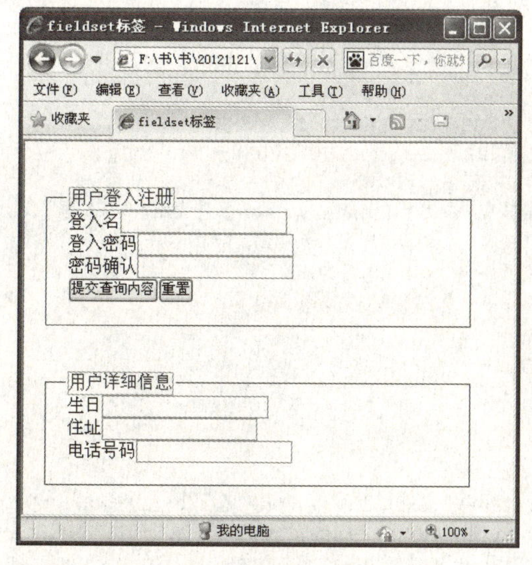

图 10.3　执行步骤（3）的结果

10.3 美化表单域

前面我们学习了表单域中的不少元素，虽然表单域的元素众多，但常用的是标签、文本框、提交按钮和下拉列表。美化表单域就是使用CSS美化表单域中的元素，通常是改变其边框和背景样式，但是不同的表单域元素所能更改的属性不一致。

10.3.1 美化文本框

本节以文本框为例，使用CSS美化文本框可以改变文本框的多个属性。可以设置文本框的边框和背景颜色、用户输入到文本框中文字的颜色和大小以及控制文本框的大小。

【示例10.3】 本例中的四个文本框分别设置了不同的背景颜色、边框颜色、长度和输入的文本颜色，代码如下。

```
--------------------------------文件名：美化文本框.html-----------------------------------------
01    <!DOCTYPE html PUBLIC "-//W3C//DTD XHTML 1.0 Transitional//EN"
02    "http://www.w3.org/TR/xhtml1/DTD/xhtml1-transitional.dtd">
03    <html xmlns="http://www.w3.org/1999/xhtml">
04    <head>
05    <meta http-equiv="Content-Type" content="text/html; charset=utf-8" />
06    <title>美化文本框</title>
07    <style type="text/css">
08
09    input.one{ border:1px solid maroon;    /*设置第二个文本框的边框为1像素褐色实线*/
10            background:#ffd9da;            /*设置第二个文本框背景色为浅红色*/
11            color:maroon;                  /*设置第二个文本框文字颜色为褐色*/
12            width:100px;}                  /*设置第二个文本框的宽度为100像素*/
13
14    input.two{ border:1px solid orange;    /*设置第四个文本框的边框为1像素橙色实线*/
15           background:#fff9966;            /*设置第四个文本框背景色为浅橙色*/
16           color:orange;                   /*设置第四个文本框的文字颜色为橙色*
17           width:110px;}                   /*设置第四个文本框的宽度为110像素*/
18
19    input.three{ border:1px solid green;   /*设置第三个文本框的边框为1像素绿色实线*/
20             background:#33ff66;           /*设置第三个文本框背景色为浅绿色*/
21             color:green;                  /*设置第三个文本框的文字颜色为绿色*/
22             width:120px;}                 /*设置第三个文本框的宽度为120像素*/
23
24    input.four{ border:1px solid navy;     /*设置第一个文本框的边框为1像素蓝色实线*/
25            background:#dbd9ff;            /*设置第一个文本框背景色为浅蓝色*/
26            color:navy;                    /*设置第一个文本框文字颜色为蓝色*/
27            width:140px;}                  /*设置第一个文本框的宽度为140像素 */
28
29
30    </style>
31    </head>
32
33    <body>
34            <p><label>文本框1</label><input type="text" class="one"/></p>
35            <p><label>文本框2</label><input type="text" class="two"/></p>
36            <p><label>文本框3</label><input type="text" class="three"/></p>
37            <p><label>文本框4</label><input type="text" class="four"/></p>
```

```
38    </body>
39    </html>
```

【代码解析】以上代码分别定义了四个文本框样式，通过设置边框、背景、字体颜色和宽度，来美化文本框，运行结果如图 10.4 所示。

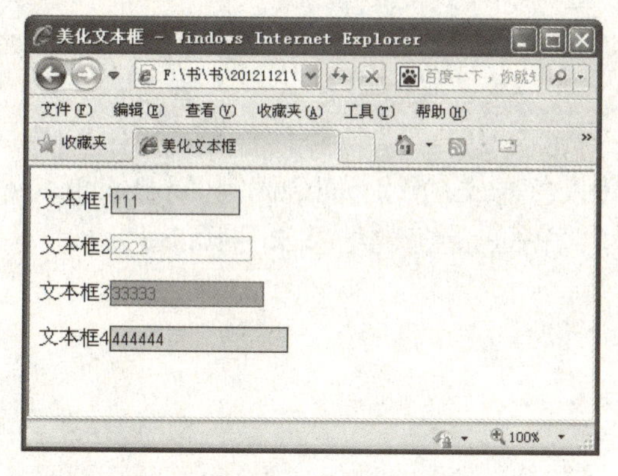

图 10.4　美化文本框示例

技巧： 除了上面说的几个属性，还可以使用字体属性来对文本框里的文字进行美化。

10.3.2　美化下拉列表

下拉列表在网页中是经常被使用的表单域元素。对于下拉列表的样式设置，火狐和 IE 浏览器的表现都不相同。例如，设置 select 标签的 border 属性，在 IE 中不能显示，而在火狐中就能显示。所以，网页中下拉菜单的样式通常都保持原来默认的风格，但是 select 标签对于背景颜色属性的设置在浏览器上的显示是一致的。因此，利用这个原理可以制作出有色彩的下拉菜单。

【示例 10.4】 隔行变色的下拉菜单。本例是制作一个有色彩的下拉菜单，实现下拉菜单的项目隔行变换颜色。使用一个类选择器设置 option 标签的背景颜色为浅蓝色。将这个类选择器指定到下拉列表的选项中，每隔一个选项就应用一个类选择器，从而实现隔行变色的下拉列表，代码如下。

```
--------------------------------文件名：隔行变色的下拉列表.html--------------------------------
01    <!DOCTYPE html PUBLIC "-//W3C//DTD XHTML 1.0 Transitional//EN"
02    "http://www.w3.org/TR/xhtml1/DTD/xhtml1-transitional.dtd">
03    <html xmlns="http://www.w3.org/1999/xhtml">
04    <head>
05    <meta http-equiv="Content-Type" content="text/html; charset=utf-8" />
06    <title>隔行变色的下拉列表</title>
07    <style type="text/css">
08    option{ background:#fff;}                          <!--设置选项背景颜色-->
09    option.change{ background:#66FFCC;}               <!--设置第二种选项背景颜色-->
10     </style>
11    </head>
12
13    <body>
```

```
14    <select>
15    <option value="中国">中国</option>
16    <option value="美国" class="change">美国</option>
17    <option value="日本">日本</option>
18    <option value="澳大利亚" class="change">澳大利亚</option>
19    <option value="巴西" >巴西</option>
20    <option value="韩国" class="change">韩国</option>
21    </select>
22    </body>
23    </html>
```

【代码解析】代码第 8、9 行首先设置了两个背景色样式，分别为 option 和 option.change 样式。在代码第 14 ~ 21 行中，列表内容交替使用两个样式，运行的结果如图 10.5 所示。

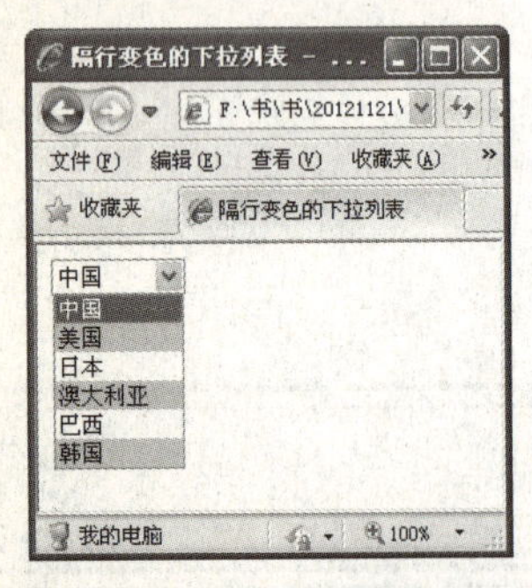

图 10.5　隔行变色的下拉列表示例

10.3.3　美化提交按钮

下面介绍美化表单的第三个基本元素——表单按钮。与美化文本框类似，使用 CSS 美化文本框可以改变按钮的多个属性，例如，使用图片作为按钮的背景图能把按钮变为任何形式。

【示例 10.5】 将一个默认的按钮更改为一个简单的矩形按钮。按钮的宽度和高度都能被设定，背景颜色和边框样式也可以设定，CSS 代码如下。

```
---------------------------------文件名：美化提交按钮.html----------------------------------------
01    input.one{ border:1px solid navy;                    /*设置按钮的边框为1像素深蓝色*/
02      background:#66ffcc;                                 /*背景为浅绿色*/
03      color:navy;                                         /*文字颜色为深蓝色*/
04      width:80px; height:30px;}                           /*宽 80 像素，高 30 像素*/
```

【代码解析】代码第 1 行设置了边框；第 2 行设置了背景色为浅绿色；第 3 行设置字体颜色为深蓝色；第 4 行设置了宽度和高度分别为 80px 和 30px，运行结果如图 10.6 所示。

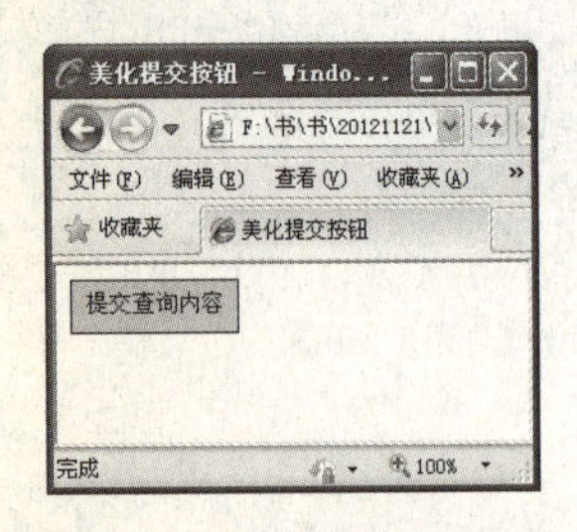

图 10.6　矩形按钮的效果

【示例 10.6】使用一张图片作为按钮的背景。将按钮的宽度和高度都设定为与图片相同的宽高。本例中图片 btn.jpg 的宽为 150 像素，高为 50 像素，同时把边框设为 none，CSS 代码如下。

```
----------------------------------文件名：美化提交按钮.html----------------------------------
01    input.two{ border:none;                       /*设置按钮的边框为 none，按钮不带边框*/
02       background:url(btn.jpg) no-repeat;         /*使用 btn.jpg 为背景图*/
03       color:blue;                                /*文字颜色为蓝色*/
04       width:150px; height:50px;}                 /*宽 150 像素，高 50 像素*/
```

【代码解析】代码第 1 行取消了按钮边框；第 2 行引用了背景图片；第 3 行文字颜色为蓝色；第 4 行的高度和宽度分别设置为 150px 和 50px，运行的结果如图 10.7 所示。

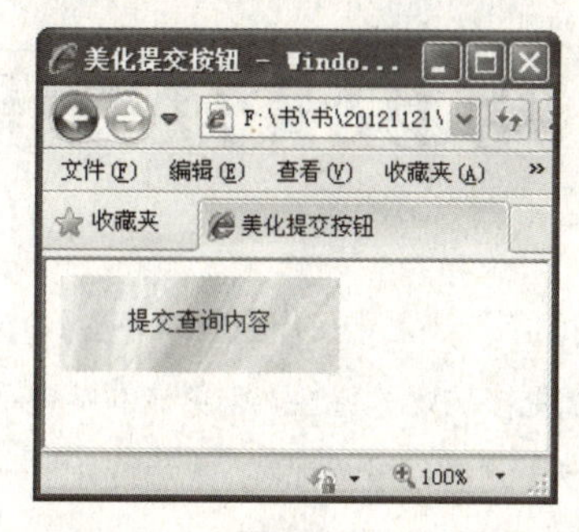

图 10.7　图片按钮效果

说明： 单独对某个表单元素设置样式是非常简单的，但对整个表单进行合理的规划和美化，就相对较难，读者需要多加练习，积累丰富的经验。

10.4　小结

本章讲解了使用 CSS 属性控制表单的外观。CSS 属性中没有直接对应修改表单元素样式的属性，但能通过一般属性来修改其外观，重点是要区分哪些表单元素的属性能使用 CSS 样式来控制，难点是结合 XHTML 和 CSS 对表单元素进行排版美化。第 11 章将介绍 CSS 的滤镜。

网页开发手记：

CSS+DIV网页布局实战详解

第11章 CSS滤镜的应用

随着网络需求的发展，人们已不能满足于使用原有的一些HTML标签，希望为网页效果添加更多的媒体特性，来突显网站主题。在CSS技术高速发展的今天，这些已成为现实。本章将介绍一个新的CSS扩展部分：CSS滤镜属性（Filter Properties）。CSS滤镜是微软公司开发的整合在IE浏览器中的功能。所谓滤镜，就是对图片产生一定的图形变换效果。由于这套CSS滤镜的版权属于微软公司，所以其他浏览器不能有效地支持。但是IE浏览器与Windows系统捆绑，在全球广泛运用，因此，许多网页设计师都经常使用CSS滤镜来为图片增添效果。本章内容包括：

- CSS滤镜的种类
- CSS滤镜实现代码
- CSS滤镜的效果分析

11.1　滤镜概述

下面首先学习语法结构，设置滤镜的 CSS 属性为 filter。以下是使用 filter 属性的通用语法：

```
filter:name(para);
```

其中，name 指的是滤镜的名称，例如 mask、glow 等。圆括号中的 para 指的是所使用滤镜的参数。多数滤镜的参数不止一个，参数不同，产生的效果也不同。

本章讲述的滤镜主要包括：透明层次滤镜（alpha）、颜色透明滤镜（chroma）、模糊滤镜（blur）、固定阴影滤镜（dropshadow）、移动阴影滤镜（shadow）、光晕滤镜（glow）、灰度滤镜（gray）、反色滤镜（invert）、镜像滤镜（flip）、遮罩滤镜（mask）、X 射线滤镜（x-ray）和波纹滤镜（wave）。

11.2　透明层次滤镜（alpha）

透明层次滤镜（alpha）用于设置透明度，它包含七个参数，分别起到透明等级、透明的变化方式、变化的范围设置作用，代码如下。

```
filter:alpha(  opacity=a,                    /*透明度等级*/
               finishopacity=b,              /*结束时的透明度*/
               style=c,                      /*透明的变化方式*/
               startX=d,                     /*开始变化的 X 轴起点*/
               startY=e,                     /*开始变化的 Y 轴起点*/
               finishX=f,                    /*结束变化的 X 轴终点*/
               finishiY=g,);                 /*结束变化的 Y 轴终点*/
```

11.2.1　使用参数 opacity

opacity 值是指透明度等级，取值范围是 0 ~ 100，0 表示完全透明，不可见，100 代表完全不透明。

【示例 11.1】 本例中的 XHTML 文档有两张图片，为其中一张设置 alpha 滤镜的 opacity 值为 55，代码如下。

```
-------------------------------------文件名：alpha1.html-------------------------------------
01    <!DOCTYPE html PUBLIC "-//W3C//DTD XHTML 1.0 Transitional//EN"
02    "http://www.w3.org/TR/xhtml1/DTD/xhtml1-transitional.dtd">
03    <html xmlns="http://www.w3.org/1999/xhtml">
04    <head>
05    <meta http-equiv="Content-Type" content="text/html; charset=utf-8" />
06    <title>alpha1</title>
07    <style type="text/css">
08    body{ background:#001;}
09    .alpha{ filter:alpha(opacity=55);}          /*透明滤镜，设置不透明度为 55*/
10    </style>
11    </head>
12
```

```
13    <body>
14        <img src="image.jpg"/>
15        <img src="image.jpg" class="alpha"/>
16    </body>
17    </html>
```

【代码解析】代码第 9 行设置了 alpha 的透明度为 55，运行结果如图 11.1 所示，左边的图片为原图片，右边的图片在应用了 alpha 滤镜后变得透明。

图 11.1 设置 alpha 滤镜的 opacity 的值为 55

11.2.2 使用参数 style

style 值是指不透明的变换方式，有 1、2 和 3 三个值可选用，其中，1 代表线性渐变，当设置 style 值为 1 的时候，finishopacity、stratX、startY、finishX 和 finishY 就可用。图片左上角的坐标是（0，0）、右下角的坐标是（100，100），使用百分比的表示方式。StartX 和 startY 代表渐变效果的开始坐标，finishX 和 finishY 代表渐变效果的结束坐标。

注意： finishopacity 用于设置结束坐标上的不透明度，取值范围为 0～100。

【示例 11.2】 本例延续示例 11.1 的设置，把 style 设置为 1，渐变效果从图片的（0，0）位置到（0，100）的位置，代码如下。

```
----------------------------------------文件名：alpha2.html----------------------------------------
01    <!DOCTYPE html PUBLIC "-//W3C//DTD XHTML 1.0 Transitional//EN"
02    "http://www.w3.org/TR/xhtml1/DTD/xhtml1-transitional.dtd">
03    <html xmlns="http://www.w3.org/1999/xhtml">
04    <head>
05    <meta http-equiv="Content-Type" content="text/html; charset=utf-8" />
06    <title>alpha2</title>
07    <style type="text/css">
08    body{ background:#001;}
09    .alpha{ filter:alpha(opacity=55,style=1,finishopacity=100,startX=0,startY=0,finishX=
```

```
    0,finishY=100);}
10  /*设置透明滤镜，样式 style 为 1 的情况下，设置渐变效果从图的左上角到右下角*/
11  </style>
12  </head>
13
14  <body>
15      <img src="image.jpg"/>
16      <img src="image.jpg" class="alpha"/>
17  </body>
18  </html>
```

【代码解析】代码第 9 行设置了属性 alpha，其透明度从 55 到 100；变化方式为线性渐变；整幅图出现渐变效果，运行结果如图 11.2 所示，左边的图片为原图片，右边的图片应用了透明滤镜。图片的不透明度从上到下逐渐变大，图片的底部是没有变透明的。当 style 取值为 2 时，渐变的形式是圆形放射状的。

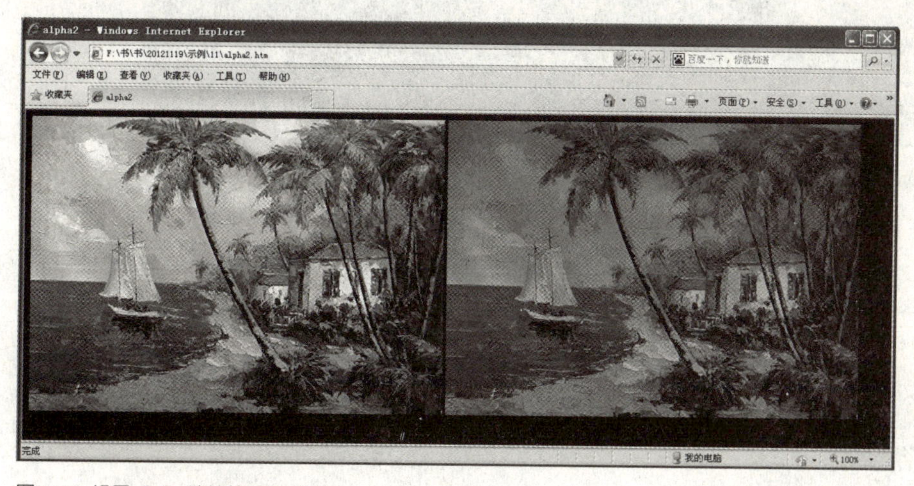

图 11.2　设置 alpha 滤镜的 style 值为 1

【示例 11.3】 本例中设置 style 的值为 2，渐变效果就是圆形放射状的，代码如下：

```
-------------------------------------文件名:alpha3.html-------------------------------------
01  <!DOCTYPE html PUBLIC "-//W3C//DTD XHTML 1.0 Transitional//EN"
02  "http://www.w3.org/TR/xhtml1/DTD/xhtml1-transitional.dtd">
03  <html xmlns="http://www.w3.org/1999/xhtml">
04  <head>
05  <meta http-equiv="Content-Type" content="text/html; charset=utf-8" />
06  <title>alpha3</title>
07  <style type="text/css">
08  body{ background:#001;}                              /*设置背景颜色为黑色*/
09  .alpha{ filter:alpha(opacity=55,style=2);}           /*设置透明滤镜，样式 style 为 2*/
10  </style>
11  </head>
12
13  <body>
14      <img src="image.jpg"/>
15      <img src="image.jpg" class="alpha"/>
16  </body>
17  </html>
```

【代码解析】代码第 9 行设置 alpha 属性的透明度为 55，style 设置为 2，效果如图 11.3 所示，左边的图片为原图片，右边的图片应用了透明滤镜，图片的不透明度从里到外，图片的最外面是完全透明的。style 值设置为 3 的时候，渐变矩形是放射状的。

图 11.3　设置 alpha 滤镜的 style 值为 2

【示例 11.4】　本例把 style 设置为 3，渐变效果就是矩形放射状的，代码如下。

```
------------------------------------文件名：alpha4.html------------------------------------
01    <!DOCTYPE html PUBLIC "-//W3C//DTD XHTML 1.0 Transitional//EN"
02    "http://www.w3.org/TR/xhtml1/DTD/xhtml1-transitional.dtd">
03    <html xmlns="http://www.w3.org/1999/xhtml">
04    <head>
05    <meta http-equiv="Content-Type" content="text/html; charset=utf-8" />
06    <title>alpha4</title>
07    <style type="text/css">
08    body{ background:#001;}
09    .alpha{ filter:alpha(opacity=55,style=3);}          /*设置透明滤镜，样式 style 为 3*/
10    </style>
11    </head>
12
13    <body>
14          <img src="image.jpg"/>
15           <img src="image.jpg" class="alpha"/>
16    </body>
17    </html>
```

【代码解析】代码第 9 行设置透明滤镜，样式 style 为 3，运行结果如图 11.4 所示，左边的图片为原图片，右边的图片应用了透明滤镜。

技巧： 图片的不透明度从里到外，图片的最外面是完全透明的。但是图片的渐变呈现为矩形。

图 11.4　设置 alpha 滤镜的 style 值为 3

11.3　颜色透明滤镜（chroma）

颜色透明滤镜 chroma 就像滤光镜一样，把指定的颜色给滤掉，而透明层次滤镜 alpha 用于设置整张图片的透明度。以下是 chroma 的通用语法：

```
filter:chroma( color=colorname);
```

其中，colorname 为某种颜色的名称。例如，设置 colorname 为 red，可以把图片中的红色去掉。要注意的是，若要用十六进制表示颜色，注意带#号。

【示例 11.5】 本例中的 XHTML 文档里有两张图片，第一张图片为原图片，第二张图片使用 chroma 滤镜去掉蓝色，代码如下。

```
-----------------------------------文件名：chroma.html-----------------------------------
01    <!DOCTYPE html PUBLIC "-//W3C//DTD XHTML 1.0 Transitional//EN"
02    "http://www.w3.org/TR/xhtml1/DTD/xhtml1-transitional.dtd">
03    <html xmlns="http://www.w3.org/1999/xhtml">
04    <head>
05    <meta http-equiv="Content-Type" content="text/html; charset=utf-8" />
06    <title>chroma</title>
07    <style type="text/css">
08    .chroma{ filter:chroma(color=blue);}        /*应用颜色透明滤镜，去掉图片中的蓝色*/
09    </style>
10    </head>
11
12    <body>
13       <img src="chroma.jpg"/>
14       <img src="chroma.jpg" class="chroma"/>
15    </body>
16    </html>
```

【代码解析】代码第 8 行设置颜色滤镜 chroma，过滤的颜色为蓝色。如图 11.5 所示，左边的图片为原图片，右边的图片应用了 chroma 滤镜。图片在使用 chroma 滤镜去掉蓝色后，原本蓝色的区域变为白色。

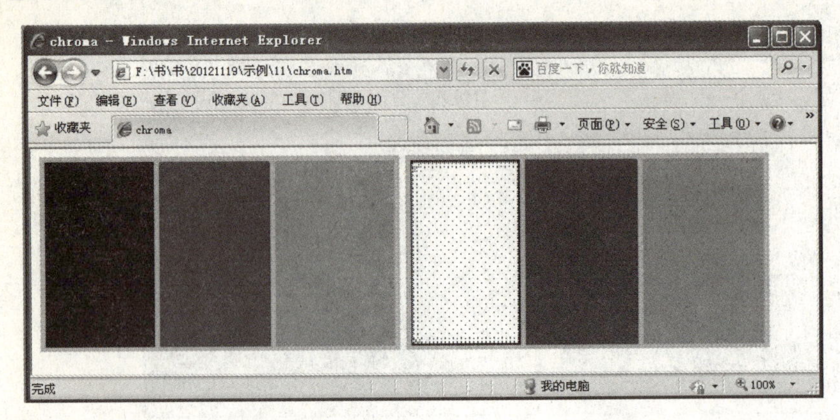

图 11.5 使用 chroma 滤镜去掉红色

11.4 模糊滤镜（blur）

有时候，设计网页时需要一种雾里看花的效果，这时往往会考虑到模糊滤镜，它能使图片变得朦胧。以下是 blur 的通用语法：

```
filter:blur(   add=true/false,
               direction=b,
               strength=c);
```

blur 属性有三个参数：add、direction 和 strength。其中，add 参数用来设置是否显示被模糊的对象。add 的属性值可以设置为 1 或者 0，0 表示不显示原来的对象，1 表示要显示原来的对象。add 参数也可以用 true 和 false 判断值来表示。在默认情况下，add 值是 1，即为 true。direction 参数用来设置模糊的方向，模糊效果是按照顺时针方向进行的。其中，0 代表垂直向上，每 45° 为一个单位，默认值是向左的 270° 。

> **注意：** direction 的取值范围是 0 到 315° 。strength 参数值代表有多少像素的宽度将受到模糊影响，只能使用整数来设置，其默认值是 5 像素。

【示例 11.6】 本例中的 XHTML 文档有两张图片，第一张为原图片，第二张应用了 blur 滤镜，代码如下。

```
-------------------------------------文件名：blur1.html-------------------------------------
01    <!DOCTYPE html PUBLIC "-//W3C//DTD XHTML 1.0 Transitional//EN"
02    "http://www.w3.org/TR/xhtml1/DTD/xhtml1-transitional.dtd">
03    <html xmlns="http://www.w3.org/1999/xhtml">
04    <head>
05    <meta http-equiv="Content-Type" content="text/html; charset=utf-8" />
06    <title>blur</title>
07    <style type="text/css">
08    body{ background:#000;}
09    .blur{ filter:blur(add=true,direction=270,strength=20);}
```

```
    /*设置模糊滤镜，方向为 270°，强度为 20*/
10  </style>
11  </head>
12  <body>
13      <img src="line.jpg" />
14      <img src="line.jpg" class="blur"/>
15  </body>
16  </html>
```

【代码解析】代码第 9 行设置了模糊滤镜，add 属性值为 true；模糊方向 direction 为 270°；模糊强度 strength 为 20。如图 11.6 所示，右边的图片明显出现了模糊的变化。

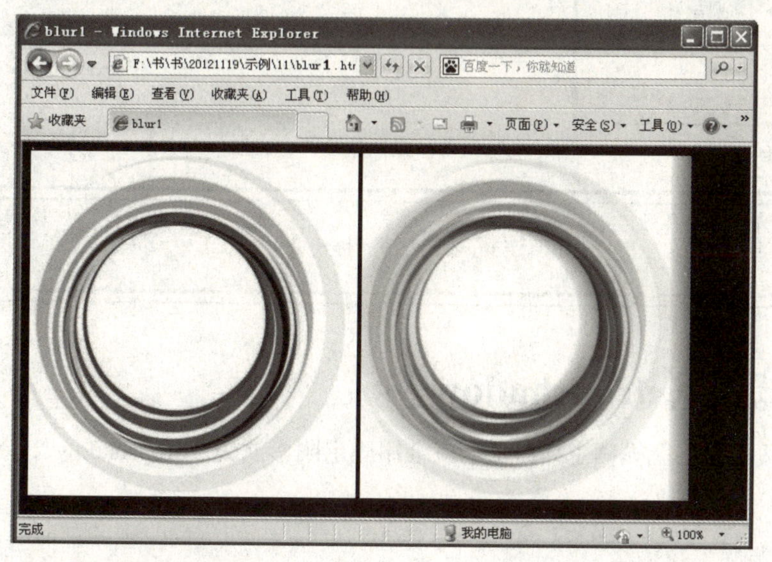

图 11.6　使用 blur 滤镜示例

使用模糊滤镜不仅能对图片进行模糊，也能对文字进行模糊。恰当地使用 blur 滤镜能给文字制作出阴影的效果。

【示例 11.7】 对文字应用 blur 滤镜。设置 strength 为 15 像素、direction 为 135° 的 blur 滤镜，制作出文字阴影的效果，代码如下。

```
--------------------------------------文件名：blur2.html--------------------------------------
01  <!DOCTYPE html PUBLIC "-//W3C//DTD XHTML 1.0 Transitional//EN"
02  "http://www.w3.org/TR/xhtml1/DTD/xhtml1-transitional.dtd">
03  <html xmlns="http://www.w3.org/1999/xhtml">
04  <head>
05  <meta http-equiv="Content-Type" content="text/html; charset=utf-8" />
06  <title>blur</title>
07  <style type="text/css">
08  .blur{ font-size:30px; font-weight:bold; filter:blur(add=ture,direction=135,strength=15);}
09  /*设置模糊滤镜，方向为 135°，强度为 15*/
10  </style>
11  </head>
12  <body>
13  <table><tr><td class="blur"/>示例：css 的 blur 滤镜</td></tr></table>
14  </body>
```

```
15    </html>
```

【代码解析】代码第 8 行 blur 样式设置字体为 30px；加粗；添加模糊滤镜，模糊方向为 135°，模糊强度为 15。如图 11.7 所示的文字产生了阴影的效果。

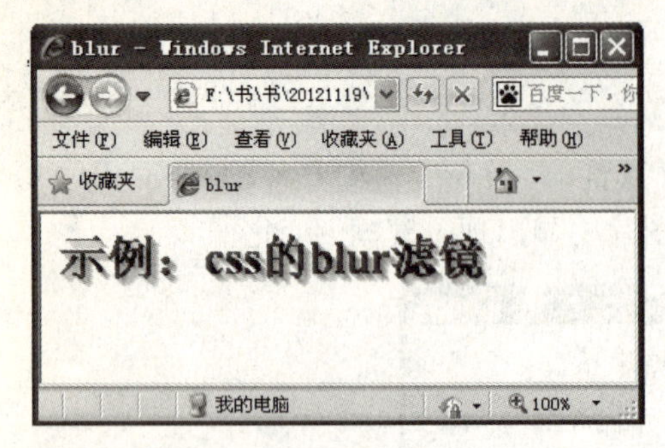

图 11.7 使用 blur 滤镜设置文字

注意：要使用表格来嵌套文字才能使 blur 滤镜对文字产生效果。

11.5 固定阴影滤镜（dropshadow）

有时候为产生阴影，又需要不能模糊主体对象，就会用固定阴影滤镜（dropshadow），以下是 dropshadow 的通用语法：

```
filter:dropshadow(  color=a,
                    offx=b,
                    offy=c,
                    positive=d);
```

dropshadow 属性是为了添加对象的下落式阴影效果。其实现的效果外观上像对象离开原来的页面位置，然后在页面上显示出该对象的原位置投影。该属性一共有四个参数，color 代表投射阴影的颜色，要十六进制颜色格式表示颜色值。offx 和 offy 分别指定横向 *X* 轴和纵向 *Y* 轴阴影的偏移像素值，必须用整数值来设置。如果设置为正整数，代表 *X* 轴的右方向和 *Y* 轴的向下方向，设置为负整数则相反。参数 positive 用于指定阴影的不透明度，0 表示透明，没有阴影效果；非 0 表示显示阴影效果。另外，也可以用布尔值来表示，true 代表非 0；false 代表 0。

【示例 11.8】 对文字应用 dropshadow 滤镜。设置 color 为#999999，offx 和 offy 都是 6 像素，positive 为 true，代码如下。

```
-----------------------------------文件名：dropshadow.html-----------------------------------
01    <!DOCTYPE html PUBLIC "-//W3C//DTD XHTML 1.0 Transitional//EN"
02    "http://www.w3.org/TR/xhtml1/DTD/xhtml1-transitional.dtd">
03    <html xmlns="http://www.w3.org/1999/xhtml">
04    <head>
05    <meta http-equiv="Content-Type" content="text/html; charset=utf-8" />
06    <title>dropshadow</title>
07    <style type="text/css">
```

```
08    .dropshadow{ font-size:40px; font-weight:bold;
09    filter:dropshadow(color:#999999,positive=true,offX=6,offY=6);}
10    /*固定阴影滤镜，颜色设置为灰色，阴影横向偏移 6 像素，纵向偏移 6 像素*/
11    </style>
12    </head>
13    <body>
14    <table><tr><td class="dropshadow"/>示例：css 的 dropshadow 滤镜</td></tr></table>
15    </body>
16    </html>
```

【代码解析】代码第 8、9 行设置了字号大小为 40px，加粗；dropshadow 滤镜使用颜色#999999，offx 和 offy 都是 6 像素，positive 为 true，运行结果如图 11.8 所示。

图 11.8　使用 dropshadow 滤镜示例

注意：要使用表格来嵌套文字才能使 dropshadow 滤镜对文字产生效果。除了可以对文字使用 dropshadow 滤镜外，对图片也可以添加 dropshadow 滤镜。

11.6　移动阴影滤镜（shadow）

使用固定阴影滤镜产生的阴影是实边的，其实就是原来文字本体的一个复制阴影。要使产生的阴影具有渐进的效果，就要使用移动阴影滤镜 shadow。使用该滤镜产生的阴影看起来更和谐，以下是 shadow 的通用语法：

```
filter:shadow(   color=a,
                 direction=b);
```

shadow 滤镜包含两个参数，其中的 color 值是用来设置阴影的颜色，要用十六进制颜色表示。direction 值用来设定投影的方向，其效果是按顺时针方向进行的。其中，0 代表垂直向上，每 45° 为一个单位，默认值是的 135° 。direction 的取值范围是 0 到 315° 。

【示例 11.9】 对文字应用 shadow 滤镜。设置 color 为#999999，direction 为 135° ，代码如下。

```
---------------------------------文件名：shadow.html--------------------------------------
01    <!DOCTYPE html PUBLIC "-//W3C//DTD XHTML 1.0 Transitional//EN"
02    "http://www.w3.org/TR/xhtml1/DTD/xhtml1-transitional.dtd">
03    <html xmlns="http://www.w3.org/1999/xhtml">
04    <head>
05    <meta http-equiv="Content-Type" content="text/html; charset=utf-8" />
```

```
06    <title>shadow</title>
07    <style type="text/css">
08    .shadow{ font-size:30px; font-weight:bold; filter:shadow(color:# 999999,direction=135);}
09    /*移动阴影滤镜，颜色设置为灰色，方向设置为 135° */
10    </style>
11    </head>
12
13    <body>
14    <table><tr><td class="shadow"/>示例：css 的 shadow 滤镜</td></tr></table>
15    </body>
16    </html>
```

【代码解析】代码第 8 行设置了 shadow 样式，字号大小为 30px，加粗；设置了移动阴影滤镜 shadow，阴影颜色为#999999，135° 的方向投影，运行结果如图 11.9 所示。

图 11.9　使用 shadow 滤镜示例

对比图 11.8 和图 11.9 可以看出，shadow 滤镜产生的阴影效果会产生渐进效果，比较和谐。

11.7　光晕滤镜（glow）

为了让网页中的文字或图片有环绕或光晕的效果，我们常常使用光晕滤镜 glow，其语法如下：

```
filter:glow(   color=a,
               strength=b);
```

glow 滤镜包含两个参数，其中，color 值用来设置发光的颜色，要用十六进制颜色表示。参数 strength 指定发光的强度，参数值从 1 到 255，数字越大，光的效果越强，反之则弱。

【示例 11.10】 对文字应用 glow 滤镜。设置 color 为#ffff01，strength 为 6，代码如下。

```
----------------------------------------文件名：glow.html----------------------------------------
01    <!DOCTYPE html PUBLIC "-//W3C//DTD XHTML 1.0 Transitional//EN"
02    "http://www.w3.org/TR/xhtml1/DTD/xhtml1-transitional.dtd">
03    <html xmlns="http://www.w3.org/1999/xhtml">
04    <head>
05    <meta http-equiv="Content-Type" content="text/html; charset=utf-8" />
06    <title>glow</title>
07    <style type="text/css">
08    .glow{ font-size:30px; font-weight:bold; filter:glow(color:#ffff01,strength=6);}
09    /*光晕滤镜，颜色设置为黄色，强度设置为 6*/
10    </style>
```

```
11    </head>
12
13    <body>
14    <table><tr><td class="glow"/>示例：css 的 glow 滤镜</td></tr></table>
15    </body>
16    </html>
```

【代码解析】代码第 8 行设置了 glow 样式，字号大小为 30px，加粗；设置了光晕滤镜（glow），光晕颜色为黄色，发光强度为 6。如图 11.10 所示，文字外圈产生了黄色的虚边光晕。若对图片设置 glow 属性，则图片外围也会产生光晕的效果，但这一滤镜对文字使用得较多。

图 11.10　使用 glow 滤镜示例

11.8　灰度滤镜（gray）

在网页中，在特殊时期或表现特殊的主题时，需要把彩色图片变成黑白图片，这时通常使用灰度滤镜（gray）。gray 滤镜没有参数，其通用语法如下：

```
filter:gray;
```

【示例 11.11】 本例的 XHTML 文档中包含两张图片，对第一张图片应用 gray 滤镜，使原本的彩色图片变为黑白图片，代码如下。

```
------------------------------------------文件名:gray.html---------------------------------
01    <!DOCTYPE html PUBLIC "-//W3C//DTD XHTML 1.0 Transitional//EN"
02    "http://www.w3.org/TR/xhtml1/DTD/xhtml1-transitional.dtd">
03    <html xmlns="http://www.w3.org/1999/xhtml">
04    <head>
05    <meta http-equiv="Content-Type" content="text/html; charset=utf-8" />
06    <title>gray</title>
07    <style type="text/css">
08    .gray{filter:gray;}                /*给图片添加灰色滤镜*/
09    </style>
10    </head>
11    <body>
12        <img src="image.jpg"/>
13        <img src="image.jpg" class="gray"/>
14    </body>
15    </html>
```

【代码解析】代码第 8 行设置了 gray 样式，定义了灰度滤镜，运行结果如图 11.11 所示。

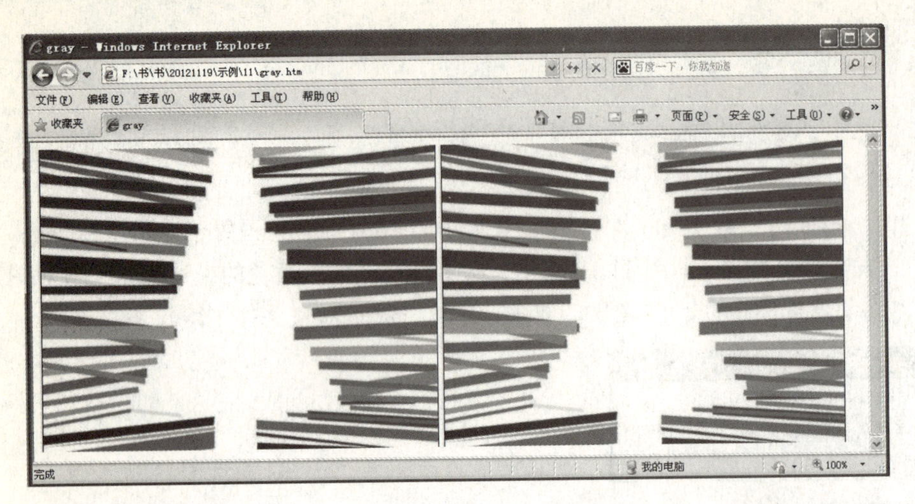

图 11.11　使用 gray 滤镜示例

说明： 如图 11.11 所示，左边为原图片，右边为使用 gray 滤镜的图片，效果是从彩色图片变成了黑白图片。

11.9　反色滤镜（invert）

反色滤镜 invert 可以把对象的可视化属性全部翻转，包括色彩、饱和度和亮度值等。当这个滤镜作用于彩色照片上时，就会产生像照片胶片一样的效果。invert 滤镜没有参数，其通用语法如下：

```
filter:invert;
```

【示例 11.12】 本例中的 XHTML 文档包含两张图片，第一张图片为原图片，第二张图片为应用 invert 滤镜后的图片，使图片产生反色的效果，代码如下。

```
-----------------------------------------文件名：invert.html-----------------------------------------
01    <!DOCTYPE html PUBLIC "-//W3C//DTD XHTML 1.0 Transitional//EN"
02    "http://www.w3.org/TR/xhtml1/DTD/xhtml1-transitional.dtd">
03    <html xmlns="http://www.w3.org/1999/xhtml">
04    <head>
05    <meta http-equiv="Content-Type" content="text/html; charset=utf-8" />
06    <title>invert</title>
07    <style type="text/css">
08    .invert{filter:invert;}        /*给图片添加反色滤镜*/
09    </style>
10    </head>
11    <body>
12        <img src="picture.jpg"/>
13        <img src="picture.jpg" class="invert"/>
14    </body>
15    </html>
```

【代码解析】代码第 8 行定义了 invert 样式，其中设置了反色滤镜 invert，效果如图 11.12

所示，左边的图片为原图片，右边的图片使用了 invert 滤镜，产生了反色的效果。应用反色后，黑色会变成白色，其他颜色会变为补色。

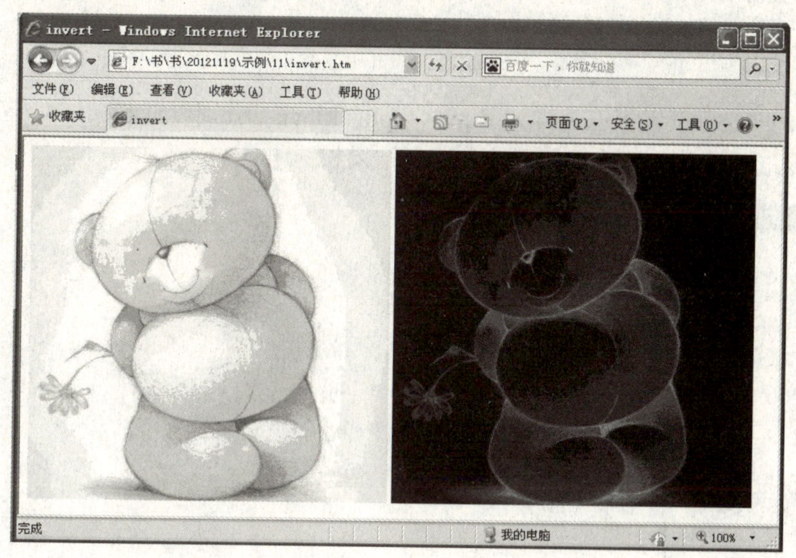

图 11.12　使用 invert 滤镜示例

11.10　镜像滤镜（flip）

当我们在网页上布置成对的图片时，在制作好一边时，就可使用翻转复制的方法，得到另一边。镜像滤镜就是用于将图片或者文字进行翻转，翻转的方向可以是水平或垂直的。镜像滤镜没有参数，其通用语法如下：

```
filter:fliph;            /*设置对象水平翻转*/
filter:flipv;            /*设置对象垂直翻转*/
filter:fliph flipv;      /*设置对象水平方向和垂直方向都翻转*/
```

【示例 11.13】 本例中的 XHTML 文档包含四张图片，第一张图片为原图片；第二张图片为水平翻转；第三张图片为垂直翻转；第四张图片为水平方向和垂直方向都翻转，代码如下。

```
-----------------------------------文件名：filter.html---------------------------------------
01    <!DOCTYPE html PUBLIC "-//W3C//DTD XHTML 1.0 Transitional//EN"
02    "http://www.w3.org/TR/xhtml1/DTD/xhtml1-transitional.dtd">
03    <html xmlns="http://www.w3.org/1999/xhtml">
04    <head>
05    <meta http-equiv="Content-Type" content="text/html; charset=utf-8" />
06    <title> filter </title>
07    <style type="text/css">
08    .flipv{filter:fliph;}              /*对象设置为水平翻转*/
09    .fliph{filter:flipv;}              /*对象设置为垂直翻转*/
10    .flipvh{filter:fliph flipv;}       /*对象在水平方向和垂直方向都设置翻转*/
11    </style>
12    </head>
13    <body>
```

```
14        <img src=" picture1.jpg"/>
15        <img src="picture1.jpg" class="flipv"/>
16        <img src=" picture1.jpg" class="fliph"/>
17        <img src=" picture1.jpg" class="flipvh"/>
18    </body>
19    </html>
```

【代码解析】代码第 8 ~ 10 行设置了三个样式 flipv、fliph、flipvh，分别设置 picture1.jpg 图片为水平翻转、垂直翻转，以及水平和垂直都翻转，运行结果如图 11.13 所示。

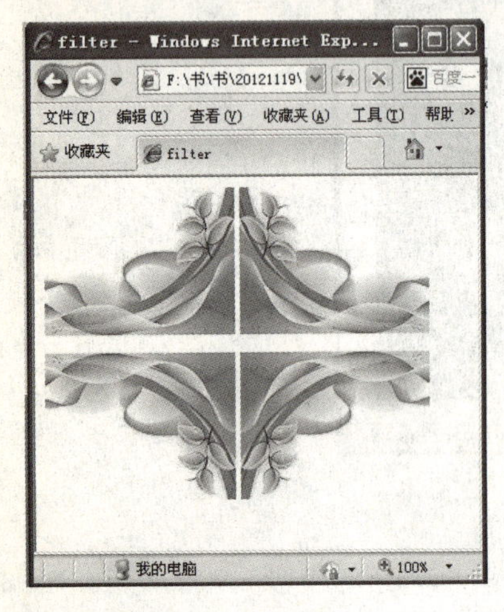

图 11.13　使用 flip 滤镜示例

11.11　遮罩滤镜（mask）

遮罩滤镜 mask 将对文档中的元素添加一个矩形遮罩。mask 滤镜使被遮罩的元素的透明部分成为实心的，实心元素成为透明的，其通用语法如下：

```
filter:mask(color=a);
```

注意：其中的 color 值用于指定遮罩的颜色，可以使用十六进制颜色格式。

【示例 11.14】 对 XHTML 文档中的文字应用 mask 滤镜，将 color 设置为红色，代码如下。

```
----------------------------------------文件名:mask.html----------------------------------------
01    <!DOCTYPE html PUBLIC "-//W3C//DTD XHTML 1.0 Transitional//EN"
02    "http://www.w3.org/TR/xhtml1/DTD/xhtml1-transitional.dtd">
03    <html xmlns="http://www.w3.org/1999/xhtml">
04    <head>
05    <meta http-equiv="Content-Type" content="text/html; charset=utf-8" />
06    <title>mask</title>
07    <style type="text/css">
08    .mask{filter:mask(color=#ff0000); font-size:40px; font-weight:bold}
      /*遮罩滤镜，遮罩颜色设置为红色*/
09    </style>
```

```
10    </head>
11    <body>
12    <table><tr><td class="mask">示例：css 的 mask 滤镜</td></tr></table>
13    </body>
14    </html>
```

【代码解析】代码第 8 行定义样式 mask，设置遮罩滤镜 mask 为红色，字号大小为 40px，加粗，运行结果如图 11.14 所示，文字本身为实心不透明，文字所在的单元格的背景是透明的。在使用 mask 滤镜后，文字所在的单元格背景变为红色，文字变为透明的。

图 11.14　使用 mask 滤镜示例

11.12　x 射线滤镜（x-ray）

大家都看过 x 光片，其轮廓特别明亮，CSS 滤镜中就有一个 x 射线滤镜，它也能让对象反映出它的轮廓，并把这些轮廓加亮，就像照 x 光片一样。该滤镜没有参数，其通用语法如下：

```
filter:xray;
```

【示例 11.15】 本例中的 XHTML 文档有两张图片，第一张为原图片，第二张图片为应用 x-ray 滤镜后的，代码如下。

```
-----------------------------------文件名：xray.html-------------------------------------------
01    <!DOCTYPE html PUBLIC "-//W3C//DTD XHTML 1.0 Transitional//EN"
02    "http://www.w3.org/TR/xhtml1/DTD/xhtml1-transitional.dtd">
03    <html xmlns="http://www.w3.org/1999/xhtml">
04    <head>
05    <meta http-equiv="Content-Type" content="text/html; charset=utf-8" />
06    <title>xray</title>
07    <style type="text/css">
08    .xray{filter:xray;}          /*给图片添加 x 射线滤镜*/
09    </style>
10    </head>
11    <body>
12        <img src=" xray.jpg"/>
13        <img src=" xray.jpg" class="xray"/>
14    </body>
15    </html>
```

【代码解析】代码第 8 行定义了 x 射线的样式，在代码第 13 行通过类选择符引用它，运行结果如图 11.15 所示，左边的图片为原图片，右边的图片为应用 x-ray 滤镜后的效果。应用 x-ray

滤镜后的图片就像照了 x 光一样，显示出图片中物体的轮廓。

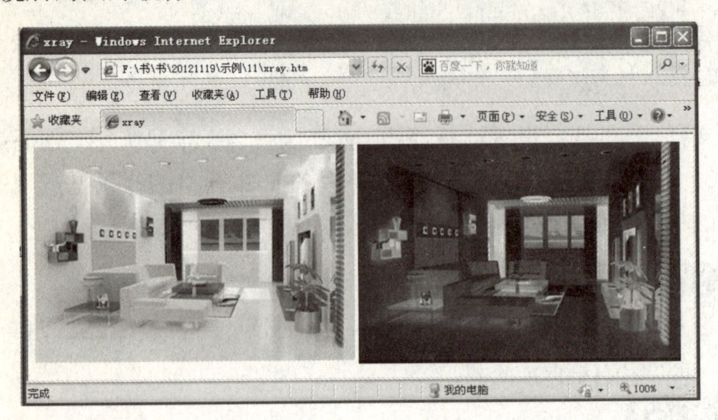

图 11.15 使用 x-ray 滤镜示例

11.13 波纹滤镜（wave）

我们在制作图片效果时，有时希望物体有扭动的动感，这就会使用到波纹滤镜。波纹滤镜 wave 能让元素在垂直方向产生波纹状的变形，其通用语法如下：

```
filter:wave(  add=a,
              freq=b,
              lightstrength=c,
              phase=d,
              strength=e)
```

其中，参数 add 用于设置是否显示原对象，取 0 值（false）表示不显示，取非 0 值（true）表示要显示原对象。参数 freq 用于设置波动的个数，通过该值来指定一个对象要产生多少个完整的波纹形状。参数 lightstrength 用于设置对波浪的光照强度，取值范围从 0 到 100，数值越大，表示光照越强。

说明：参数 phase 用于设置波浪的起始相角，取值范围是 0 到 100 的百分数值。参数 strength 用于代表波的振幅大小，取值为自然数。

【示例 11.16】 本例中的 XHTML 文档有两张图片，第一张为原图片，对第二张图片应用 wave 滤镜。设置 freq 参数值为 5，则图片上会产生 5 个完整的波纹，代码如下。

```
-------------------------------------文件名:wave.html-------------------------------------
01    <!DOCTYPE html PUBLIC "-//W3C//DTD XHTML 1.0 Transitional//EN"
02    "http://www.w3.org/TR/xhtml1/DTD/xhtml1-transitional.dtd">
03    <html xmlns="http://www.w3.org/1999/xhtml">
04    <head>
05    <meta http-equiv="Content-Type" content="text/html; charset=utf-8" />
06    <title>wave</title>
07    <style type="text/css">
08    .wave{filter:wave(add=0, freq=5,lightstrength=20, phase=30, strength=6);}
```

```
09    /*设置波纹滤镜，添加 5 个波纹，光照强度为 20，相角为 30，波幅大小为 6*/
10    </style>
11    </head>
12    <body>
13    <img src="image.jpg"/>
14    <img src="image.jpg" class="wave"/>
15    </body>
16    </html>
```

【代码解析】代码第 8 行定义了 wave 样式，设置了波纹滤镜，不显示原图，5 个波纹，光照强度为 20，相角为 30，波幅大小为 6；代码第 14 行引用了 wave 样式。运行结果如图 11.16 所示，左边的图片为原图片，右边的图片为应用了 wave 滤镜的，应用 wave 滤镜后的图片上产生了波浪形状。

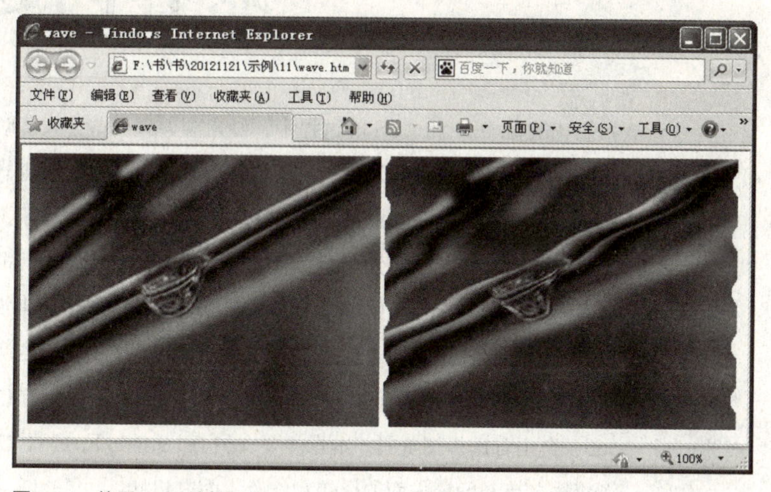

图 11.16　使用 wave 滤镜示例

11.14　小结

本章讲解了 CSS 滤镜的用法。CSS 滤镜只有在 IE 浏览器中才能生效，大部分滤镜能应用到文字和图片中，重点是在应用滤镜时要区分不同滤镜的效果，难点是对滤镜的各个参数的理解和运用。下一章将分析和总结 CSS 的展现效果在不同浏览器中的兼容问题。

第 12 章　浏览器兼容问题

我们在编写 DIV 和 CSS 的过程中，经常会遇到一些让人费解的问题，例如，一些功能效果，虽然语法正确，但是有些浏览器却显示不出来；或者一些框架布局在一些浏览器中能正常显示，而在另一些浏览器中就乱作一团。有关这些问题，对资深的网页设计者来说，可能很容易解决，但是对于经验欠缺的初学者来说，可能就不知所措了。其实这是浏览器的兼容问题。世界上的两大主流浏览器为 IE 浏览器和 Firefox 浏览器，目前在国内还有 QQ、360、金山毒霸等浏览器。本章主要介绍 IE 6.0 与 Firefox 17.0 浏览器在兼容问题方面的比较和修改，内容包括：

- 常用浏览器的介绍
- 浏览器的兼容原则
- CSS 不兼容的情况分析和解决

12.1 浏览器的种类及其兼容原则

目前市面上用于浏览网页的浏览器有很多，国外主要有 IE、Firefox、Opera 等网页浏览器；在国内，各大软件厂商也推出自己的网页浏览器，如金山公司的猎豹浏览器、360 的安全浏览器和腾讯的 QQ 浏览器等。下面分别进行简单介绍。

1．浏览器的种类

（1）IE 浏览器

IE 的全称是 Internet Explorer，是微软公司发布的免费浏览器。由于直接绑定在 Windows 操作系统之中，所以无须下载安装。由于发布的先后不同，有 IE 4.0、IE 5.0、IE 5.5、IE 6.0 等很多版本。目前最新的版本是 IE 8.0。同时，还有很多和 IE 浏览器具有相同内核的变体浏览器，例如，遨游、TT 等。

（2）Firefox 浏览器

Firefox 浏览器现在又称为火狐浏览器，是 Mozilla 基金会与众多志愿者开发的，目前有很多使用者。

（3）QQ 浏览器

QQ 浏览器是腾讯比较重视的产品之一，它使用极速（WebKit）和普通（IE）双内核引擎，设计了全新的界面交互及程序框架，支持透明效果，强大的皮肤引擎带来完美的视觉和使用体验。其目的是为用户打造一款快速、稳定、安全、网络化的优质浏览器。

（4）Opera 浏览器

Opera 浏览器是由 Opera Software ASA 出品的一款网络浏览器，同时支持 Windows、移动电话等很多平台，也支持中文、英文等很多语言。

2．浏览器兼容应遵循的原则

关于页面要兼容哪些浏览器，主要遵循以下几个原则。

（1）使用者的需要

这里所说的使用者，并不是指浏览网页的用户，而是指需要制作网站的站点拥有者。因为每个网站的设计目的不同，需要使用的技术和需要注意的问题也有所区别。如果网站的设计目的只是针对特定的用户群体，那么兼容问题也就有了相应的针对性。

（2）最多数原则

制作网页的目的大多都是为了使信息能够被更多的浏览者浏览。所以怎样使更多的人能够正常浏览网站，是兼容问题的大原则。

据 2012 年 5 月公布的浏览器使用率，IE 浏览器占有 53.6%的使用率，Firefox 浏览器占有 19.6%的使用率，排名第三的是苹果机（Mac）上用的 Safari，占有 4.59%的使用率。其他浏览器，例如，Opera 仍在 1.5%以下。从以上的分析可以看到，对于一般的网站，只要兼容 IE 浏览器和 Firefox 浏览器，将能够满足绝大多数浏览者的需要。

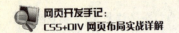

12.2 解决兼容问题的原理

对于兼容性问题的解决，我们在整体上遵循使用“CSS hack”和“尽量使用兼容属性”两个原则。这两个原则在解决兼容问题时要一起考虑，不能简单地孤立使用。

1．使用 CSS hack

使用 CSS hack 的意思是，使用只有某个浏览器才能识别的单独代码，实现对浏览器的显示效果进行单独控制。举个例子来说，有两个人，一个人懂中文和英文，另一个懂中文和法文。对于某个中文句子，当两个人理解有分歧的时候，就可以用英文告诉第一个人，然后用法文告诉另一个人，这样就可以保持对句子意思理解的一致性。

与此类似，CSS hack 就是这样的代码，即只有指定的浏览器才能识别，这样就可以方便地解决浏览器对样式理解不一致的问题。

2．尽量使用兼容属性

因为并不是所有的 CSS 属性都存在兼容的问题，所以，如果使用在所有的浏览器中都一致的属性，那么兼容的问题也就不存在了。

但是如果要实现这样的兼容，要考虑的因素会更多。因为每增加一种要兼容的浏览器，就会有一部分 CSS 属性的使用受到限制。也就是说，兼容的浏览器越多，能够使用的 CSS 属性就越少。使用 CSS hack 也存在类似的问题，兼容的浏览器越多，使用的 CSS hack 代码就越多。

下面介绍浏览器兼容的几个典型示例，通过例子的学习，相信大家对浏览器兼容问题的处理能力会有很大提高。

> **注意：** 以下介绍的所有兼容问题，均是 IE 6.0 和 Firefox 17.0 之间的兼容问题。关于 IE 的其他版本，将在后面的章节中介绍。

12.3 !important 的使用

如果我们设计的 CSS 声明根据浏览器能做出选择，就能有效地解决兼容问题。CSS 声明!important 的主要作用就是用来兼容 IE 6.0 和 Firefox 17.0 浏览器的。

使用!important 的属性后，将具有较高的优先权。也就是说，会被优先使用。

IE 6.0 不支持这个声明，Firefox 浏览器支持这个声明。!important 声明一般写在定义的属性值之后，结束符“;”之前，其语法结构如下。

```
属性:属性值 !important;
```

【示例 12.1】 下面是一个使用!important 的示例，其代码如下。

```
----------------------------------文件名：important1.html----------------------------------
01    <!DOCTYPE html PUBLIC ".//W3C//DTD XHTML 1.0 Transitional//EN"
02    "http://www.w3.org/TR/xhtml1/DTD/xhtml1.transitional.dtd">
03    <html xmlns="http://www.w3.org/1999/xhtml">
```

```
04      <head>
05          <title>important1</title>
06          <style type="text/css">
07         .content{
08         background:#006601 !important;          /*优先声明!important*/
09         background:#003301;
10         width:300px;
11         height:50px;}
12          </style>
13      </head>
14      <body>
15         <div class = content></div>
16      </body>
17      </html>
```

【代码解析】代码第 8 行设置了!important，在 Firefox 17.0 中就会优先使用背景色#006601。该样式定义了 content 的背景色为浅绿色，同时为其声明了优先级。然后，定义背景色为深绿色，没有声明优先级。该样式应用于网页后，在 IE 6.0 中的显示效果如图 12.1 所示。

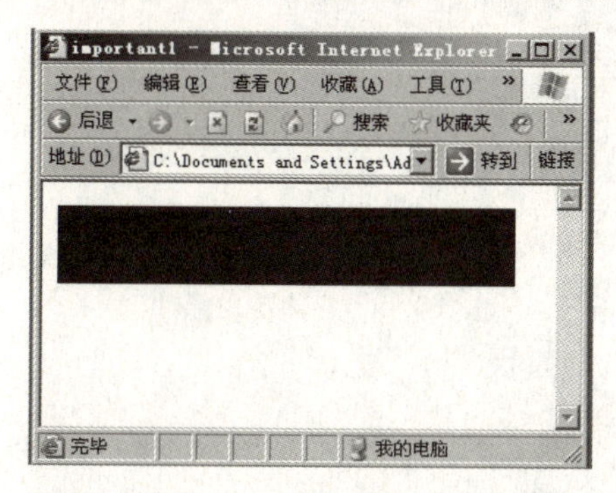

图 12.1　使用!important 声明在 IE 6.0 中的显示效果

在 Firefox 17.0 浏览器中的显示效果如图 12.2 所示。

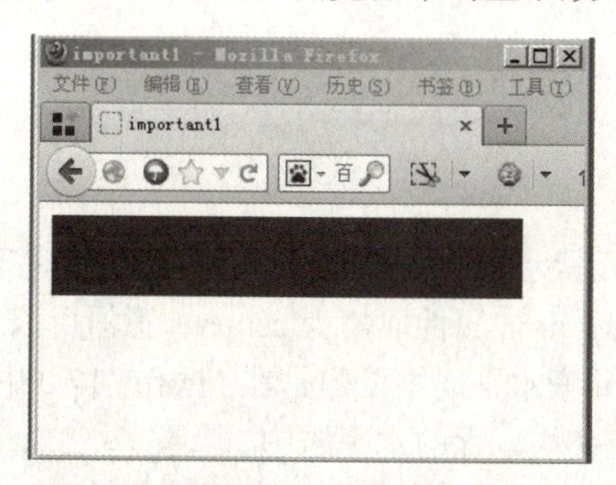

图 12.2　使用!important 声明在 Firefox 17.0 浏览器中的显示效果

从图 12.1 和图 12.2 可以看出，由于在 IE 6.0 中，不支持!important 的声明，所以使用的背景色为深绿色。Firefox 17.0 浏览器可以支持这个属性，所以使用了优先级比较高的属性，背景色为浅绿色。

注意： 在 IE 6.0 中虽然不支持!important 的声明，但是 IE 6.0 并没有忽略掉这个属性值的定义。也就是说，背景色为#006600 这个定义是有效的。根据 CSS 的规则，同时给一个元素定义了相同的属性，最终使用的将是最后定义的属性值。所以，此时在 IE 6.0 中，使用了最后定义的#003301 值。

为了更好地理解这个声明的使用，现更改以上 CSS 样式为如下形式。

```
-------------------------------------------文件名：important2.html--------------------------.
01    .content{
02      background:# 003301;
03      background:# 006601 !important;             /*important 强调优先*/
04      width:300px;
05      height:50px;}
```

【代码解析】以上代码是第 2 行的颜色属性值与第 3 行的颜色属性值进行了变换。该样式应用于网页，在 IE 6.0 中的显示效果如图 12.3 所示。

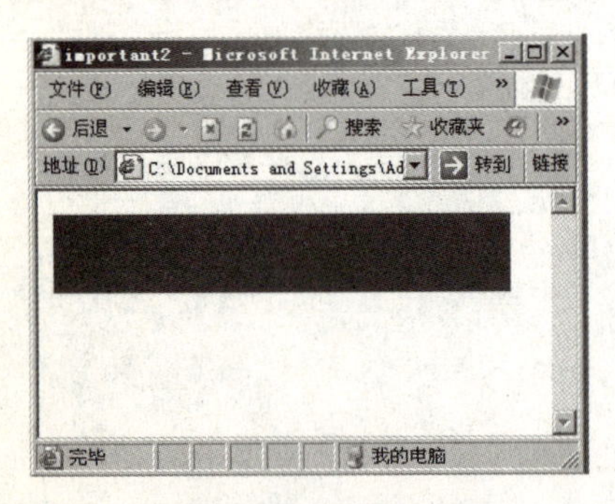

图 12.3　交换属性顺序后的显示效果

从图 12.3 可以看出，使用了!important 提高优先级的属性，在 IE 6.0 中依然是可以识别的，只不过是!important 声明没有起作用。

12.4　水平居中的问题

现在我们来对比在 IE 浏览器与 Firefox 浏览器中，元素水平居中的差异。在 CSS 中，控制水平居中的属性是 text-align 属性。在 IE 6.0 中，使用 text-align 属性取值为 center，不但可以使元素中的文本水平居中，同时也可以使元素内嵌套的块元素水平居中。但是在 Firefox 17.0 中，却只能使文本内容居中。所以，要使用 margin 属性来定义块元素的水平居中。

12.4.1　IE 6.0 中的水平居中

【示例 12.2】 下面是在 IE 6.0 中使用 text-align 属性的示例，其代码如下。

```
-------------------------------------文件名：text-align.html--------------------------------.
01    <!DOCTYPE html PUBLIC ".//W3C//DTD XHTML 1.0 Transitional//EN"
02    "http://www.w3.org/TR/xhtml1/DTD/xhtml1.transitional.dtd">
03    <html xmlns="http://www.w3.org/1999/xhtml">
```

```
04    <head>
05        <title>text-align</title>
06            <style type="text/css">
07    .content{
08       text-align:center;
09       width:350px;
10       padding:30px;                         /*四边各补白 30 像素*/
11       border:1px solid #006601;}        /*定义父元素的背景用来显示子元素的位置*/
12    .innercontent{
13       text-align:center;
14       width:300px;
15       padding:30px;
16       background:#CCCCCC;}
17        </style>
18    </head>
19    <body>
20    <div class="content">
21    <div class="innercontent">示例：一个包含元素</div></div>
22    </body>
23       </html>
```

【代码解析】代码第 8 行属性 text-align 设置为 center；代码第 20、21 行定义了一个 DIV 二级嵌套，同时在二层 DIV 下还设置了文本信息。该样式应用于网页，在 IE 6.0 中的显示效果如图 12.4 所示。

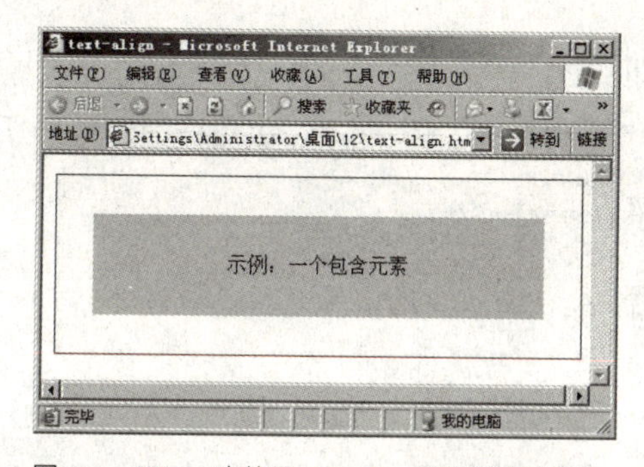

图 12.4　IE 6.0 中使用 text-align 属性的水平居中

12.4.2　Firefox 17.0 中的水平居中

同样是以上的代码，在 Firefox 17.0 中的显示效果如图 12.5 所示。

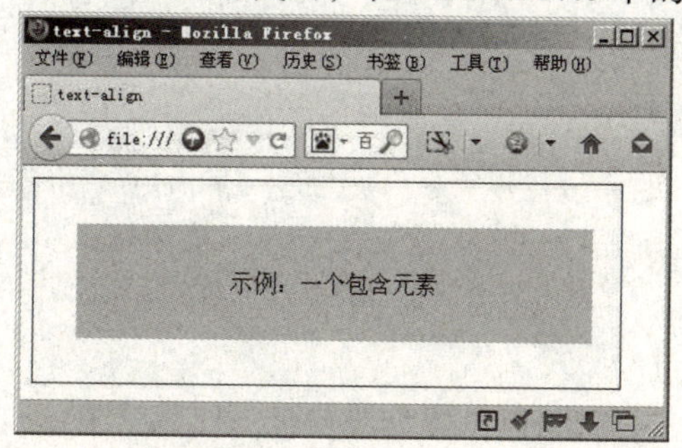

图 12.5　在 Firefox 17.0 中使用 text-align 属性的水平居中

从图 12.4 和图 12.5 可以看出，在处理文本等内联元素时，两个浏览器对 text-align 属性的解释是相同的，但是在处理块元素时却存在差异。

12.4.3 解决方法

解决的办法是，使用子元素 margin 属性的左右边界取值为 auto。

说明： margin 元素取值为 auto 的情况，在 IE 6.0 和 Firefox 17.0 中的解释方式是一致的。也就是说，只要兼容这两个浏览器，只需要使用 margin 属性的 auto 值就可以。

12.5 列表的默认显示问题

列表在网页中使用得很普遍，但列表对不同的浏览器也有兼容问题，以下以浮动为例来说明。列表及其中的浮动问题是指，ul 和 li 列表在 IE 6.0 和 Firefox 17.0 中默认的显示方式是不同的，同时，当采用浮动属性后，IE 6.0 中对此的解释也不同于其他浏览器的浮动解释。下面详细介绍关于此问题显示的效果和解决的方法。

12.5.1 列表的默认显示方式

【示例 12.3】 列表的默认显示方式的示例代码如下。

```
-----------------------------------文件名：列表的默认显示.html-----------------------------------
01    <!DOCTYPE html PUBLIC ".//W3C//DTD XHTML 1.0 Transitional//EN"
02    "http://www.w3.org/TR/xhtml1/DTD/xhtml1.transitional.dtd">
03    <html xmlns="http://www.w3.org/1999/xhtml">
04    <head>
05       <title>text-align</title>
06          <style type="text/css">
07    .content{
08       width:300px;
09       background:#cccccc;}                          /*设置背景颜色为灰色*/
10    ul{
11       background:#666666;                           /*设置背景颜色为黑色*/
12       color:#ffffff;}
13        </style>
14    </head>
15    <body>
16    <div class="content">
17         <ul>
18            <li>网页设计 1 网页设计网页设计网页设计网页设计 1 </li>
19            <li>列表内容 2</li>
20            <li>列表内容 4</li></ul></div>
21
22    </body>
23    </html>
```

【代码解析】代码第 7～9 行定义了 content 样式，背景色设置为浅灰色；代码第 10～12 行为列表定义了样式，设置列表背景为浅黑色，字体为白色；代码第 17 ~ 20 行定义了列表。该样式中，为了区分列表与其父元素，分别给它们定义了不同的背景。该样式应用于网页后，在 IE 6.0 中的效果如图 12.6 所示。

在 Firefox 17.0 中的效果如图 12.7 所示。

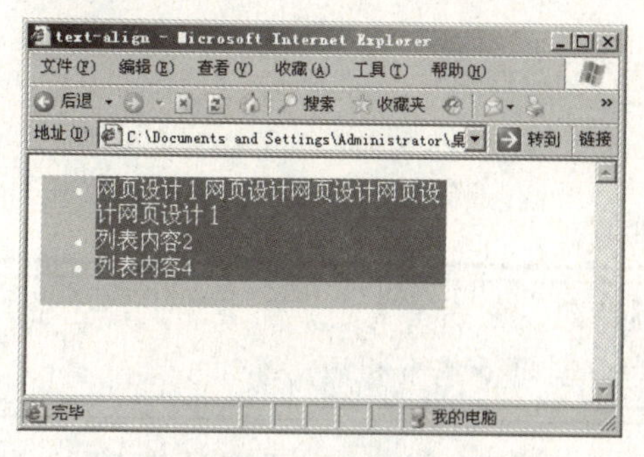

图 12.6　列表元素在 IE 6.0 中默认的显示方式

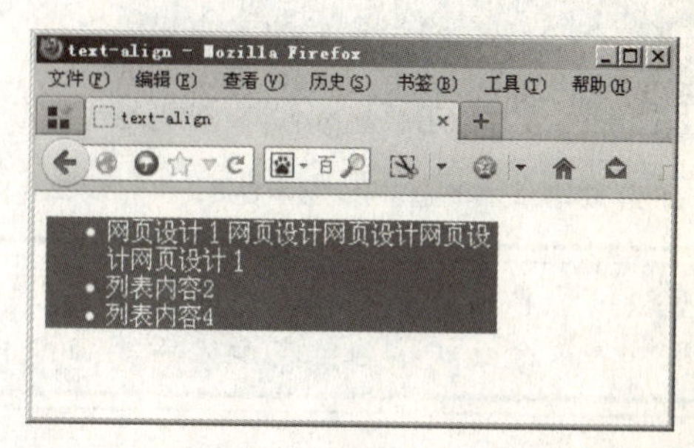

图 12.7　列表元素在 Firefox 17.0 中默认的显示方式

注意： 图 12.7 是在 Firefox 17.0 浏览器中的显示效果，父元素没有定义任何边框和补白时，对子元素边界的显示是有影响的。

所以，在 content 类中增加代码如下。

```
border:#cccccc 1px solid;
```

此时在 Firefox 17.0 浏览器中的效果如图 12.8 所示。

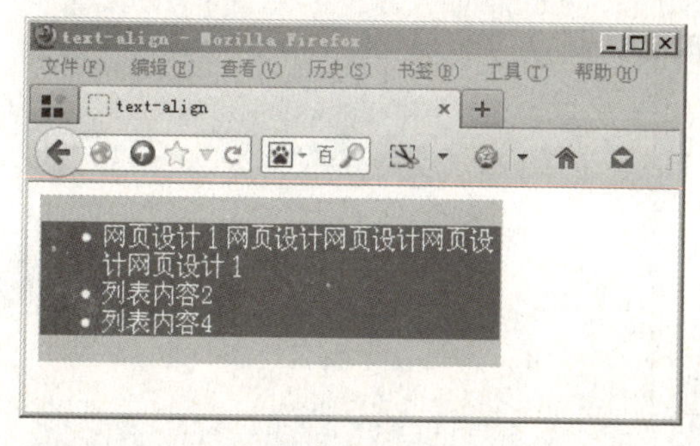

图 12.8　父元素中增加了边框属性后在 Firefox 17.0 中的效果

从图 12.6 和图 12.8 可以看出，列表元素在两个浏览器中默认的补白和边界属性解释并不相同。在 IE 6.0 中，列表在左边界和下边界，并含有补白，同时项目符号显示在 ul 之外。

在 Firefox 17.0 中，列表含有上边界和下边界，同时含有上侧和下侧的补白属性，项目符号处于 ul 元素的内部。从以上分析可以知道，两个浏览器中存在的差异比较复杂。为了显示一致的效果，就要对默认显示方式进行清除。

12.5.2　默认属性的取消

取消默认的显示方式其实很简单，就是声明 margin 和 padding 的值均为 0，覆盖原来默认的属性。所以，为 ul 元素定义的样式中，添加新的样式代码如下。

```
margin:0;
padding:0;
```

此时在两个浏览器中显示了相同的效果，如图 12.9 所示。

网页设计 1 网页设计网页设计网页设计网
页设计 1
列表内容2
列表内容4

图 12.9　取消默认属性值之后的显示效果

> **注意：** 取消默认值之后，从表面上看，列表的项目符号虽然消失了，但实际上是存在的，而且在两个浏览器中没有出现项目符号的原因也不完全相同。

在 Firefox 17.0 中，是因为列表中定义了文本的颜色为白色，与 body 的背景色相同，造成了项目符号不可见。现在更改 ul 的样式为如下形式。

```
01    ul{
02       margin:0;
03       padding:0;
04       background:#eeeeee;
05       color:#333333;}
```

【代码解析】 代码第 5 行改变了字体颜色为黑色，以显示列表符号。此时在 Firefox 17.0 中的显示效果如图 12.10 所示。

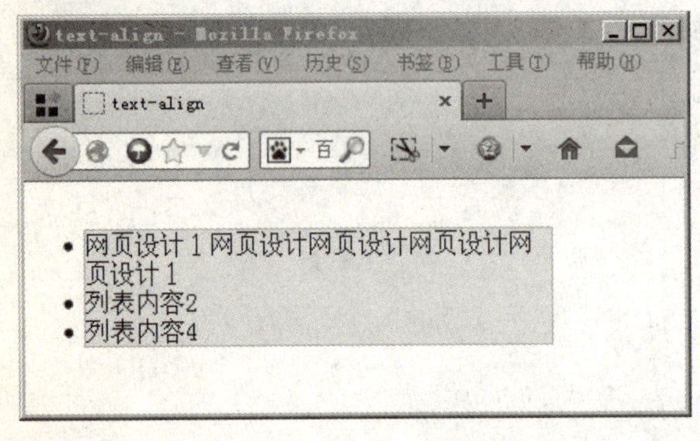

图 12.10　更改前景色后项目符号在 Firefox 17.0 中的显示效果

在 IE 6.0 中的显示效果如图 12.11 所示。其中的项目符号之所以不可见，是因为它们以负边界的形式被移出 ul 元素之外。一旦在 li 元素中定义了合适的 margin-left 值，项目符号就会重新出现。在以上样式中增加如下代码。

```
li{
  margin-left:20px;}
```

此时在 IE 6.0 和 Firefox 17.0 中显示出一致的效果，如图 12.12 所示。

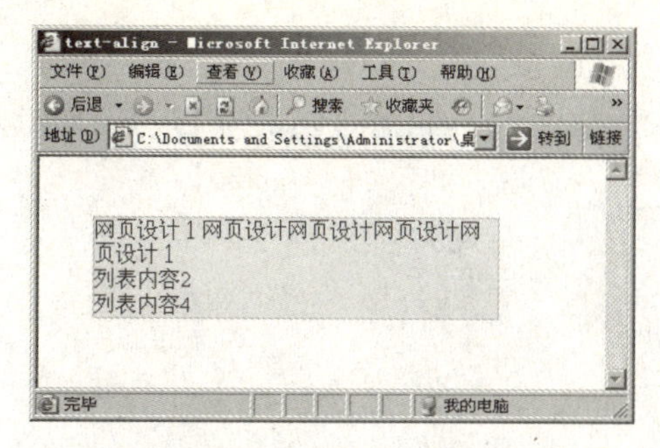

图 12.11　更改前景色后在 IE 6.0 中的显示效果

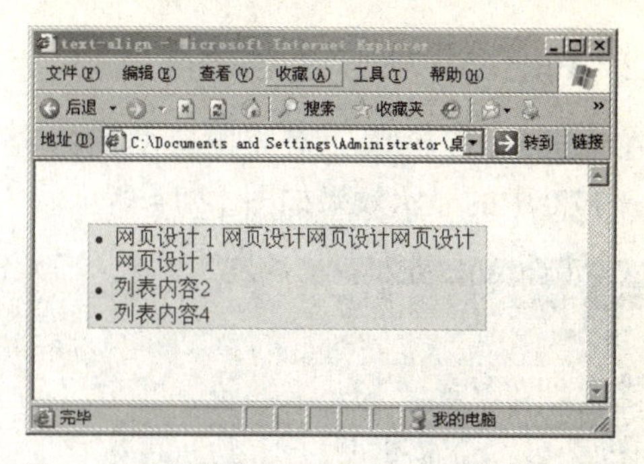

图 12.12　定义 li 的 margin.left 属性后的显示效果

所以，如果想在 IE 6.0 和 Firefox 17.0 中使列表完全显示出一致的效果，最好再增加一句取消 li 的项目符号的属性，最终定义的取消样式代码如下。

```
ul{
  margin:0;
  padding:0;}
li{
  list-style:none;}                 <!--列表取消行标记-->
```

12.6　非浮动内容和容器的问题

容器承载信息的方式在各个浏览器中是不同的，因此，经常引起不同的浏览器在浏览同一网页时，布局不一致，甚至混乱，为了达到一个兼容的统一效果，网页设计师通常要费一些工夫。例如，在 IE 6.0 中，默认的方式是当内容增加时，容器的高度会随之增加。而在 Firefox 17.0 中，当容器没有定义足够的高度，或者定义高度值为 auto 时，才能实现这种效果。通常情况下，IE 6.0 中的显示效果才是页面所希望的。

12.6.1　IE 6.0 中固定宽度和高度的容器和内容

在 IE 6.0 中，即使固定容器的宽度和高度，当内容大于容器的高度时，容器的高度也会发生改变来适应内容，显示效果如图 12.13 所示。

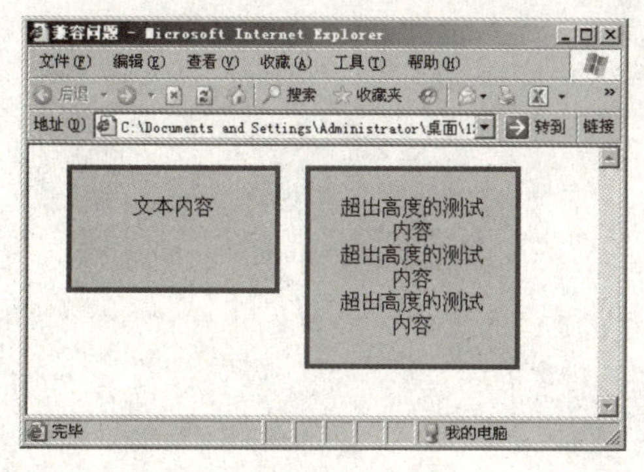

图 12.13　IE 6.0 中的容器与内容

12.6.2 Firefox 17.0 中的容器与内容

在 Firefox 17.0 中，对超出容器的内容，既不裁剪内容，同时也不改变容器。所以在 Firefox 17.0 中的显示效果如图 12.14 所示。

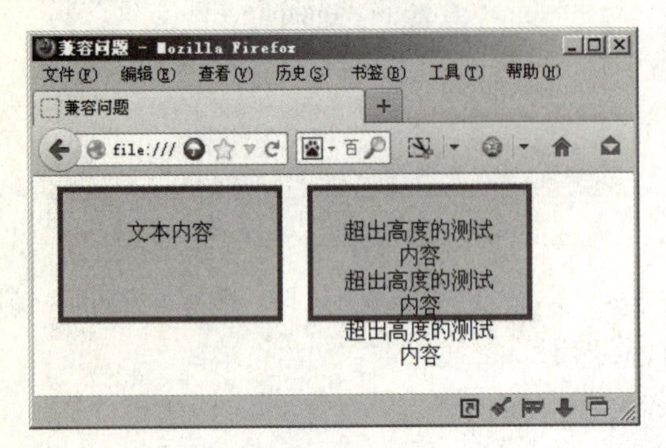

图 12.14 Firefox 17.0 中的容器与内容

12.6.3 超出容器的内容可能出现的问题和解决方法

超出容器的内容可能出现的问题有两方面，一方面是，此时为元素定义的 padding 属性中，padding-bottom 值将不起作用（无法使内容与下边界分开一段距离）。另一方面是，当制作成动态网页（即容器的内容多少为未知）时，页面可能无法正常显示。

若要使 Firefox 17.0 和 IE 6.0 显示相同的效果，可以通过 min-height 属性来实现。

【示例 12.4】 一个使用 min-height 属性的示例代码如下。

```
--------------------------------------文件名：min-height.html--------------------------------
01    <!DOCTYPE html PUBLIC ".//W3C//DTD XHTML 1.0 Transitional//EN"
02    "http://www.w3.org/TR/xhtml1/DTD/xhtml1.transitional.dtd">
03    <html xmlns="http://www.w3.org/1999/xhtml">
04    <head>
05        <title>text-align</title>
06            <style type="text/css">
07    .content{
08       min-height:50px;      /*最小高度为 50 像素*/
09       width:120px;
10       float:left;
11       margin:0 10px;
12       text-align:center;      /*文本居中*/
13       padding:20px;       /*四边补白 20 像素*/
14       border:4px solid red;
15       background:#666666;
16       color:#ffffff;}
17        </style>
18    </head>
19    <body>
20    <div class="content">文本内容</div>
21    <div class="content">超出高度的测试内容<br />超出高度的测试内容<br />超出高度的测试内容</div>
22    </body>
23    </html>
```

【代码解析】为了对比方便，代码第 7 ~ 16 行为 div 层定义了方框的样式，其中代码第 8 行定义 div 层的最小高度为 50 像素；代码第 14 行定义 div 层的边框为 4 像素的红色实线框。

该样式应用于网页后，在 Firefox 17.0 中的显示效果如图 12.15 所示。

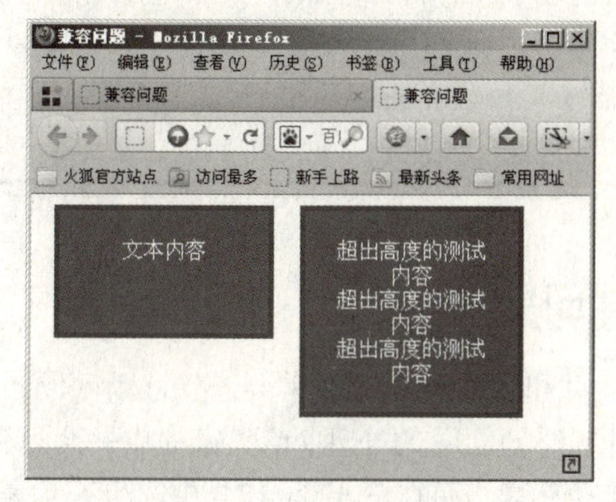

图 12.15　在 Firefox 17.0 中使用 min-height 属性后的效果

从图 12.15 可以看出，使用 min-height 属性后，容器定义的 padding 属性值可以起作用了，同时，背景也可以适应内容的高度变化。但是遗憾的一点是，IE 6.0 中不支持 min-height 属性，所以，以上样式在 IE 6.0 中的显示效果如图 12.16 所示。

也就是说，现在没有办法单独使用 min-height 属性来实现兼容。在 IE 6.0 中，不支持 min-height 属性，那么在 IE 6.0 中，可以使用 height 属性定义的高度。如果在 Firefox 17.0 中，只使用 min-height 属性，而不使用 height 属性，就可以解决问题。但是事实上并非如此，在 IE 6.0 中，可以实现忽略 min-height 属性。但是在 Firefox 17.0 中，却不会忽略 height 属性。所以在 Firefox 17.0 中，元素依然用固定高度为 50 像素。

根据以上分析可知，如果在 Firefox 17.0 中，能够指定高度值为 auto，就可以解决这个高度问题。根据解决兼容的原理，此时需要使用 hack 来实现兼容。利用!important 声明可以解决这个问题，其代码如下。

```
01    .content{
02      min-height:50px;             /*最小高度为 50 像素*/
03      height:auto !important;
04      height:50px;}
```

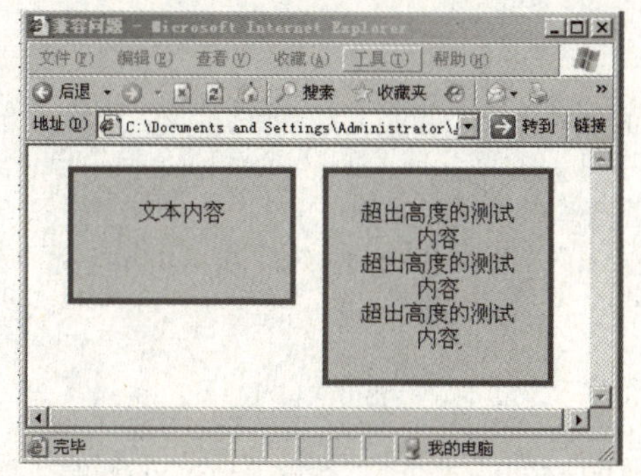

图 12.16　在 IE 6.0 中使用 min-height 属性后的效果

说明： 在该样式中，忽略了其他宽度、背景等属性。从代码中可以看出，在 IE 6.0 中，由于不能识别 min-height 属性，同时不支持!important 声明，所以最后页面使用的属性是 height:50px 属性，最终的固定高度为 50 像素。在 Firefox 17.0 中，由于支持 min-height 属性，同时支持!important 声明，所以在 Firefox 17.0 中，最终使用的 min-height 属性的属性值为 50 像素，同时应用 height:auto，令高度为默认值。此时，两个浏览器中页面的显示效果相同。

12.7 使用:after 伪类解决浮动的问题

由于经验和知识面的局限，网页设计师在设计网页和布局页面时经常会遇到浮动问题，特别是浏览器的浮动兼容问题。本节通过一个例子来讲解浮动问题的处理，给大家提供一个思路。在 IE 6.0 中，默认的方式是容器高度适应其内部的浮动元素。而在 Firefox 17.0 中，浮动元素并不影响其父元素的高度和宽度。

12.7.1 IE 6.0 中的浮动元素和容器

【示例 12.5】 在 IE 6.0 中，容器中含有浮动元素的示例代码如下。

```
-----------------------------------文件名：浮动元素.html-----------------------------------
01    <!DOCTYPE html PUBLIC ".//W3C//DTD XHTML 1.0 Transitional//EN"
02    "http://www.w3.org/TR/xhtml1/DTD/xhtml1.transitional.dtd">
03    <html xmlns="http://www.w3.org/1999/xhtml">
04    <head>
05        <title>text-align</title>
06            <style type="text/css">
07    .content{
08      width:200px;                              /*宽度 200 像素*/
09      padding:20px;                             /*四边补白 20 像素*/
10      border:4px solid #00ff99;
11      background:#cccccc;}
12    .float{
13      float:left;                               /*向左浮动*/
14      width:100px;
15      height:60px;
16      background:#66ff99;
17      border:2px solid #333333;
18      color:#ffffff;}                           /*字体颜色白色*/
19       </style>
20    </head>
21    <body>
22    <div class="content">
23    <div class="float">示例：浮动元素</div>
24    </div>
25    </body>
26    </html>
```

【代码解析】该样式在宽为 200 像素、高为默认值的容器中，含有一个宽为 100 像素、高为

60 像素的浮动元素，在 IE 6.0 中的效果如图 12.17 所示。

从图 12.17 中可以看出，在 IE 6.0 中，容器里的浮动元素（像其他内容一样）可以改变其父元素的高度。

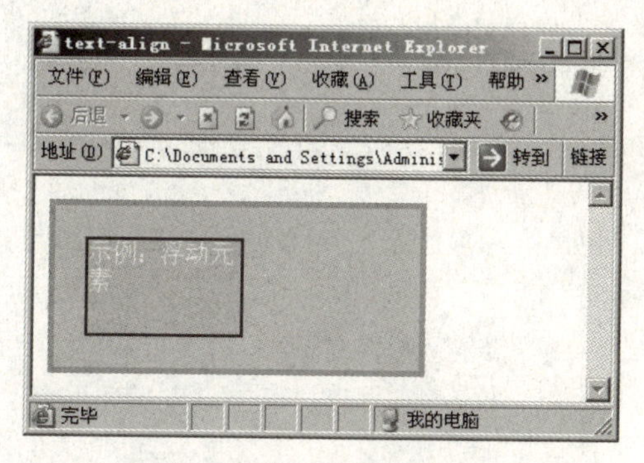

图 12.17　含有浮动元素的容器在 IE 6.0 中的效果

12.7.2　Firefox 17.0 中的浮动元素和容器

在 Firefox 17.0 中，浮动元素就像属性本身的名称一样，会浮动在其父元素之上，其效果如图 12.18 所示。

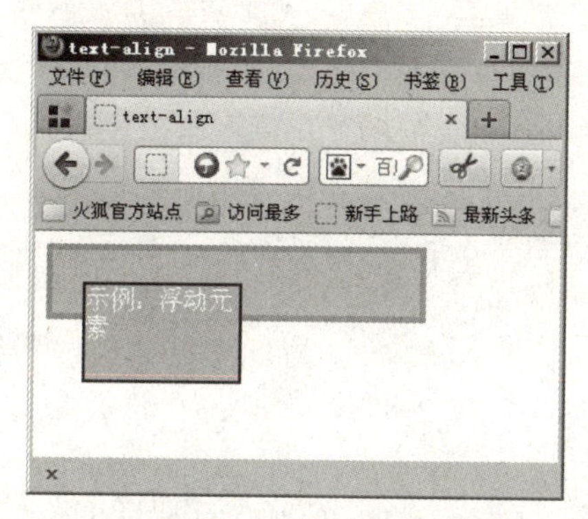

图 12.18　含有浮动元素的容器在 Firefox 17.0 中的效果

12.7.3　使用:after 伪类清除浮动

大家是否还记得前面介绍的兼容浮动元素的方法，就是添加一个元素，为它定义 clear 属性，取值为 both，即清除两边浮动。同时，这个清除浮动的元素要定在浮动元素之后。

因为这种方法会添加一个完全没有内容的附加元素。所以从结构上看，并不是最好的选择。下面介绍一种新的清除浮动的方法：使用:after 伪类清除浮动。

首先介绍:after 伪类。:after 伪类用来定义对象后发生的内容，其语法结构和:link 等伪类完全相同。一般结合 content 属性使用。content 属性是用来显示内容的属性，其语法结构如下。

```
content: after(alt) | counter(name) | counter(name, list.style.type) | counters(name, string)
| counters(name, string, list.style.type) | no.close.quote | no.open.quote | close.quote | open.quote
| string | url (url)
```

其可取的值有很多，由于 IE 尚不支持该属性，所以只介绍本示例中会用到的值。

【示例 12.6】 本例将使用的值是 string，即一段用引号括起来的字符串，其代码如下。

```
----------------------------------------文件名：after.html.----------------------------------------
01    <!DOCTYPE html PUBLIC ".//W3C//DTD XHTML 1.0 Transitional//EN"
02    "http://www.w3.org/TR/xhtml1/DTD/xhtml1.transitional.dtd">
03    <html xmlns="http://www.w3.org/1999/xhtml">
04    <head>
05        <title>after</title>
06            <style type="text/css">
07    .content:after{                                   /*after 伪类定义*/
08       content:"示例：这是 after 示例";}               /*content 引入文本内容*/
09        </style>
10    </head>
11    <body>
12    <div class="content"></div>
13    </div>
14    </body>
15    </html>
```

【代码解析】代码第 7 行定义了 content 样式，并引入 after 伪类；代码第 8 行通过 content 属性引入文本内容。该样式应用于网页后，在 Firefox 17.0 浏览器中的显示效果如图 12.19 所示。

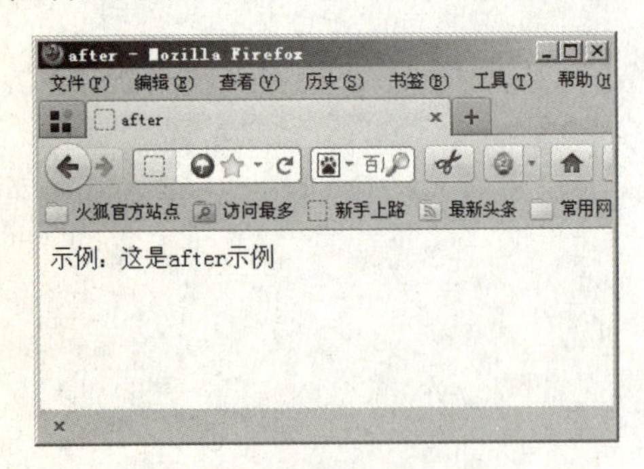

图 12.19　使用:after 伪类的示例

下面讲解使用:after 伪类清除浮动的原理。首先要明确的一点就是，清除浮动属性依然要使用 clear 属性。只不过此时要使用:after 伪类生成的内容，代替原来附加的 div。所以首要的一件事就是，使附加的内容具有块属性，否则无法达到清除浮动的效果。接下来还要在示例 12.6 中隐藏:after 伪类生成的内容，因为这部分内容是不需要显示的。根据以上分析，定义如下 CSS 样式。

```
----------------------------------------文件名：after_css.html--------------------------------.
01    <!DOCTYPE html PUBLIC ".//W3C//DTD XHTML 1.0 Transitional//EN"
02    "http://www.w3.org/TR/xhtml1/DTD/xhtml1.transitional.dtd">
03    <html xmlns="http://www.w3.org/1999/xhtml">
04    <head>
05        <title>after_css</title>
06            <style type="text/css">
07    .content:after{
08       content:"示例:这是一个 after_css 示例";
09       display:block;
10       height:0;                                      /*高速设置为 0*/
11       clear:both;
```

```
12        visibility:hidden;}                          /*不可见*/
13          </style>
14      </head>
15      <body>
16      <div class="content"></div>
17      </div>
18      </body>
19      </html>
```

【代码解析】代码第 10 行 height 属性取值为 0，目的是使新添加的内容不会影响元素的总体高度。代码第 12 行设置了 visibility，属性值为 hidden，不可见。由于 IE 6.0 并不支持:after 伪类，所以，以上代码对 IE 6.0 中的显示效果不造成影响。这样就达到了兼容的目的。

但是使用:after 伪类的兼容方法会带来一些问题，其原因并不在于方法本身。至于详细内容，读者可以自行学习了解。

12.7.4 并列浮动元素默认宽度的问题

在 Firefox 17.0 和 IE 6.0 中，两个并列的浮动元素中，当其中一个的宽度没有定义时，页面的显示效果将有所区别。

【示例 12.7】 是一个并列浮动元素缺省时的具体示例，其代码如下。

```
------------------------------文件名：并列浮动元素缺省.html--------------------------------------
01    <!DOCTYPE html PUBLIC ".//W3C//DTD XHTML 1.0 Transitional//EN"
02    "http://www.w3.org/TR/xhtml1/DTD/xhtml1.transitional.dtd">
03    <html xmlns="http://www.w3.org/1999/xhtml">
04    <head>
05        <title>并列浮动元素缺省</title>
06            <style type="text/css">
07    .float1{
08      float:left;                               /*向左浮动*/
09      height:100px;
10      width:300px;
11      background:#333334;                       /*定义背景用来区分两个元素*/
12      color:#ffffff;}
13    .float2{
14      float:left;                               /*向左浮动*/
15      background:#cccccd;}
16       </style>
17    </head>
18    <body>
19    <div class="float1">浮动元素 float1</div>
20    <div class="float2">浮动元素 float2 第二个浮动元素 float2 第二个浮动元素 float2 第二个浮动元素
      float2</div>
21    </div>
22    </body>
23    </html>
```

【代码解析】代码第 7～12 行定义了样式 float1，设置宽度为 300 像素；代码第 13～15 行定义了样式 float2，没有设置宽度。在该样式中，第二个浮动元素没有定义宽度，当其中的文本内容的宽度大于第一个浮动元素右侧的空间时，在 IE 6.0 中，文本内容会换行显示，其效果如图 12.20 所示。

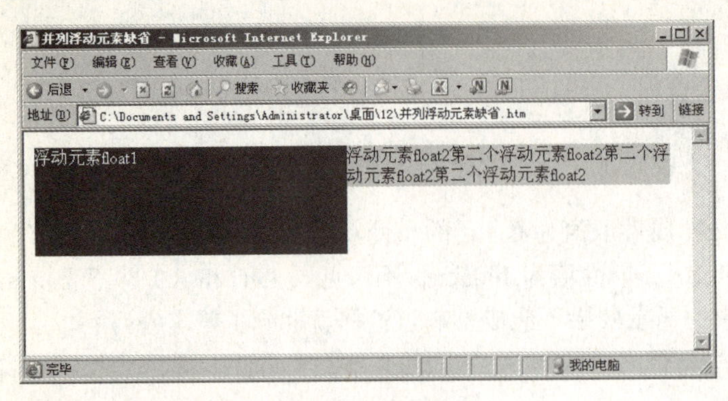

图 12.20　并列的浮动元素在 IE 6.0 中的显示效果

在 Firefox 17.0 中，第二个浮动元素会换行显示，其效果如图 12.21 所示。

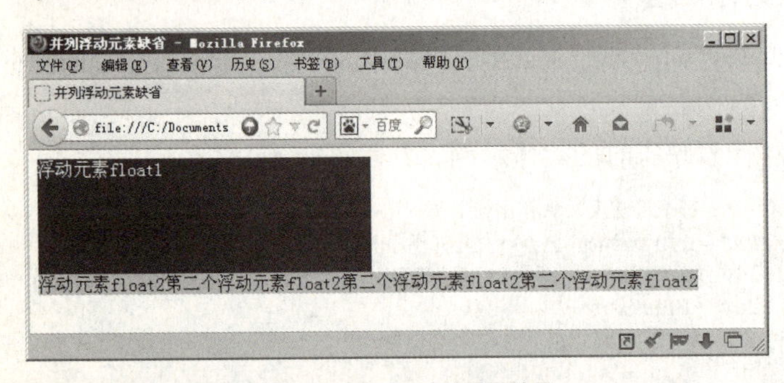

图 12.21　并列的浮动元素在 Firefox 17.0 中的显示效果

解决的方法是，在制作过程中，如果遇到并排的几个浮动元素，就给每个元素定义合适的宽度。

12.8　嵌套元素宽度和高度叠加的问题

在设计网页时，还有一种兼容问题比较常见和棘手，就是元素嵌套的问题，当父元素与子元素定义的宽度和高度不同时，就会用不同的计算方法。

12.8.1　父元素和子元素均没有定义宽度和高度

父元素含有补白，同时子元素含有边界时，关于边距的处理问题比较复杂。其原因在于，元素定义的属性不同时，其显示效果存在差异。前面章节曾经讲解过这个问题，下面进行更加详细的分析。

【示例 12.8】 父元素和子元素均没有定义宽度和高度，此时 IE 6.0 和 Firefox 17.0 中的显示效果是一致的，代码如下。

```
--------------------------------文件名：父元素和子元素的展现.html------------------------------------
01    <!DOCTYPE html PUBLIC ".//W3C//DTD XHTML 1.0 Transitional//EN"
02    "http://www.w3.org/TR/xhtml1/DTD/xhtml1.transitional.dtd">
```

```
03    <html xmlns="http://www.w3.org/1999/xhtml">
04    <head>
05        <title>父元素和子元素的展现</title>
06            <style type="text/css">
07    .content{
08      padding:25px;                                   /*内边距 25 像素*/
09      background:#cccccd;}
10    .innercontent{
11      margin:25px;                                    /*外边距 25 像素*/
12      background:#00ff98;
13      color:#fffffe;
14      text-align:center;}
15       </style>
16    </head>
17    <body>
18    <div class="content">
19         <div class="innercontent">网页设计</div></div>
20    </body>
21    </html>
```

【代码解析】代码第 7 ~ 9 行定义了样式 content，第 8 行设置了内边距为 25 像素。第 10 ~ 14 行定义了内层样式，第 11 行设置了外边距为 25 像素。该样式应用于网页后，其效果如图 12.22 所示。

此时，两个浏览器在水平和竖直方向上都采用了将补白和边界值相加的显示方式。

12.8.2　定义子元素宽度后的效果

定义了子元素的宽度后，在两个浏览器中的显示效果就出现了差异。下面给子元素定义宽度为 50 像素，其他样式不变，在 IE 6.0 中的显示效果如图 12.23 所示。

图 12.22　子元素和父元素都没定义宽高时的效果

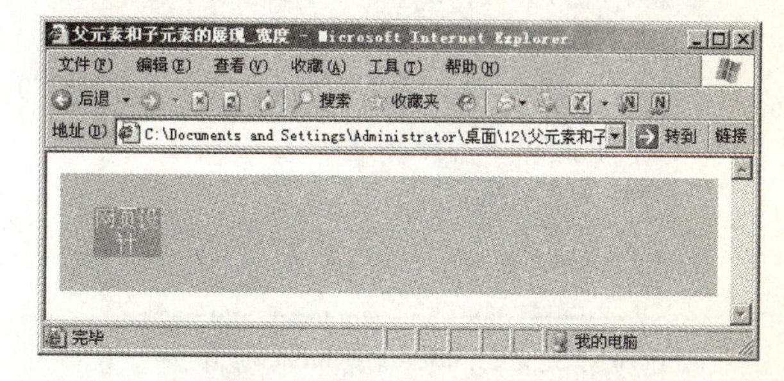

图 12.23　定义子元素的宽度后在 IE 6.0 中的效果

在 Firefox 17.0 中的显示效果如图 12.24 所示。

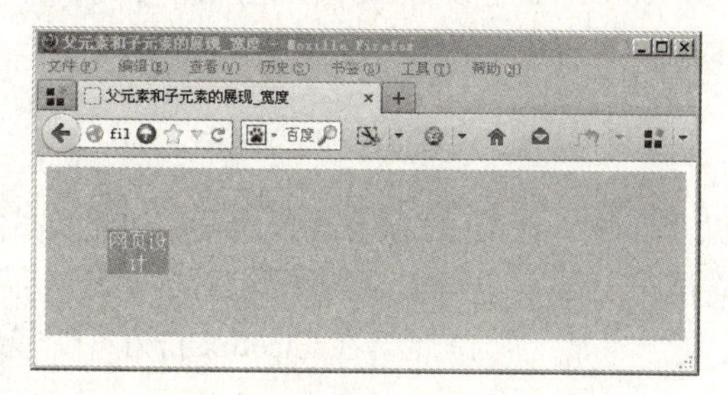

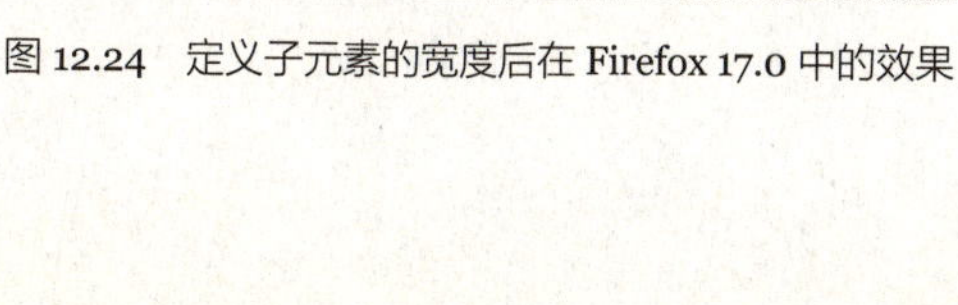

图 12.24　定义子元素的宽度后在 Firefox 17.0 中的效果

从图 12.23 和图 12.24 可以看出，此时在 IE 6.0 中，在水平和竖直方向上都采用了叠加的方式。而在 Firefox 17.0 中，都采用了相加的方式。

定义子元素的高度为 50 像素，两个浏览器处理补白和边界的方式不发生变化。

12.8.3 定义父元素宽度后的效果

当给父元素定义了宽度后，在 IE 6.0 中的显示效果如图 12.25 所示。

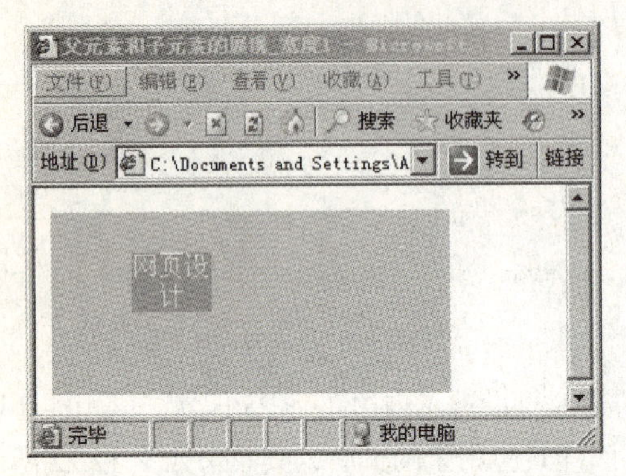

图 12.25 只定义父元素宽度时在 IE 6.0 中的显示效果

在 Firefox 17.0 中的显示效果如图 12.26 所示。

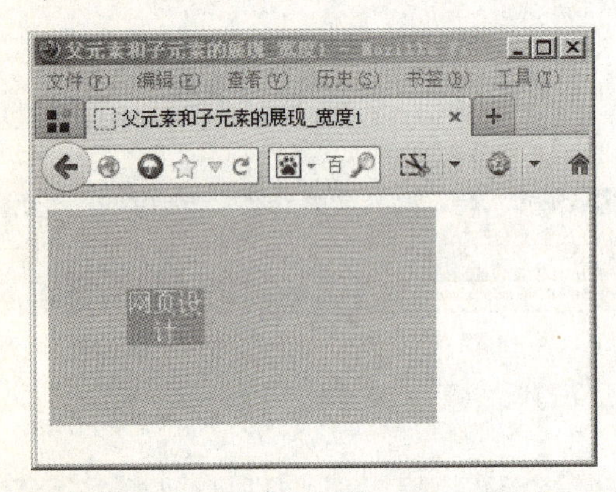

图 12.26 只定义父元素宽度时在 Firefox 17.0 中的显示效果

从图 12.25 可以看出，此时在 IE 6.0 中，对边距的处理很奇特，上边界和父元素的补白相叠加，而下边界和下补白却采用相加的方式。在 Firefox 17.0 中，都采用了相加的方式。

如果取消子元素的宽度（或者增加父元素的高度），对边距的显示方式没有影响。

12.8.4 解决的方法

通过上面的举例我们看到了嵌套元素之间的边距问题，解决的方法是，使用单独的空白分隔父元素与子元素，即可以使用父元素的 padding 值来分隔，也可以使用子元素的 margin 值来分隔。其区别在于，使用子元素 margin 来区分会更加灵活。但是此时在 Firefox 17.0 中，会出现异常的显示情况。

【示例 12.9】 是一个使用子元素的 margin 属性分隔子元素与父元素的示例，其代码如下。

```
--------------------------------文件名：父子元素宽度兼容解决前.html-----------------------------
01    <!DOCTYPE html PUBLIC ".//W3C//DTD XHTML 1.0 Transitional//EN"
02    "http://www.w3.org/TR/xhtml1/DTD/xhtml1.transitional.dtd">
03    <html xmlns="http://www.w3.org/1999/xhtml">
04    <head>
05        <title>父子元素宽度兼容解决前</title>
06            <style type="text/css">
07    .content{
08       width:200px;
09       background:#ccccce;}
10    .innercontent{
11       margin:25px;                          /*外边距 25 像素*/
12       width:50px;                           /*宽度为 50 像素*/
13       height:50px;
14       background:#00ff98;
15       color:#fffffe;}                       /*字体颜色为白色*/
16        </style>
17    </head>
18    <body>
19    <div class="content">
20        <div class="innercontent">网页设计</div></div>
21    </body>
22    </html>
```

【代码解析】代码第 11 行为子元素设置了 margin 属性，属性值是 25 像素，此时在 Firefox 17.0 中显示的效果如图 12.27 所示。

从图 12.27 可以看出，此时子元素的上下边界都没有起作用。如果给父元素定义边框属性（或者补白属性），则子元素的边界属性就会重新显示。下面在样式中增加如下代码。

```
.content{
  border:1px solid #00ff99;}
```

此时在 Firefox 17.0 中显示的效果如图 12.28 所示。

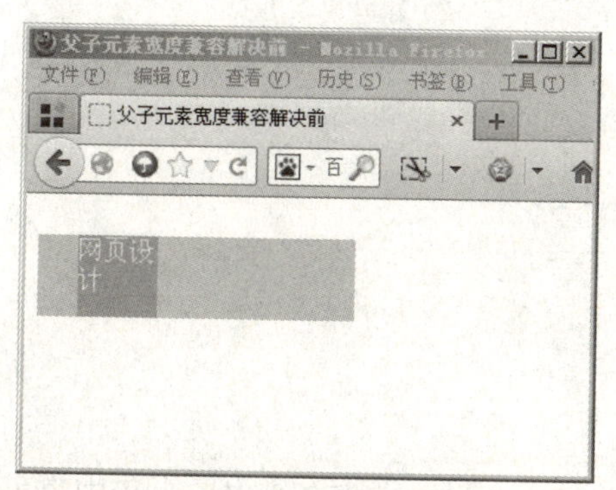

图 12.27　单独使用子元素 margin 属性在 Firefox 17.0 中显示的效果

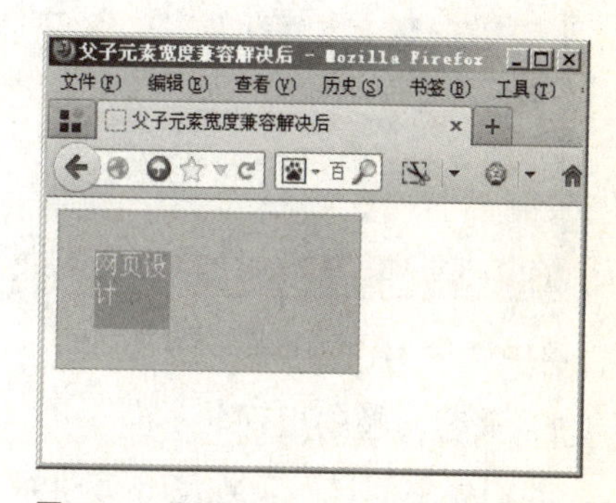

图 12.28　增加边框后的显示效果

此时可以定义父元素的边框颜色与背景相同，同时调整父元素的宽度和高度，使父元素所占有的空间与原来相同。更改后的代码如下。

```
---------------------------文件名：文件名：父子元素宽度兼容解决后.htm------------------------------
```

```
01    <!DOCTYPE html PUBLIC ".//W3C//DTD XHTML 1.0 Transitional//EN"
02    "http://www.w3.org/TR/xhtml1/DTD/xhtml1.transitional.dtd">
03    <html xmlns="http://www.w3.org/1999/xhtml">
04    <head>
05        <title>父子元素宽度兼容解决后</title>
06            <style type="text/css">
07    .content{
08      width:200px;
09      background:#cccccce;                    /*背景色为灰色*/
10      border:1px solid #00ff99;}
11    .innercontent{
12      margin:25px 25px 25px 25px;
13      width:50px;
14      height:50px;
15      background:#00ff98;                     /*背景色为绿色*/
16      color:#fffffe;}
17       </style>
18    </head>
19    <body>
20    <div class="content">
21        <div class="innercontent">网页设计</div></div>
22    </body>
23    </html>
```

【代码解析】更改后，content 元素占有的宽度依然是 200 像素（代码第 8 行），子元素距离父元素上边沿和左边沿的距离还是 25 像素。

注意： 此时如果父元素没有定义宽度，则在 IE 6.0 中会显示出异常情况，即会取消所有的补白与边界属性值，效果如图 12.29 所示。

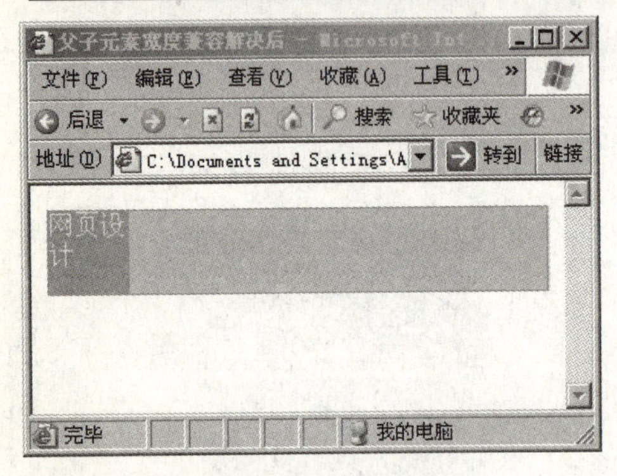

图 12.29　取消父元素宽度后的异常显示

1．兼容问题的出现

我们先来回忆一下在第 6 章讲解自适应高度时，曾经讲解过，在 IE 6.0 中，由于内容可以影响元素的高度，所以可以使用固定高度的方法达到自适应高度的目的。但是在 Firefox 17.0 中，内容将不能影响固定高度的容器。下面介绍在两个浏览器中均能自适应高度的解决方法。

【示例 12.10】 是一个 IE 6.0 中自适应高度的示例，代码如下。

```
--------------------------------文件名：高度兼容问题.html-----------------------------------
01    <!DOCTYPE html PUBLIC ".//W3C//DTD XHTML 1.0 Transitional//EN"
02    "http://www.w3.org/TR/xhtml1/DTD/xhtml1.transitional.dtd">
03    <html xmlns="http://www.w3.org/1999/xhtml">
04    <head>
05        <title>兼容问题</title>
06            <style type="text/css">
07    .content{
08       width:400px;
09       background:#ccccce;}       /*背景色浅灰色*/
10    .float1{
11       float:left;
12       background:#999998;        /*背景色深灰色*/
13       border:4px solid #00ff98;
14       width:192px;
15       height:100px;}             /*元素的高度要不小于固定内容的元素*/
16    .float2{
17       float:left;
18       width:200px;}
19    .clear{
20       clear:both;
21       height:0;
22       font.size:1px;}
23        </style>
24    </head>
25    <body>
26    <div class="content">
27         <div class="float1">示例：浮动元素</div>
28          <div class="float2">内容固定背景自适应部分<br />内容 1<br />内容 2<br />内容 3<br />内容 4</div>
29          <div class="clear"></div>
30          </div>
31    </body>
32    </html>
```

【**代码解析**】代码第 10 ~ 18 行定义了 float1 和 float2 两个样式，其中第 15 行为 float1 样式设置高度为 100 像素；float2 样式让其自适应。此时在 IE 6.0 和另外两个浏览器中的显示效果都是一致的，如图 12.30 所示。

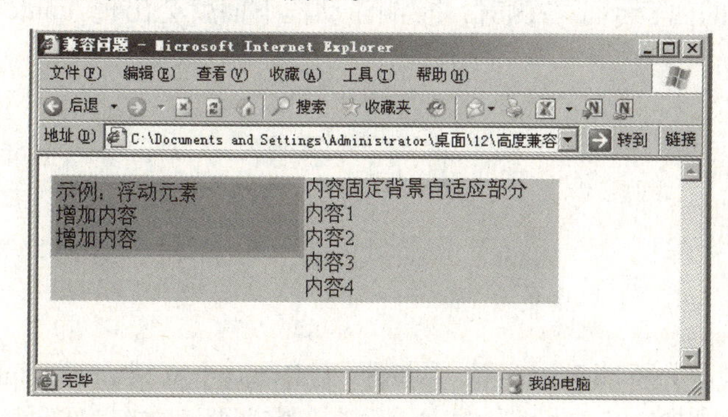

图 12.30　IE 6.0 中的自适应高度示例

当左边有边框的容器中的内容超出边框范围时，在 IE 6.0 中的显示效果如图 12.31 所示。

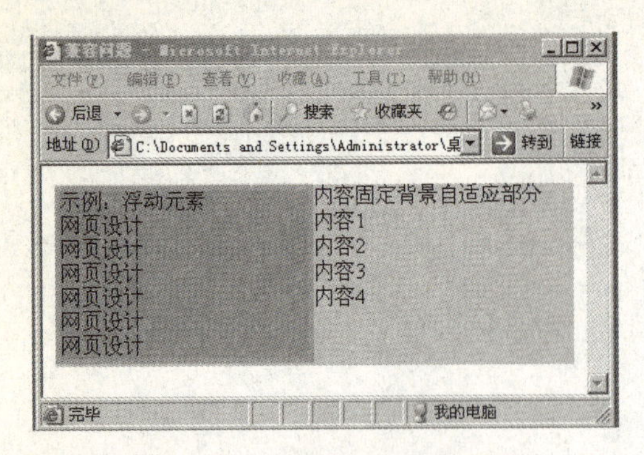

图 12.31　增加内容后在 IE 6.0 中的显示效果

在 Firefox 17.0 中的显示效果如图 12.32 所示。

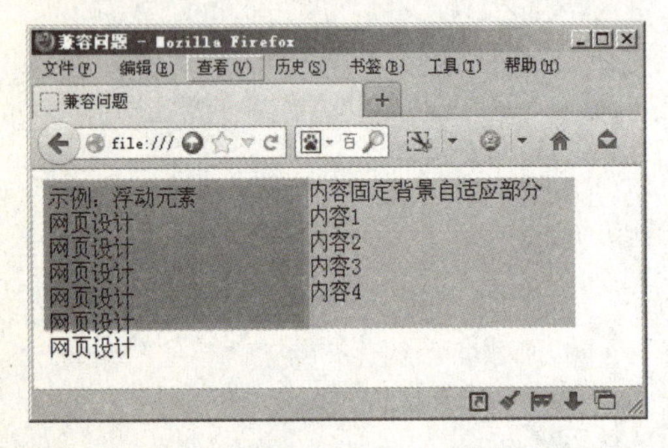

图 12.32　增加内容后在 Firefox 17.0 中的显示效果

从图 12.32 中可以看出，由于在 Firefox 17.0 中，固定大小的元素不能随内容的增加而增加，所以两侧的背景自适应左侧内容的效果不能实现。

2．使用!important 声明结合 min-height 属性的解决方法

一个简单的思路是这样的，因为在 Firefox 17.0 中，没有定义高度的属性和属性值，是可以随着内容的增加而自动增加高度的。所以可以考虑取消左侧浮动框的高度，使其自适应内容。但是由于右侧的内容是固定的，当左侧的内容小于右侧时，左侧浮动框下面就会出现 content 元素的背景，其效果如图 12.33 所示。

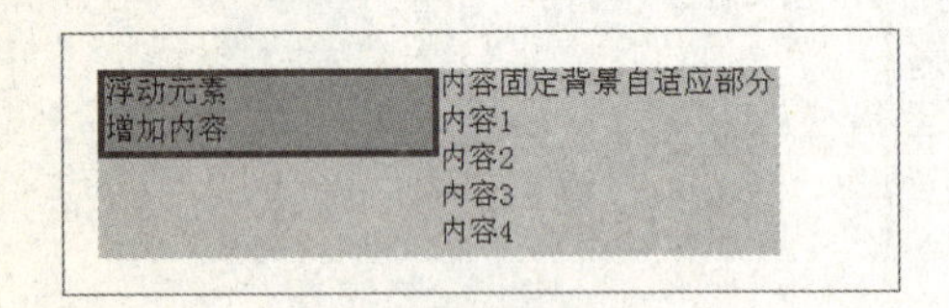

图 12.33　使用默认高度时的效果

从图 12.33 可以看出，使用默认的高度并不能解决问题。同时因为 IE 6.0 不支持 min-height 属性，所以也无法单独用 min-height 属性来解决。这一点在讲解内容与容器时也曾经讲解过。

因为 Firefox 17.0 支持!important 声明，同时也支持 min-height 属性，所以依然可以使用内容和容器一节所使用的方法来解决这个问题。下面是在 float1 中添加的样式。

```
min-height:100px;
height:auto !important;
```

同内容和容器一节所讲解的一样，添加的样式一定要在原有的 height 属性之前。

说明：其他高度自适应效果也可以使用以上介绍的原理解决。

3．其他解决自适应高度的方法

除了以上方法外，我们还可以使用其他方法。其中一种是使用背景图片的方法，在本书的实例中就使用了这个方法，其原理是利用纵向重复排列的图片替代现在所使用的背景，同时所有的子元素都不使用单独的背景。

首先，制作一个含有两种颜色的背景图片，其效果如图 12.34 所示。

图 12.34　含有两种颜色的背景图片

【示例 12.11】页面的结构部分与上一示例基本相同，只是将 float1 和 float2 均定义为 float，更改页面样式为如下形式。

```
-----------------------------文件名：其他解决自适应高度的方法.html-----------------------------
01    <!DOCTYPE html PUBLIC ".//W3C//DTD XHTML 1.0 Transitional//EN" "http://www.w3.org/TR/
      xhtml1/DTD/
02    xhtml1.transitional.dtd">
03    <html xmlns="http://www.w3.org/1999/xhtml">
04    <head>
05        <title>其他解决自适应高度的方法</title>
06            <style type="text/css">
07    .content{
08       width:400px;
09        background: url(color.jpg) repeat-y left top;   /*添加背景图片以及铺设方式*/
10        padding-left:4px;}                              /*左边补白 4 像素*/
11    .float{
12       float:left;
13       width:200px;
14       }
15    .clear{
16       clear:both;                                      /*两边清除浮动*/
17       height:0;
18       font.size:1px;
19       }
20        </style>
21    </head>
22    <body>
23    <div class="content">
24         <div class="float" >示例：浮动元素<br />增加内容<br />增加内容</div>
25     <div class="float" >内容固定背景自适应部分<br />内容 1<br />内容 2<br />内容 3<br />
       内容 4</div>
26     <div class="clear"></div>
27     </div>
```

```
28    </body>
29    </html>
```

【代码解析】代码第 9 行加入了背景图片。第 11 ~ 14 行定义了 float 样式，没有设置高度，让其自适应。此时页面在两个浏览器中显示的效果都是一致的，如图 12.35 所示。

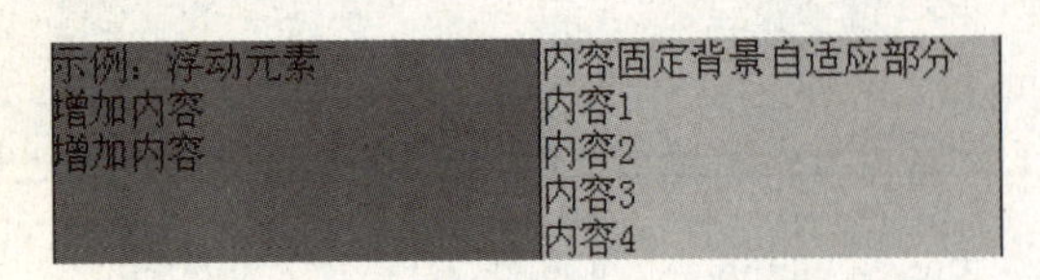

图 12.35　利用背景图片实现的高度自适应

该方法的好处是兼容性好，其缺点是不够灵活。

12.9　小结

本章根据目前流行的两大浏览器 IE 6.0 和火狐进行了一些常见的不兼容的效果对比，并给出了解决方法。也许你会说 IE 6.0 已不是最新版本，是的，IE 7.0 以后，与火狐浏览器在兼容方面已经做得很接近，我们这里主要是给出指导思想，解决浏览器的兼容问题要懂得找相似点，常积累经验。

第3篇

DIV+CSS 布局

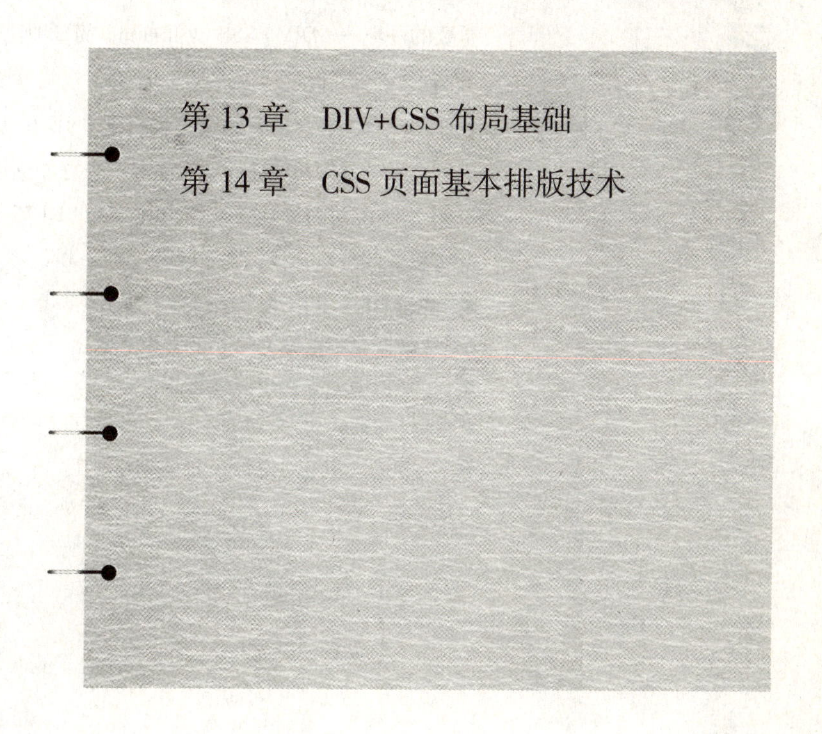

网页开发手记：CSS+DIV网页布局实战详解

第 13 章　DIV+CSS 布局基础

通过前面章节的学习，我们对 CSS 技术有了比较深入的理解，同时也有了一定的使用技能。在此基础上，我们来学习网页设计最重要的一环——DIV+CSS 网页布局。简单地说，DIV+CSS 布局就是 DIV 层，通过运用 CSS 的浮动、定位等技术进行排布。而且在一些重要概念的介绍上，我们通过 IE 6.0 与 Firefox 17.0 进行显示效果的对比，让读者能有一个更加感性的认识。之所以选择 IE 6.0 进行对比，是因为 IE 7.0 以上版本与 Firefox 进行了兼容，网页显示效果基本一致。

- 了解 DIV+CSS 布局的设计
- 了解盒模型以及盒模型的基本元素
- 了解行内元素和块级元素
- 浮动布局的应用
- 相对定位和绝对定位在布局的应用

13.1　初识 DIV+CSS 布局的流程

本节通过分析一个企业主页的排布方式来初步了解 DIV+CSS 布局的方法，该网页的显示效果如图 13.1 所示。

图 13.1　案例分析：企业主页

当网页的效果图确定后，就可以根据效果图制作成标准的 XHTML 文档。要把看似复杂的网页使用 DIV+CSS 布局方式制作成 XHTML 文档，一般流程如下。

（1）确定网页的总体结构，如图 13.2 所示。

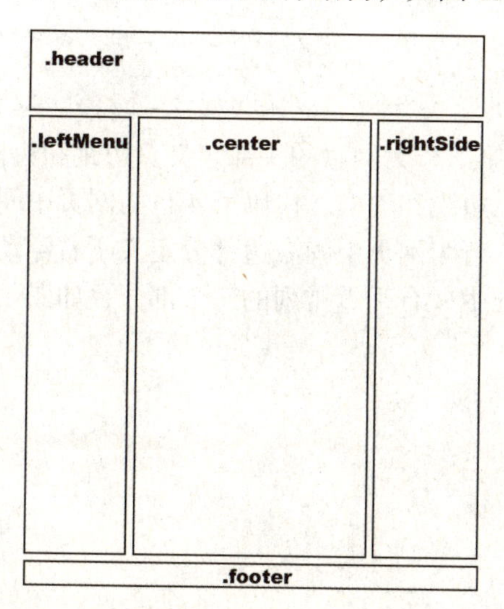

图 13.2　网页整体结构

如图 13.2 所示，网页分为三大部分。第一部分为网页的头部，用于放置企业的 logo 和宣传的 Flash 动画。第二部分为中间部分，中间部分又分为左中右三部分。第三部分是网页的页脚。

（2）在确定好整体的分块后，就可以开始制作 XHTML 页面，设定 div 标签。每个部分都使用一个 div 标签嵌套，然后分别指定一个类选择器。

【示例 13.1】 编写 XHTML 文档代码如下。

```
------------------------------------文件名：布局.html------------------------------------
01 <!DOCTYPE html PUBLIC "-//W3C//DTD XHTML 1.0 Transitional//EN"
02 "http://www.w3.org/TR/xhtml1/DTD/xhtml1-transitional.dtd">
03 <html xmlns="http://www.w3.org/1999/xhtml">
04 <head>
05     <title>布局</title>
06 </head>
07 <body>
08 <div class="header">header
09 </div>
10 <div class="main">
11 <div class="leftMenu">left</div>                    <!--左边层定义-->
12 <div class="rightSide">right</div>                  <!--右边层定义-->
13 <div class="center">center</div>
14 </div>
15 <div class="footer"> footer
16 </div>
17 </body>
18 </html>
```

【代码解析】代码第 8、9 行为网页的头部 div 层；第 10 ~ 14 行为网页中部，其中的第 11 行为中部的左部分；第 12 行为中部的右部分；第 13 行为中部的中间部分。第 15 行为网页底部。

（3）在设定好 div 标签后，就要使用 CSS 属性来排布 div 标签，代码如下。

```
01    .header { margin: 0; border:1px solid #ccc; }                  /* header 的四边边距设置为 0*/
02    .main { margin: 0 20px 0 15px; border:1px solid #ccc;  }       /* main 的右边距为 20 像素，
03    左边距为 15 像素，其余的边距为 0*/
04    .leftMenu { float: left; border:1px solid #ccc;  }             /* leftMenu 设置为左浮动*/
05    .rightSide {float: right; border:1px solid #ccc; }             /*rightSide 设置为右浮动*/
06    .footer { clear:both; border:1px solid #ccc;  }                /*footer 设置为清除浮动*/
```

【代码解析】以上代码为各部分的 CSS 样式。代码第 1 行为网页的头部定义页边距和边框。代码第 2 行为网页中间部分，分别设置了四个方向的页边距和边框。代码第 4 行为网页中间左边部分除设置了边框外，还让该层向左浮动。代码第 5 行为网页中间右边部分定义了右浮动。

（4）细分每个 div 标签中的各个部分。在 leftMenu 中，有垂直排列的三个部分，如图 13.3 所示。

（5）在 leftMenu 中插入图 13.3 中的各个部分，代码如下。

```
01    <div class="leftMenu">
02         <div class="nav">导航 </div>
03         <div class="search">搜索</div>
04         <h2>网站设计与建设</h2>
05         <ul></ul>
06         <h2>网站发布与推广</h2>
```

```
07          <ul></ul>
08          <h2>有情链接</h2>
09          <div class="links">.link</div>
10      </div>
```

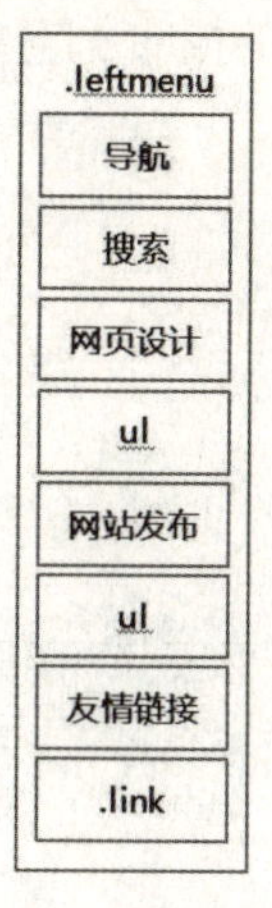

图 13.3　细分 leftMenu 模块

【代码解析】代码第 2 ~ 9 行细化了中间左边部分，为其定义了层和标题标签。然后使用 CSS 样式来设置每个标签的样式。在对 leftMenu 设置好样式后，就可以继续细分 center 和 rightSide 的模块。在对 leftMenu 模块进行细分的时候，某些小模块是使用 h2 标签，而不是 div 标签来嵌套。

技巧：在制作 XHTML 文档的时候，应该注意少用 div 标签，多用有语义的 XHTML 标签。

总结上述步骤，使用 DIV+CSS 的布局方法制作标准的 XHTML 页面的一般流程如下。

（1）分析效果图，分解出整个网页的整体结构。

（2）根据结构，设定好 XHTML 文档中用于排版的 div 标签。

（3）使用 CSS 样式排布 div 标签。

（4）重复上述三个步骤细分 div 标签内的内容。

在对 DIV+CSS 布局方法有了大致的了解后，就可以学习 CSS 的布局方式。

13.2　了解盒模型

什么是盒模型？在介绍之前，我们先列出常用的几个术语：边界（border）、外边距（margin）、内边距（padding）和内容（content）。在现实生活中，盒子其实就是装东西的容器，边界（border）可以理解为盒子本身；当装的东西贵重或运输过程中颠簸厉害，就会在盒子里塞一些填充物来保护物品，填充物可以理解为内边距（padding）；盒子里的物品理解为内容（content）；盒子之间的摆放有时候不能贴得太紧，要留有间隙，即外边距（margin）。这时我们再来看网页设计中的元素，例如，div 标签、p 标签等，都可以为它们设置边界（border）、外边距（margin）、内边距（padding）、内容（content），所以它们可形象地理解为盒子，这些元素标签统称为盒子模型。其实在 XHTML 页面中几乎所用的标签都是容器，都能被当做容器来使用。页面上的每个容器都占有一定的位置，有一定的大小。页面上的每个容器都会影响其他容器的排布，它们相互作用，从而形成一个页面的布局。

13.2.1 div 标签的盒模型示例

下面来看 div 标签的盒模型示例，以此讲述盒模型的基本概念。

【示例 13.2】 本例讲述基本盒模型的概念。

（1）在 XHTML 文档中插入一对 div 标签，代码如下。

```
-------------------------------文件名：div标签.html------------------------------------------
01    <!DOCTYPE html PUBLIC "-//W3C//DTD XHTML 1.0 Transitional//EN"
02    "http://www.w3.org/TR/xhtml1/DTD/xhtml1-transitional.dtd">
03    <html xmlns="http://www.w3.org/1999/xhtml">
04    <head>
05        <title>div标签</title>
06    </head>
07    <body>
08        <div>盒模型示例</div>
09    </body>
10    </html>
```

【代码解析】代码第 8 行定义了一个 div 标签，运行结果如图 13.4 和图 13.5 所示。

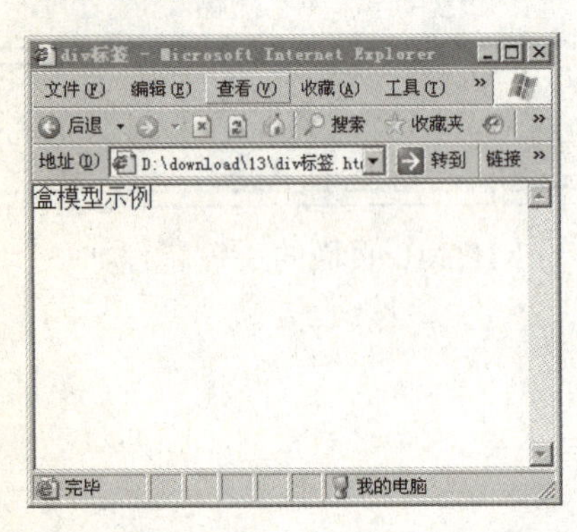

图 13.4 执行步骤（1）的结果（IE 6.0）

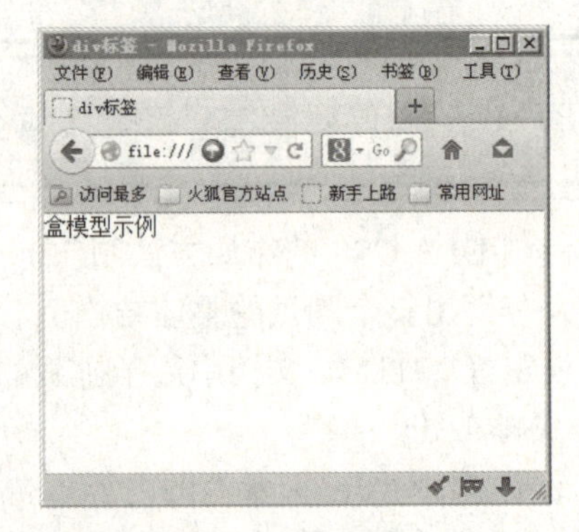

图 13.5 执行步骤（1）的结果（Firefox 17.0）

注意，如图 13.4 和 13.5 所示，在 IE 6 浏览器和 Firefox 17.0 浏览器中都只能观察到 div 标签中的文字。对比图 13.4 和图 13.5 可以看出，在 IE 6 和 Firefox 17.0 中，文字与浏览器左上角的距离是不相同的。在之前的章节中常使用到设置*{margin:0;padding:0;}的语句，这是由于每个浏览器所设置的 margin 和 padding 初始值都不相同。

（2）设置 div 标签的宽度和高度，代码如下。

```
*{margin:0;padding:0;}                          /*设置页面中所有元素的边距和补白为0*/
div{ width:150px; height:150px;                 /*设置div容器的高度为150像素，宽度为150像素
background:#cccccc;}                            /*背景灰色*/
```

步骤（2）的运行结果如图 13.6 和图 13.7 所示。

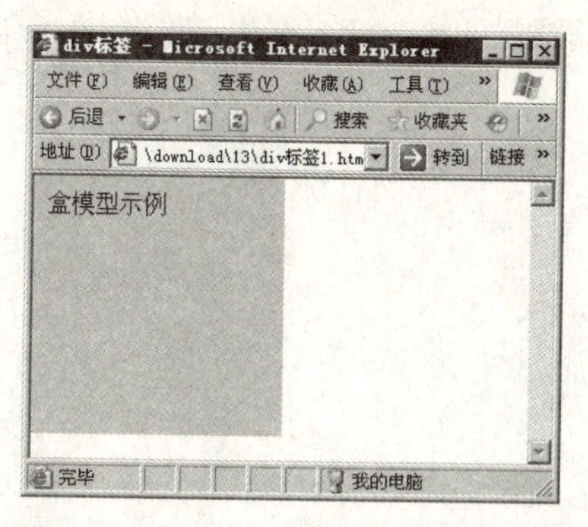

图 13.6　执行步骤（2）的结果（IE 6）

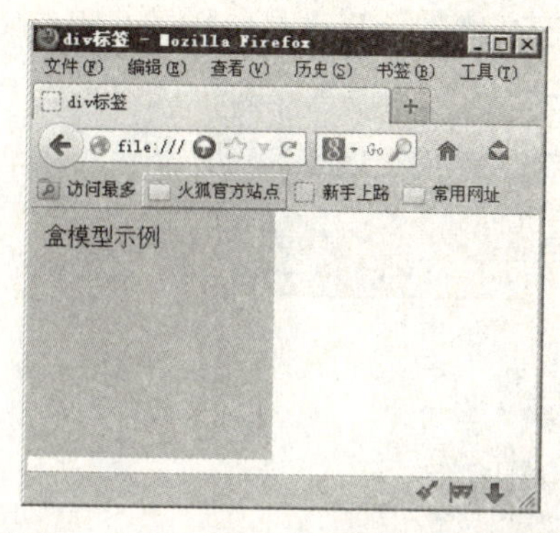

图 13.7　执行步骤（2）的结果（Firefox 17.0）

分析：设置 div 标签的宽度和高度之后，div 标签就成为一个在页面上占有一定空间的容器。但是此时是看不到 div 标签的大小的，必须设置 div 标签的背景颜色，才能观察到 div 标签的实际位置和大小。在设置*{margin:0;padding:0;}后，div 标签就紧贴浏览器的左上角。所以在制作页面时，建议先设置页面的整体边距和补白初始值为 0。

（3）若要改变文字在 div 标签中的位置，就要设置 div 标签的 padding 属性，代码如下：

```
div{padding:10px;}                /*设置 div 容器的四边的补白为 10 像素*/
```

步骤（3）的运行结果如图 13.8 和图 13.9 所示。

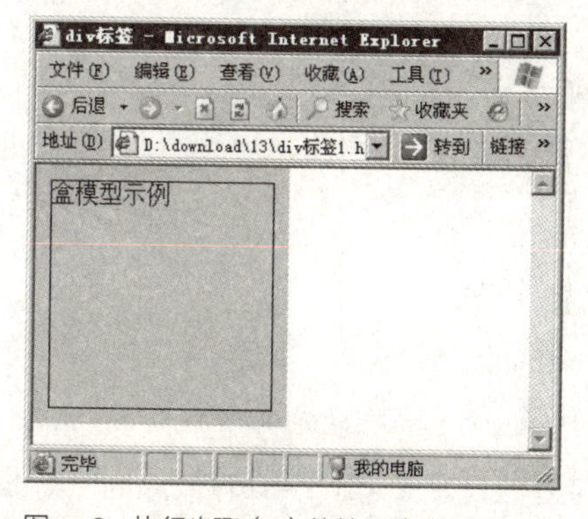

图 13.8　执行步骤（3）的结果（IE 6）

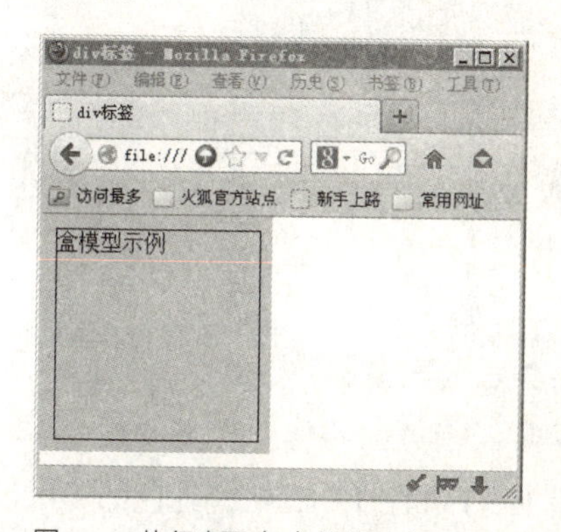

图 13.9　执行步骤（3）的结果（Firefox 17.0）

分析：在图 13.8 和图 13.9 中，黑色的正方形边框代表原来宽为 150 像素、高为 150 像素的容器，在增加 padding 属性后，整个 div 容器都扩大了。由于背景色是灰色，背景色填充了整个 div 容器，所以可以观察到 div 容器明显扩大。设置 padding 为 10 像素，就是在原来 div 容器的四边都加上 10 像素。而文字“盒模型示例”属于 div 标签的内容，就随着原来的标签移动了指定位置。在文字上方有 10 像素补白，文字左边也有 10 像素补白。把 div 容器中的文字加长，使之成为一个段落，那么会得到如图 13.10 所示的效果。

从图 13.10 可以看到，文字的范围不会超出 div 容器原来的宽度。设置四边的补白都为 10 像素，div 容器的宽度=原来 div 容器的宽度+左边补白宽度+右边补白宽度=150px+10px+10px=170px。在页面中，这个 div 容器占据的宽度就是 170 像素，但是在 div 容器中的文字绝不会超出原来 150 像素的宽度。对于高度的计算也是一样的。最终 div 容器整体的大小变成宽为 170 像素、高为 170 像素。

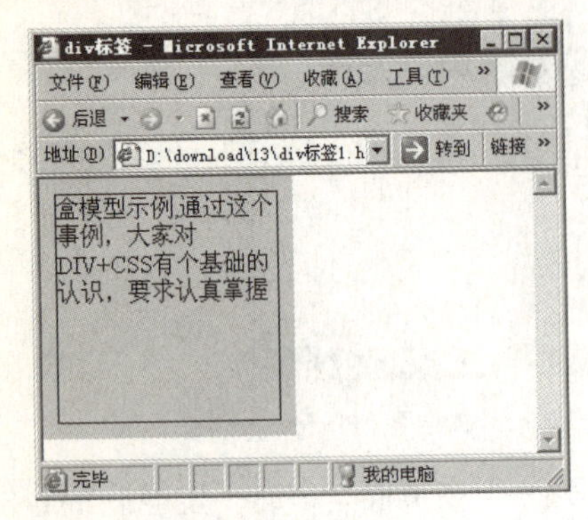

图 13.10　理解 padding（补白）

（4）给 div 容器增加边框，代码如下：

```
div{border:10px solid red;}              /*设置div容器的边框为10像素宽红色实线*/
```

步骤（4）的运行结果如图 13.11 和图 13.12 所示。

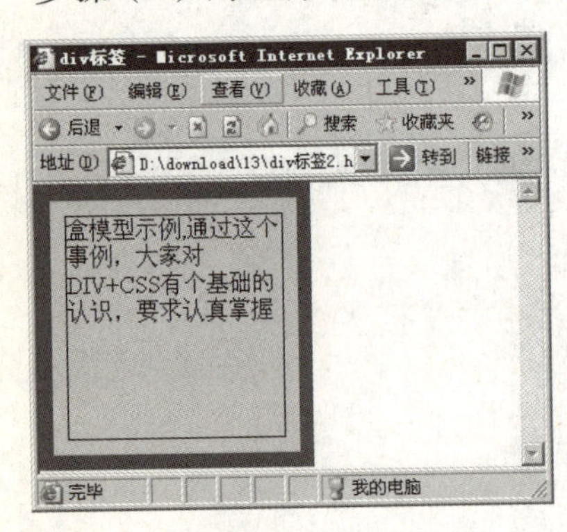

图 13.11　执行步骤（4）的结果（IE 6）

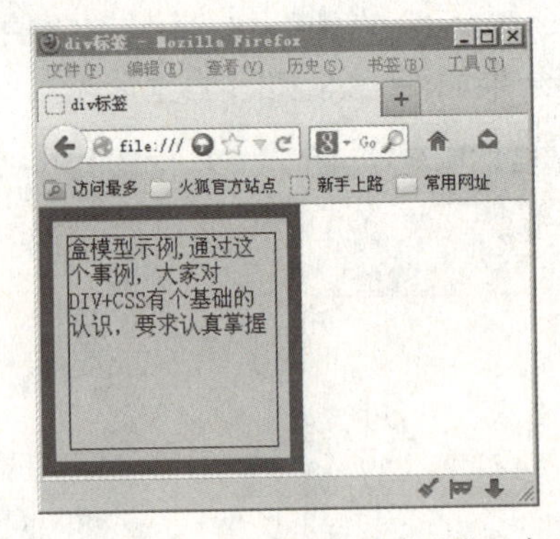

图 13.12　执行步骤（4）的结果（Firefox 17.0）

分析：在图 13.11 和图 13.12 中，红色的 10 像素宽的边框在整个 div 容器的最外面。边框和原来 div 容器之间的空白部分就是步骤（3）加上的补白部分。边框的宽度也会增加整个 div 标签的实际宽度。设置四边的边框都为 10 像素，div 容器的宽度=原来 div 容器的宽度+左边补白宽度+右边补白宽度+左边的边框宽度+右边的边框宽度=150px+10px+10px +10px+10px =190px。在页面中，这个 div 容器占据的宽度就是 190 像素。但是在 div 容器中的文字绝不会超出原来 150 像素的宽度。对于高度的计算也是一样的。最终 div 容器整体的大小变为宽 190 像素、高 190 像素。

（5）在前面的几个步骤中，整个 div 容器包括其补白和边框都是紧贴在左上角的。要想移动整个 div 容器，就要给 div 容器增加边距，代码如下：

```
div{margin:10px;}                /*设置div容器四边的边距为10像素*/
```

步骤（5）的运行结果如图 13.13 和图 13.14 所示。

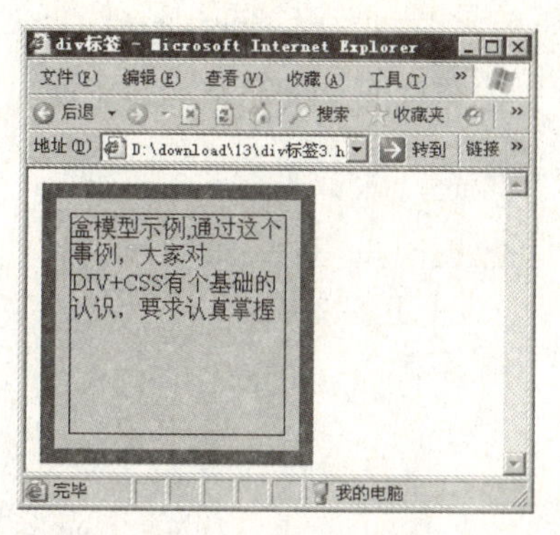

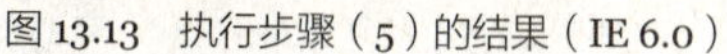
图 13.13　执行步骤（5）的结果（IE 6.0）

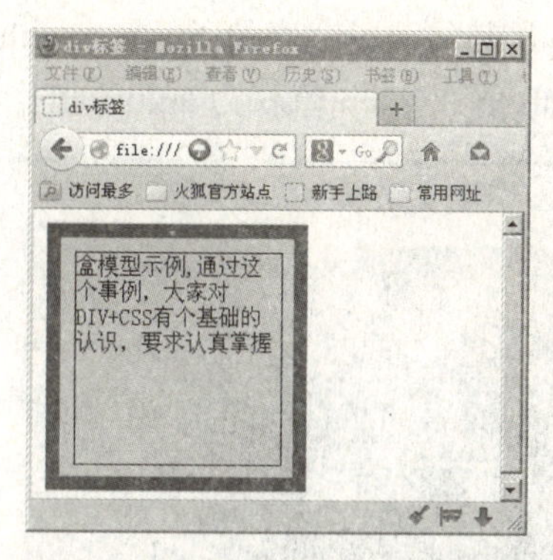

图 13.14　执行步骤（5）的结果（Firefox 17.0）

分析：如图 13.13 和图 13.14 所示，带有红色边框的 div 容器离开了浏览器的左上角。整个 div 容器向下移动了 10 像素，向左移动了 10 像素。这个 div 容器的右边和下边都没有其他页面元素，否则可以看到这个容器和其他容器之间也有 10 像素的距离。设置 margin 为 10 像素，就是在整个 div 元素的四边分别增加了 10 像素不可见的空白区域。使其他页面元素与这个 div 容器之间有空隙。

设置边距会增加整个 div 标签在页面上占据的宽度。设置四边的边距都为 10 像素，div 容器的宽度=原来 div 容器的宽度+左边补白宽度+右边补白宽度+左边的边框宽度+右边的边框宽度+左边边距宽度+右边边距宽度=150px+10px+10px +10px+10px+10px+10px =210px。在页面中，这个 div 容器占据的宽度就是 210 像素。但是在 div 容器中的文字绝不会超出原来 150 像素的宽度。对于高度的计算也是一样的。最终 div 容器整体的大小变为宽 210 像素、高 210 像素。

说明： 本例中给一个 div 标签设定了它本身固定的宽度，在 div 标签的内容就会被这个固定宽度限制。然后添加补白、边框和边距都会增加 div 容器在页面中占据的空间。其中增加补白能通过背景色显示出所增加的像素；增加边框是通过边框线颜色显示边框；而增加边距所占的像素是透明的。本例在 IE 7.0 以上版本的显示效果与在 IE 6.0 和 Firefox 17.0 中一样。

13.2.2　基本盒模型

通过上面的例子，我们来理解图 13.15，其为基本盒模型的模拟图。在页面中的所有元素都遵循该模型的设置方式。

图 13.15 展示了页面中元素的盒模型，页面中的任何元素都适应盒模型。给一个元素设置了高度和宽度后，它就在页面中占有设置的高度和宽度。

CSS 提供 width 属性用于设置元素的宽度，通用语法如下：

```
width:length;
```

其中，length 的值可以用长度单位定义，也可以用百分比定义，还可以使用关键字 auto 来定义。使用百分比定义的宽度是以父元素为基准计算的。例如，设置一个元素的 width 值为 80%，那么它的实际大小是其父元素宽度的 80%。width 默认的取值是 auto，就是自动取值。若一个元素没有设定 width 值，width 值就为 auto，根据元素内容所占的宽度来决定元素的宽度。

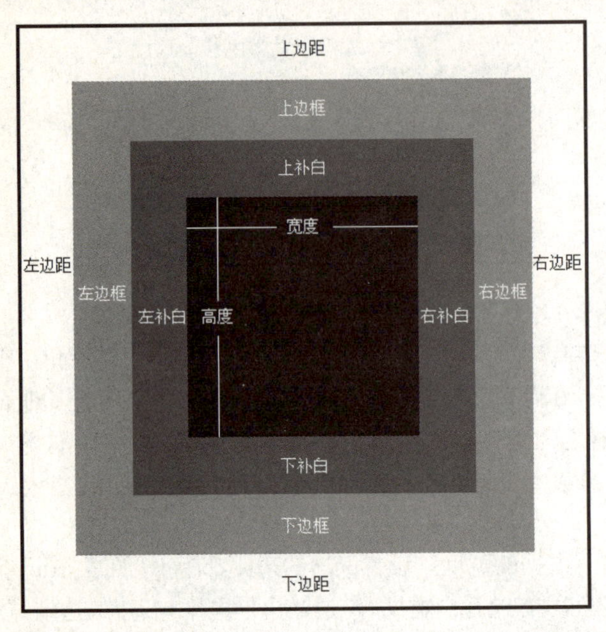

图 13.15　基本盒模型

CSS 同样提供 height 属性用于设置元素的高度，通用语法和设置 width 属性一致。

注意： width 属性和 height 属性都不会被子元素继承。

若要增加元素额外的宽度或者高度，可以使用补白和边距，即 padding 属性和 margin 属性。设置以上两个属性都能给元素增加额外的尺寸，并且元素的内容不会进入这些额外的位置中。增加补白和边距只是为了与页面中其他元素拉开距离，形成空隙。若一个元素没有背景色或者背景图，使用补白和边距的效果没有区别。若一个元素有背景，那么增加补白就会让背景扩展到补白中，而增加边距是不会对元素的背景有影响的。

13.2.3　边距

在本章开始介绍的例子中，盒子间的距离就是边距。网页设计中，边距用于设置页面元素与其他元素的距离。CSS 的 margin 属性用于设置边距，其通用语法如下：

```
margin:length;
```

其中，length 的值可以用长度单位定义，也可以用百分比定义，还可以使用关键字 auto 来定义。

1．用长度单位设定 margin 的值

【示例 13.3】 在页面中有三个并排的 p 标签，为中间的 p 标签增加 20 像素的边距，代码如下。

```
-------------------------------文件名：使用长度单位设置边距.html-------------------------------
01    <!DOCTYPE html PUBLIC "-//W3C//DTD XHTML 1.0 Transitional//EN"
02    "http://www.w3.org/TR/xhtml1/DTD/xhtml1-transitional.dtd">
03    <html xmlns="http://www.w3.org/1999/xhtml">
04    <head>
05    <meta http-equiv="Content-Type" content="text/html; charset=utf-8" />
06    <title>使用长度单位设置边距</title>
07    </head>
08    <style type="text/css">
09    *{margin:0;padding:0;}                          /*页面元素的初始边距设置为 0，补白设置为 0*/
10    p.two{ background:#cccccc; margin:30px;} /*第二个文段的背景设置为灰色,四边边距设置为 30 像素*/
11    p.one,p.three{ background:#cccccc;}       /*第一个文段和第三个文段的背景色设置为灰色*/
12    </style>
13    <body>
14        <p class="one">第一个文段展示效果</p>
15        <p class="two">第二个文段展示效果</p>
16        <p class="three">第三个文段展示效果</p>
17    </body>
18    </html>
```

【代码解析】 设定固定的边距值通常都会使用像素作为单位。代码第 13 ~ 17 行共设置三个 p 标签，分别嵌套三个文段，第 10、11 行中每个文段都设置了背景色。背景色能反映出该标签所占的除边距之外的空间。设置了第二个文档的 margin 为 30 像素，意思就是使 p 标签与其他元素的距离四边都为 30 像素。

运行结果如图 13.16 所示。

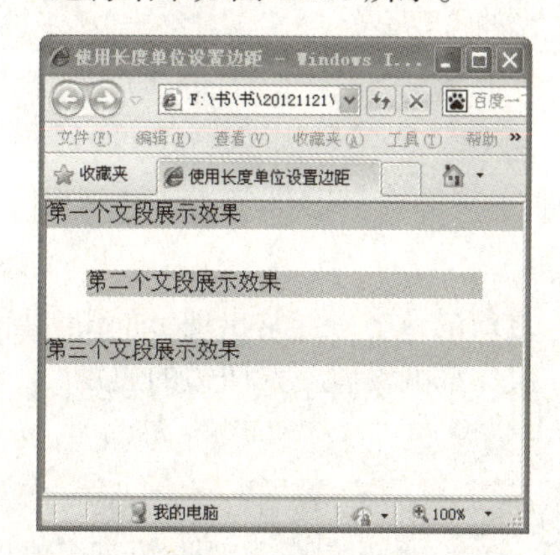

图 13.16　使用长度单位控制边距的大小

2．用百分比设定 margin 的值

第二种 margin 设值的方法就是使用百分比给页面元素设定 margin 的值，其计算标准是以该元素的父元素宽高为基准的。

【示例 13.4】 在页面中有三个并排的 p 标签，为中间的 p 标签增加 5%的边距，代码如下。

```
-------------------------------文件名：使用百分比设置边距.html-------------------------------
```

```
01    <!DOCTYPE html PUBLIC "-//W3C//DTD XHTML 1.0 Transitional//EN"
02    "http://www.w3.org/TR/xhtml1/DTD/xhtml1-transitional.dtd">
03    <html xmlns="http://www.w3.org/1999/xhtml">
04    <head>
05    <meta http-equiv="Content-Type" content="text/html; charset=utf-8" />
06    <title>使用百分比设置边距</title>
07    </head>
08    <style type="text/css">
09    *{margin:0;padding:0;}                  /*页面元素的初始边距设置为 0，补白设置为 0*/
10    p.two{  background:#ccc; margin:5%;}  /*第二个文段的背景设置为灰色，四边边距设置为 5%*/
11    p.one,p.three{ background:#ccc;}       /*第一个文段和第三个文段的背景色设置为灰色*/
12    </style>
13    <body>
14        <p class="one">第一个文段展示效果</p>
15        <p class="two">第二个文段展示效果</p>
16        <p class="three">第三个文段展示效果</p>
17    </body>
18    </html>
```

【代码解析】本例中，所有的 p 标签都是 body 标签的子元素。代码第 7 行设置 p 标签的 two 样式的 margin 值为 5%，就是使用浏览器宽度和高度的 5%来定义 margin 的值。在本例中，浏览器被拉开到 400 像素宽，所以 5%的 margin 宽度就是 20 像素，运行结果如图 13.17 所示。

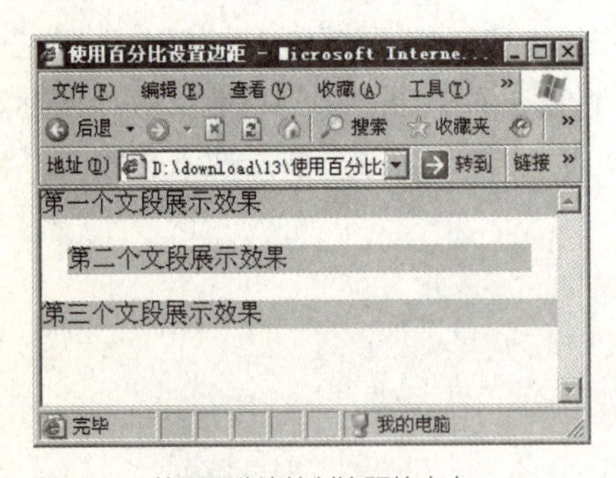

图 13.17　使用百分比控制边距的大小

3．边距值的缩写

除以上 margin 的属性值书写格式外，还有其他格式，之前的章节中经常出现 margin 值有多个，共四种表示方法，但无论使用哪种方法设置 margin 值，都能设置元素四边的边距。

（1）设置四个值的代码如下。

```
margin:10px 20px 30px 40px;
```

使用四个值来设置 margin 属性，第一个值代表上边距，第二个值代表右边距，第三个值代表下边距，第四个值代表左边距。为了方便记忆，网页设计师常用顺时针的方向来记忆四个属性的意义，记忆方法如图 13.18 所示。

技巧： 通常只有在 margin 的四个属性都不一样的情况下才会使用这种方法设置。

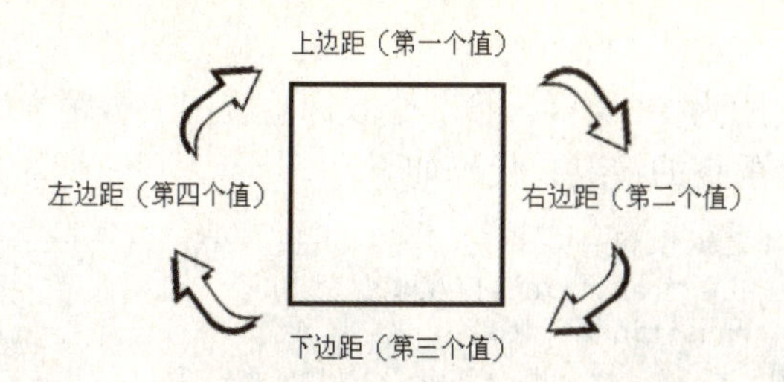

图 13.18　利用顺时针方法记忆 margin 四个值的意义

（2）设置三个值的代码如下。

```
margin:10px 20px 30px;
```

使用三个值来设置 margin 属性，第一个值代表上边距；第二个值代表左边距和右边距，两个值相同；第三个值代表下边距。当要设置左边距和右边距的值一样时，就可以使用设置三个值的方式。

（3）设置两个值的代码如下。

```
margin:10px 20px;
```

使用两个值来设置 margin 属性，第一个值代表上边距和下边距，两个值相同；第二个值代表左边距和右边距，两个值相同。当要设置上边距和下边距的值相同，同时左边距和右边距也相同时，就可以使用设置两个值的方式。

（4）设置一个值的代码如下。

```
margin:10px;
```

当要设置上、下、左、右边距一致时，就应使用设置一个值的方法。

对于 border 和 padding 两个属性的值，也有与上述方法一样的缩写方法。

4. 单边距值

若要设置一个元素的上边距值为 10 像素，其他边距都为 0 像素，可以应用以上方法设置边距，代码如下：

```
margin:10px 0 0;
```

每个边距都有对应的 CSS 属性，可以单独设置某个边距的属性。设置单边距的属性为 margin-top、margin-bottom、margin-left 和 margin-right，分别代表上边距、下边距、左边距和右边距。所以，以上设置上边距的语句可以改写为以下代码：

```
margin-top:10px;
```

对于 border 和 padding，也有单独设置某一边的属性。在实际运用中，大部分设计师都很少使用单边距值。不过无论使用哪种设置方法，都没有太多的区别。

5. 边距重叠

在垂直排列的块级元素应用边距后，可能会发生边距重叠的现象（关于块级元素，参阅本章下一节）。示例 13.5 中有两个 p 标签，p 标签属于块级元素，在默认情况下，p 标签会一个接一个地垂直排列在页面上。

【示例 13.5】 本例中第一个 p 标签应用下边距为 10 像素，第二个 p 标签应用上边距为 20 像素。当两个边距产生同一个边距时，就会发生重叠的情况，代码如下。

```
-----------------------------------文件名：边距重叠.html-----------------------------------
01    <!DOCTYPE html PUBLIC "-//W3C//DTD XHTML 1.0 Transitional//EN"
02    "http://www.w3.org/TR/xhtml1/DTD/xhtml1-transitional.dtd">
03    <html xmlns="http://www.w3.org/1999/xhtml">
04    <head>
05    <meta http-equiv="Content-Type" content="text/html; charset=utf-8" />
06    <title>边距重叠</title>
07    <style>
08    *{margin:0;padding:0;}                    /*页面元素的初始边距设置为 0，补白设置为 0*/
09    p.one{ background:#cccccc; margin-bottom:10px;}    /*第一个文段的背景色设置为灰色，下边距则为
10    10 像素*/
11    p.two{ background:#dcccccc; margin-top:20px;}    /*第二个文段的背景色设置为灰色，上边距设置
12    为 20 像素*/
13    </style>
14    </head>
15
16    <body>
17      <p class="one">第一个文段</p>
18      <p class="two">第二个文段</p>
19    </body>
20    </html>
```

【代码解析】 代码第 9 行中，样式 p.one 设置了下边距 margin-bottom 为 10px；第 11 行中，样式 p.two 设置了上边距 margin-top 为 20px。这时，两个元素 p 之间的距离是多少呢？我们来分析一下，运行结果如图 13.19 所示，第一个 p 标签和第二个 p 标签之间产生一个空白区域，这个空白区域是由第一个 p 标签的下边距和第二个 p 标签的上边距构成的。但是这个空白区域的高度是 20 像素，而不是 30 像素，这就是边距重叠的情况。边距重叠时，会淘汰边距较小的一个，在示例 13.5 中，就淘汰了第一个 p 标签的下边距。因为第一个 p 标签的下边距小于第二个 p 标签的上边距，所以在设置页面元素边距的时候要注意边距重叠的情况。

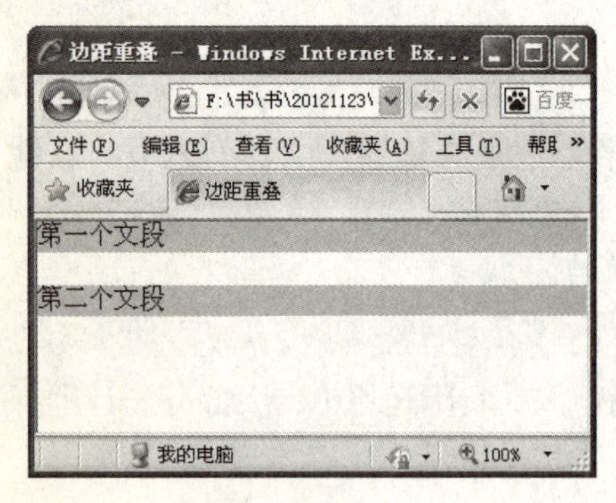

图 13.19　边距重叠的情况

边距重叠只发生在边距属性中，补白和边框都不会发生重叠现象。

注意： 只有在普通文档流中的块级元素才会产生边距重叠。行内元素、浮动元素和绝对定位元素都不会产生重叠。

13.2.4　边框

容器的范围通常用边框体现，边框是页面元素可视范围的最外圈。边框包围的范围包括页面元素的补白和内容。CSS 提供了以下三个设置边框的属性。

- border-style：设置边框样式。
- border-width：设置边框宽度。
- border-color：设置边框颜色。

1．边框样式

之前章节使用的边框大都是实线框，CSS 提供了 border-style 属性用于改变边框的样式，其通用语法如下：

```
border-style:style;
```

其中，style 的值是一系列的关键字，每个关键字都用于描述不同的边框样式。表 13.1 列出了 CSS 中大部分常用的边框样式。

表 13.1　常用的边框样式

属性值	样　式
none	无边框
hidden	隐藏边框
dotted	点线
dashed	虚线
solid	实线边框
double	双线边框。两条单线与其间隔的和等于指定的 border-width 值
groove	根据 border-color 的值画 3D 凹槽
ridge	根据 border-color 的值画菱形边框
inset	根据 border-color 的值画 3D 凹边
outset	根据 border-color 的值画 3D 凸边

【示例 13.6】 本例展示了常用的边框样式，代码如下。

```
------------------------------------文件名：边框样式.html------------------------------------
01    <!DOCTYPE html PUBLIC "-//W3C//DTD XHTML 1.0 Transitional//EN"
02    "http://www.w3.org/TR/xhtml1/DTD/xhtml1-transitional.dtd">
03    <html xmlns="http://www.w3.org/1999/xhtml">
04    <head>
05    <meta http-equiv="Content-Type" content="text/html; charset=utf-8" />
06    <title>边框样式</title>
07    </head>
```

```
08    <style type="text/css">
09    p.dashed{ border-style:dashed;}          /*边框样式设置为虚线*/
10    p.dotted{ border-style:dotted;}          /*边框样式设置为点线*/
11    p.double{ border-style:double;}          /*边框样式设置为双线*/
12    p.outset{ border-style:outset;}          /*边框样式设置为 3d 凸边*/
13    p.solid{ border-style:solid;}            /*边框样式设置为实线*/
14    p.ridge{ border-style:ridge;}            /*边框样式设置为菱形边框*/
15    p.groove{ border-style:groove;}          /*边框样式设置为 3d 凹槽*/
16    p.inset{ border-style:inset;}            /*边框样式设置为 3d 凹边*/
17    p.hidden{ border-style:hidden;}          /*边框样式设置为不可见*/
18    p.none{ border-style:none;}              /*取消边框*/
19    </style>
20    <body>
21        <p class="dashed">虚线</p>
22        <p class="dotted">点线</p>
23        <p class="double">双线</p>
24        <p class="inset">3d 凸边</p>
25        <p class="outset">实线</p>
26        <p class="solid">菱形边框</p>
27        <p class="groove">3d 凹槽</p>
28        <p class="hidden">3d 凹边</p>
29        <p class="dnone">取消边框</p>
30    </body>
31    </html>
```

【代码解析】代码第 9 ~ 18 行分别列出了各类边框的样式，运行结果如图 13.20 所示。

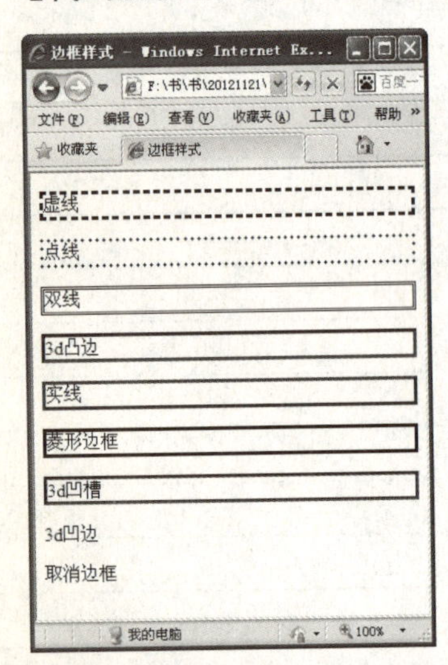

图 13.20　边框样式效果

这里再补充一些内容，border-style 是 border-top-style、border-bottom-style、border-left-style 和 border-right-style 的缩写，用于设置四条边的边框样式。

注意： border-style 缩写的顺序也是顺时针顺序，与设置边距和补白一样。

【示例 13.7】 本例设置一个四边应用不同边框样式的段落，代码如下。

```
-----------------------------------文件名：四边不同的边框样式.html------------------------------
01    <!DOCTYPE html PUBLIC "-//W3C//DTD XHTML 1.0 Transitional//EN"
02    "http://www.w3.org/TR/xhtml1/DTD/xhtml1-transitional.dtd">
03    <html xmlns="http://www.w3.org/1999/xhtml">
04    <head>
05    <meta http-equiv="Content-Type" content="text/html; charset=utf-8" />
06    <title>四边不同的边框样式</title>
07    </head>
08    <style type="text/css">
09    p{ border-style:dashed solid dotted groove;} /*边框四边的样式分别设置为虚线、实线、点线和凹槽*/
10    </style>
11    <body>
12        <p>four styles:四种类型</p>
13    </body>
14    </html>
```

【代码解析】第9行代码 border-style:dashed solid dotted groove 用于设置段落的四个边框，上边框样式设置为 dashed 虚线，右边框样式设置为 solid 实线，下边框样式设置为 dotted 点线，左边框样式设置为 groove 凹槽，运行结果如图 13.21 所示。

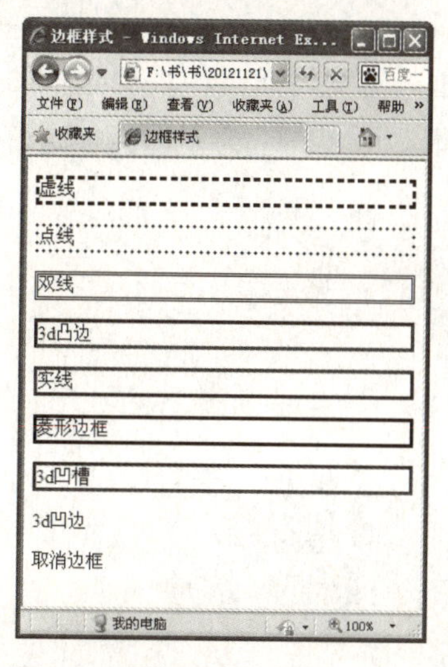

图 13.21　四边不同的边框样式

2．边框宽度

边框的第二个属性是宽度。边框的 CSS 提供 border-width 属性用于改变边框的宽度，其通用语法如下：

```
border-width:width;
```

其中，width 值可以使用长度单位和关键字进行设置。通常使用像素或者 em 作为长度单位，而关键字有 thin、medium 和 thick。在设置边框宽度之前，必须先指定边框的样式。

【示例 13.8】 本例中有四个段落，其中三个分别使用了关键字，最后一个段落设置了 10 像素的边框，代码如下。

```
-------------------------------文件名：边框宽度.html-----------------------------------
01 <!DOCTYPE html PUBLIC "-//W3C//DTD XHTML 1.0 Transitional//EN"
02 "http://www.w3.org/TR/xhtml1/DTD/xhtml1-transitional.dtd">
03 <html xmlns="http://www.w3.org/1999/xhtml">
04 <head>
05 <meta http-equiv="Content-Type" content="text/html; charset=utf-8" />
06 <title>边框宽度</title>
07 </head>
08 <style type="text/css">
09 p{ border-style:solid; }                    /*边框样式设置为实线*/
10 p.thin{ border-width:thin;}                 /*边框宽度设置为小*/
11 p.medium{ border-width:medium;}             /*边框宽度设置为中*/
12 p.thick{ border-width:thick;}               /*边框宽度设置为大*/
13 p.pixel{ border-width:10px;}                /*边框宽度设置为 10 像素*/
14 
15 </style>
16 <body>
17     <p class="thin">边框宽度小</p>
18     <p class="medium">边框宽度中</p>
19     <p class="thick">边框宽度大</p>
20     <p class="pixel">边框宽度为 10 像素</p>
21 </body>
22 </html>
```

【代码解析】代码第 9 行边框的宽度为默认值；第 10 行边框的宽度为细；第 11 行边框的宽度为中；第 12 行边框的宽度为粗；第 13 行边框的宽度为具体值，即 10px，各自的运行结果如图 13.22 所示。

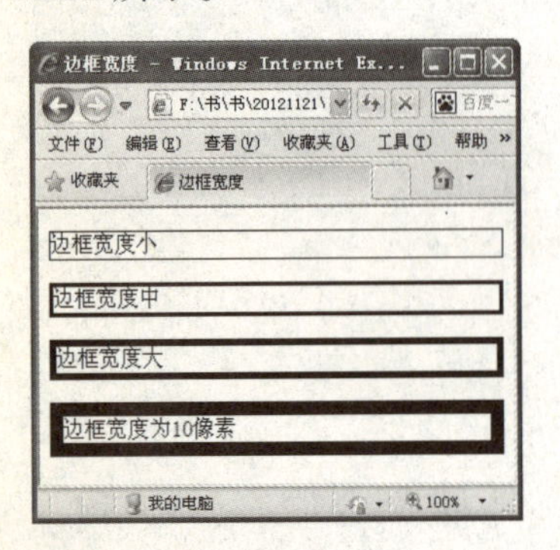

图 13.22　边框宽度示例

使用关键字设置边框宽度时，默认值为 medium。这个值是由浏览器决定的，所以不同的浏览器会有不同的宽度，不建议使用关键字设置。

补充说明一下，border-width 是 border-top-width、border-bottom-width、border-left-width 和 border-right-width 的缩写，这四个属性分别用于设置四边的边框样式。border-width 缩写的顺序也是顺时针顺序，与设置边距和补白一样。

3．边框颜色

边框的第三个属性是颜色。CSS 提供 border-color 属性用于改变边框的颜色，其通用语法如下：

```
border-color:color;
```

其中，color 值与其他设置颜色的方法是一样的。

border-color 是 border-top-color、border-bottom-color、border-left-color 和 border-right-color 的缩写，这四个属性分别用于设置四边的边框样式。border-color 缩写的顺序也是顺时针顺序，与设置边距和补白一样。

4．边框缩写

补充一点内容，上述的 border-style、border-width 和 border-color 属性可以用复合属性 border 进行缩写。

border-style、border-width 和 border-color 属性的代码如下。

```
border-style:solid;
border-width:1px;
border-color:blue;
```

它们可以缩写为以下形式：

```
border-color:solid 1px blue;
```

13.2.5　补白

补白用于增加页面容器的边框与内容之间的空间。CSS 的 padding 属性用于设置补白，其通用语法如下：

```
padding:length;
```

其中，length 的值可以用长度单位定义，也可以用百分比定义，还可以使用关键字 auto 来定义。

1．用长度单位设定 padding 的值

使用长度单位设定页面元素的 padding 值常使用像素或者 em。下面的示例 13.9 是使用像素为属性值设置补白。

【示例 13.9】 在页面中有一个 p 标签，为其增加 20 像素的补白，代码如下。

```
--------------------------------文件名：使用长度单位设定 padding 的值.html--------------------------
01    <!DOCTYPE html PUBLIC "-//W3C//DTD XHTML 1.0 Transitional//EN"
02    "http://www.w3.org/TR/xhtml1/DTD/xhtml1-transitional.dtd">
03    <html xmlns="http://www.w3.org/1999/xhtml">
04    <head>
05    <meta http-equiv="Content-Type" content="text/html; charset=utf-8" />
06    <title>使用长度单位设定 padding 的值</title>
07    </head>
08  <style type="text/css">
09  *{margin:0;padding:0;}                      /*设置页面元素的初始边距为 0，补白为
10  0*/
11    p{padding:20px; background:#ccc;}     /*设置第一个文段的背景色为灰色，四边补白为 20 像素*/
12    </style>
13    <body>
14       <p>这是一个始边距为 0，补白为 0 的示例</p>
15    </body>
16    </html>
```

运行结果如图13.23所示。

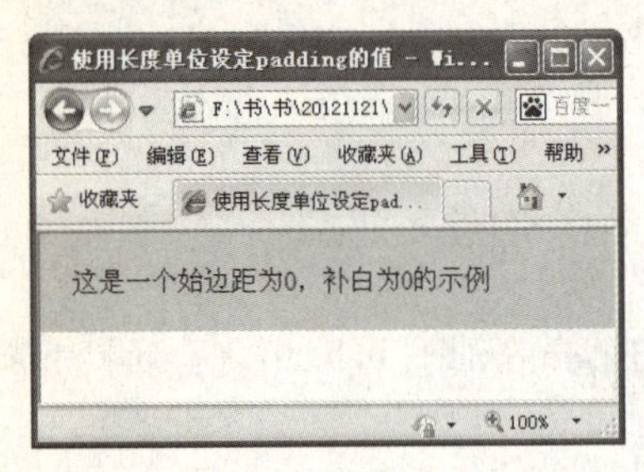

图13.23 使用长度单位控制补白的大小

【代码解析】代码第11行设定p标签的背景色为灰色后，就能看出补白的增量。另外，还设置了p标签四边的补白为20像素，如前面介绍p标签的区域扩展了20px，整个文段在页面中所占的位置就如图13.23所示的灰色区域。

2. 用百分比设定padding的值

与页边距一样，我们也可以使用百分比给页面元素设定padding的值，其计算标准是以该元素的父元素宽高为基准的。

【示例13.10】在页面中有三个并排的p标签，为中间的p标签增加5%的补白，代码如下。

```
----------------------------------文件名：使用百分比设置补白.html----------------------------------
01    <!DOCTYPE html PUBLIC "-//W3C//DTD XHTML 1.0 Transitional//EN"
02    "http://www.w3.org/TR/xhtml1/DTD/xhtml1-transitional.dtd">
03    <html xmlns="http://www.w3.org/1999/xhtml">
04    <head>
05    <meta http-equiv="Content-Type" content="text/html; charset=utf-8" />
06    <title>使用百分比设置补白</title>
07    </head>
08    <style>
09    *{margin:0;padding:0;}                          /*设置页面元素的初始边距为0，补白为0*/
10    p.two{  background:#ccc; padding:5%;}           /*设置第二个文段的背景色为灰色，四边补白为5%*/
11    p.one,p.three{ background:#ccc;}                /*设置第一个文段和第三个文段的背景为灰色*/
12    </style>
13    <body>
14        <p class="one">这是一个始边距为0，补白为0的示例</p>
15        <p class="two">这是一个始边距为0，补白为5的示例</p>
16        <p class="three">这是一个始边距为0，补白为0的示例</p>
17    </body>
18    </html>
```

【代码解析】代码第13～17行设置所有的p标签都是body标签的子元素。第10行设置p标签two样式的padding值为5%，就是使用浏览器宽度和高度的5%来定义padding的值。在本例中，浏览器被拉开320像素宽，所以5%的padding宽度就是16像素左右，运行结果如图13.24所示。

> **技巧：** 补白值的缩写和单补白值的设置方法与边距属性是一致的。

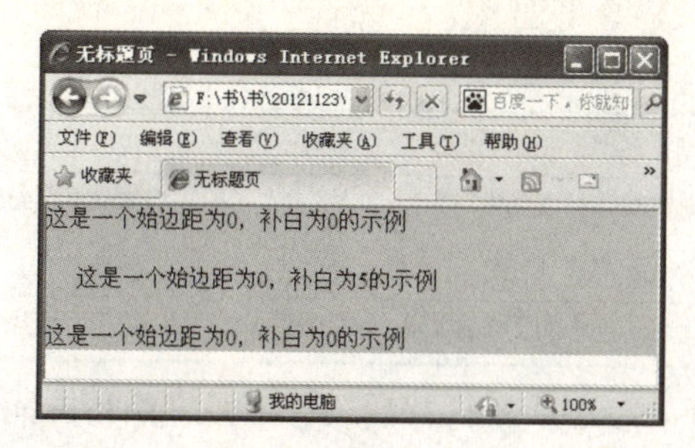

图 13.24　使用百分比设置补白

13.3　块级元素与行内元素

所有的 XHTML 网页元素都具备一种属性，这个属性代表该元素不是块级元素，就是行内元素，它在 CSS 中的作用比较小，但有一定的实用性。表 13.2 中列出了 XHTML 中常见的块级元素和行内元素。

表 13.2　常用块级元素和行内元素

块级元素	行内元素
blockquote	a
dir	b
div	span
fieldset	cite
form	em
h1-h6	i
hr	img
dl	input
ol	label
ul	select
p	br
pre	strong
	textarea

当以上这些元素单独出现在 XHTML 页面中时，它们会按照自身的语义来表现样式。例如，p 标签就表现为一个段落，b 标签就表现为一个粗体。但是当它们组合出现在页面中时，它们所占据的空间位置就需要由其他属性来确定。例如，当一个文档中相继出现两个 p 标签时，分别嵌套不同的文段，这两个 p 标签就形成了两个段落。而当一个文档中相继出现两个 b 标签时，分别嵌套两段文字，这两个 b 标签的文字会出现在同一行中。这是由于 p 标签是块级元素，而 b 标签是行内元素。在默认情况下，块级元素在页面中垂直排列，行内元素在页面中水平排列。表 13.3 列出了块级元素与行内元素的区别。

表 13.3　块级元素和行内元素的区别

	排列方式	可控制属性	宽　度
块级元素	垂直排列	高度、行高以及上下边距都可控制	其宽度在默认情况下与其父元素的宽度一致。可以设置 width 属性来改变其宽度
行内元素	水平排列	高度及上下边距都不可控制	宽度就是其包含的文字或者图片的宽度，设置 width 属性不生效

块级元素一般用于其他页面元素的容器，块元素一般都从新行开始，它可以容纳行内元素和块级元素。form 标签这一块级元素比较特殊，它只能用来容纳其他块级元素。行内元素只能容纳文本或者其他行内元素。使用 CSS 的 display 属性能使块级元素和行内元素相互转换。

说明：display 属性中的 block 和 inline 值分别代表块级元素和行内元素。

【示例 13.11】 将 p 标签变为行内元素，代码如下。

```
----------------------------------文件名：改变显示属性.html--------------------------------------
<!DOCTYPE html PUBLIC "-//W3C//DTD XHTML 1.0 Transitional//EN"
"http://www.w3.org/TR/xhtml1/DTD/xhtml1-transitional.dtd">
01    <html xmlns="http://www.w3.org/1999/xhtml">
02    <head>
03    <meta http-equiv="Content-Type" content="text/html; charset=utf-8" />
04    <title>改变显示属性</title>
05    </head>
06    <style type="text/css">
07    *{ margin:0; padding:0}                    /*页面元素的初始边距设置为 0，补白设置为 0*/
08    p{ background:#ccc;  display:inline }      /* p 标签设置为行内元素，背景设置为灰色*/
09    </style>
10    <body>
11        <p>p 已设置行内元素文段</p>
12        <p> p 已设置行内元素文段</p>
13    </body>
14    </html>
```

【代码解析】代码第 8 行的 display 是该示例的关键属性，属性值为 inline，它把 p 元素的块级属性特点改变成了行内属性特点；代码第 11、12 行定义了两个 p 元素，运行结果如图 13.25 所示。

做个对比，如图 13.25 所示，p 标签为块级元素时，就是 display 未被设置为 inline，每个 p 标签按照在 XHTML 文档的位置先后在页面上垂直排列。在设置了 display:inline;后，p 标签就成了行内元素。如图 13.26 所示，p 标签成为行内元素后，就具备了行内元素的特点，按照水平方向排列。

在众多的标签中，div 标签和 span 标签分别是块级元素和行内元素的代表，主要原因是它们不具备自带的表现属性。例如，b 标签，虽然是行内元素，但它带有粗体的表现属性，而 span 标签就不带有任何表现属性。所以 div 标签和 span 标签是常用的布局标签。

区分块级元素和行内元素最主要的作用是，在编写 CSS 代码时知道哪些属性是对行内元素不生效的，例如，设置行内元素的宽度、上下边距就不会生效。

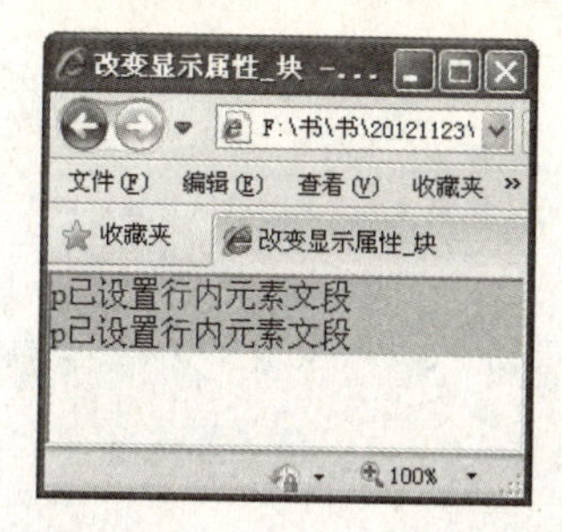

图 13.25 p 标签默认为块级元素

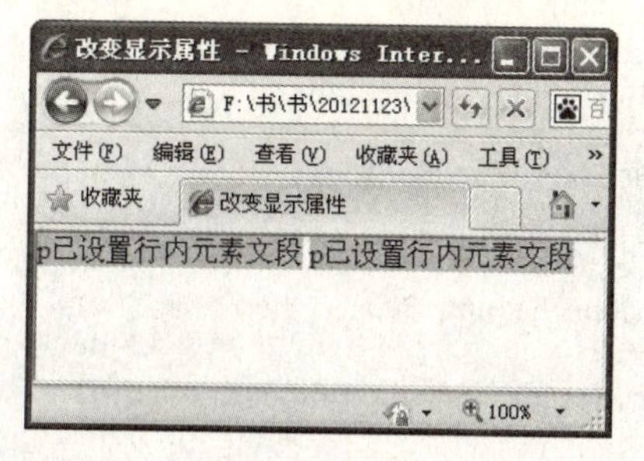

图 13.26 p 标签更改为行内元素

13.4 CSS 的浮动布局

设计网页布局时，目前最常用的是浮动布局。例如，13.1 节中提到的网页中间部分，分为左中右三个部分，这里的左中右三部分就是应用了浮动布局。另外，图文混排的布局也应用了浮动技术。应用了浮动的元素全部都会成为块级元素，并且脱离原来的常规流模式，但在物理上还是占有位置。应用了浮动的元素可以向页面的左边或者右边移动，直到其边缘接触到其父元素的边框或者另外一个浮动元素的边框。

CSS 提供 float 属性用于设置元素的浮动，它包含三个值，分别是 left、right 和 none。设置浮动为 left 值时，元素向页面左边浮动；设置浮动为 right 时，元素向页面右边浮动；设置浮动为 none 时，元素不浮动。

使用浮动布局是比较复杂的，影响浮动布局的因素有很多。例如，一个父元素中有三个 div 标签，若对其中一个 div 标签应用浮动，得到的结果在不同的浏览器中表现不同。若对两个或者三个 div 标签应用浮动，产生的结果也不同。若对其父元素应用浮动，子元素的浮动效果也会不同。

注意： 浮动的应用灵活多变，本书无法讲解所有的可能性，在此从实际运用的角度出发，讲解一些常用的浮动应用。

13.4.1 两个元素的浮动应用

下面以实例的形式向大家介绍浮动的知识。在页面布局中，很多时候会使用两个元素的浮动应用，例如，页面为两栏的结构、图文混排都应用了两个元素的浮动。下面介绍两个子元素的浮动应用。

【示例 13.12】 本例有三个 div 标签，其中一个命名为“father”的 div 标签是父元素，其余两个元素是子元素，对两个子元素都应用左浮动，代码如下。

```
-----------------------------------文件名：两个元素的浮动应用.html-----------------------------------
01    <!DOCTYPE html PUBLIC "-//W3C//DTD XHTML 1.0 Transitional//EN"
02    "http://www.w3.org/TR/xhtml1/DTD/xhtml1-transitional.dtd">
03    <html xmlns="http://www.w3.org/1999/xhtml">
04    <head>
05    <meta http-equiv="Content-Type" content="text/html; charset=utf-8" />
06    <title>两个元素的浮动应用</title>
```

```
07    <style type="text/css">
08    *{margin:0;padding:0;font-size:14px;}
09    div.father{ width:240px; height:240px;      /*父元素的高度和宽度都设置为 240 像素*/
10    border:1px solid black;margin:10px;}        /*父元素的边框设置为 1 像素黑色实线，边距设置为四边 10
11    像素*/
12
13    div.one{  width:80px;height:80px;       /*第一个 div 标签的高度和宽度都设置为 80 像素*/
14       background:#ccc;                     /*第一个 div 标签的背景色设置为浅灰色*/
15    float:left; margin:10px; }              /*第一个 div 标签设置为左浮动，四边边距设置为 10 像素*/
16
17    div.two{  width:80px;height:80px;       /*第二个 div 标签的高度和宽度都设置为 80 像素*/
18    background:#999;                        /*第二个 div 标签的背景色设置为浅灰色*/
19    float:left; margin:10px; }              /*第二个 div 标签设置为左浮动，四边边距设置为 10 像素*/
20
21    </style>
22    </head>
23
24    <body>
25    <div class="father">
26    <div class="one">第一个 div 标签</div>
27    <div class="two">第二个 div 标签</div>
28    </div>
29    </body>
30    </html>
```

【代码解析】代码第 13 ~ 19 行分别为 div.one 和 div.two 设置了 float 属性，属性值为 left，向左浮动，运行结果如图 13.27 和图 13.28 所示。

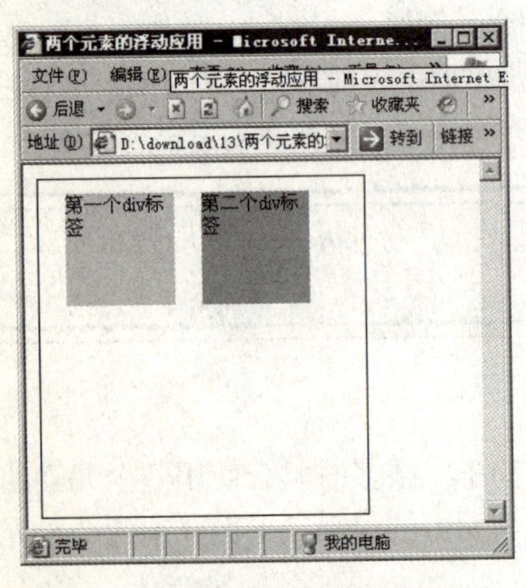

图 13.27　两个子元素应用左浮动（IE 6.0）

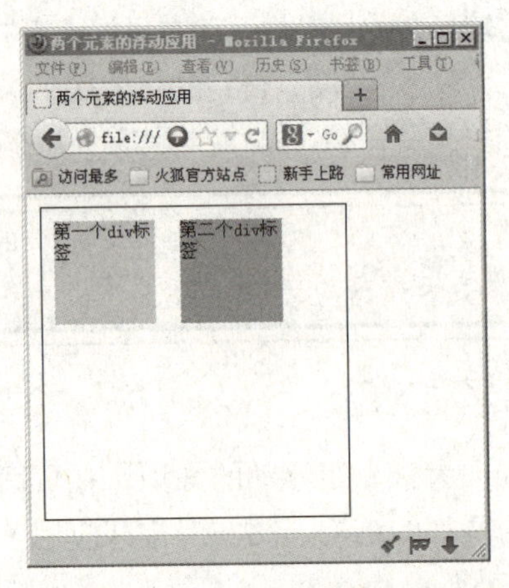

图 13.28　两个子元素应用左浮动（Firefox 17.0）

我们进一步分析，如图 13.27 和 13.28 所示，第一个 div 标签和第二个 div 标签不再遵守常规流的布局方式，而是水平排列。设置第一个 div 标签的浮动属性为左浮动，这个容器就会向其父元素的左边靠近，直到碰到父元素的边界。这个边界是父元素定义的宽度的边界，而不计算边距、边框和补白。设置第二个 div 标签的浮动为左浮动，它就会紧跟着上一个 div 标签向左浮动，直到碰到第一个 div 标签的边界。由于两个 div 标签都设置了四边的边距值为 10 像素，所以两个子元素不会紧贴在一起。对比图 13.27 和图 13.28，可以看到 IE 6.0 的第一个 div 标签的左边距变为 20 像素，是原设置值的两倍。

技巧：这是 IE 6.0 解释浮动元素的边距值的一个 bug。解决的方法是把第一个 div 的 display 属性设置为 inline。

【示例 13.13】 修改第二个标签的 float 属性为 right，代码如下。

```
01    div.one{  width:80px;height:80px;      /*第一个 div 标签的高度和宽度都设置为 80 像素*/
02      background:#ccc;                      /*第一个 div 标签的背景色设置为浅灰色*/
03    float:left; margin:10px; }              /*第一个 div 标签设置为左浮动，四边边距设置为 10 像素*/
04
05    div.two{ width:80px;height:80px;       /*第二个 div 标签的高度和宽度都设置为 80 像素*/
06    background:#999;                        /*第二个 div 标签的背景色设置为浅灰色*/
07    float:right; margin:10px; }             /*第二个 div 标签设置为右浮动，四边边距设置为 10 像素*/
```

【代码解析】代码第 7 行中，样式 div.two 的属性 float 更改为 right。

执行修改后，效果如图 13.29 所示，第一个 div 标签向左靠拢，第二个 div 标签向右靠拢，两个 div 标签水平排列。修改示例 13.13 的第一个标签的 float 属性为 right，设置了 display 属性为 inline 后，IE 6.0 的双倍浮动补白的 bug 消失了，代码如下：

```
01    div.one{  width:80px;height:80px;      /*第一个 div 标签的高度和宽度都设置为 80 像素*/
02      background:#ccc;                      /*第一个 div 标签的背景色设置为浅灰色*/
03      float:left; margin:10px;              /*第一个 div 标签设置为左浮动，四边边距设置为 10 像素*/
04      display:inline;}                      /*第一个 div 标签的显示属性设置为 inline*/
05
06    div.two{  width:80px;height:80px;      /*第二个 div 标签的高度和宽度都设置为 80 像素*/
07          background:#999;                  /*第二个 div 标签的背景色设置为浅灰色*/
08          float:right; margin:10px;         /*第二个 div 标签设置为右浮动，四边边距设置为 10 像素*/
09          display:inline;}                  /*第一个 div 标签的显示属性设置为 inline*/
```

【代码解析】新增加第 4 行和第 9 行代码，让块级元素 div 转变成为行内元素。执行修改后，效果如图 13.30 所示，两个元素都应用右浮动之后，两个 div 标签会从右到左水平排列。

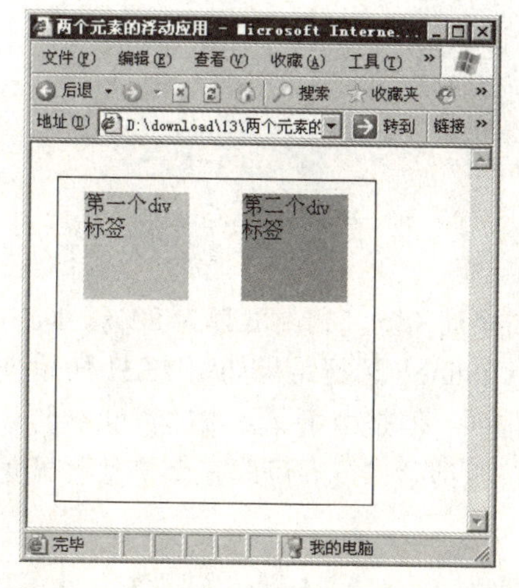

图 13.29　一个应用左浮动，另外一个应用右浮动（IE 6.0）

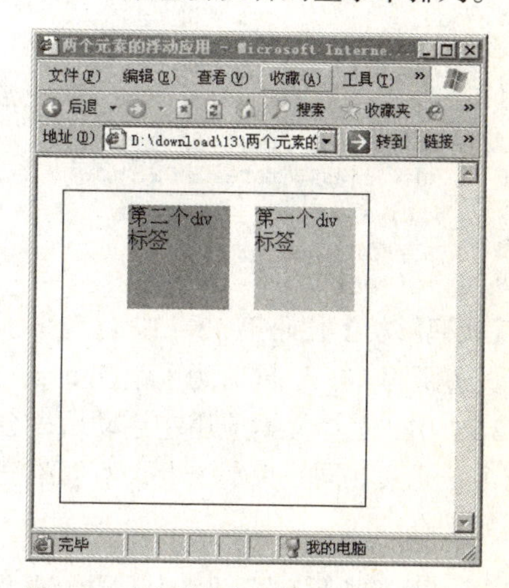

图 13.30　两个元素应用右浮动（IE 6.0）

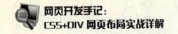

说明：本例各步骤在 IE 7.0 以上版本中的显示效果与 Firefox 17.0 一致。

13.4.2 多个元素的浮动应用

上面的例子中只有两个浮动，如果有三个呢？在页面布局中，多个元素的浮动常用于相册排版、列表排版等。

【示例 13.14】 本例有四个 div 标签，其中一个命名为“father”的 div 标签是父元素，其余三个元素是子元素，对所有的子元素应用左浮动，代码如下。

```
---------------------------------文件名：三个元素的浮动应用.html---------------------------------
01   <!DOCTYPE html PUBLIC "-//W3C//DTD XHTML 1.0 Transitional//EN"
02   "http://www.w3.org/TR/xhtml1/DTD/xhtml1-transitional.dtd">
03   <html xmlns="http://www.w3.org/1999/xhtml">
04   <head>
05   <meta http-equiv="Content-Type" content="text/html; charset=utf-8" />
06   <title>三个元素的浮动应用</title>
07   <style type="text/css">
08   *{margin:0;padding:0;font-size:14px;}
09   div.father{ width:240px; height:240px;             /*设置父元素的高度和宽度都为 240 像素*/
10     border:1px solid black;margin:10px;}              /*设置父元素的边框为 1 像素黑色实线,四边的边距为
11                                                         10 像素*/
12
13   div.one,div.two,div.three{ background:#ccc;         /*设置三个 div 标签的背景色为浅灰色*/
14                       float:left;                     /*设置三个 div 标签为左浮动*/
15                       width:80px;height:80px;         /*设置三个 div 标签的高度和宽度都为 80 像素*/
16                       margin:10px;                    /*设置三个 div 标签四边边距为 10 像素*/
17                       display:inline; }               /*设置三个 div 标签的显示属性为 inline*/
18
19   </style>
20   </head>
21
22   <body>
23   <div class="father">
24   <div class="one">第一个 div 标签</div>
25   <div class="two">第二个 div 标签</div>
26   <div class="three">第三个 div 标签</div>
27   </div>
28   </body>
29   </html>
```

【代码解析】代码第 13 ~ 17 行定义了三个 div 的共同样式，宽度和高度都为 80px，向左浮动，页边距为 10px，同时为了消除 bug，还设置了 display:inline，运行结果如图 13.31 所示。在图 13.31 中，三个元素应用左浮动后，会按照水平方向排列。但是由于父元素的宽度不足以容纳三个子元素在同一水平线上，所以第三个子元素就被挤压到第二行。修改三个子元素宽度的代码如下：

```
01   div.one,div.two,div.three{  background:#ccc;/*设置三个 div 标签的背景色为浅灰色*/
02                       float:left;             /*设置三个 div 标签为左浮动*/
03                      width:50px;height:80px;  /*设置三个 div 标签的高度为 80 像素，宽度为 50 像素
```

```
04      */
05                              margin:10px;            /*设置三个 div 标签四边边距为 10 像素*/
06                              display:inline; }       /*设置三个 div 标签的显示属性为 inline*/
```

【代码解析】与例 13.14 中的第 15 行代码相比，在第 3 行代码进行了宽度修改，修改为 50px。执行以上修改后运行的效果如图 13.32 所示，当父元素的宽度足以容纳三个子元素时，子元素就会在同一行上水平排列。在实际运用中，通常把第三个子元素设置为右浮动，让第三个子元素靠近父元素的右边缘。

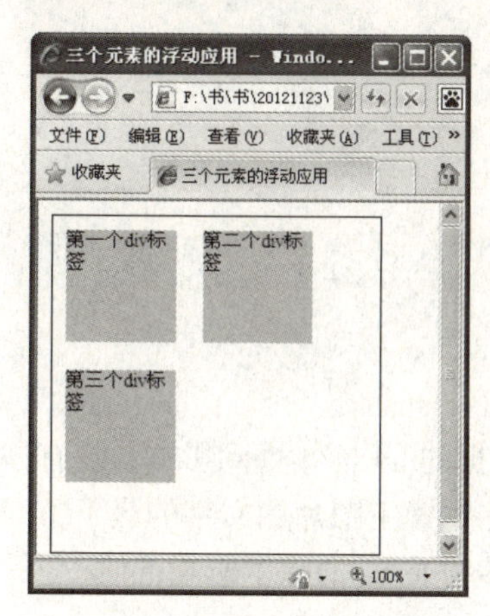

图 13.31 三个子元素应用左浮动

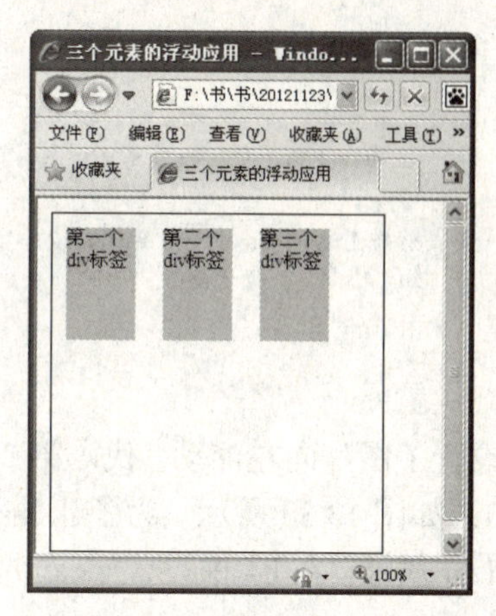

图 13.32 三个子元素应用左浮动（修改后）

13.4.3 清除浮动

很多时候，我们为了使用浮动，把块级元素变成了行内元素，致使浮动的元素会脱离原来的常规流。浮动元素就可能会覆盖一些非浮动的元素，影响了块级元素的正常使用，这时需要使用 CSS 的 clear 属性来清除浮动。clear 属性有四个值，分别是 none、left、right 和 both，具体含义如下。

- none：允许两边都可以有浮动对象。
- both：不允许有浮动对象。
- left：不允许左边有浮动对象。
- right：不允许右边有浮动对象。

【示例 13.15】 本例是一个图文混排的例子。XHTML 文档中有一张设置了左浮动的图片和几段文字，页面最后有一个 h4 标题，用于提示这篇文字不得转载。本例希望把 h4 中的文字放在图片和文字的最下面，但是图片影响 h4 标题的块级属性，代码如下。

```
------------------------------------文件名：清除浮动.html------------------------------------
01      <!DOCTYPE html PUBLIC "-//W3C//DTD XHTML 1.0 Transitional//EN"
02      "http://www.w3.org/TR/xhtml1/DTD/xhtml1-transitional.dtd">
03      <html xmlns="http://www.w3.org/1999/xhtml">
04      <head>
05      <meta http-equiv="Content-Type" content="text/html; charset=utf-8" />
06      <title>清除浮动</title>
07      <style type="text/css">
```

```
08    *{margin:0;padding:0;font-size:14px;}
09    img{ float:left;                          /*图片左浮动*/
10    margin:8px;}                              /*图片四边边距为 8 像素*/
11    p{ font-size:12px;                        /*文字大小设置为 12 像素*/
12    padding:3px;                              /*文字四边补白 3 像素*/
13    text-indent:24px;}                        /*文字首行缩进 24 像素*/
14    h4{ background:#ebebeb;                   /*h4 的背景色设置为浅灰色*/
15    font-size:14px; text-align:center;}       /*h4 的文字大小设置为 14 像素，文字居中对齐*/
16    </style>
17    </head>
18    <body>
19    <img src="pic.jpg"/>
20    <p>明清时期，天安门到大清门（明朝成大明门、中华民国称中华门）之间的千步廊形成占地几万平方米的T字
21    形宫廷广场，其东、西两侧还各设一门，东为长安左门，西为长安右门，国家主要统治机构六部及各院即设在
22    此。这里是帝国统治机构的中枢。</p>
23    <p>明清的皇帝们一般都在天安门颁布重要诏令，称为“金凤颁诏”。此外，皇帝大婚，将领出征时祭旗，御驾
24    亲征时祭路，刑部在秋天提审要犯（“秋审”），殿试公布“三甲”（“金殿传胪”）等重大仪式也都在此举25 行。</p>
26    <h4>本文不得转载</h4>
27    </body>
28    </html>
```

【代码解析】代码第 9 行设置了图片向左浮动。代码第 26 行的 h4 标签受到影响，没有体现块级元素应有的效果，运行结果如图 13.33 所示。为了让 h4 标题置于图片和文字的最下方，并且不被图片遮盖，就要使用 clear 属性。在 h4 中设置 clear 属性为 left，清除了影响 h4 标题的左浮动，代码如下：

```
01    h4{ background:#ebebeb;        /*标题的背景色为浅灰色*/
02        font-size:14px;            /*标题的文字大小为 14 像素*/
03        text-align:center;         /*标题的文字居中对齐*/
04        clear:left;}               /*清除左边浮动*/
```

执行以上修改的代码后，运行的效果如图 13.34 所示。

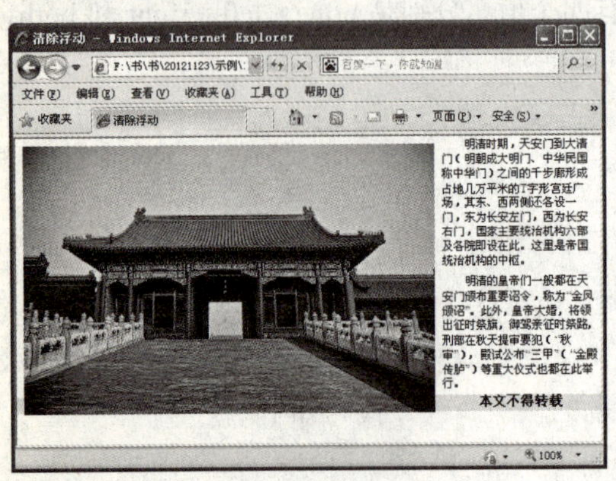

图 13.33　清除浮动前

图 13.34　清除浮动后

13.4.4　解决 Firefox 的计算高度问题

浮动也存在浏览器兼容问题，例如，在一个 XHTML 文档中，父元素“father”的宽度是固定的，但是高度不固定，在 Firefox 中，其子元素若使用了浮动，那么父元素的高度就不会自动

计算。也就是说，子元素不能撑开父元素。但是在 IE 中，父元素的高度是自动计算的，子元素能撑开父元素。

> **技巧：** 在标准的浏览器 Firefox 17.0 中，这样的高度不会被自动计算，需要使用一个特别的处理方式来解决这一问题。

【示例 13.16】 本例中有三个 div 标签，其中一个命名为“father”的 div 标签是父元素，其余两个元素是子元素，对所有的子元素应用左浮动，代码如下。

```
--------------------------------文件名：解决火狐的自动计算高度问题.html--------------------------
01    <!DOCTYPE html PUBLIC "-//W3C//DTD XHTML 1.0 Transitional//EN"
02    "http://www.w3.org/TR/xhtml1/DTD/xhtml1-transitional.dtd">
03    <html xmlns="http://www.w3.org/1999/xhtml">
04    <head>
05    <meta http-equiv="Content-Type" content="text/html; charset=utf-8" />
06    <title>解决火狐的自动计算高度问题</title>
07    <style>
08    *{margin:0;padding:0;font-size:14px;}
09    div.father{  width:240px;                /*设置父元素宽度为 240 像素*/
10           border:1px solid black;            /*设置父元素边框为 1 像素黑色实线*/
11           margin:10px;}                      /*设置父元素四边边距为 10 像素* /
12
13    div.one,div.two{ background:#ccc;         /*设置两个 div 标签的背景色为浅灰色*/
14              float:left;                     /*设置两个 div 标签左浮动*/
15              width:80px;height:100px;        /*设置两个 div 标签的高度和宽度都为 80 像素*/
16              margin:10px; }                  /*设置两个 div 标签的四边边距为 10 像素*/
17
18    </style>
19    </head>
20    <body>
21    <div class="father">
22    <div class="one">第一个 div 标签</div>
23    <div class="two">第二个 div 标签</div>
24    </div>
25    </body>
26    </html>
```

【代码解析】 代码第 9～11 行定义了 div.father 样式，设置了宽度、边框和页边距，没有设置高度；代码第 13～16 行定义了子元素样式，设置了背景色，向左浮动，设置了高度、宽度和页边距，运行结果如图 13.35 和图 13.36 所示。

下面来对比分析，如图 13.35 和图 13.36 所示，在 IE 6.0 中，父元素被子元素撑开，边框清晰地显示了父元素的边界。而在 Firefox 17.0 浏览器中，子元素不能撑开父元素，父元素的边框只显示成一条线，此时，就需要应用一个特殊的处理方式。首先添加第三个子元素，给其指定一个名为“clear”的类选择器。然后在类选择器中设置 clear 属性为 both，整体代码修改如下。

```
--------------------------------文件名：解决火狐的自动计算高度问题 1.html--------------------------
01    <!DOCTYPE html PUBLIC "-//W3C//DTD XHTML 1.0 Transitional//EN"
02    "http://www.w3.org/TR/xhtml1/DTD/xhtml1-transitional.dtd">
03    <html xmlns="http://www.w3.org/1999/xhtml">
```

```
01    <head>
02    <meta http-equiv="Content-Type" content="text/html; charset=utf-8" />
03    <title>解决火狐的自动计算高度问题</title>
04    <style>
05    *{margin:0;padding:0;font-size:14px;}
06    div.father{  width:240px;                    /*父元素宽度设置为 240 像素*/
07              border:1px solid black;            /*父元素边框设置为 1 像素黑色实线*/
08              margin:10px;}                      /*父元素四边边距设置为 10 像素* /
09
10    div.one,div.two{ background:#ccc;            /*两个 div 标签的背景色设置为浅灰色*/
11              float:left;                        /*两个 div 标签左浮动*/
12              width:80px;height:100px;          /*两个 div 标签的高度和宽度都设置为 100 像素*/
13              margin:10px; }                     /*两个 div 标签的四边边距设置为 10 像素*/
14
15    .clear{ clear:both;}                         /*清除两边浮动*/
16    </style>
17    </head>
18
19    <body>
20    <div class="father">
21    <div class="one">第一个 div 标签</div>
22    <div class="two">第二个 div 标签</div>
23    <div class="clear"></div>
24    </div>
25    </body>
26    </html>
```

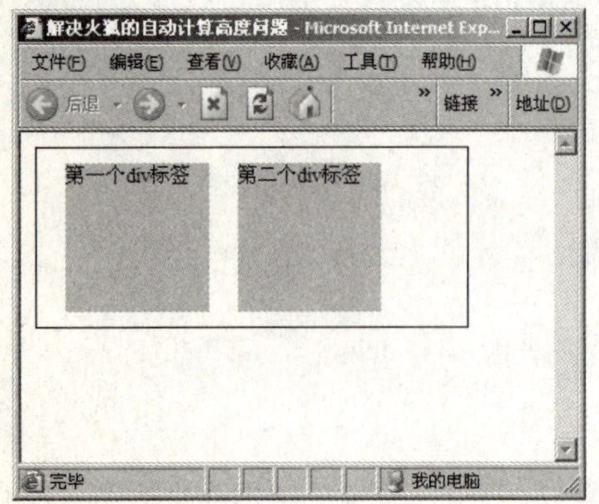

图 13.35　自动计算容器高度（IE 6.0）

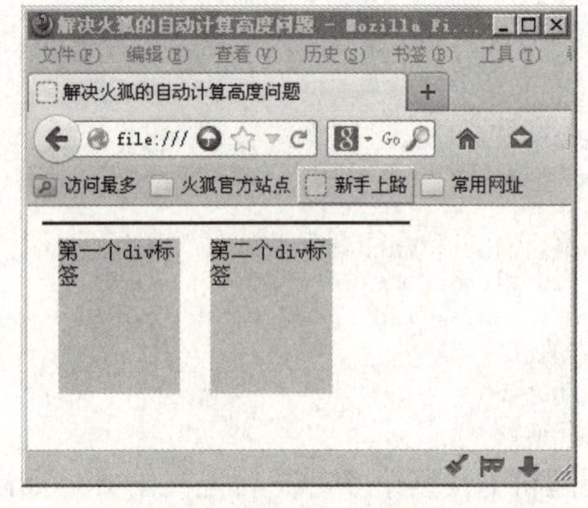

图 13.36　不自动计算容器高度（Firefox 17.0）

【代码解析】代码第 15 行增加了.clear 样式，用于清除浮动，代码第 23 行引用了该样式。执行修改后的效果如图 13.37 所示，添加了名为 clear 的 div 标签后，父元素就能自动计算高度。

> **说明：**关于浮动的应用，需要读者自己多读代码，多练习使用。在页面布局中，浮动的应用至关重要。在往后的布局示例中，大多数情况下都应用到浮动。IE 根据内容自动扩展高度的特性，在 IE 7.0 以上版本没有延续。这个示例在 IE 7.0 以上版本中的显示效果与在 Firefox 17.0 中一致。

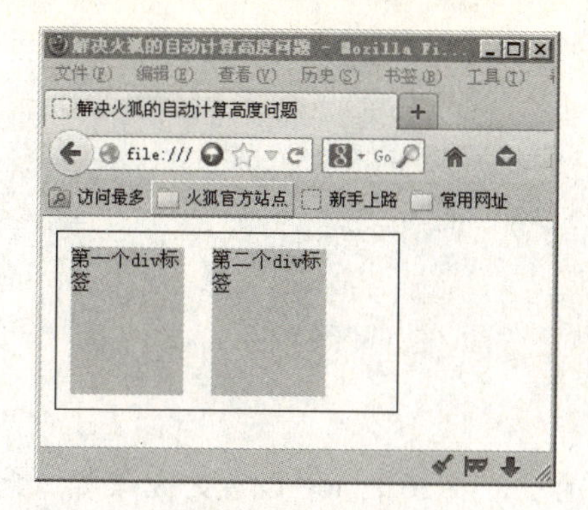

图 13.37　自动计算容器高度（Firefox 17.0）示例

13.5　CSS 布局的相对定位

网页设计除了使用浮动布局外，还会使用定位布局的方式。所谓定位，就是确定网页元素出现的相对位置，可以相对于它经常出现的位置，相对于父元素的位置，甚至相对于另一个元素的位置。position 属性共有四个关键字值，分别是 static、absolute、relative 和 fixed。其中，static 为默认值，表示块保持在原来的位置上，absolute 为绝对定位，relative 为相对定位，这两种定位方式是最常用的。本节先讲述相对定位。

13.5.1　单个元素的相对定位

所谓相对定位，就是设置子元素相对于自身偏移的位置。要确定子元素相对于自身偏移了多少，就要使用 top、bottom、left 和 right 属性来确定，这四个属性能使用长度单位或者关键字 auto 来设置。例如，设定子元素的 position 属性为 relative，然后设置 top 为 10 像素，则子元素会相对于自身的顶部边界下移 10 像素。

【示例 13.17】 本例中有两个 div 标签，其中一个命名为“father”的 div 标签是父元素，另外一个元素是子元素，设置子元素的 position 属性为 relative，top 属性为 10 像素，代码如下。

```
-----------------------------------文件名：单个元素的相对定位.html-----------------------------
01    <!DOCTYPE html PUBLIC "-//W3C//DTD XHTML 1.0 Transitional//EN"
02    "http://www.w3.org/TR/xhtml1/DTD/xhtml1-transitional.dtd">
03    <html xmlns="http://www.w3.org/1999/xhtml">
04    <head>
05    <meta http-equiv="Content-Type" content="text/html; charset=utf-8" />
06    <title>单个元素的相对定位</title>
07    <style type="text/css">
08    *{margin:0;padding:0;font-size:14px;}
09    div.father{ width:240px; height:240px;     /*父元素的高度和宽度都设置为 240 像素*/
10            border:1px solid black;            /*父元素的边框设置为 1 像素黑色实线*/
11            margin:8px;}                       /*父元素四边边距设置为 8 像素*/
12
13    div.one{  background:#ccc;                 /*第一个 div 标签的背景色设置为浅灰色*/
14            width:80px; height:80px;           /*第一个 div 标签的高度和宽度都设置为 80 像素*/
15            position:relative;                 /*第一个 div 标签设置为相对定位*/
```

```
16              top:8px; }                          /*第一个 div 标签从上往下偏移 8 像素*/
17
18      </style>
19      </head>
20
21      <body>
22      <div class="father">
23      <div class="one">第一个 div 标签示例</div>
24      </div>
25      </body>
26      </html>
```

【代码解析】在代码第 15 行中，子元素设置为相对定位；第 16 行 top 设置为 8 像素，子元素会向下移动 8 像素。同样，若设定 left 属性为 10 像素，子元素就会向右移动 10 像素。本例的运行结果如图 13.38 所示。

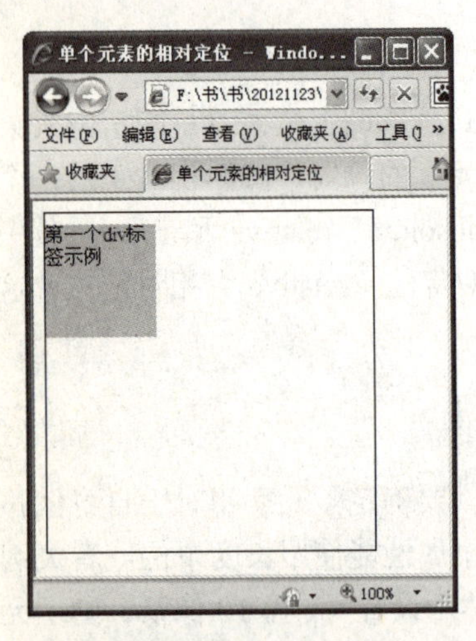

图 13.38　单个元素的相对定位示例

技巧：当 top 和 bottom 或者 left 和 right 同时设置时，子元素就会优先选择 top 和 left。

修改示例 13.17 的代码，验证当四个属性一起设置时，哪个属性优先，代码如下：

```
01    div.one{  background:#ccc;                           /*第一个 div 标签的背景色设置为浅灰色*/
02            width:80px; height:80px;                     /*第一个 div 标签的高度和宽度都设置为 80 像素*/
03            position:relative;                           /*第一个 div 标签设置为相对定位*/
04            top:8px; bottom:8px; left:8px; bottom:8px; }  /*第一个 div 标签四个偏移属性都设置为 8 像素*/
```

【代码解析】与原来的代码相比，在代码第 4 行添加了四个方向的相对位移，修改代码后的运行结果如图 13.39 所示。

我们可以看到，将四个属性都设置时，那么 top 和 left 属性优先使用。子元素向下移动 8 像素，向左移动 8 像素。在示例 13.17 中，子元素的大小没有超出父元素，而将要展示的示例 13.18 中子元素的宽度超出了父元素，这是为什么？

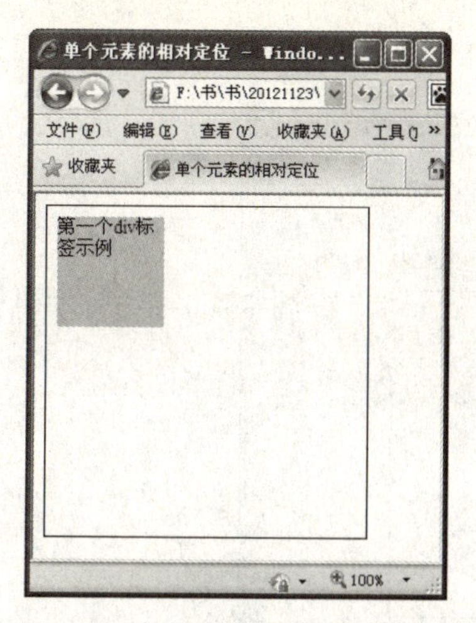

图 13.39　单个元素的相对定位（修改后）示例

【示例 13.18】　本例有两个 div 标签，其中一个命名为“father”的 div 标签是父元素，另外一个元素是子元素。其中，子元素的宽度大于父元素的宽度。设置子元素的 position 属性为 relative，top 属性为 8 像素，代码如下。

```
---------------------------------文件名:单个元素的相对定位2.html-------------------------------
01    <!DOCTYPE html PUBLIC "-//W3C//DTD XHTML 1.0 Transitional//EN"
02    "http://www.w3.org/TR/xhtml1/DTD/xhtml1-transitional.dtd">
03    <html xmlns="http://www.w3.org/1999/xhtml">
04    <head>
05    <meta http-equiv="Content-Type" content="text/html; charset=utf-8" />
06    <title>单个元素的相对定位</title>
07    <style type="text/css">
08    *{margin:0;padding:0;font-size:14px;}
09    div.father{ width:240px; height:240px;     /*父元素的高度和宽度都设置为 240 像素*/
10           border:1px solid black;          /*父元素的边框设置为 1 像素黑色实线*/
11           margin:8px;}                     /*父元素四边边距设置为 8 像素*/
12
13    div.one{  background:#ccc;              /*第一个 div 标签的背景色设置为浅灰色*/
14           width:320px; height:80px;        /*第一个 div 标签的高度设置为 80 像素，宽度设置为 320 像素*/
15           position:relative;               /*第一个 div 标签设置为相对定位*/
16           top:8px; left:8px; }             /*第一个 div 标签从上往下偏移 8 像素，从左向右偏移 8 像素*/
17
18    </style>
19    </head>
20
21    <body>
22    <div class="father">
23    <div class="one">第一个 div 标签示例</div>
24    </div>
25    </body>
26    </html>
```

【代码解析】在代码第 9 ~ 11 行定义了 div.father 样式，除设置了边框和页边距外，还设置了宽度为 240px；在第 13、14 行定义了子元素样式 div.one，设置了背景色和相对定位，宽度为

320px，运行结果如图 13.40 和图 13.41 所示。

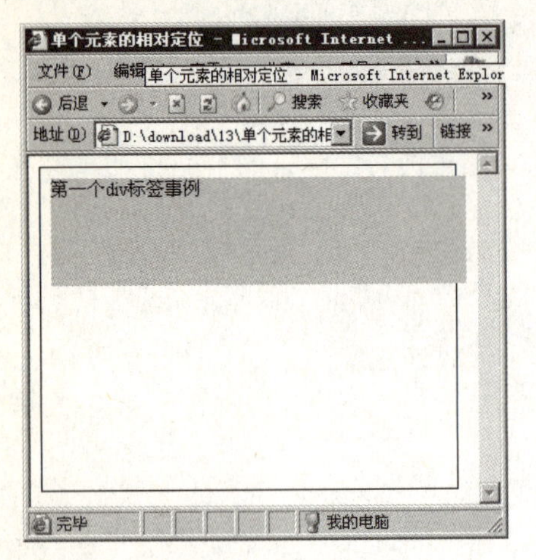

图 13.40　单个元素的相对定位（IE 6.0）

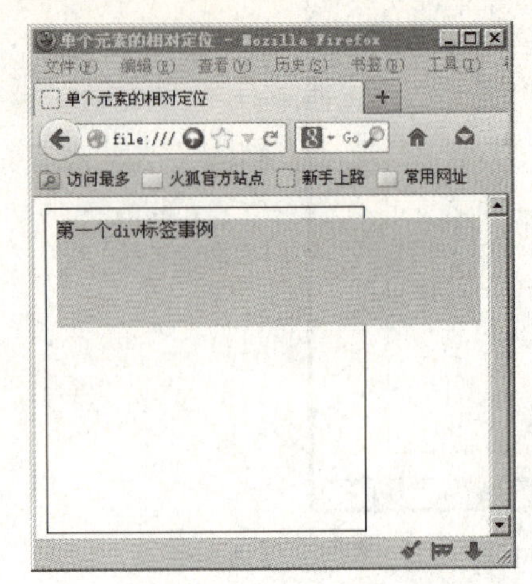

图 13.41　单个元素的相对定位（Firefox 17.0）

对比来看，如图 13.40 所示，在 IE 6.0 中，子元素撑大了父元素，并且由于设置了 left 值为 8 像素，子元素向右移动。但是在 Firefox 17.0 中，子元素并未撑大父元素。所以，在使用相对定位时要注意子元素与父元素的大小问题。

说明： 示例 13.18 在 IE 7.0 以上版本中的显示效果与 Firefox 17.0 中一样。

13.5.2　两个元素的相对定位

当子元素增加到两个的时候，使用相对定位的情况就变得较复杂。

【示例 13.19】 本例有三个 div 标签，其中一个命名为“father”的 div 标签是父元素，另外两个元素是子元素，设置第一个子元素的 position 属性为 relative，top 属性为 10 像素，代码如下。

```
------------------------------------文件名：两个元素的相对定位.html------------------------------
01    <!DOCTYPE html PUBLIC "-//W3C//DTD XHTML 1.0 Transitional//EN"
02    "http://www.w3.org/TR/xhtml1/DTD/xhtml1-transitional.dtd">
03    <html xmlns="http://www.w3.org/1999/xhtml">
04    <head>
05    <meta http-equiv="Content-Type" content="text/html; charset=utf-8" />
06    <title>两个元素的相对定位</title>
07    <style type="text/css">
08    *{margin:0;padding:0;font-size:14px;}
09    div.father{ width:240px; height:240px;     /*父元素的高度和宽度都设置为 240 像素*/
10            border:1px solid black;          /*父元素的边框设置为 1 像素黑色实线*/
11            margin:8px;}                     /*父元素四边边距设置为 8 像素*/
12
13    div.one{  background:#ccc;               /*第一个 div 标签的背景色设置为浅灰色*/
14            width:80px; height:80px;         /*第一个 div 标签的高度设置为 80 像素，宽度设置为 80 像素*/
15            position:relative;               /*第一个 div 标签设置为相对定位*/
```

```
16            top:8px; }                        /*第一个 div 标签从上往下偏移 8 像素*/
17
18      div.two{  background:#999;              /*第二个 div 标签背景色设置为浅灰色*/
19            width:80px; height:80px;}         /*第二个 div 标签的高度和宽度设置为 80 像素*/
20
21      </style>
22      </head>
23      <body>
24      <div class="father">
25      <div class="one"> div 标签 one 示例</div>
26      <div class="two">div 标签 two 示例</div>
27      </div>
28      </body>
29      </html>
```

【代码解析】代码第 9 ~ 11 行定义了 div.father 样式，设置高度、宽度、边框和页边距。代码第 13 ~ 16 行定义了 div.one 样式，设置了背景色、宽度、高度，还设置成相对定位，下移 8px。代码第 18、19 行定义了 div.two 样式，设置了背景色、高度和宽度。运行结果如图 13.42 所示。

> **注意：**如图 13.42 所示，第一个 div 标签覆盖住了第二个 div 标签；第二个 div 标签仍在原来的位置上，而第一个 div 标签设置了相对定位。所以第一个 div 标签向下移动就会覆盖住第二个 div 标签。

将两个子元素都设置为相对定位，代码如下：

```
01    div.two {  background:#999;               /*第二个 div 标签的背景色设置为浅灰色*/
02           width:80px; height:80px;           /*第二个 div 标签的高度和宽度设置为 80 像素*/
03           position:relative;                 /*第二个 div 标签设置为相对定位*/
04           top:20px; }                        /*第二个 div 标签从上往下偏移 20 像素*/
```

【代码解析】代码第 3、4 行也为样式 div.two 增加了相对定位的设置，相对原来的位置下移 20px，执行修改的代码后，结果如图 13.43 所示。

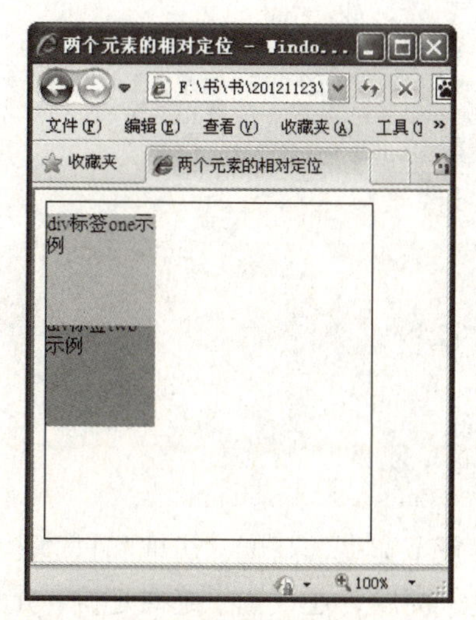

图 13.42　两个元素的相对定位（修改前）

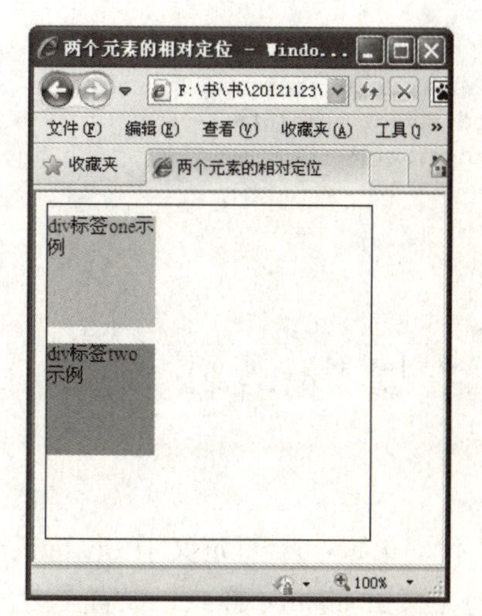

图 13.43　两个元素的相对定位（修改后）

进一步分析，如图 13.43 所示，两个元素都设定了相对定位，则两个元素都会相对它们自身的位置向下移动。从两个 div 标签移动的位置可以看出，相对定位是元素相对于自身的相对位置移动。

13.6 CSS 布局方式：绝对定位

当容器的属性 position 使用属性值 absolute 时，这个容器被设置为绝对定位。使用绝对定位的子元素时，其移动是相对于已经定位的父元素。若其父元素并未定位，那么使用绝对定位的子元素就会相对最初的包含块来定位，这个最初的包含块通常是 html 标签。

13.6.1 单个元素的绝对定位

使用绝对定位同样有 top、bottom、left 和 right 四个用于移动的属性。示例 13.20 示范了父元素没有定位的情况。

【示例 13.20】 本例有两个 div 标签，其中一个命名为“father”的 div 标签是父元素，另外一个元素是子元素，设置子元素的 position 属性为 absolute，top 属性为 5 像素，代码如下。

```
-----------------------------------文件名：单个元素的绝对定位.html-----------------------------------
01    <!DOCTYPE html PUBLIC "-//W3C//DTD XHTML 1.0 Transitional//EN"
02    "http://www.w3.org/TR/xhtml1/DTD/xhtml1-transitional.dtd">
03    <html xmlns="http://www.w3.org/1999/xhtml">
04    <head>
05    <meta http-equiv="Content-Type" content="text/html; charset=utf-8" />
06    <title>单个元素的绝对定位</title>
07    <style type="text/css">
08    *{margin:0;padding:0;font-size:14px;}
09    div.father{ width:240px; height:240px;     /*父元素的高度和宽度都设置为 240 像素*/
10            border:1px solid black;       /*父元素的边框设置为 1 像素黑色实线*/
11            margin:8px;}                  /*父元素四边边距设置为 8 像素*/
12
13    div.one{  background:#ccc;              /*第一个 div 标签的背景色设置为浅灰色*/
14           width:80px; height:80px;       /*第一个 div 标签的高度设置为 80 像素，宽度设置为 320 像素*/
15          position: absolute;             /*设置第一个 div 标签为绝对定位*/
16          top:5px; }                      /*设置第一个 div 标签从上往下偏移 5 像素*/
17
18    </style>
19    </head>
20
21    <body>
22    <div class="father">
23    <div class="one"> div 标签 one 示例</div>
24    </div>
25    </body>
26    </html>
```

【代码解析】 代码第 9 ~ 11 行定义了 div.father 样式，设置了宽度、高度、边框和页边距。代码第 13 ~ 16 行定义了 div.one 样式，设置了背景色、宽度、高度，还设置了绝对定位，定位属性为 top，属性值为 5px。运行结果如图 13.44 所示。

我们对该例做进一步分析，第一个 div 标签的父元素没有使用任何定位，即没有设置父元素的 position 属性。所以子元素就会相对于其最初的包含块来移动，最初的包含块是 html 元素，就是整个页面。设置 top 值为 5 像素，则第一个 div 标签会向下移动 5 像素。修改示例 13.20 中的代码，把父元素 father 的 position 属性修改为 relative，代码如下：

```
01    div.father{ width:240px; height:240px;    /*父元素的高度和宽度都设置为 240 像素*/
02              border:1px solid black;         /*父元素的边框设置为 1 像素黑色实线*/
03              margin:8px;                     /*父元素四边边距设置为 8 像素*/
04              position:relative}              /*父元素设置为相对定位*/
```

【代码解析】相对于原来的代码来说，代码第 4 行增加了 position 属性，属性值为 relative，修改代码后的运行结果如图 13.45 所示。

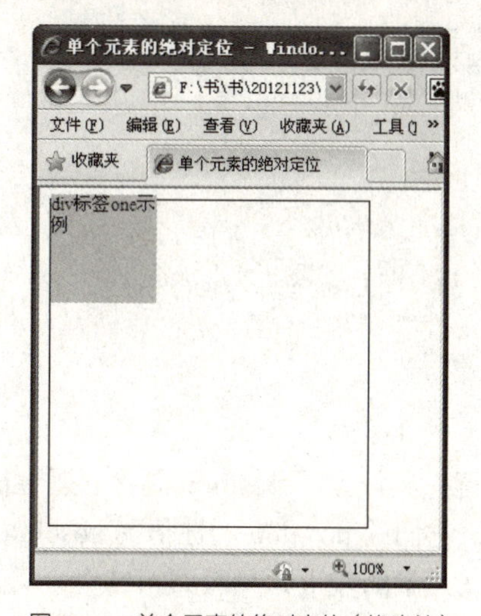

图 13.44　单个元素的绝对定位（修改前）

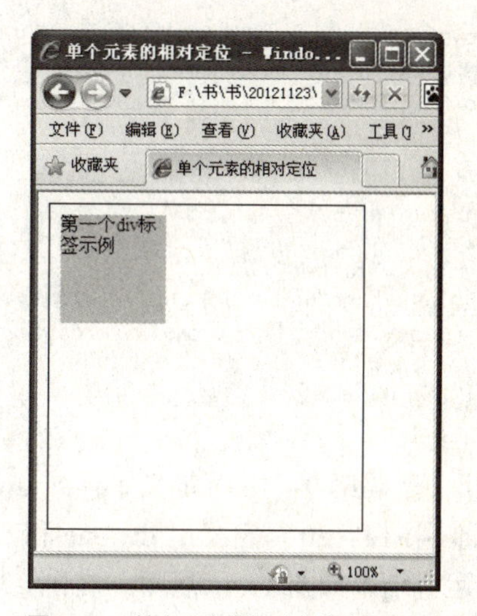

图 13.45　单个元素的绝对定位（修改后）

如图 13.45 所示，父元素应用相对定位后，子元素就会以父元素的边界为基准向下移动 5 像素。

> **技巧：**在实际运用中，常用的定位方式是定义父元素为相对定位，子元素为绝对定位。

13.6.2　两个元素的绝对定位

当子元素增加到两个的时候，使用绝对定位的情况就变得较为复杂。使用绝对定位的元素会脱离原来的常规流，位置停留在父元素的左上角。

【示例 13.21】 本例有三个 div 标签，其中一个命名为“father”的 div 标签是父元素，另外两个元素是子元素。首先设置父元素为相对定位，然后设置子元素为绝对定位，代码如下。

```
-----------------------------------文件名：两个元素的绝对定位.html-----------------------------------
01    <!DOCTYPE html PUBLIC "-//W3C//DTD XHTML 1.0 Transitional//EN"
02    "http://www.w3.org/TR/xhtml1/DTD/xhtml1-transitional.dtd">
03    <html xmlns="http://www.w3.org/1999/xhtml">
```

```
04    <head>
05    <meta http-equiv="Content-Type" content="text/html; charset=utf-8" />
06    <title>两个元素的绝对定位</title>
07    <style type="text/css">
08    *{margin:0;padding:0;font-size:14px;}
09    div.father{ width:240px; height:240px;     /*父元素的高度和宽度都设置为 240 像素*/
10     border:1px solid black;                 /*父元素的边框设置为 1 像素黑色实线*/
11    margin:8px;                              /*父元素四边边距设置为 8 像素*/
12    position:relative}                       /*父元素设置为相对定位*/
13
14    div.one{  background:#ccc;               /*第一个 div 标签的背景色设置为浅灰色*/
15    width:80px; height:80px;                 /*第一个 div 标签的高度设置为 80 像素，宽度设置为 80 像素*/
16    position: absolute;}                     /*设置第一个 div 标签为绝对定位*/
17
18    div.two{  background:#999;               /*第二个 div 标签的背景色设置为浅灰色*/
19    width:80px; height:80px;                 /*第二个 div 标签的高度和宽度设置为 80 像素*/
20    position: absolute;}                     /*第二个 div 标签设置为绝对定位*/
21
22    </style>
23    </head>
24    <body>
25    <div class="father">
26    <div class="one"> div 标签 one 示例</div>
27    <div class="two">div 标签 two 示例</div>
28    </div>
29    </body>
30    </html>
```

【代码解析】代码第 9 ~ 12 行定义了样式 div.father，关键为其设置了 position 属性，属性值为 relative。代码第 14 ~ 20 行定义了 div.one 和 div.two 样式，它们的 position 属性值为 absolute。示例 13.21 的运行结果如图 13.46 所示，在图 13.46 中，在父元素的左上角只看到第二个 div 标签，而第一个 div 标签就被第二个 div 标签覆盖住。由于第一个和第二个 div 标签都设置了绝对定位，所以子元素脱离了原本的常规流。

设定第二个 div 标签的 top 值为 20 像素，代码如下：

```
01    div.two{  background:#999;               /*第二个 div 标签的背景色设置为浅灰色*/
02    width:80px; height:80px;                 /*第二个 div 标签的高度和宽度设置为 80 像素*/
03    position: absolute;                      /*第二个 div 标签设置为绝对定位*/
04   top:20px; }                               /*第二个 div 标签设置成从上往下偏移 20 像素*/
```

【代码解析】代码第 4 行配合第 3 行的 position 属性，增加了属性 top，属性值为 20 像素。执行修改后的运行结果如图 13.47 所示。可以看到，第二个 div 标签向下移动了 20 像素后，原来被覆盖的第一个 div 标签就会显露出来。

注意：设置 position 的属性还有一个 fixed 值，其本质与 absolute 值一样。不同之处在于，设置 fixed 的元素会跟随浏览器的滚动条上下移动。但是在 IE 6.0 和 IE 7.0 中，该属性不生效。关于相对定位和绝对定位，需要读者多实践、多写代码来理解其真正的含义和用法。

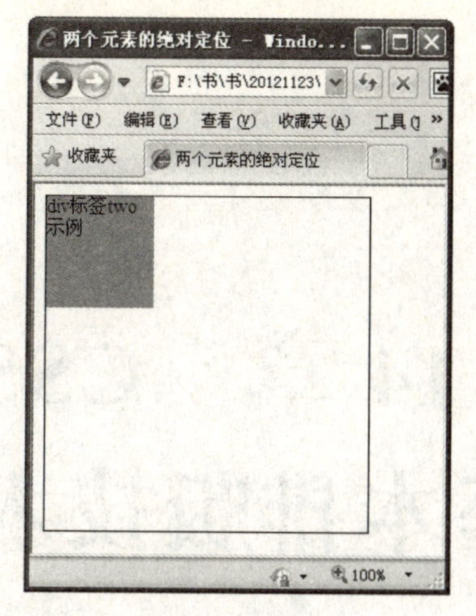

图 13.46　两个元素的绝对定位

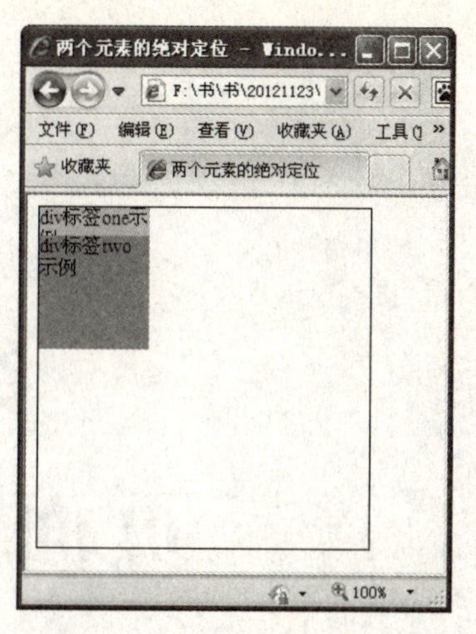

图 13.47　两个元素的相对定位（修改后）

13.7　小结

本章讲解了 DIV+CSS 布局的基础，介绍了基本盒模型以及边框、补白和边距的概念。重点是 DIV+CSS 的基本布局流程和页面元素的布局，包括常规流、浮动和定位；难点是了解行内元素和块级元素的区别，以及相互转化的方法。下一章将会详细讲解如何使用 DIV+CSS 进行页面布局。

第 14 章 CSS 页面基本排版技术

DIV+CSS 布局已经广泛应用于网页设计，合理、巧妙的布局可以让页面更加美观，还可以让访问者迅速找到自己需要的信息。在第 13 章学习了 CSS 布局的基础知识后，本章将介绍如何综合应用各种布局方式来实践 DIV+CSS 排版，主要讲述多种整体页面布局方式，包括固定宽度布局、自适应宽度布局和弹性布局等。

本章知识点包括：

- 固定宽度布局示例
- 自适应宽度布局示例
- 复杂的页面排版

14.1　固定宽度布局

固定宽度布局是页面排版中最常用的一种布局方式。页面中容器的宽度都是用像素来设置的，这种排版方法能使网页设计师很好地控制布局和定位。若将一个容器的宽度设置为 760 像素，那么这个容器在任何浏览器上都显示为 760 像素宽。

目前，浏览器的分辨率大多数都为 1024×768，而先前流行的是 800×600 的分辨率。由于大屏幕液晶显示屏的出现，1280×1024 的分辨率也渐渐变得流行起来。这三种分辨率的显示差异很大，网页设计师若使用固定宽度的布局方式，就很难兼容三种分辨率。

若设置整体网页的宽度为 760 像素，在 1024×768 或者 1280×1024 的分辨率下，页面会显得很窄。若设置整体网页的宽度为 950 像素，则在 800×600 的分辨率下，页面不能完全显示，会产生滚动条。但是有数据表明，目前 1024×768 分辨率是用户最常用的。所以，大型的门户网站通常都会针对这个分辨率来设置页面的整体宽度为 950 像素。

在本章后面的内容中也会讲述自适应布局和弹性布局来解决分辨率不同的兼容问题，但是固定宽度布局是最适合开发大型的门户网站的布局方式，所以我们不能轻视固定布局。

14.1.1　一列水平居中布局

我们先来了解最简单的布局方式——一列水平居中布局，它是网页中最常见的布局方式，常用于个人博客和简洁的企业网站。一列水平居中布局就是网页中所有的内容都位于一竖列中，该竖列水平居中于页面，该效果的示意图如图 14.1 所示，图 14.2 为应用了一列水平居中布局的某个网页，尽管图 14.2 中的网页布局看似非常复杂，但是它最基本的布局仍然是一列水平居中布局。

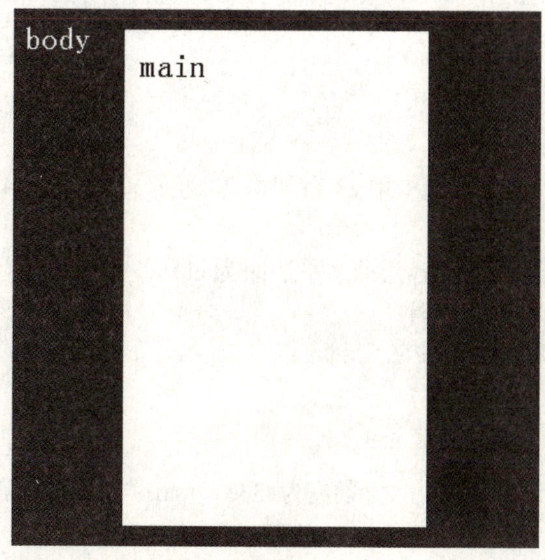

图 14.1　一列水平居中布局示意图

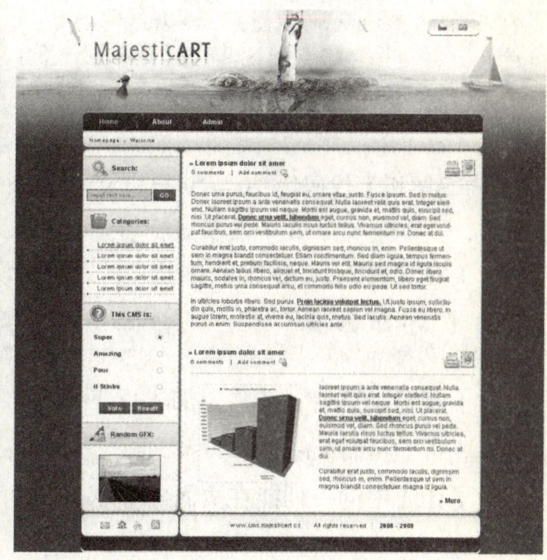

图 14.2　一列水平居中布局应用

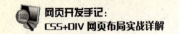

下面以实例形式讲解如何实现一列水平居中布局的页面效果。

【示例 14.1】 实现一列水平居中布局示例。

（1）在 body 标签中插入一个 div 标签，为其指定一个名为 main 的类选择器。可以在该 div 标签中加入一些文字段落或者图片，代码如下：

```
--------------------------------文件名：一列水平居中布局.html--------------------------------
01    <!DOCTYPE html PUBLIC "-//W3C//DTD XHTML 1.0 Transitional//EN"
02    "http://www.w3.org/TR/xhtml1/DTD/xhtml1-transitional.dtd">
03    <html xmlns="http://www.w3.org/1999/xhtml">
04    <head>
05    <meta http-equiv="Content-Type" content="text/html; charset=utf-8" />
06    <title>一列水平居中布局</title>
07    </head>
08
09    <body>
10    <div class="main">
11    <h4>工程师</h4>
12    <p>工程师指具有从事工程系统操作、设计、管理和评估能力的人员。工程师的称谓通常只用于在工程学其中
13    一个范畴持有专业性学位或相等工作经验的人士。</p>
14    <p>工程师（Engineer）和科学家（Scientists）往往容易混淆。科学家努力探索大自然，以便发现一般性法则
15    （General principles），工程师则遵照此既定原则，从而在数学和科学上解决了一些技术问题。科学家研究事
16    物，工程师建立事物，这一想法可视为表达这句话："科学家们问为什么，工程师问为什么不去做呢？（意指科学家探索原
17    理，工程师懂了原理就想实现其应用）"（Scientists ask why,Engineers ask why not?）。
18    科学家探索世界以发现普遍法则，但工程师使用普遍法则以设计实际物品。
19    </p>
20    <h4>造价师</h4>
21    <p>造价师是指由国家授予资格并准予注册后执业，专门接受某个部门或某个单位的指定、委 托或聘请，负
22    责并协助其进行工程造价的计价、定价及管理业务，以维护其合法权益的工程经济专业人员。</p>
23    <p>国家在工程造价领域实施造价工程师执业资格制度。凡从事工程建设活动的建设、设计、施工、工程造价
24    咨询、工程造价管理等单位和部门，必须在计价、评估、审查（核）、控制及管理等岗位配套有造价工程师执
25    业资格的专业技术人员。 </p>
26    <p>造价工程师执业资格考试合格者，由各省、自治区、直辖市人事（职改）部门颁发人事部统一印制的、人事
27    部与建设部用印的《造价工程师执业资格证书》。该证书在全国范围内有效。</p>
28    <p>建筑师一般在专门的建筑事务所工作或从事相关教学科研。</p>
29    </div>
30    </body>
31    </html>
```

【代码解析】代码第 10 ~ 29 行定义了一个 div 层，其中第 11 行和第 20 行定义了两个 h4 标题标签，其他定义了 6 个段落 p 标签。

（2）要实现 main 容器水平居中，只需要设置 main 容器的水平边距为 auto，代码如下：

```
.main{  width:500px;            /* main 的宽度设置为 500 像素*/
margin:0 auto;}                 /* main 的水平边距设置为 auto*/
```

为了兼容浏览器，还需要加入以下代码：

```
*{margin:0;padding:0;}
```

为了让居中的一列能在页面中显示，分别设置 body 的背景色为#333，main 容器的背景色为#fff。

```
body{ background:#333;}         /*设置页面的背景色为#333*/
```

```
.main{ background:#fff;}                /*设置 main 容器的背景色为#fff*/
```

执行步骤（2）的效果如图 14.3 所示。

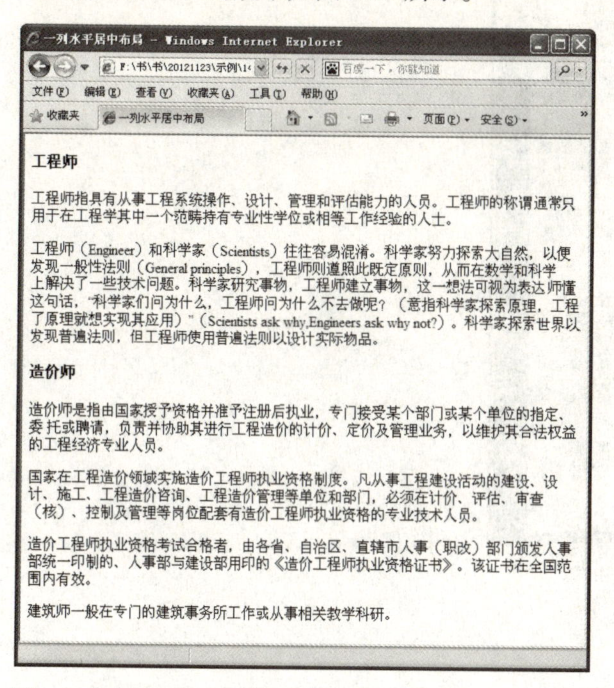

图 14.3　执行步骤（2）的结果

（3）图 14.3 所示的效果在 IE 6.0 和 Firefox 17.0 浏览器中都是可以实现的，但是之前 IE 6.0 并不支持边距 auto。所以某些使用 IE 6.0 或者 IE 6.0 以下版本的用户是看不出这个效果的。为了兼容 IE 6.0，可以设定 body 的 text-align 属性为 center，设定该属性后，整个页面的元素都会居中对齐。然后在 main 中把 text-align 设定为 left，那么 main 容器中的元素就会左对齐。

```
body{ text-align:center;}              /*页面所有的元素设置为居中对齐*/
.main{ text-align:left;}               /* main 容器中的元素设置为左对齐*/
```

最后设定段落和标题的属性，代码如下：

```
.main p{ font-size:15px; padding:8px;}     /*段落的文字设置为 15 像素，四边补白设置为 8 像素*/
.main h4{font-size:20px;}                  /*标题的文字大小设置为 20 像素*/
```

执行步骤（3）的运行结果如图 14.4 所示。

在本例中，main 容器的高度是未设置任何值的。当删除 main 容器中的文字时，main 容器就在页面中不可见。

> **技巧：** 通常不会设置页面容器的高度，因为当网页内容改变时，网页长度也会改变。若设定了高度，那么当文字超出该高度时，就会溢出。提醒一点，该示例在 IE 7.0 以上版本中的显示效果与在 Firefox 17.0 中一致。

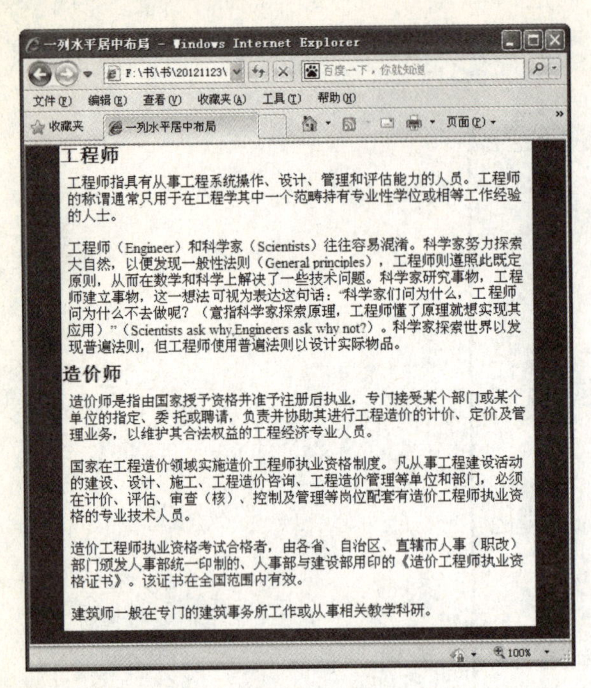

图 14.4　执行步骤（3）的结果

14.1.2　两列浮动布局

接下来的两节内容都是讲解基于浮动的固定宽度布局，包括两列浮动布局和三列浮动布局。在实际应用中，基于浮动的布局是最常用也是最易用的布局方式。

示例 14.2 讲解了如何制作两列浮动布局，并且利用这个布局来制作一个简单的网页。在 13.1 节已经讲解了 DIV+CSS 的基本布局流程，本例也根据这个流程来建立一个简单的两列浮动布局。首先对网页进行分块，其分块框架如图 14.5 所示。

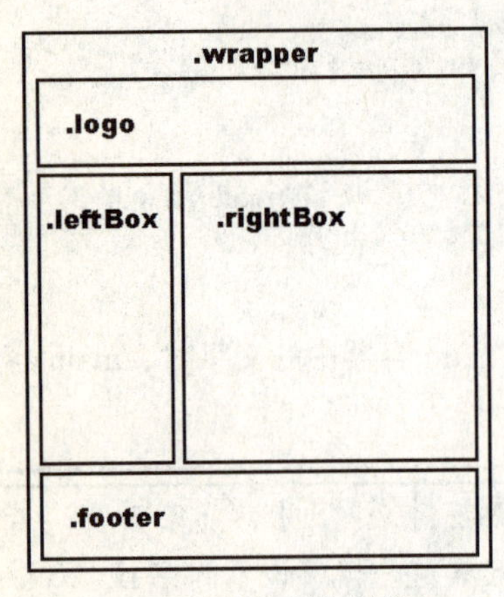

图 14.5　两列浮动布局总体分块图

本例中的页面总体分为四部分：第一部分为 logo，代表网页的品牌；第二部分为 leftBox，代表左边一列；第三部分为 rightBox，代表右边一列；第四部分为 footer，代码页尾，通常用于放置页面的版权等信息。以上四部分都放在一个名为 wrapper 的 div 标签中，而 wrapper 容器使用前的方法居中显示在页面中。

【示例 14.2】 制作两列浮动布局的页面示例。

（1）在 body 标签中插入一个 div 标签，为其指定一个名为 wrapper 的类选择器。然后按照示例 14.1 的方法设置其水平居中，要设置 wrapper 容器的宽度为 740 像素，代码如下。

```
----------------------------------文件名：两列浮动布局.html--------------------------------------
01    <!DOCTYPE html PUBLIC "-//W3C//DTD XHTML 1.0 Transitional//EN"
02    "http://www.w3.org/TR/xhtml1/DTD/xhtml1-transitional.dtd">
03    <html xmlns="http://www.w3.org/1999/xhtml">
04    <head>
05    <meta http-equiv="Content-Type" content="text/html; charset=utf-8" />
06    <title>两列浮动布局</title>
07    <style type="text/css">
08    *{margin:0;padding:0;}
09    body{ background:#999; text-align:center;} /*背景颜色设置为灰色，对齐方式设置为水平居中对齐*/
10    .wrapper{ width:740px;                     /*wrapper 容器的宽度设置为 740 像素*/
11     margin:0 auto;                            /*wrapper 容器的设置为水平居中*/
12     text-align:left;                          /*wrapper 容器的文字设置为左对齐*/
13     background:#fff;                          /*wrapper 容器的背景颜色设置为白色*/
14    }
15    </style>
16    </head>
17
18    <body>
19      <div class="wrapper">
20              <div class="logo"></div>
21           <div class="leftBox"></div>
22           <div class="rightBox"></div>
23           <div class="footer"></div>
24    </div>
25    </body>
26    </html>
```

【代码解析】 代码第 10～14 行定义了.wapper 样式，设置了宽度为 740 像素，页面元素水平居中，文字向左偏移，背景色为白色。代码第 19～24 行定义了 5 个 div 层，确定布局结构。

（2）在各个标签中加入相应的文字，代码如下：

```
01    <body>
02      <div class="wrapper">
03              <div class="logo">兰花</div>
04          <div class="leftBox">
05          <ul>                                <!--列表标签-->
06                <li><a href="#">介绍</a></li>
07             <li><a href="#">产地</a></li>
08             <li><a href="#">鉴别</a></li>
09             <li><a href="#">种植</a></li>
10             <li><a href="#">文化象征</a></li>
11             <li><a href="#">药用</a></li>
12             <li><a href="#">食用</a></li>
13          </ul>
14          </div>
```

```
15          <div class="rightBox">
16            <h4>【生态特征】</h4>
17            <p>兰花属兰科，是单子叶植物，为多年生草本，亦叫胡姬花。由于地生兰大部分品种原产于中国，
18  因此兰花又称中国兰，绍兴是兰花的故乡。根长简状，叶自茎部簇生，线状披针形， 2~3片成一束。兰的根、
19  叶、花朵、果、种子均有一定的药用价值。兰花是一种以香著称的花卉，具有高洁、清雅的特点。古今名人对
20  它评价极高，被喻为花中君子。</p>
21
22            <h4>【兰花种类】</h4>
23            <p>由于地生兰大部分品种原产于中国，因此兰花又称中国兰，并被列为中国十大名花之首。主要
24  有以下几种</p>
25            <p>春兰又名草兰、山兰。春兰分布较广，资源丰富。花期为每年的2~3月，时间可持续1个月左
26  右。花朵香味浓郁纯正。名贵品种有各种颜色的荷、梅、水仙、蝶等瓣形。从瓣形上讲，以江浙名品最具典
27  型。</p>
28            <p>蕙兰根粗而长，叶狭带形，质较粗糙、坚硬，苍绿色，叶缘锯齿明显，中脉显著。花期为3~5
29  月，花朵浓香远溢而持久，花色有黄。白、绿、淡红及复色，多为彩花，也有素花及蝶花。 </p>
30            <p>墨兰，又称报岁兰、拜岁兰、丰岁兰等，原产于我国广东、广西、福建、云南、台湾、海南等。
31  我国南方各地特别是广东、云南的养兰人最喜栽培与观赏。</p>
32            <p>春剑常称为正宗川兰，虽云、贵、川均有名品，但以川兰名品最名贵。花色有红、黄、白、绿、
33  紫、黑及复色，艳丽耀目，容貌窈窕，风韵高雅，香浓味纯，常为养兰人推崇首选。</p>
34            <p>寒兰，寒兰分布在福建、浙江、江西、湖南、广东以及西南的云、贵、川等地。寒兰的叶片较
35  四季兰细长，尤以叶基更细，叶姿幽雅潇洒，碧绿清秀，有大、中、细叶和镶边等品种。花色丰富，有黄、绿、
36  紫红、深紫等色，一般有杂色脉纹与斑点，也有洁净无瑕的素花。萼片与捧瓣都较狭细，别具风格，清秀可爱，
37  香气袭人。 </p>
38            <p>建兰也叫四季兰,包括夏季开花的夏兰、秋兰等。四季兰健壮挺拔，叶绿花繁，香浓花美，不畏
39  暑，不畏寒，生命力强，易栽培。不同品种的花期各异，5~12月均可见花。</p>
40            </div>
41  <div class="footer">copyright:*********</div>
42  </div>
43  </body>
```

【代码解析】在代码第4~14行中，div层leftbox通过列表的形式展现了导航菜单。在代码第15~40行中，div层rightbox为网页要展示的主要内容。div层footer显示版权信息。该网页的内容已呈现。

执行步骤（2）的结果如图14.6所示。

（3）实现两列浮动布局，leftBox设置为左浮动，rightBox设置为右浮动。浮动的元素必须设置其宽度，两个元素的宽度不能大于或等于父元素的740像素。所以设置leftBox的宽度为190像素，rightBox的宽度为540像素，两者左右浮动后，中间会出现10像素空隙。为了能看到效果，给leftBox和rightBox都设置背景色，代码如下：

```
01  .leftBox{   float:left;                 /*leftBox设置为左浮动*/
02          width:190px;                    /*leftBox的宽度设置为190像素*/
03          background: #0072a8;}           /*leftBox的背景色设置为深蓝色*/
04  .rightBox{  float:right;                /*rightBox设置为右浮动*/
05          width:540px;                    /*rightBox的宽度设置为540像素*/
06  background: #f99f01; }                  /*rightBox的宽度设置为橙色*/
```

【代码解析】代码第1~3行为leftBox设置了CSS样式，体现其为网页中部的左部分。同理，rightbox设置了CSS样式，使其为右部分。

当设置了元素的浮动却没有设置其高度时，页面可能会出现混乱。所以使用footer容器来清除浮动，代码如下：

```
.footer{ background:#000; clear:both;}        /*使用 footer 容器来清除浮动*/
```

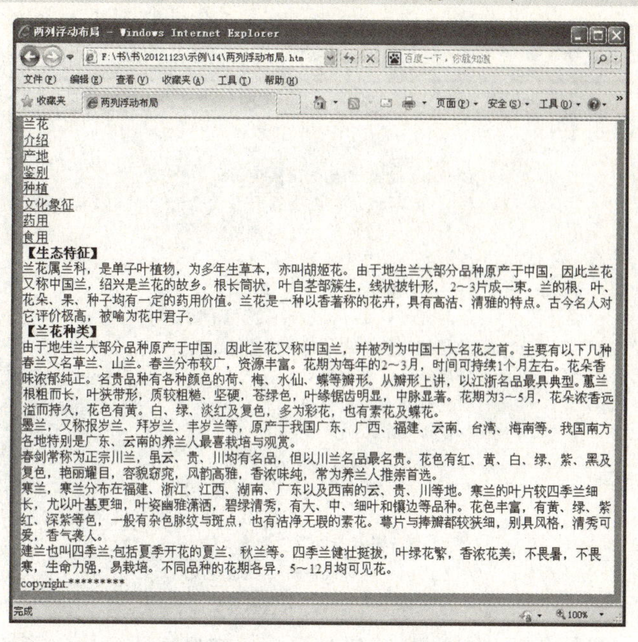

图 14.6　执行步骤（2）的结果

执行步骤（3）的效果如图 14.7 所示。

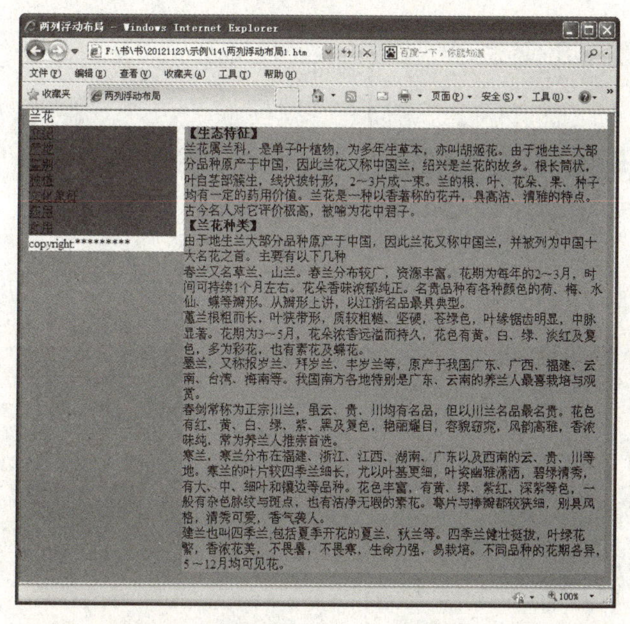

图 14.7　执行步骤（3）的结果

如图 14.7 所示，执行步骤（3）后，leftBox 和 rightBox 分别实现左右浮动，文字随之分开。在标准浏览器下，leftBox 和 rightBox 的父容器 wrapper 不会自动计算高度。所以要使用 footer 来清除浮动，则 wrapper 才能自动计算其高度。容器 wrapper 被撑开，背景色为白色。

注意： 若 wrapper 没有被撑开，则不能看到其背景色。

（4）设置其样式使页面美化，代码如下：

```
01 .logo{  font-size:26px;                        /*logo 的文字大小设置为 26 像素*/
02      padding:5px;                              /*logo 的四边补白设置为 5 像素*/
03      background:#000;}                         /*logo 的背景色设置为黑色*/
04 .leftBox ul,.rightBox ul{ list-style:none;}   /*列表设置为不带列表符*/
05 .leftBox li a,.rightBox li a{ color:#fff;     /*超链接的颜色设置为白色*/
06                   font-size:14px;              /*超链接的文字大小设置为 14 像素*/
07                   line-height:22px;            /*超链接的行高设置为 22 像素*/
08                   text-decoration:none;        /*超链接设置为不带下画线*/
09                   padding:0 0 0 10px;}         /*超链接的左边补白设置为 10 像素*/
10 .rightBox p{ font-size:12px;                  /*p 的文字大小设置为 12 像素*/
11          line-height:18px;                     /*p 的行高设置为 18 像素*/
12          text-indent:24px;}                    /*p 首行缩进 24 像素*/
13 .rightBox h4{ font-size:14px;                 /*h4 的文字大小设置为 14 像素*/
14           line-height:30px;}                   /*h4 的行高设置为 30 像素*/
15 .footer{ background:#000;                      /*footer 的背景色设置为黑色*/
16      clear:both;}                              /*清除浮动*/
```

【代码解析】 代码第 1～3 行为.logo 选择符设置样式，背景为黑色，突显主题。代码第 5～9 行为列表链接选择符设置样式，字体颜色为白色。代码第 10～14 行为段落和标题设置样式。

执行步骤（4）的结果如图 14.8 所示。

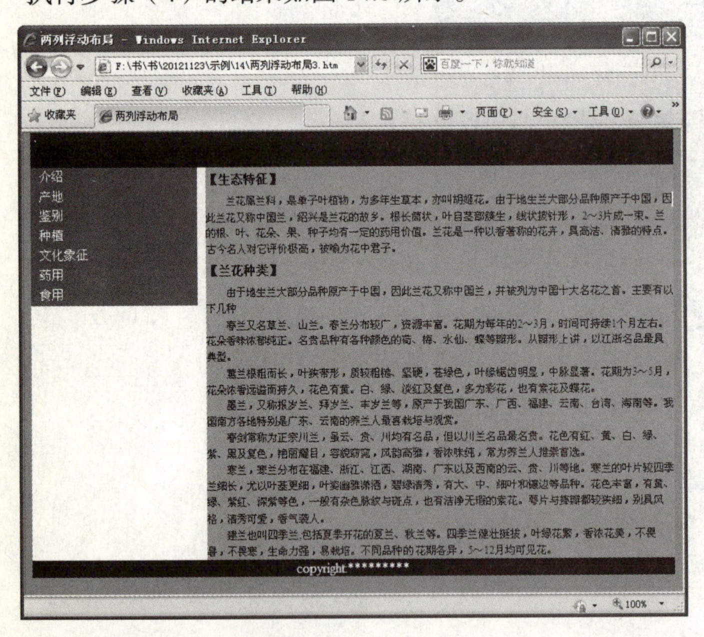

图 14.8　执行步骤（4）的结果

本例中的 leftBox 和 rightBox 都没有设置其高度，无论页面文字加放多少，都不会影响布局。页面只会增长，而不会撑开变形。这就是使用 DIV+CSS 布局的优势所在，即布局和内容互不影响。

14.1.3　三列浮动布局

三列浮动布局和两列浮动布局的原理是相似的，首先对网页进行分块，其分块框架如图 14.9 所示。

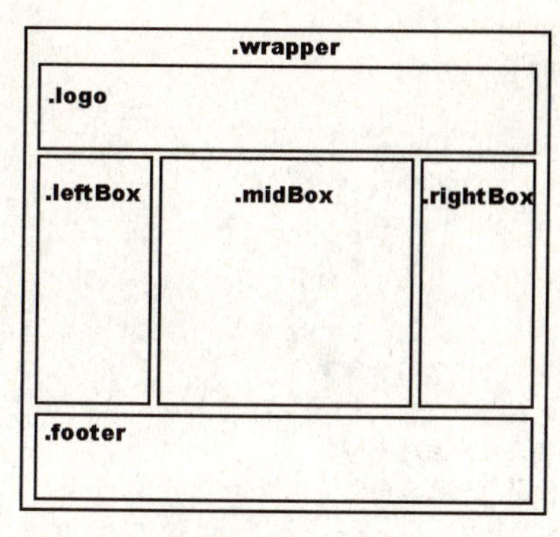

图 14.9　三列浮动布局总体分块图

【示例 14.3】 制作三列浮动布局的页面示例。

（1）在 body 标签中插入一个 div 标签，为其指定一个名为 wrapper 的类选择器。然后按照示例 14.1 的方法设置其居中，要设置 wrapper 容器的宽度为 740 像素，代码如下：

```
--------------------------------文件名：三列浮动布局.html------------------------------------
01    <!DOCTYPE html PUBLIC "-//W3C//DTD XHTML 1.0 Transitional//EN"
02    "http://www.w3.org/TR/xhtml1/DTD/xhtml1-transitional.dtd">
03    <html xmlns="http://www.w3.org/1999/xhtml">
04    <head>
05    <meta http-equiv="Content-Type" content="text/html; charset=utf-8" />
06    <title>三列浮动布局</title>
07    <style type="text/css">
08    *{margin:0;padding:0;}
09    body{ background:#999;text-align:center;}
10    .wrapper{ width:740px;              /*wrapper 容器的宽度设置为 740 像素*/
11            margin:0 auto;              /*wrapper 容器设置为水平居中*/
12            text-align:left;            /*wrapper 容器的文字设置为左对齐*/
13            background:#fff;            /*wrapper 容器的背景颜色设置为白色*/
14    }
15    </style>
16    </head>
17
18    <body>
19       <div class="wrapper">
20              <div class="logo"></div>
21           <div class="leftBox"></div>
22           <div class="midBox"></div>
23           <div class="rightBox"></div>
24           <div class="footer"></div>
25    </div>
26    </body>
```

```
27    </html>
```

【代码解析】绝大部分代码与两列布局的例子一样，区别在于代码第 22 行在网页中间部分增加了一个中列。

（2）在各个标签中加入相应的文字，代码如下：

```
--------------------------------文件名：三列浮动布局 1.html--------------------------------
01    <!DOCTYPE html PUBLIC "-//W3C//DTD XHTML 1.0 Transitional//EN"
02    "http://www.w3.org/TR/xhtml1/DTD/xhtml1-transitional.dtd">
03    <html xmlns="http://www.w3.org/1999/xhtml">
04    <head>
05    <meta http-equiv="Content-Type" content="text/html; charset=utf-8" />
06    <title>三列浮动布局</title>
07    <style type="text/css">
08    *{margin:0;padding:0;}
09    body{ background:#999; text-align:center;}
10    .wrapper{ width:740px;              /*wrapper 容器的宽度设置为 740 像素*/
11            margin:0 auto;              /*wrapper 容器设置为水平居中*/
12            text-align:left;            /*wrapper 容器的文字设置为左对齐*/
13            background:#fff;            /*wrapper 容器的背景颜色设置为白色*/
14    }
15    </style>
16    </head>
17
18    <body>
19       <div class="wrapper">
20            <div class="logo">兰花</div>
21            <div class="leftBox">
22            <ul>
23                 <li><a href="#">介绍</a></li>
24              <li><a href="#">产地</a></li>
25              <li><a href="#">鉴别</a></li>
26              <li><a href="#">种植</a></li>
27              <li><a href="#">文化象征</a></li>
28              <li><a href="#">药用</a></li>
29              <li><a href="#">食用</a></li>
30            </ul>
31            </div>
32            <div class="midBox">
33          <h4>【生态特征】</h4>
34                <p>兰花属兰科，是单子叶植物，为多年生草本，亦叫胡姬花。由于地生兰大部分品种原产于中国，
35    因此兰花又称中国兰，绍兴是兰花的故乡。根长筒状，叶自茎部簇生，线状披针形， 2~3 片成一束。兰的根、
36    叶、花朵、果、种子均有一定的药用价值。兰花是一种以香著称的花卉，具有高洁、清雅的特点。古今名人对
37    它评价极高，被喻为花中君子。</p>
38
39               <h4>【兰花种类】</h4>
40               <p>由于地生兰大部分品种原产于中国，因此兰花又称中国兰，并被列为中国十大名花之首。主要
41    有以下几种</p>
42               <p>春兰又名草兰、山兰。春兰分布较广，资源丰富。花期为每年的 2~3 月，时间可持续 1 个月左
43    右。花朵香味浓郁纯正。名贵品种有各种颜色的荷、梅、水仙、蝶等瓣形。从瓣形上讲，以江浙名品最具典
44    型。</p>
45               <p>蕙兰根粗而长，叶狭带形，质较粗糙、坚硬，苍绿色，叶缘锯齿明显，中脉显著。花期为 3~5
46    月，花朵浓香远溢而持久，花色有黄。白、绿、淡红及复色，多为彩花，也有素花及蝶花。 </p>
47               <p>墨兰，又称报岁兰、拜岁兰、丰岁兰等，原产于我国广东、广西、福建、云南、台湾、海南等。
```

```
48    我国南方各地特别是广东、云南的养兰人最喜栽培与观赏。</p>
49            <p>春剑常称为正宗川兰，虽云、贵、川均有名品，但以川兰名品最名贵。花色有红、黄、白、绿、
50    紫、黑及复色，艳丽耀目，容貌窈窕，风韵高雅，香浓味纯，常为养兰人推崇首选。</p>
51            <p>寒兰，寒兰分布在福建、浙江、江西、湖南、广东以及西南的云、贵、川等地。寒兰的叶片较
52    四季兰细长，尤以叶基更细，叶姿幽雅潇洒，碧绿清秀，有大、中、细叶和镶边等品种。花色丰富，有黄、绿、
53    紫红、深紫等色，一般有杂色脉纹与斑点，也有洁净无瑕的素花。萼片与捧瓣都较狭细，别具风格，清秀可爱，
54    香气袭人。 </p>
55            <p>建兰也叫四季兰,包括夏季开花的夏兰、秋兰等。四季兰健壮挺拔，叶绿花繁，香浓花美，不畏
56    暑，不畏寒，生命力强，易栽培。不同品种的花期各异，5～12 月均可见花。</p>
57            </div>
58            <div class="rightBox">
59            <ul>
60                <li><a href="#">解佩梅</a></li>
61              <li><a href="#">斑兰</a></li>
62              <li><a href="#">紫贵妃</a></li>
63              <li><a href="#">卧虎藏龙</a></li>
64              <li><a href="#">金太阳</a></li>
65              <li><a href="#">山兰</a></li>
66              <li><a href="#">太阳</a></li>
67              <li><a href="#">红沙浓厚怪花苞春剑好赌草</a></li>
68              <li><a href="#">荷形双艺</a></li>
69              <li><a href="#">金太阳</a></li>
70              <li><a href="#">曼巴咖啡</a></li>
71              <li><a href="#">荷形双艺</a></li>
72          </ul>
73    </div>
74    <div class="footer">copyright:*********</div>
75    </div>
76    </body>
77    </html>
```

【代码解析】相对两列布局，代码第 32 ~ 57 行新增加的中间部分用来承载具体内容；代码第 58 ~ 73 行为使用 rightBox 选择符的 div 层，内容改为一个列表链接。

执行步骤（2）的结果如图 14.10 所示。

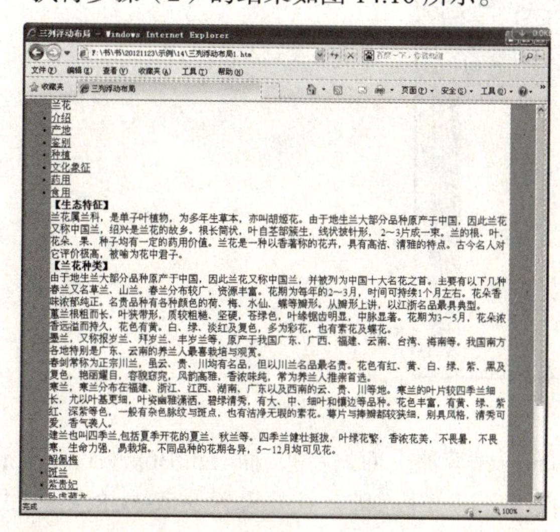

图 14.10　执行步骤（2）的结果

（3）实现三列浮动布局，leftBox 和 midBox 设置为左浮动，rightBox 设置为右浮动。浮动的元素必须设置其宽度，两个元素的宽度不能大于或等于父元素的 740 像素。所以设置 leftBox 的宽度为 190 像素，midBox 为 350 像素，rightBox 的宽度为 190 像素。为了能看到效果，给 leftBox 和 rightBox 都设置了背景色，代码如下：

```
-----------------------------------文件名：三列浮动布局 2.html----------------------------------------
01    .leftBox{  float:left;                   /*leftBox 设置为左浮动*/
02            width:190px;                     /*leftBox 的宽度设置为 190 像素*/
03            background: #0072a8;}            /*leftBox 的背景色设置为深蓝色*/
04    .midBox{  float:left;                    /* midBox 设置为左浮动*/
05            width:350px;                     /* midBox 的宽度设置为 350 像素*/
06            background: #f99f01; }           /* midBox 的宽度设置为橙色*/
07    .rightBox{  float:right;                 /* rightBox 设置为右浮动*/
08              width:190px;                   /* rightBox 的宽度设置为 190 像素*/
09              background:#73ae04;}           /* rightBox 的背景色设置为绿色*/
```

【代码解析】以上代码主要是对选择符.leftBox、.midBox、.rightBox 进行了 CSS 样式设置。关键部分是宽度设置，左中右三部分的宽度不能超过父 div 层的宽度。

当设置了元素的浮动却没有设置其高度时，页面可能会出现混乱。所以使用 footer 容器来清除浮动，代码如下：

```
.footer{ background:#000; clear:both;}       /*使用 footer 容器来清除浮动*/
```

执行步骤（3）的结果如图 14.11 所示。

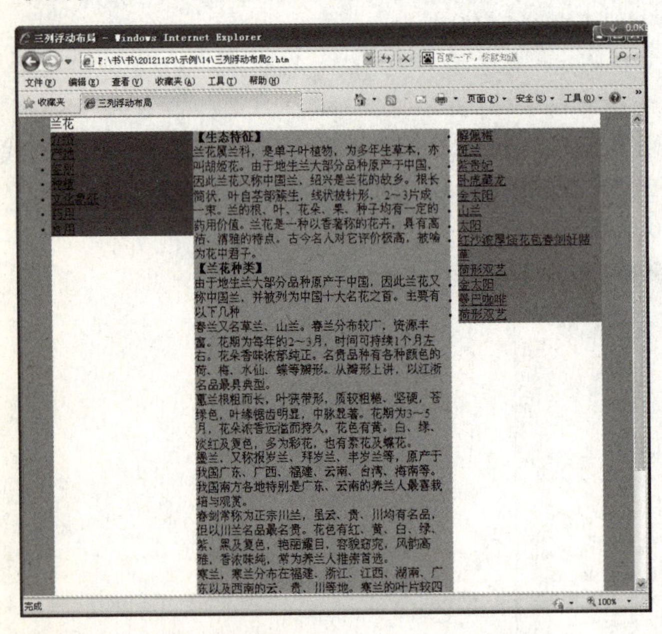

图 14.11　执行步骤（3）的结果

如图 14.11 所示，leftBox 和 midBox 贴近 wrapper 容器页面的左边，而 rightBox 贴近 wrapper 容器页面的右边。若想让 leftBox 和 midBox 容器之间产生空隙，就要设置 leftBox 的右边距或者 midBox 的左边距。

注意：这个边距值加上三个浮动元素的宽度总体不能超过 740 像素，否则就会产生布局混乱。

本例设置了 midBox 的左边距为 5 像素，代码如下：

```
.midBox{ margin:0 0 0 5px; }
```

（4）最后设置其样式使页面美化，代码如下：

```
----------------------------------文件名：三列浮动布局 3.html----------------------------------
01 .logo{  font-size:26px;                    /*logo 的文字大小设置为 26 像素*/
02       padding:5px;                         /*logo 的四边补白设置为 5 像素*/
03       background:#000;}                    /*logo 的背景色设置为黑色*/
04 .leftBox ul,.rightBox ul{ list-style:none;}        /*列表的不带列表符*/
05 .leftBox li a,.rightBox li a{ color:#fff;          /*超链接的颜色设置为白色*/
06         font-size:14px;                    /*超链接的文字大小设置为 14 像素*/
07         line-height:22px;                  /*超链接的行高设置为 22 像素*/
08         text-decoration:none;              /*超链接的不带下划线*/
09         padding:0 0 0 10px;}               /*超链接的左边补白设置为 10 像素*/
10 .rightBox p{ font-size:12px;               /*p 的文字大小设置为 12 像素*/
11          line-height:18px;                 /*p 的行高设置为 18 像素*/
12          text-indent:24px;}                /*p 首行缩进 24 像素*/
13 .rightBox h4{ font-size:14px;              /*h4 的文字大小设置为 14 像素*/
14          line-height:30px;}                /*h4 的行高设置为 30 像素*/
15 .footer{ background:#000;                  /*footer 的背景色设置为黑色*/
16 clear:both;}                               /*清除浮动*/
```

【代码解析】以上代码主要是对美观进行设置。主要设置行高、字体大小、字体颜色、字体布局。

执行步骤（4）的效果如图 14.12 所示。

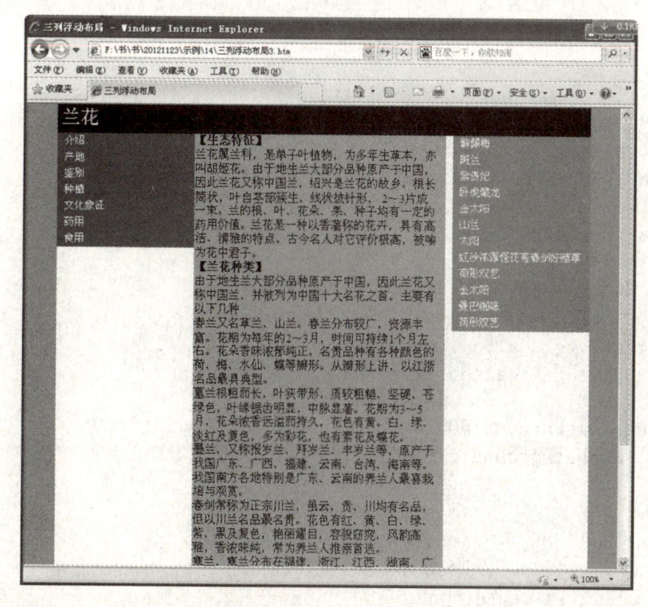

图 14.12　执行步骤（4）的结果

本例中的 leftBox 和 rightBox 都没有设置其高度，无论页面文字加放多少，都不会影响布局，页面只会增长，而不会撑开变形。

14.2 自适应宽度布局

我们了解了固定宽度布局，页面的容器都用像素来设置宽度。相对于固定宽度的另一种布局是自适应高度布局。自适应宽度的属性值为百分比，宽度使用百分比后，页面会随着浏览器窗口的变化而伸缩。同理，在不同的分辨率下，页面也会自适应地表现为适合用户的大小。

自适应宽度的布局同样需要使用浮动或者定位来建立网页的主体布局，只是在设定宽度时使用百分比，自适应宽度布局可以创建出许多不同的效果。例如，在两列布局中，一列固定，一列自适应；在三列布局中，左右两列固定，中间列自适应。

14.2.1 两列布局：两列自适应宽度

要实现两列布局，仍然要利用浮动来布局，但是在设置浮动元素的宽度时，要使用百分比。示例 14.4 中修改了示例 14.2 中对元素宽度的设置，从而实现宽度自适应的布局。

在示例 14.4 中，居中的父元素 wrapper 的宽度设置为 85%，则 wrapper 在页面的大小是整个页面的 85%。若在分辨率为 800×600 的屏幕中，wrapper 的宽度是 680 像素；在分辨率为 1024×768 的屏幕中，wrapper 的宽度是 870 像素。若用户缩放浏览器，则 wrapper 的宽度会随浏览器缩放。在 wrapper 容器中有 leftBox 和 rightBox 两个左右浮动的元素，设置两个子元素的宽度分别为 20%和 78%，则 leftBox 的宽度是 wrapper 宽度的 20%，rightBox 的宽度是 wrapper 宽度的 78%。当 wrapper 容器的宽度改变时，其子元素的宽度也随之改变。

【示例 14.4】 该实例是修改示例 14.2 中元素的宽度，设置 wrapper 元素的宽度为 85%，leftBox 的宽度为 wrapper 的 20%，rightBox 的宽度为 wrapper 的 78%，代码如下。

```
--------------------------------文件名:两列布局:两列自适应宽度.html--------------------------------
01  <!DOCTYPE html PUBLIC "-//W3C//DTD XHTML 1.0 Transitional//EN"
02  "http://www.w3.org/TR/xhtml1/DTD/xhtml1-transitional.dtd">
03  <html xmlns="http://www.w3.org/1999/xhtml">
04  <head>
05  <meta http-equiv="Content-Type" content="text/html; charset=utf-8" />
06  <title>两列布局: 两列自适应宽度</title>
07  <style type="text/css">
08  *{margin:0;padding:0;}
09  body{ background:#999; color:#fff; text-align:center;}
10  .wrapper{ width:85%; margin:0 auto; text-align:left; background:#fff;}
                                              /*设置 wrapper 宽度为 85%*/
11  .leftBox{ float:left; width:20%; background:#0072a8;}   /*设置 leftBox 宽度为 20%*/
12  .rightBox{ float:right; width:78%;background:#f99f01;}  /*设置 rightBox 宽度为 78%*/
13
14          .logo{  font-size:26px;           /*logo 的文字大小设置为 26 像素*/
15  padding:5px;                              /*logo 的四边补白设置为 5 像素*/
16  background:#000;}                         /*logo 的背景色设置为黑色*/
17         .leftBox ul,.rightBox ul{ list-style:none;}          /*列表的不带列表符*/
18         .leftBox li a,.rightBox li a{ color:#fff;            /*超链接的颜色设置为白色*/
```

```
19    font-size:14px;                          /*超链接的文字大小设置为 14 像素*/
20    line-height:22px;                        /*超链接的行高设置为 22 像素*/
21    text-decoration:none;                    /*超链接的不带下划线*/
22    padding:0 0 0 10px;}                     /*超链接的左边补白设置为 10 像素*/
23            .rightBox p{ font-size:12px;     /*p 的文字大小设置为 12 像素*/
24    line-height:18px;                        /*p 的行高设置为 18 像素*/
25    text-indent:24px;}                       /*p 首行缩进 24 像素*/
26            .rightBox h4{ font-size:14px;    /*h4 的文字大小设置为 14 像素*/
27    line-height:30px;}                       /*h4 的行高设置为 30 像素*/
28            .footer{ background:#000;        /*footer 的背景色设置为黑色*/
29    clear:both;}
30    </style>
31    </head>
32
33    <body>
34       <div class="wrapper">
35               <div class="logo">兰花</div>
36            <div class="leftBox">
37            <ul>
38                  <li><a href="#">介绍</a></li>
39                <li><a href="#">产地</a></li>
40                <li><a href="#">鉴别</a></li>
41                <li><a href="#">种植</a></li>
42                <li><a href="#">文化象征</a></li>
43                <li><a href="#">药用</a></li>
44                <li><a href="#">食用</a></li>
45            </ul>
46            </div>
47            <div class="rightBox">
48          <h4>【生态特征】</h4>
49              <p>兰花属兰科，是单子叶植物，为多年生草本，亦叫胡姬花。由于地生兰大部分品种原产于中国，
50    因此兰花又称中国兰，绍兴是兰花的故乡。根长筒状，叶自茎部簇生，线状披针形， 2～3 片成一束。兰的根、
51    叶、花朵、果、种子均有一定的药用价值。兰花是一种以香著称的花卉，具有高洁、清雅的特点。古今名人对
52    它评价极高，被喻为花中君子。</p>
53
54             <h4>【兰花种类】</h4>
55             <p>由于地生兰大部分品种原产于中国，因此兰花又称中国兰，并被列为中国十大名花之首。主要
56    有以下几种</p>
57             <p>春兰又名草兰、山兰。春兰分布较广，资源丰富。花期为每年的 2～3 月，时间可持续 1 个月左
58    右。花朵香味浓郁纯正。名贵品种有各种颜色的荷、梅、水仙、蝶等瓣形。从瓣形上来讲，以江浙名品最具典
59    型。</p>
60             <p>蕙兰根粗而长，叶狭带形，质较粗糙、坚硬，苍绿色，叶缘锯齿明显，中脉显著。花期为 3～5
61    月，花朵浓香远溢而持久，花色有黄。白、绿、淡红及复色，多为彩花，也有素花及蝶花。 </p>
62             <p>墨兰，又称报岁兰、拜岁兰、丰岁兰等，原产于我国广东、广西、福建、云南、台湾、海南等。
63    我国南方各地特别是广东、云南的养兰人最喜栽培与观赏。</p>
64             <p>春剑常称为正宗川兰，虽云、贵、川均有名品，但以川兰名品最名贵。花色有红、黄、白、绿、
65    紫、黑及复色，艳丽耀目，容貌窈窕，风韵高雅，香浓味纯，常为养兰人推崇首选。</p>
66             <p>寒兰，寒兰分布在福建、浙江、江西、湖南、广东以及西南的云、贵、川等地。寒兰的叶片较
67    四季兰细长，尤以叶基更细，叶姿幽雅潇洒，碧绿清秀，有大、中、细叶和镶边等品种。花色丰富，有黄、绿、
68    紫红、深紫等色，一般有杂色脉纹与斑点，也有洁净无瑕的素花。萼片与捧瓣都较狭细，别具风格，清秀可爱，
69    香气袭人。 </p>
70             <p>建兰也叫四季兰,包括夏季开花的夏兰、秋兰等。四季兰健壮挺拔，叶绿花繁，香浓花美，不畏
71    暑，不畏寒，生命力强，易栽培。不同品种的花期各异，5～12 月均可见花。</p>
72              </div>
```

```
73    <div class="footer">copyright:*********</div>
74    </div>
75    </body>
76    </html>
```

【代码解析】相对于固定宽度的代码来说，主要区别在代码第 10 行，选择符.wrapper 宽度设置为 85%。代码第 11、12 行分别定义了.leftBox 和.rightBox 选择符，宽度分别为父元素的 20%和 78%。

运行结果如图 14.13 和图 14.14 所示。

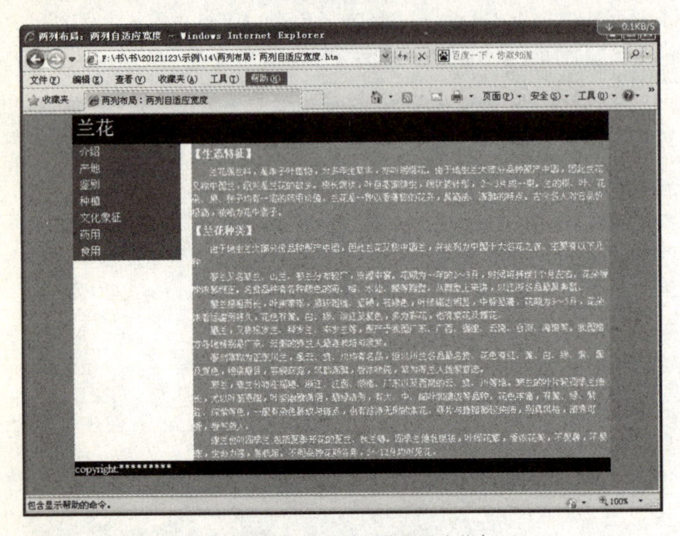

图 14.13　两列布局：两列自适应宽度（浏览器最大化）

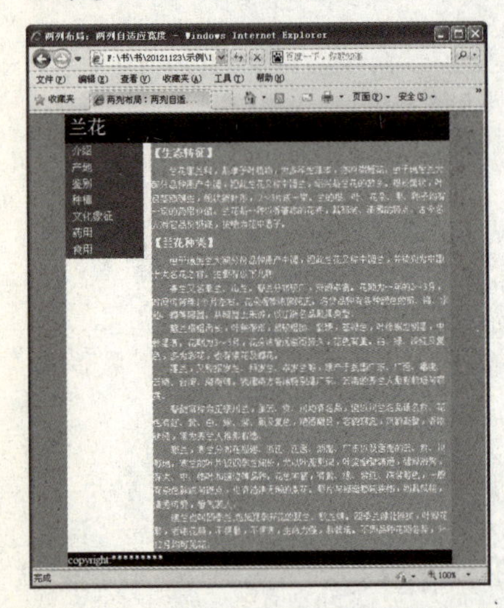

图 14.14　两列布局：两列自适应宽度（缩小浏览器窗口）

说明：图 14.13 是浏览器最大化占整个屏幕时页面的效果；图 14.14 是缩小浏览器窗口时页面的效果。当缩小浏览器窗口时，整个页面和两列的宽度都缩小，但仍保持着原有的布局和比例。

14.2.2　两列布局：左列固定，右列自适应

与示例 14.4 相比，在示例 14.3 中，缩放浏览器时，页面也随之缩放，页面中所有容器的宽度也会改变。但在很多网页中，某些列的宽度是固定不变的。在两列布局中，可以设定其中一列为固定列，另外一列自适应。当缩放浏览器或者屏幕分辨率发生变化时，一列保持原来的像素值，另一列根据父元素宽度的变化而变化。

读者可能会认为只需要把示例 14.4 中使用像素单位设置 leftBox 的宽度为固定值，然后设置 rightBox 的宽度为百分比就可以实现，但是这样做是不能实现一列固定而另一列自适应的布局的。因为当设置了 rightBox 的宽度为百分比后，缩放浏览器窗口时，rightBox 的宽度只会随着 wrapper 宽度变化。其中 leftBox 和 rightBox 之间的距离时大时小，变得非常难看，并且当缩放到一定程度时，布局就会变形。

【示例 14.5】 使用定位的方法来设置一个左列固定，而右列自适应宽度的布局。

（1）本例中 XHTML 文档的 body 部分与示例 14.4 是一致的。首先设置 wrapper 的宽度为 85%，然后设置其 position 属性为 relative，代码如下：

```
---------------------------文件名：两列布局：两列自适应宽度 1.html-------------------------------
01    *{margin:0;padding:0;}              /*整个页面元素的初始边距和补白设置为 0*/
02    body{ background:#999;              /*网页背景色设置为浅灰色*/
03    color:#fff;                         /*网页整体文字颜色设置为白色*/
04    text-align:center;}                 /*网页整体文字对齐方式设置为居中对齐*/
05    .wrapper{ width:85%;                /*wrapper 容器的宽度设置为页面的 85%*/
06    margin:0 auto;                      /*wrapper 容器的水平对齐*/
07    text-align:left;                    /*wrapper 容器的文字左对齐*/
08    background:#fff;                    /*wrapper 容器的背景色设置为白色*/
09    position:relative;}                 /*wrapper 容器设置为相对定位*/
```

【代码解析】 关键代码是第 9 行，增加了 position 属性，属性值为 relative。

在设置 wrapper 为相对定位后，就要将 leftBox 设定为绝对定位。这样 leftBox 就能相对于其父元素 wrapper 进行偏移，由于左列宽度要固定，所以需要设定 leftBox 的宽度为 180 像素，代码如下：

```
-----------------------------文件名：两列布局：两列自适应宽度 1.html-------------------------------
01    .leftBox{ position:absolute;            /*leftBox 容器设置为绝对定位*/
02    width:180px;                            /*leftBox 容器的宽度设置为 180 像素*/
03    background:#0072a8;}                    /*leftBox 容器的背景色设置为蓝色*/
04    .rightBox{  background:#f99f01; }       /*rightBox 容器的背景色设置为橙色*/
```

【代码解析】 关键代码是第 1 行，为选择符.leftBox 增加了 position 属性，属性值为 absolute，使其是绝对定位，不会因为浏览器的大小变化而改变位置。

由于 logo 容器也在 wrapper 容器中，所以设定 logo 容器的高度为 40 像素。这样 leftBox 从上至下要移动 40 像素的位置，设置其 top 属性为 40 像素。要令 leftBox 容器贴紧 wrapper 容器左侧，就要设置从左到右的偏移值为 0，则 left 属性为 0，代码如下：

```
-----------------------------文件名：两列布局：两列自适应宽度 1.html------------------------------
01    .logo{ font-size:26px; background:#000; height:40px;}   /*设置 logo 容器的高度为 40 像素*/
02    .leftBox{ position:absolute;                            /*设置 leftBox 容器为绝对定位*/
03     width:180px;                /*设置 leftBox 容器的宽度为 180 像素*/
```

```
04     top:40px; left:0;                /*设置 leftBox 容器从上到下偏移 40 像素，从左到右不发生偏移*/
05     background:#0072a8;}             /*设置 leftBox 容器的背景色为蓝色*/
```

【代码解析】关键代码是第 4 行，为选择符.leftBox 增加 top 属性，属性值为 40px，使其下移 40px。

执行步骤（1）后的效果如图 14.15 所示。

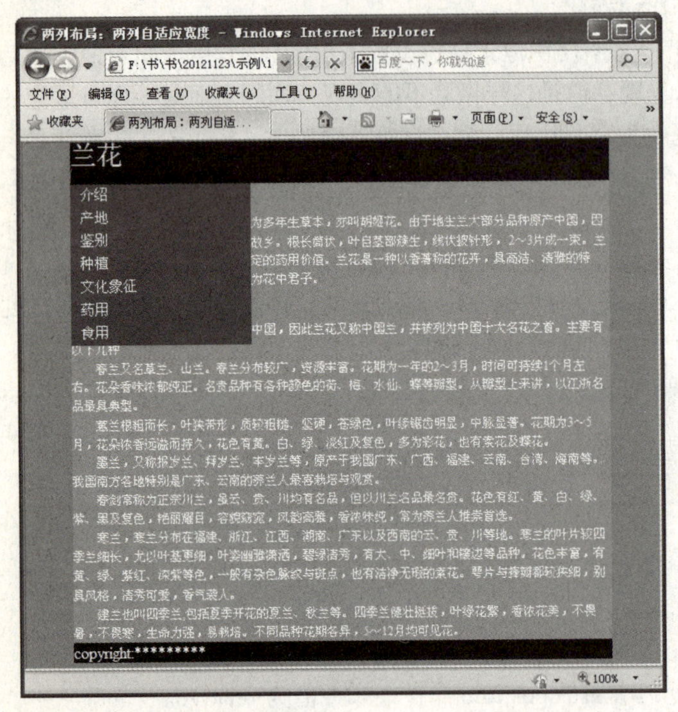

图 14.15 执行步骤（1）的结果

（2）如图 14.15 所示，由于 leftBox 使用了绝对定位，其位置覆盖了 rightBox。要实现 rightBox 自适应宽度，还要设置 rightBox 为相对定位，代码如下：

```
.rightBox{ position:relative; }     /*设置 rightBox 为相对定位*/
```

当设置 rightBox 为相对定位后，rightBox 就会出现对于自身定位，此时会占据整个 wrapper 容器，遮盖住 leftBox，要使 rightBox 与 leftBox 分离，就要设置 rightBox 的左边距，代码如下：

```
.rightBox{ margin:0px 0px 0px 200px; padding:10px;}     /* rightBox 左边距设置为 200 像素，四边补白设
                                                          置为 10 像素*/
```

执行步骤（2）后的结果如图 14.16 和图 14.17 所示。

说明： 当缩放窗口时，左列的宽度固定不变，右列的宽度就会随着浏览器窗口的大小变化。这种设置左列固定，而右列自适应宽度布局的方法在 IE 6.0 及以上版本和 Firefox 17.0 中都能实现。

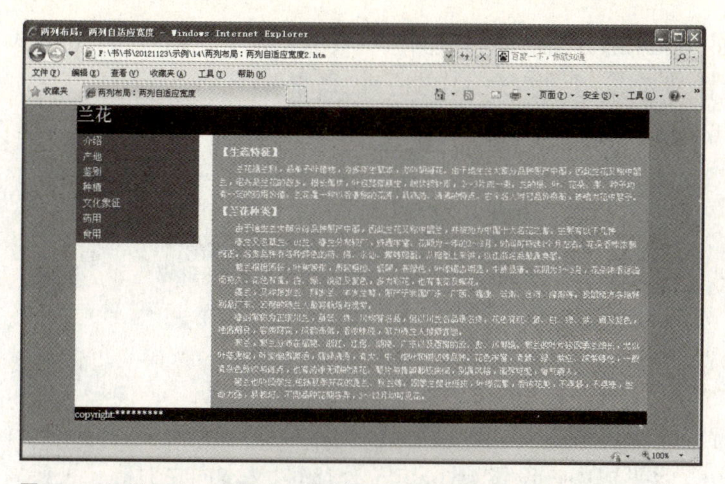

图 14.16　两列布局：左列固定，右列自适应（浏览器最大化）

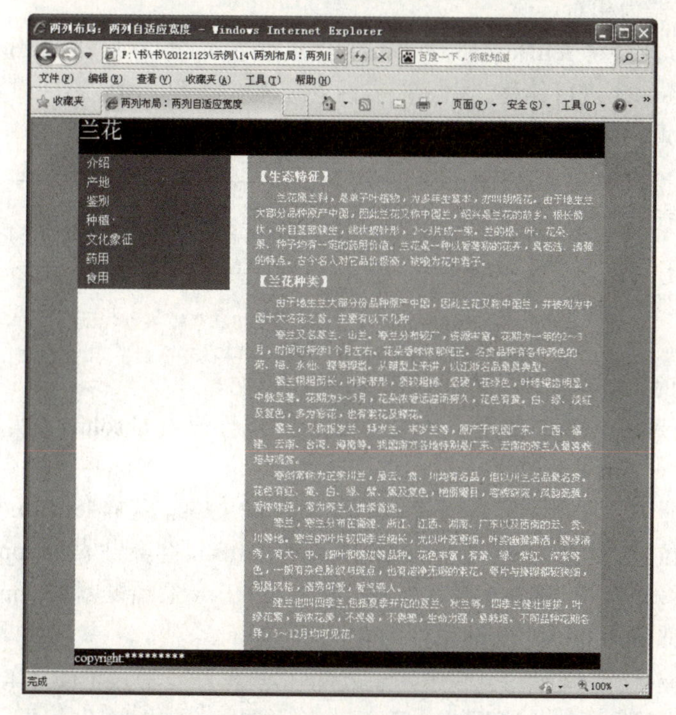

图 14.17　两列布局：左列固定，右列自适应（缩小窗口）

14.2.3　三列布局：中间列自适应

本节来看一个三列布局的例子。三列布局常用的自适应布局方式有两种：第一种是三列都自适应，这个设定的方法和两列是一致的，只要把三个浮动元素的宽度都设定为百分比即可；第二种是三列中的左右两列为固定宽度，中间列为自适应宽度的布局。本节将讲解如何制作一个中间列自适应宽度的三列布局。

【示例 14.6】　制作一个中间列自适应宽度的三列布局页面。

（1）本例中 XHTML 文档的 body 部分与前面的示例是一致的，都为三列布局。首先设置 wrapper 的宽度为 85%，然后设置其 positon 属性为 relative，代码如下：

```
------------------------------文件名：三列布局：中间列自适应.html--------------------------------
01    *{margin:0;padding:0;}                  /*整个页面元素的初始边距和补白设置为0*/
02    body{  background:#999;                 /*网页背景色设置为浅灰色*/
03          color:#fff;                       /*网页整体文字颜色设置为白色*/
04          text-align:center;}               /*网页整体文字对齐方式设置为居中对齐*/
05    .wrapper{ width:85%;                    /*wrapper容器的宽度设置为页面的85%*/
06            margin:0 auto;                  /*wrapper容器的水平对齐*/
07            text-align:left;                /*wrapper容器的文字左对齐*/
08            background:#fff;                /*wrapper容器的背景色设置为白色*/
09            position:relative;}             /*wrapper容器设置为相对定位*/
```

【代码解析】代码第 2 ~ 4 行定义的是 body 的 CSS 样式。代码第 5 ~ 9 行是 wrapper 选择符 CSS 样式，设置 margin 为 0 auto，水平居中；设置 text-align 为 left，文本向左对齐；关键属性 position 为 relative，实现 wrapper 容器为相对定位。

在设置 wrapper 为相对定位后，就要将 leftBox 和 rightBox 设定为绝对定位，这样 leftBox 和 rightBox 就能相对于其父元素 wrapper 进行偏移。由于左右两列宽度要固定，所以需要设定 leftBox 和 rightBox 的宽度为 180 像素，代码如下：

```
------------------------------文件名：三列布局：中间列自适应.html--------------------------------
01    .leftBox{  position:absolute;           /*leftBox容器设置为绝对定位*/
02            width:180px;                    /*leftBox容器的宽度设置为180像素*/
03            background:#0072a8;}            /*leftBox容器的背景色设置为蓝色*/
04    .rightBox{  position:absolute;          /*rightBox容器设置为绝对定位*/
05              width:180px;                  /*rightBox容器的宽度设置为180像素*/
06              background:#73ae04;}          /*rightBox容器的背景色设置为绿色*/
07    .midBox{   background:#f99f01;}         /*midBox容器的背景色设置为橙色*/
```

【代码解析】关键代码为第 1 行和第 4 行，使用了属性 position，属性值为 absolute，实现 leftBox 和 rightBox 容器依托父容器 wrapper 定位。

由于 logo 容器也在 wrapper 容器中，所以设定 logo 容器的高度为 40 像素。这样 leftBox 和 rightBox 从上往下要移动 40 像素的位置，设置 top 属性为 40 像素。要令 leftBox 容器贴紧 wrapper 容器左侧，就要设置从左到右的偏移值为 0，则 left 属性为 0；要令 rightBox 容器贴紧 wrapper 容器右侧，就要设置从右到左的偏移值为 0，则 right 属性为 0；代码如下：

```
------------------------------文件名：三列布局：中间列自适应.html--------------------------------
01    .logo{ font-size:26px; background:#000; height:40px;}      /*logo容器的高度设置为40像素*/
02    .leftBox{  position:absolute;           /*leftBox容器设置为绝对定位*/
03            width:180px;                    /*leftBox容器的宽度设置为180像素*/
04            top:40px; left:0;               /*leftBox容器从上到下偏移40像素，从左到右不发生偏移*/
05    background:#0072a8;}                    /*leftBox容器的背景色设置为蓝色*/
06    .rightBox{  position:absolute;          /*rightBox容器设置为绝对定位*/
07            width:180px;                    /*rightBox容器的宽度设置为180像素*/
08            top:40px; right:0;              /*rightBox容器从上到下偏移40像素，从右到左不发生偏移*/
09            background: #73ae04;}           /*rightBox容器的背景色设置为绿色*/
```

【代码解析】代码第 4 行和第 8 行中，leftBox 和 rightBox 绝对定位下移 40px，分别紧贴左边线和右边线。执行步骤（1）后的效果如图 14.18 所示。

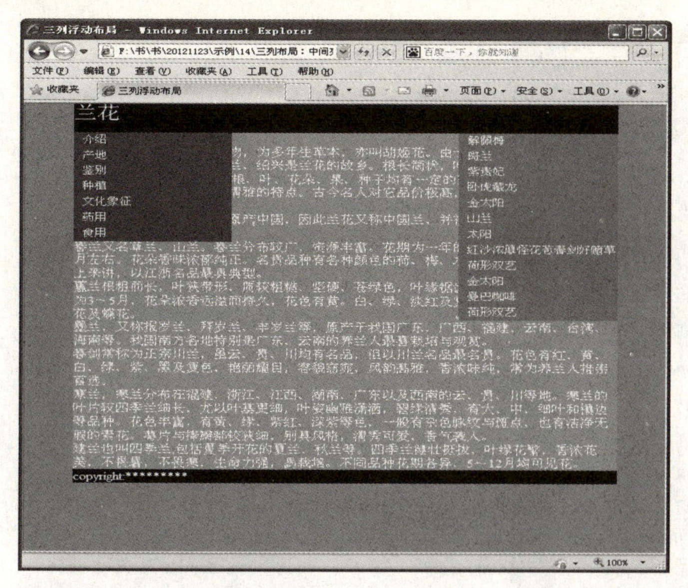

图 14.18　执行步骤（1）的结果

（2）如图 14.18 所示，由于 leftBox 和 rightBox 使用了绝对定位，其位置覆盖了 midBox。要实现 midBox 自适应宽度，还要设置 midBox 为相对定位，代码如下：

```
.midBox{ position:relative; }      /* midBox 设置为相对定位*/
```

当设置 midBox 为相对定位后，midBox 就会出现对于自身定位，此时会占据整个 wrapper 容器，遮盖住 leftBox 和 rightBox。要使 midBox 与 leftBox、rightBox 分离，就要设置 midBox 的左右边距，代码如下：

```
.midBox{ margin:0 200px 0 200px;  /* midBox 左右边距各设置为 200 像素*/
padding:10px;}                    /* midBox 四边补白设置为 10 像素*/
```

执行步骤（2）后的结果如图 14.19 和图 14.20 所示。

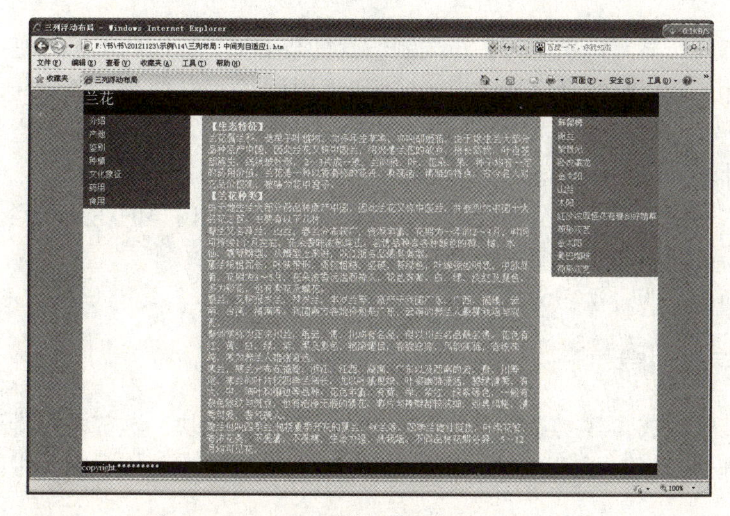

图 14.19　三列布局：中间列自适应（浏览器最大化）

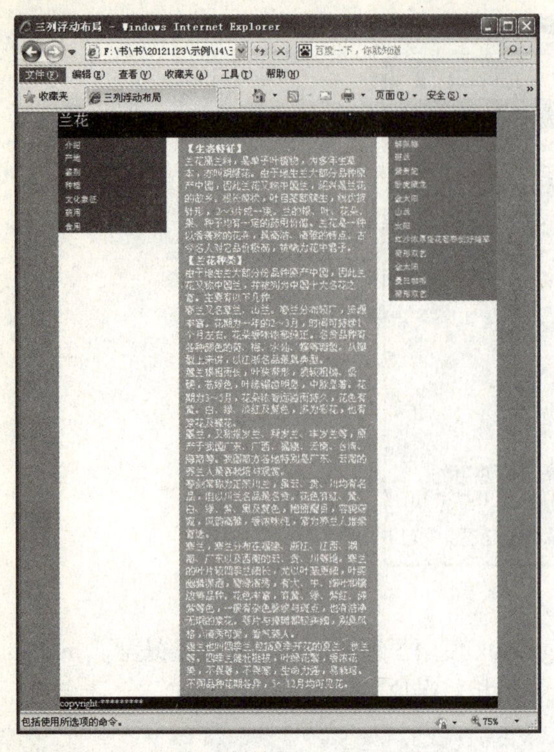

图 14.20　三列布局：中间列自适应（缩小浏览器窗口）

注意： 当缩放窗口时，左右两列的宽度固定不变，中间列会随浏览器窗口的变化而变化。

14.3　复杂的页面排版

当我们根据企业要求，用布局凸显网站主题时，布局制作就复杂多了。前面的例子都是一栏布局，我们只考虑了宽度设计，即让层的高度自适应。实际应用中，页面往往是多栏布局，页面元素的高度也要认真考虑。栏与列越多，页面布局就越复杂。大型的门户网站都是多栏多列布局，如图 14.21 所示，为网易网站的首页布局，图 14.22 为新浪网站的首页布局。

大型的门户网通常都有五六屏的长度，囊括很多资讯，这样布局复杂的门户网在互联网上越来越多。所以，页面制作人员必须掌握页面复杂的布局方式。

本节主要讲述两种复杂页面的排版方法，分别是垂直布局和水平布局。

14.3.1　复杂的页面排版：垂直布局

我们先来学习垂直布局的排版方法，其主要是把页面分为垂直排列的区块，这些垂直排列的区块按照常规流的方式垂直排列，不需要应用任何浮动。然后在这些区块中再细分网页中的各个栏目。

图 14.21　网易网站首页　　　　图 14.22　新浪网站首页

【示例 14.7】 利用垂直布局制作复杂页面示例。

（1）对页面进行分块，其分块框架如图 14.23 所示。整个页面分为五部分，这五部分垂直排列。在一般的大型门户网站中，若使用垂直的排版方式，每个分块的高度都是确定的。为了让这五部分在页面中居中显示，可以给每个部分设置左右两边距为 auto，也可以使用一列水平居中的办法，让这五部分包含到一列中，然后居中显示最外层的一列。本例使用后者，代码如下：

```
-------------------------------文件名：复杂的页面排版：垂直布局1.html-------------------------------
01    *{margin:0;padding:0;}                       /*整个页面元素的初始边距和补白设置为0*/
02    body{ background:#fff;                       /*网页的背景色设置为白色*/
03         text-align:center; }                    /*网页的文字对齐方式设置为居中对齐*/
04    .main{
05         width:950px;                            /*main容器的宽度设置为950像素 */
06         background:#fff;                        /*main容器的背景色设置为白色*/
07         margin:0 auto;                          /*main容器水平居中*/
08         text-align:left;                        /*main容器的文字左对齐*/
09    }
```

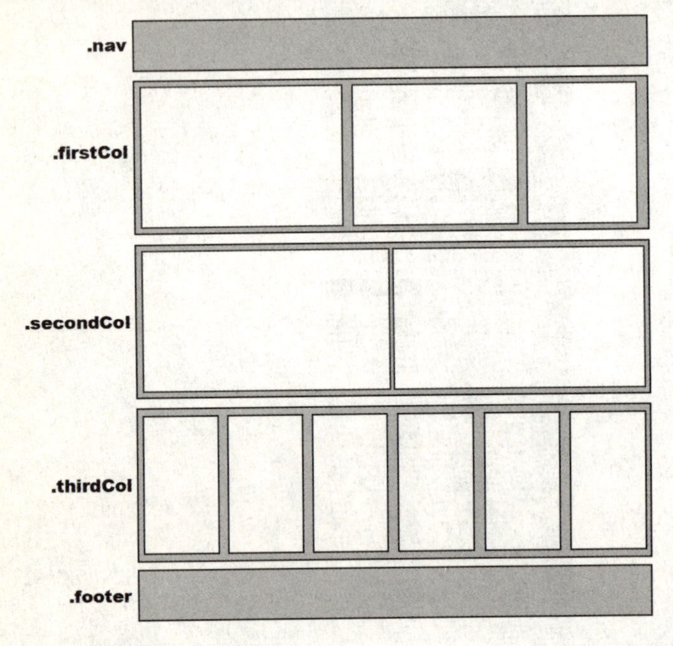

图 14.23　垂直布局总体分块图

注意： 由于很多门户网站包含的内容太多，而且日常更新频繁，所以不适宜用自适应宽度的布局。

【代码解析】关键代码为第7行，让main容器实现水平居中。代码第5行设置main容器的宽度为950像素，并且居中，则整个网页的宽度就为950像素，并且保持居中。

以下是XHTML文档中的构架：

```
-------------------------------文件名：复杂的页面排版：垂直布局1.html-------------------------------
01    <body>
02        <div class="main">                 <!--定义主层-->
03        </div>
04    </body>
```

在名为main的div标签中可以顺序嵌入五个div标签，代码如下：

```
--------------------------------文件名：复杂的页面排版：垂直布局1.html--------------------------------
01    <div class="main">
02          <div class="nav"></div>                    <!--定义导航层-->
03          <div class="firstCol"></div>               <!--定义内容第一层-->
04          <div class="secondCol"></div>              <!--定义内容第二层-->
05          <div class="thirdCol"></div>               <!--定义内容第三层-->
06          <div class="footer"></div>                 <!--定义内容第四层-->
07       </div>
```

【代码解析】代码第 2 行是网页的头部分；代码第 3 ~ 5 行为网页的中间部分；代码第 6 行为网页底部分。

（2）设置五部分的高度、边框和边距。由于这五部分是按照常规流的方式垂直排列的，所以会发生上下边距叠加的现象。为了避免这个现象，就要设置每部分的上边距值为 0。然后使用下边距值来拉开各部分的距离，代码如下：

```
--------------------------------文件名：复杂的页面排版：垂直布局2.html--------------------------------
01    .nav{ height:40px;}                      /*nav 容器的高度设置为 40 像素*/
02    .firstCol{ height:200px;}                /*firstCol 容器的高度设置为 200 像素*/
03    .secondCol{ height:250px;}               /*secondCol 容器的高度设置为 250 像素*/
04    .thirdCol{ height:180px;}                /*thirdCol 容器的高度设置为 180 像素*/
05    .footer{ height:80px;}                   /*footer 容器的高度设置为 80 像素*/
06    .nav,.firstCol,.secondCol,.thirdCol,.footer{
07    border:1px solid #333;                   /*所有容器的边框设置为 1 像素灰色实线*/
08    margin:0 0 6px 0;                        /*所有容器的下边距设置为 6 像素*/
09     background:#ccc;                        /*所有容器的背景色设置为灰色*/
10    }
```

【代码解析】代码第 1 ~ 5 行中，各层都设置了自己的高度。代码第 8 行为每层之间做了 6px 的分割。

执行步骤（2）后的效果如图 14.24 所示。

图 14.24　执行步骤（2）的结果

如图 14.24 所示，网页中的五部分呈垂直排列，并且每个部分有 6 像素的空隙。在完成对整个网页的垂直布局后，就要对每个部分进行细分布局。

（3）对 firstCol 进行布局。在 firstCol 中有三个宽度不等的水平排列的区块，要使用左中右浮动的方法设置其布局。由于三个部分的宽度不同，要设置三个不同的 ID 选择器来区分。在 XHTML 文档中嵌入对 firstCol 的三个区块，代码如下：

```
--------------------------------文件名：复杂的页面排版：垂直布局 3.html------------------------------
01    <div class="firstCol">
02            <div id="news">news</div>         <!--定义内容第一层中的嵌套层-->
03           <div id="info">info</div>
04           <div id="hot">hot</div>
05    </div>
```

【代码解析】代码第 2 ~ 4 行，为层 firstCol 嵌套了三个层，分别是 news、info、hot。

通常，这三部分都会代表不同的栏目，使用栏目的名称给容器命名能使网页结构更清晰。然后使用左中右浮动的方式让三部分呈水平排列，代码如下：

```
-------------------------------文件名：复杂的页面排版：垂直布局 3.html-------------------------------
01    #news,#info,#hot{ display:inline;     /*news、info、hot 容器的设置为行内元素*/
02              border:1px solid #333;     /*news、info、hot 容器的边框设置为 1 像素灰色实线*/
03              height:180px;              /*news、info、hot 容器的高度均设置为 180 像素*/
04              background:#fff;           /*news、info、hot 容器的背景色设置为白色*/
05              margin:10px 0 0 5px;} /*news、info、hot 容器的上边距设置为 10 像素，左边距为 5 像
06    素*/
07    #news{ float:left; width:500px;}                            /*news 模块左浮动*/
08    #info{ float:left; width:250px;}                            /*info 模块左浮动*/
09    #hot{ float:right; width:170px; margin-right:5px;}          /*hot 模块右浮动*/
```

【代码解析】代码第 1 行把块级元素改为了行内元素；代码第 7 ~ 9 行为嵌套的层定义了宽度。

执行步骤（3）后的结果如图 14.25 所示。

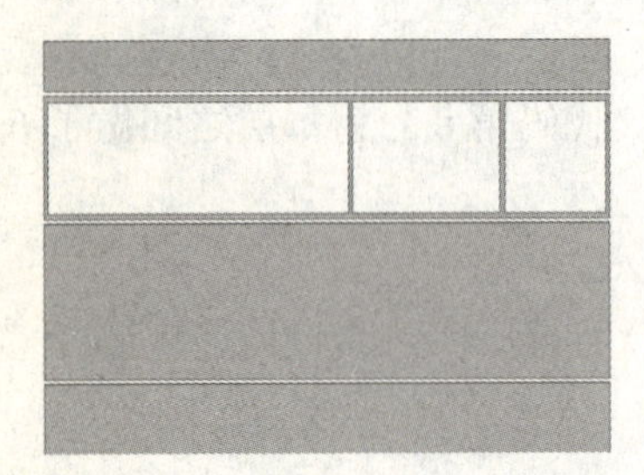

图 14.25　执行步骤（3）的结果

如图 14.25 所示，在 firstCol 中水平排列了三个分块。

> **注意：**这三个分块的宽度总和不能超过 950 像素。参照盒模型来分，每个分块在页面的宽度包括原始宽度、边框、补白和边距。

（4）对 secondCol 进行布局，在 secondCol 中有两个宽度一致的区块，对这样的分栏，可以设置同一个类选择器来设置其共同的属性。然后分别设置不同的 ID 选择器区分两个栏目。在 XHTML 文档中嵌入 secondCol 的两个区块，代码如下：

```
------------------------------文件名：复杂的页面排版：垂直布局 4.html------------------------------
01    <div class="secondCol">
02          <div class="secondColBox" id="infoList">
03          </div>
04          <div class="secondColBox" id="infoPicture">
```

```
05            </div>
06    </div>
```

【代码解析】为第二大层secondCol嵌套了两层，分别为infoList和infoPicture。

对这两个栏目进行水平排列，代码如下：

```
------------------------------文件名：复杂的页面排版：垂直布局4.html------------------------------
01    .secondColBox{ width:458px; height:230px; /*secondColBox容器的宽度和高度*/
02              border:1px solid #333;         /*secondColBox容器的边框设置为1像素灰色实线*/
03              background:#fff;              /*secondColBox容器的背景色设置为白色*/
04              float:left;                   /*secondColBox容器设置为左浮动*/
05              display:inline;                /*secondColBox容器设置为行内元素*/
06              margin:10px 0 0 10px;}         /*secondColBox容器的上边距和左边距设置为10像素*/
07    #infoPicture{ float:right;               /*infoPicture容器设置为右浮动*/
08          margin:10px 10px 0 0;}             /*infoPicture容器的上边距和右边距设置为10像素*/
```

【代码解析】代码第5行把块级元素改成了行内元素；代码第6行和第8行分别为infoList、infoPicture和secondCol设置了页边距。

步骤（4）的运行结果如图14.26所示。

图14.26　执行步骤（4）的结果

（5）对thirdCol进行布局。在thirdCol中有六个宽度和高度都一致的分块，所以只需要使用同一个类选择器来设定共同的属性。在XHTML文档中嵌入thirdCol的六个区块，代码如下：

```
------------------------------文件名：复杂的页面排版：垂直布局5.html------------------------------
01    <div class="thirdCol">
02              <div class="thirdColBox"></div>
03            <div class="thirdColBox"></div>
04            <div class="thirdColBox"></div>
05            <div class="thirdColBox"></div>
06            <div class="thirdColBox"></div>
07            <div class="thirdColBox"></div>
08    </div>
```

【代码解析】代码第2～7行把层thirdCol横向嵌套了7个div元素。

对这六个栏目进行水平排列，代码如下：

```
------------------------------文件名：复杂的页面排版：垂直布局5.html------------------------------
01    .thirdColBox{ width:150px; height:150px;       /*.thirdColBox容器的宽度和高度*/
02          border:1px solid #333;           /*.thirdColBox容器的边框设置为1像素灰色实线*/
03          background:#fff;                 /*.thirdColBox容器的背景色设置为白色*/
04          float:left;                      /*.thirdColBox容器设置为左浮动*/
```

```
05          display:inline;                 /*.thirdColBox 容器设置为行内元素*/
06          margin: 10px 0 0 5px;}          *.thirdColBox 容器的上边距设置为 10 像素，左边距设置为 5
07      像素*/
```

【代码解析】代码第 5 行还是需要把块级元素改为行内元素。代码第 4 行设置了每个嵌套 div 的间隔为 10px。

执行步骤（5）后的结果如图 14.27 所示。

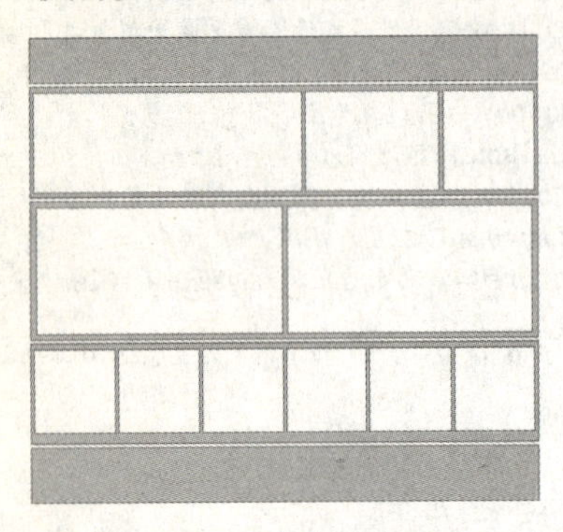

图 14.27　执行步骤（5）的结果

完成整个页面的整体布局后，就可以在对应的分块中加入内容。使用垂直排列的复杂布局方式能实现多栏布局，适合布局网站的首页。在其分块中加入内容时，应注意内容的高度不能高于父容器的高度，否则会使内容溢出。

示例 14.7 的整体代码如下：

```
--------------------------------文件名:复杂的页面排版:垂直布局.html--------------------------------
01    <!DOCTYPE html PUBLIC "-//W3C//DTD XHTML 1.0 Transitional//EN"
02    "http://www.w3.org/TR/xhtml1/DTD/xhtml1-transitional.dtd">
03    <html xmlns="http://www.w3.org/1999/xhtml">
04    <head>
05    <meta http-equiv="Content-Type" content="text/html; charset=utf-8" />
06    <title>复杂的页面排版：垂直布局</title>
07    <style type="text/css">
08    *{margin:0;padding:0;}
09    body{ background:#fff;text-align:center; }
10    .main{text-align:left;width:950px;background:#fff;margin:0 auto;}
11
12    .nav{ height:80px;}
13    .firstCol{ height:200px;}
14    .secondCol{ height:250px;}
15    .thirdCol{ height:180px;}
16    .footer{ height:100px;}
17    .nav,.firstCol,.secondCol,.thirdCol,.footer{border:1px solid #333;margin:0 0 6px 0;
       background:#ccc;}
18
19    #news,#info,#hot{ display:inline; border:1px solid #333; height:180px; background:#fff;
       margin:10px 0 0 20     5px;}
21    #news{ float:left; width:500px;}
22    #info{ float:left; width:250px;}
23    #hot{ float:right; width:170px; margin-right:5px;}
24
```

```
25    .secondColBox{ width:458px; height:230px; border:1px solid #333; background:#fff;
26              float:left; display:inline; margin:10px 0 0 10px;}
27    #infoPicture{ float:right; margin:10px 10px 0 0;}
28
29    .thirdColBox{ width:150px; height:150px;  border:1px solid #333; background:#fff;
30    float:left; display:inline;margin: 10px 0 0 5px;}
31    </style>
32    </head>
33
34    <body>
35       <div class="main">
36         <div class="nav"></div>
37           <div class="firstCol">
38                <div id="news">news</div>
39              <div id="info">info</div>
40              <div id="hot">hot</div>
41           </div>
42           <div class="secondCol">
43               <div class="secondColBox" id="infoList">infoList
44              </div>
45              <div class="secondColBox" id="infoPicture">infoPicture
46              </div>
47           </div>
48           <div class="thirdCol">
49               <div class="thirdColBox">1</div>
50              <div class="thirdColBox"2></div>
51              <div class="thirdColBox">3</div>
52              <div class="thirdColBox">4</div>
53              <div class="thirdColBox">5</div>
54              <div class="thirdColBox">6</div>
55           </div>
56           <div class="footer"></div>
57       </div>
58    </body>
59    </html>
```

14.3.2　复杂的页面排版：水平布局

介绍完复杂页面的垂直布局后，下面来介绍水平布局的排版方法，其主要是把页面分为水平排列的区块。通常会按照三列布局的方式先把页面分为高度自适应的列排列。然后对每一列再分块，在每一列中的分块通常都是使用常规流的方法使其垂直排列。

【示例 14.8】 利用水平布局制作复杂页面。

（1）对页面进行分块，其分块框架如图 14.28 所示。整个页面的基础布局是上中下三行布局。对于中间部分，首先进行三列布局，分为 leftCol、midCol 和 rightCol 三列，代码如下：

```
--------------------------------文件名：复杂的页面排版：水平布局.html-----------------------------
01    <!DOCTYPE html PUBLIC "-//W3C//DTD XHTML 1.0 Transitional//EN"
02    "http://www.w3.org/TR/xhtml1/DTD/xhtml1-transitional.dtd">
03    <html xmlns="http://www.w3.org/1999/xhtml">
04    <head>
05    <meta http-equiv="Content-Type" content="text/html; charset=utf-8" />
06    <title>复杂的页面排版：水平布局</title>
07    <style type="text/css">
```

```
08    *{margin:0;padding:0;}                              /*整个页面元素的初始边距和补白设置为 0*/
09    body{ background:#fff;                              /*网页的背景色设置为白色*/
10         text-align:center; }                           /*网页的文字对齐方式设置为居中对齐*/
11    .main{
12        width:950px;                                    /*main 容器的宽度设置为 950 像素 */
13        background:#fff;                                /*main 容器的背景色设置为白色*/
14        margin:0 auto;                                  /*main 容器水平居中*/
15        text-align:left;                                /*main 容器的文字左对齐*/
16    }
17    .nav{ height:80px;}                                          /*nav 的高度设置为 80 像素*/
18    .leftCol{ float:left; width:200px;}                          /*leftCol 模块左浮动*/
19    .midCol{ float:left; width:500px; margin:0 0 0 7px;}         /*midCol 模块左浮动*/
20    .rightCol{ float:right; width:230px;}                      /*rightCol 模块右浮动*/
21    .footer{  height:100px;                                    /*footer 的高度设置为 100 像素*/
22          clear:both;}                                         /*清除浮动*/
23    .nav,.leftCol,.midCol,.rightCol,.footer{
24         border:1px solid #333;                                /*容器的边框设置为 1 像素灰色实线*/
25         background:#ccc;}                                     /*容器的背景色设置为灰色*/
26    .clear{ clear:both;}                                       /*清除浮动*/
27    </style>
28    </head>
29    <body>
30        <div class="main">
31         <div class="nav"></div>
32           <div class="leftCol"> leftCol </div>
33           <div class="midCol">midCo</div>
34           <div class="rightCol">rightCo</div>
35           <div class="clear"> clear </div>
36           <div class="footer"> footer </div>
37        </div>
38    </body>
39    </html>
```

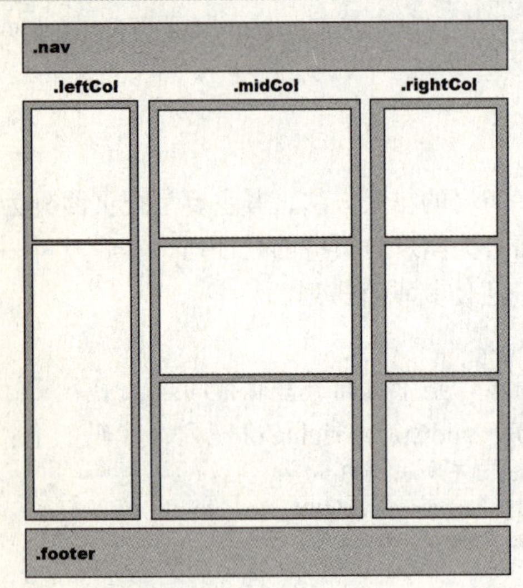

图 14.28　垂直布局总体分块图

【代码解析】代码第 11 ~ 16 行定义了 main 为父层，设置了宽度为 950px，水平居中，文字左对齐。代码第 17 行.nav 为网页的上部；代码第 18～20 行为网页的中部，从左到右依次是.leftCol、.midCol、.rightCol 的 CSS 样式，都设置了浮动 float。代码第 21、22 行为网页底部 footer 的 CSS 样式。

执行步骤（1）后的效果如图 14.29 所示。

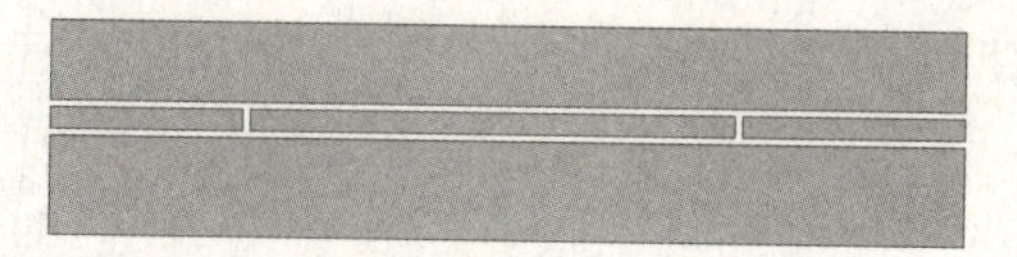

图 14.29 执行步骤（1）的结果

说明： 在图 14.29 中，由于三列都没有设置高度，也没有任何内容，所以在页面上只能看到很短的框块。

（2）对 leftCol 进行布局。在 leftCol 中有两个高度不等的框块，使用两个 ID 选择器来区分两个栏目，在 XHTML 文档中嵌入对 leftCol 的两个区块，代码如下：

```
------------------------------文件名：复杂的页面排版：水平布局 2.html------------------------------
01    <div class="leftCol">
02            <div id="news">news</div>       <!--定义左边列层的嵌套层->
03           <div id="hot">hot</div>
04    </div>
```

【代码解析】 在 leftCol 层中增加两层，分别定义类选择符为.news、.hot。

由于这两个分块是垂直排列的，不需要运用任何浮动属性。为了在本例中显示效果，为每个分块设置高度，代码如下：

```
------------------------------文件名：复杂的页面排版：水平布局 2.html------------------------------
01    #news,#hot{ width:180px; height:200px;     /*news 和 hot 容器的高度和宽度*/
02           background:#fff;                    /*news 和 hot 容器的背景色设置为白色*/
03           border:1px solid #333;              /*news 和 hot 容器的边框设置为 1 像素灰色实线*/
04           margin:10px 0 0 10px;}              /*news 和 hot 容器的上边距和左边距设置为 10 像素*/
05    #hot{ height:500px;                        /*hot 容器的高度设置为 500 像素*/
06        margin-bottom:10px;}                   /*hot 容器的下边距设置为 10 像素*/
```

【代码解析】 代码第 1～4 行为选择符设置了共同的样式，宽为 180px、高为 200px，背景为白色等。代码第 5、6 行为选择符 hot 添加额外的样式，高为 500px，底边距为 10px。

执行步骤（2）后的结果如图 14.30 所示。

如图 14.30 所示，在 leftCol 中垂直排列了 news 和 hot 两个分块。

（3）对 midCol 和 rightCol 进行布局。由于 midCol 中的三个分块大小是一致的，所以可以利用同一个类选择器来设置。然后每个分块设置一个 ID 选择器来区分栏目，在 XHTML 文档中嵌入区块，代码如下：

```
------------------------------文件名：复杂的页面排版：水平布局 3.html------------------------------
01    <div class="midCol">
02            <div class="midColBox" id="music"> music </div>    <!--定义中间层的嵌套层-->
03          <div class="midColBox" id="movie"> movie </div>
04          <div class="midColBox" id="book"> book </div>
```

```
05    </div>
```

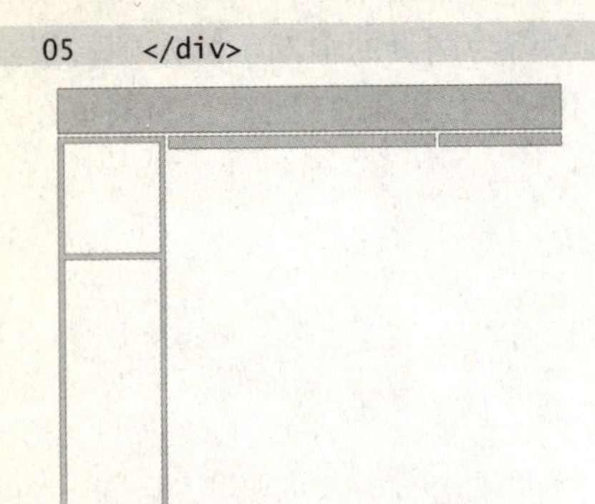

图 14.30　执行步骤（2）的结果

【代码解析】代码第 2～4 行在 midCol 列中进行了嵌套，生成 music、movie 和 book 三个 div 层。

对 midCol 的三个栏目进行属性设置，代码如下：

```
--------------------------------文件名：复杂的页面排版：水平布局 3.html--------------------------------
01    .midColBox{ width:480px; height:230px;          /*midColBox 的高度和宽度*/
02          background:#fff;                          /*midColBox 的背景色设置为白色*/
03          border:1px solid #333;                    /*midColBox 的边框设置为 1 像素灰色实线*/
04          margin:10px 0 0 10px;}                    /*midColBox 上边距和左边距设置为 10 像素*/
05    #book{ margin-bottom:10px;}                     /*book 容器的下边距设置为 10 像素*/
```

【代码解析】代码第 1～4 行为类选择符添加 CSS 样式，统一修饰在 midCol 里嵌套的各层。代码第 5 行为类选择符添加底边距为 10px 的 CSS 样式。

由于 rightCol 和 midCol 的分块结构是一样的，所以设置的方式也是一致的。

对 rightCol 进行分块的代码如下：

```
--------------------------------文件名：复杂的页面排版：水平布局 3.html--------------------------------
01    <div class="rightCol">
02              <div class="rightColBox" id="blog"></div>    <!--定义右边层的嵌套层-->
03            <div class="rightColBox" id="rss"></div>
04            <div class="rightColBox" id="google"></div>
05    </div>
```

【代码解析】代码第 2～4 行是嵌套在 rightCol 中的层，分三层，分别起名为 blog、rss、google。

对 rightCol 的三个栏目进行属性设置，代码如下：

```
--------------------------------文件名：复杂的页面排版：水平布局 3.html--------------------------------
01    .rightColBox{ width:210px; height:230px;        /*rightColBox 设置高度 230,宽度 210*/
02          background:#fff;                          /* rightColBox 的背景色设置为白色*/
03          border:1px solid #333;                    /*rightColBox 的边框设置为 1 像素灰色实线*/
04          margin:10px 0 0 10px;}                    /*rightColBox 上边距和左边距设置为 10 像素*/
05    #google{ margin-bottom:10px;}                   /*google 容器的下边距设置为 10 像素*/
```

【代码解析】与中列同理，代码第 1～4 行通过类选择符 rightColBox 为 blog、rss、google 设置共同的 CSS 样式。代码第 5 行为 ID 选择符 google 设置了页底边距为 10px。

执行步骤（3）后的结果如图 14.31 所示。

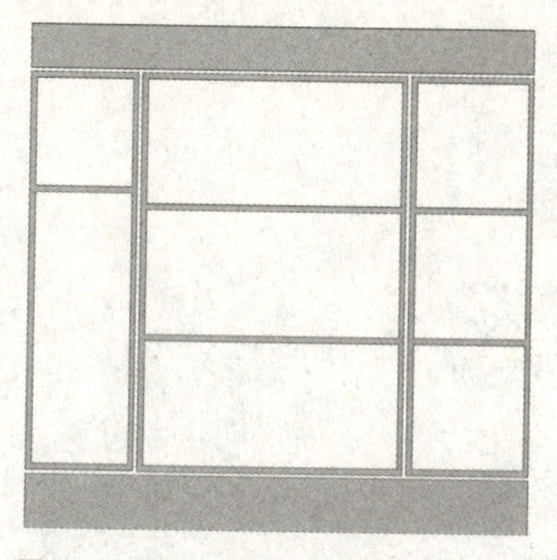

图 14.31　执行步骤（3）的结果

完成整个页面的整体布局后，就可以在对应的分块中加入内容。

示例 14.8 的整体代码如下：

```
-----------------------------文件名：复杂的页面排版：水平布局.html--------------------------------
01    <!DOCTYPE html PUBLIC "-//W3C//DTD XHTML 1.0 Transitional//EN"
02    "http://www.w3.org/TR/xhtml1/DTD/xhtml1-transitional.dtd">
03    <html xmlns="http://www.w3.org/1999/xhtml">
04    <head>
05    <meta http-equiv="Content-Type" content="text/html; charset=utf-8" />
06    <title>复杂的页面排版：水平布局</title>
07    <style type="text/css">
08    *{margin:0;padding:0;}
09    body{ background:#fff;text-align:center; }
10    .main{text-align:left;width:950px;background:#fff;margin:0 auto;}
11
12    .nav{ height:80px; margin:0 0 6px 0;}
13    .leftCol{ float:left; width:200px;}
14    .midCol{ float:left; width:500px; margin:0 0 0 7px;}
15    .rightCol{ float:right; width:230px;}
16    .footer{  height:100px; clear:both; margin:6px 0 0 0;}
17    .nav,.leftCol,.midCol,.rightCol,.footer{border:1px solid #333; background:#ccc;}
18    .clear{ clear:both;}
19
20    #news,#hot{ width:180px; height:200px; background:#fff; border:1px solid #333; margin:10px
      0 0 10px;}
21    #hot{ height:500px; margin-bottom:10px;}
22
23    .midColBox{ width:480px; height:230px; background:#fff; border:1px solid #333; margin:10px
      0 0 10px;}
24    #book{ margin-bottom:10px;}
25
26    .rightColBox{ width:210px; height:230px; background:#fff; border:1px solid #333; margin:
      10px 0 0 10px;}
27    #google{ margin-bottom:10px;}
28    </style>
29    </head>
30
```

```
31    <body>
32        <div class="main">
33          <div class="nav">nav</div>
34            <div class="leftCol">
35               <div id="news">news</div>
36                <div id="hot">hot</div>
37            </div>
38            <div class="midCol">
39               <div class="midColBox" id="music">music</div>
40                <div class="midColBox" id="movie">movie</div>
41                <div class="midColBox" id="book">book</div>
42            </div>
43            <div class="rightCol">
44               <div class="rightColBox" id="blog">blog</div>
45                <div class="rightColBox" id="rss">rss</div>
46                <div class="rightColBox" id="google">goolge</div>
47            </div>
48            <div class="clear"></div>
49            <div class="footer"></div>
50        </div>
51    </body>
52    </html>
```

14.4 小结

本章讲解了基本的排版布局方式和复杂的排版布局方式。基本的布局有固定宽度布局和自适应宽度布局，使用浮动和定位技术能实现多种基本布局方式。本章的重点是掌握几种不同的基本排版方式，难点是综合应用这些排版技术实现复杂的页面效果。下一章将与大家一起做BLOG页面。

第4篇

整站的CSS定义技巧

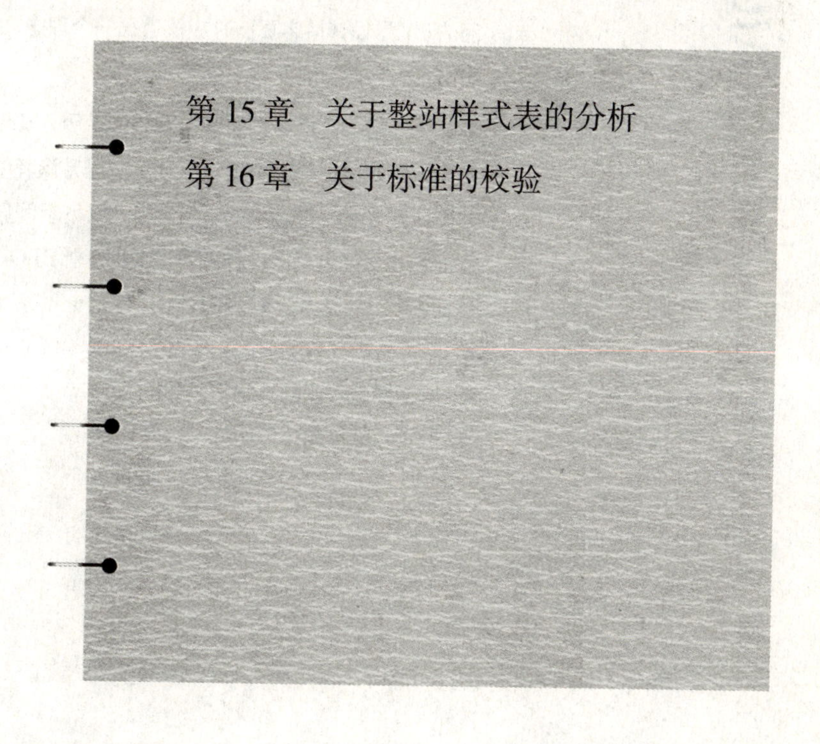

网页开发手记：

CSS+DIV 网页布局实战详解

第 15 章 关于整站样式表的分析

博客是近几年比较流行的网络日志，人们通过博客表达观点、传播信息和存放心情。博客真正吸引人的是展现的内容，而不是华丽的页面，设计博客页面时应该遵循一个理念：形式为内容服务，突出日志功能，界面略加修饰即可。

本章将介绍一个博客页面制作的综合示例，以此来帮助读者巩固前面所学的知识，更是通过综合示例提升读者的页面设计能力。为了使读者有一个轻松的学习过程，以下示例只列举了一个评论页面和日志列表页面进行讲解，并非整个 BLOG 网站，主要内容包括：

- 站点页面的规划原则和方法
- 博客页面实例的规划与制作
- 博客二级页面实例的规划与制作

15.1　站点页面的分析

根据站点大小的不同，页面的差异情况不同，在具体制作的站点中，规划样式表的方法也有所区别，下面分别讲解。

15.1.1　规划样式表的原则

为了维护和管理的方便，使用样式表布局的主要目的就是，使页面的结构和表现相分离。而结构和表现相分离的目的是使页面更加易于使用和维护。所以规划样式表的主要原则就是使用方便。

首先，给每个页面定义独立样式表的方法不是很好的方法。当然，在一些网站中，所有的页面结构互相独立的站点除外。

因为每个站点都要有统一的风格，例如，页面头部的 Logo、Banner、导航部分和底部的版权信息等。同时页面中，字体的选择、行高、链接样式等修饰部分也会基本相同。有些站点，除首页以外，其他的二级页面会保持同样的页面结构，特别是信息展示的网站，所以要尽量合理地重复使用样式。

但是也不是重复的部分越多越好，因为为了显示每个页面与其他页面的不同之处，页面中很可能还要有自己独立的表现部分，也有可能某个部分的表现在过一段时间会更换。所以还要预先定义好独立的结构和样式。

15.1.2　规划样式表的方法

规划样式表的方法原则上应根据博客设计的理念来考虑，但具体要根据不同站点的需求（以及不同团队和个人的习惯）来定，所以样式表的表现方法并不一定相同或统一。

1．独立的一个样式表

整个站点使用一个独立的样式表，这种方法适用于站点文件不多、页面一致性很好的站点。因为如果页面过多，同时又没有一致的表现效果，样式表文件就可能变得很大。虽然现在的站点中，使用很大的图片文件已经很普遍了，但是如果是流量很大的站点，还是会带来很大的传输负担。

同时，使用一个样式表还可能会带来维护的问题。因为如果定义的样式很多，虽然在样式中使用了注释，也会给阅读带来影响。

2．多个样式表

使用多个样式表的情况可能会比较复杂一点。根据各自的习惯和页面的多少不同，使用的分类方法也不相同。

当站点很大时，例如，一个有很多栏目的站点，每个栏目有独立的色彩或者单独的风格。此时，就可以为每个栏目定义各自独立的样式文件，也可以根据子栏目中各页面的不同，再定义各自的独立样式。但不建议每个页面都定义一个独立的样式，因为这样可能会使样式文件的结构过于复杂。

当站点比较小、页面不多，且每个页面都会有各自独立的修饰时，也可以定义多个样式表来控制页面的表现。其中可以在一个主要的样式中定义页面布局、字体、链接等公用的部分。然后在各自的样式中定义独立的表现效果。这样做的主要目的是，将公用的表现和独立的表现分开，这样既便于更改站点的统一风格，也方便更改每个页面的独立部分。

15.1.3 实例分析

下面看一个首页以外的二级页面的效果图，进一步介绍怎样根据页面之间的区别和联系更好地定义样式文件。如图 15.1 所示，是一个日志内容页面的显示效果。

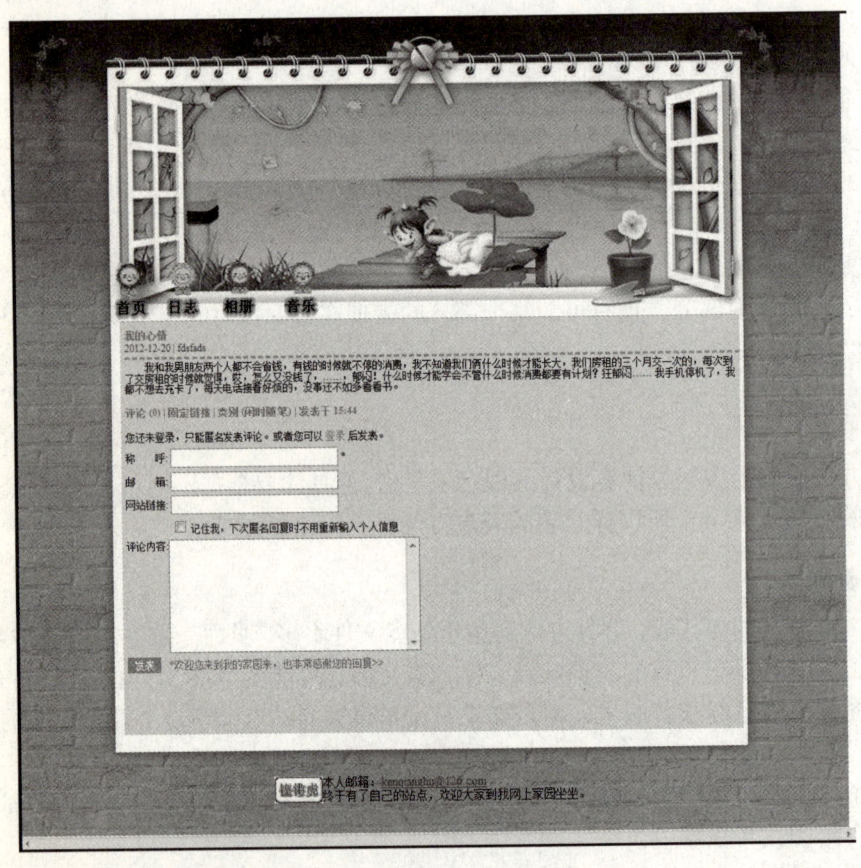

图 15.1　日志内容页面的显示效果

从图 15.1 可以看出，此时页面与首页存在几个区别。其一是，首页右侧一般有一个导航栏，而该页面中去掉了右侧的导航栏。整个页面的背景都是用背景图片的方法来实现的，这时要更换页面中的背景图片。

其二是，页面的内容部分也与首页有很大的区别，首页的主体往往列出最新内容的简要，但该页是评价页，主要是增加了几个输入文本的表单元素。为了提高开发效率，要尽量利用首页定义的样式。其中，logo、main 和 footer 部分的结构可以保持不变。同样，要添加新的样式，用来控制新添加的内容。

在下一节中，将详细讲解利用 main.css 中定义的公用样式的方法和添加独立样式的步骤。

15.2　站点二级页面的制作

根据上一节中的分析，下面讲解日志内容页面和日志列表页面的详细制作方法，原则上是规划处主体框架，然后详细化各个部分。

15.2.1　日志内容页面结构的规划

首先要制作的就是页面的结构部分。从图 15.1 可以看出，此时页面头部、底部的内容完全没有变化。根据 CSS 布局的特点，页面的结构和表现相分离。所以不需要更改这两个部分的页面结构，需要更改结构的部分是页面的主体部分，也就是 main 元素所包含的部分。

首先，看一下内容部分与首页结构的具体区别是什么。在首页中，使用的是两分栏的结构，在日志内容页中，只有内容部分，而没有侧栏的导航部分。另外，增加了评论部分。下面介绍具体的制作步骤。

1. 日志内容主体布局部分

这部分是指日志内容和评论部分的父元素，其主要作用是，从总体上控制主体内容的位置，其结构部分的代码如下。

```
01    <div id="main">
02                    <div id="lookdiary">
03                    <div id="lookdiary_conent">
04    </div></div></div>
```

【代码解析】以上代码主要定义了日志的标题层。

2. 日志内容部分

这个部分也可以分为两个部分，一部分是日志分类，另一部分是日志内容。其中，日志内容部分可以使用首页相应的结构，其代码如下。

```
01    <div class=" lookdiary ">
02    <div id="diaryclass_content">
03    <a href="#">我的心情</a>
04    </div></div>
05
06    <div class="diary_list">
07       <div class="diarytitle"> 2012-12-20 | fdsfads</div>
08      <div class="diarycontent">我和我男朋友两个人都不会省钱，有钱的时候就不停地消费，我不知道我们俩什
09    么时候才能长大，我们的房租三个月交一次，每次到了交房租的时候就觉得："哎，怎么又没钱了？"……，
10    郁闷！什么时候才能学会不管什么时候消费都要有计划？狂郁闷……
11    我手机停机了，我都不想去充卡了，每天电话接着好烦的，没事还不如多看看书。
12    </div>
13      <div class="diaryabout"><a href="@">评论 (0)</a>  | <a href="@">固定链接</a> |  <a href
```

```
       ="@">类别
14    (闲时随笔) </a>|  发表于 15:44 </div> </div>
```

【代码解析】代码第 1～4 行在主要标题层中添加了内容；代码第 6～12 行为日志的具体内容；代码第 13、14 行为链接内容。

3．评论部分

评论部分主要包括评论标题和几个输入框，其结构代码如下。

```
01    <div id="commentform">
02      <form name="commentForm" method="post" action="#">
03          <div class="help">您还未登录,只能匿名发表评论。或者您可以 <a href="#">登录</a> 后发表。</div>
04            <div id="name">称    呼:
05             <input type="text" name="name" id="id1" class="text" value="" size="30" />
06               <span title="此项必须填写">*</span>
07               </div>
08          <div id="email">邮    箱:
09             <input type="text" name="email" id="id2" class="text" value="" size="30" />
15               </div>
11          <div id="link">网站链接:
12             <input type="text" name="link" id="id3" class="text" value="" size="30" />
13               </div>
14          <div id="remember">
15             <input type="checkbox" name="remember" id="id4" />
16               <span>记住我，下次匿名回复时不用重新输入个人信息</span>
17                 </div>
18          <div class="commentcontent"><span>评论内容:</span>
19             <textarea id="id5" name="commentcontent" rows="8" class="textarea"></textarea></div>
20          <div class="comment_submit">
21             <input type="submit" name="m" value="发表" class="button-submit" /><h4>*欢迎您来到
22             我的家园来，也非常感谢您的回复&gt;&gt;</h4>
23                </div> </form>
24     </div>
```

【代码解析】代码第 5、9、12 行为文本框，分别输入昵称、邮箱和网站链接；代码第 19 行定义了一个多行文本框，用来输入评论内容；第 21 行是所有信息的提交按钮。以上提交信息要放在表单<form></form>标签内。

因为整个页面的内容部分将不会使用浮动元素进行可变内容的布局。所以，在制作结构时，也就不用制作清除浮动元素了。

15.2.2 日志内容页面 CSS 部分的制作

接下来制作页面的 CSS 部分。

1．更换页面背景

首先要做的就是重新定义页面的背景，包括三部分，分别是：logo 部分、main 部分和 footer 部分。需要更换的背景和用来更换的背景分别如下。

导航部分原有图片如图 15.2 所示。

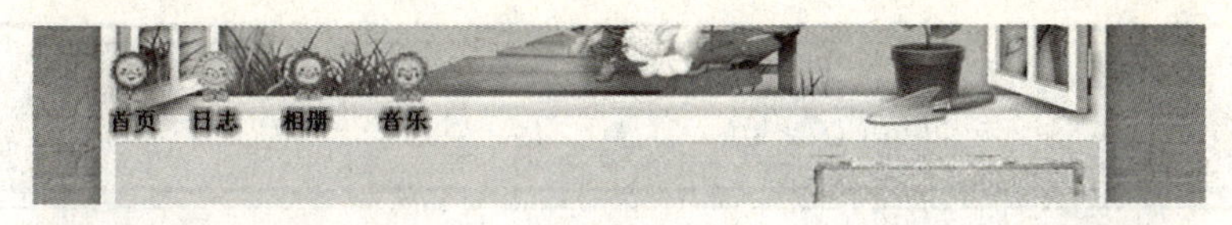

图 15.2　导航部分原有图片

用来更换的图片如图 15.3 所示。

图 15.3　导航部分用来更换的图片

主体部分使用的原有图片如图 15.4 所示。

图 15.4　主体部分的原有图片

用来更换的图片如图 15.5 所示。

图 15.5　主体部分用来更换的图片

底部的原有图片如图 15.6 所示。

图 15.6　底部原有图片

用来更换的图片如图 15.7 所示。

图 15.7　底部用来更换的图片

其中使用的 CSS 代码如下。

```
#main {
 background-image: url(images/bg.jpg);}                /*定义主体背景图*/
#logo {
 background-image: url(images/header.jpg);}            /*定义 logo 背景图*/
#footer {
 background-image: url(images/foot.jpg);}              /*定义底部背景图*/
```

> **注意：** 一定要注意页面调用样式表的顺序，在前面的章节中曾经讲解过，同一个元素中使用相同的属性时，在CSS中会使用最后定义的属性值。

此时页面中调用CSS的语句如下。

```
<link type="text/css" href="main.css" rel="stylesheet" />
```

2. 日志内容主体布局部分的CSS

这一部分的样式修饰页面主体部分的结构，主要定义内容的总体宽度和水平居中等，其具体代码如下。

```
01    #mid
02        {
03            height:480px;                                   /*定义层高度*/
04            width:740px;                                    /*定义层宽度*/
05            background:url(images/bg_middle.jpg) repeat;/*定义背景图片，同时为重复铺盖方式*/
06            margin:0 auto;                                  /*水平居中*/
07            padding-top:15px;                               /*顶部补白 15 像素*/
08            padding-left:5px;                               /*左部补白 15 像素*/
09        }
```

【代码解析】代码第3、4行的高度设置为480px，宽度为740像素；代码第5行添加了背景图片；代码第5行~8行设置了顶内边距为15px，左内边距为5px。定义完以上样式后，页面相应的部分显示效果如图15.8所示。

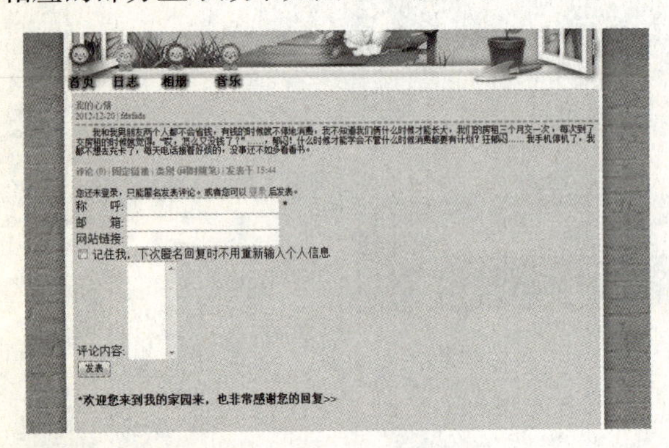

图15.8 定义了背景和布局样式后的效果

从图15.8可以看出，此时由于日志内容部分使用了main.css中定义的样式，所以这部分的显示是正常的。主要的问题就是评论部分，具体包括：文本的颜色、各表单之间的距离、表单的修饰等。为修正以上问题，定义样式如下。

```
01    .text{
02      height:18px;
03      width:200px;
04      border:#9ba4a8 1px solid;}
05    .textarea{
06      width:300px;                          /*多行文本框宽度为 300 像素*/
07      border:#9ba4a8 1px solid;}            /*多行文本框的边框设置*/
```

```
08    .button-submit{                              /*按钮样式设置*/
09      width:40px;
15      height:18px;
11      margin-right:15px;
12      border:1px solid #999999;
13      background:#9ba4a8;
14      font-size:12px;
15      color:#ffffff;}
16    .help,#name,#email,#link,#remember,.commentcontent{      /*其他文本框共同样式设置*/
17      margin-bottom:5px;
18      font-size:12px;
19      }
20    #remember{                                              /*复选框样式设置*/
21      margin-left:56px;}
22    #remember span{
23      padding-bottom:20px;}
24    .commentcontent span{                                   /*评论的样式设置*/
25      display:block;
26      float:left;}
27    h4{
28      display:inline;
29      font-size:12px;
30      font-weight:normal;
31      color:#f5651f;
32     }
```

【代码解析】该样式中 h4 部分样式的作用是控制评论标题和欢迎文字的显示效果。text、textarea 和 buttom-submit 部分样式的作用是控制输入表单的显示效果。其他的样式主要是控制各个表单和文本之间的间隔。

15.2.3　日志列表页的制作

学会了首页的制作后，日志列表页的制作就比较简单了。首先看一下日志列表页面的效果图，如图 15.9 所示。

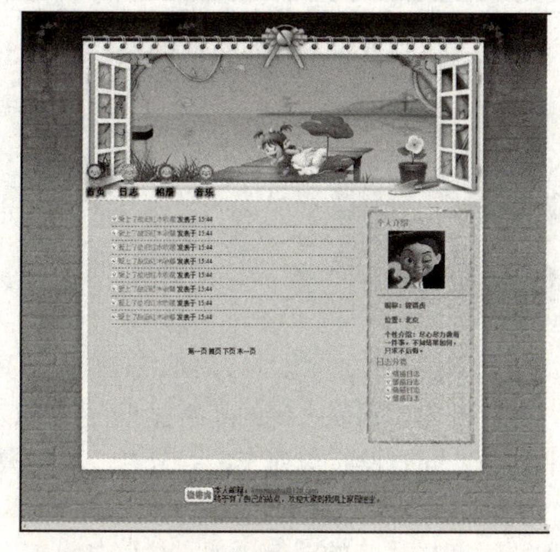

图 15.9　日志列表的效果图

从图 15.9 可以看出，日志列表页面中只有内容部分与首页不同，所以将首页的日志内容部分更改为如下所示的结构。

```
01    <!--==========第一个日志内容开始===========-->
02
03      <div class="diaryListcontent">
04      <div class="diarylist">
05         <ul>                    <!--列表标签-->
06          <li><img src="images/spacer.gif" alt="" /> <a href="@">爱上了故旧红木收藏</a>  发
07    表于 15:44 </li>
08          <li><img src="images/spacer.gif" alt="" /> <a href="@">爱上了故旧红木收藏</a>  发
09    表于 15:44 </li>
15          <li><img src="images/spacer.gif" alt="" /> <a href="@">爱上了故旧红木收藏</a>  发
11    表于 15:44 </li>
12          <li><img src="images/spacer.gif" alt="" /> <a href="@">爱上了故旧红木收藏</a>  发
13    表于 15:44 </li>
14          <li><img src="images/spacer.gif" alt="" /> <a href="@">爱上了故旧红木收藏</a>  发
15    表于 15:44 </li>
16          <li><img src="images/spacer.gif" alt="" /> <a href="@">爱上了故旧红木收藏</a>  发
17    表于 15:44 </li>
18          <li><img src="images/spacer.gif" alt="" /> <a href="@">爱上了故旧红木收藏</a>  发
19    表于 15:44 </li>
20          <li><img src="images/spacer.gif" alt="" /> <a href="@">爱上了故旧红木收藏</a>  发
21    表于 15:44 </li></ul>
22      </div>
23      <div class="page">第一页 首页 下页 末一页</div>
24    </div>
25
26    <!--==========日志重复内容结束============-->
```

【代码解析】代码第 5 ~ 21 行为列表内容，列表标签用图片表示。

注意： 此时页面上的注释内容依然是首页的注释内容，目的是说明替换的结构所在的位置，在具体制作时，要将其更改为与内容相关的注释。

下面开始添加相关内容的样式。在没有添加样式之前，先看一下此时页面的显示效果，如图 15.10 所示。

图 15.10　日志列表页的初始状态

从图 15.10 可以看出，此时存在的问题有几方面，首先，列表之间的间距过小；其次，列表之间没有分隔的虚线；最后，分页文本没有水平居中，同时没有与列表内容分开一段距离。下面开始具体制作。

在页面的头部标签中更改页面标题，同时添加引用新样式表的链接语句，代码如下。

```
<link type="text/css" href="main.css" rel="stylesheet" />
```

然后开始编写 CSS 部分，定义列表部分的样式如下。

```
01    .diarylist li{
02       padding:5px 0 5px;                      /*使用补白属性定义列表的间隔*/
03       border-bottom:1px dashed #333333;}      /*使用边框属性制作分隔的虚线*/
```

接下来定义分页部分的样式，其具体代码如下。

```
01    .page{
02       padding-top:30px;               /*使用补白属性定义与列表内容的间隔*/
03       text-align:center;}             /*使文本水平居中对齐*/
```

增加以上代码后，日志列表页就制作完成了。将页面在 FireFox 17.0 浏览器中进行测试，效果如图 15.11 所示。

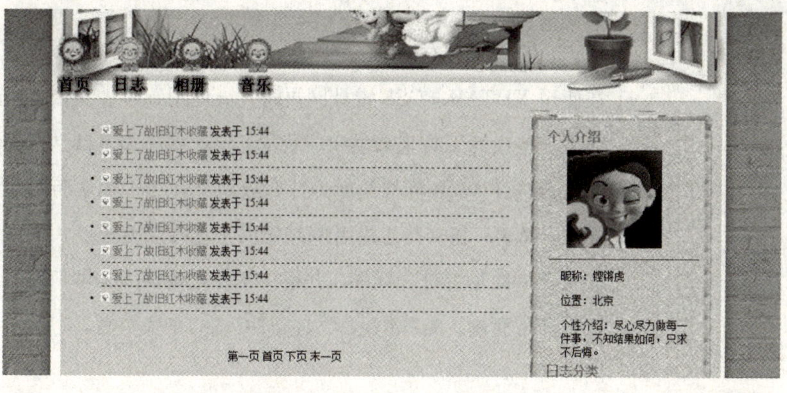

图 15.11　页面在 FireFox 17.0 中的显示效果

从图 15.11 可以看出，此时存在的问题是列表前面的列表符没有取消。从整个站点的显示效果看，整个站点都不需要显示列表前面的列表符，所以，可以在 main.css 中一次取消所有的列表样式，增加的代码如下。

```
ul li{
   list-style:none;}                /*取消列表样式*/
```

经过更改以后，页面在 FireFox 17.0 浏览器中显示正常了。这样日志列表页面就制作完成。

15.3　小结

本章介绍了两个 BLOG 页面的制作方法，让大家实践了页面的规划，这样对页面的设计制作有了更深刻的认识。本章的难点是除了对布局要有整体的规划外，在技术上，各 div 的嵌套和其浮动设置也变得复杂了许多，需要细心和耐心。

网页开发手记：

CSS+DIV 网页布局实战详解

第 16 章 关于标准的校验

在使用 XHTML+CSS 设计网页时，会使用到各种元素，有时还会用一些设计工具来帮助生成代码，但是如何知道自己设计的页面是否符合 Web 标准？或为什么放到 Internet 上后有时会显示异常？W3C 和一些志愿者网站提供了在线校验程序，来帮助我们检查页面是否符合标准，并提供了修正错误的帮助信息。这些校验非常有用，是我们调试页面时要做的重要事情。本章的主要内容如下：

- 网页标准校验意义和局限
- XHTML+CSS 的在线校验
- 实例页面校验

16.1　为什么要进行标准的校验

目前的在线检验服务主要以 W3C 提供的为准。W3C 提供的在线校验服务主要是校验 XHTML 和 CSS 代码中的语法错误，或者标出与标准有冲突的地方。所以，进行校验的主要目的是验证代码中是否有语法错误。

如果使用标准以外的元素（或者属性）来制作页面效果，虽然页面能够正常显示，但也不能通过标准的校验。造成这种现象的原因可能有几方面，一种是使用了某些浏览器自身定义的元素，例如，marqueen 元素等。另外的原因可能与浏览器的显示方式有关。因为浏览器对代码要求越宽泛，则越能兼容更多的页面。也就是说，浏览器都有一定的容纳错误的能力。但是标准中并不能容纳这些错误。这就是为什么即使页面显示正常，依然会有校验错误的提示。

另外，校验中只能显示语法上的错误，而无法显示出逻辑（或结构）上的错误。也就是说，只要没有语法错误，即使完全不合理的制作方法，也一样可以通过校验。

所以，标准的校验其实主要就是进行语法的检查。通过了校验后，并不代表所制作的页面已经达到了标准的要求，也不意味着已经做到了页面的表现和结构相分离。

16.2　怎样进行标准的校验

进行标准的校验时，主要操作包括两方面，一方面是运用标准校验的方法，另一方面是关于常见错误的讲解和处理。下面将详细讲解。

16.2.1　XHTML 校验的方法

首先，我们需要登入 W3C 提供的校验网站，W3C 进行 XHTML 校验的官方网址是：http://validator.w3.org/。该页面的显示效果如图 16.1 所示。

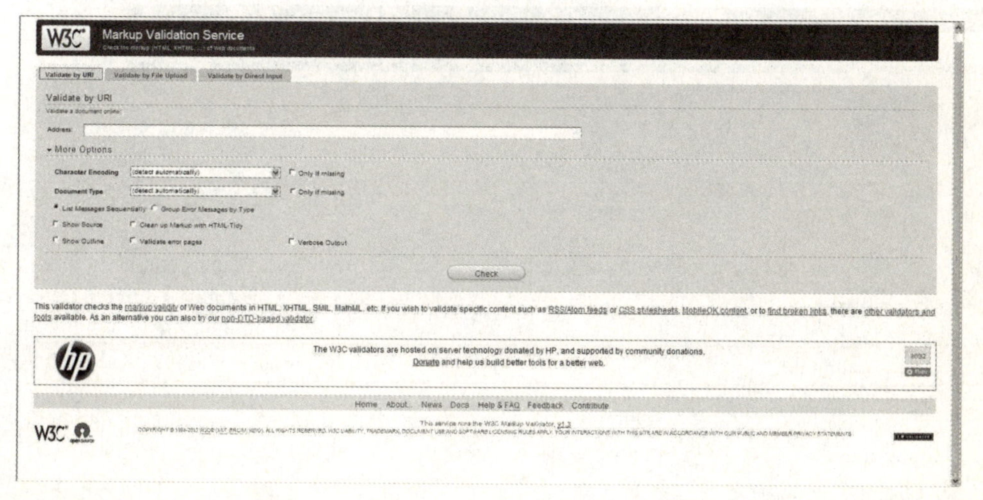

图 16.1　W3C 校验 XHTML 页面

在图 16.1 所示的页面中有三个选项卡，分别是：采用输入网址进行校验、通过上传文件进行校验、通过直接在文本框中输入代码来校验。下面分别讲解三种检验方法的使用。

1．输入网址进行校验

可以在页面 address 后面的输入框中输入网址来进行校验。其中要注意的问题是，不要使用类似“www.sina.com.cn”这样的地址进行校验，如果直接输入这个地址，则显示结果如图 16.2 所示。

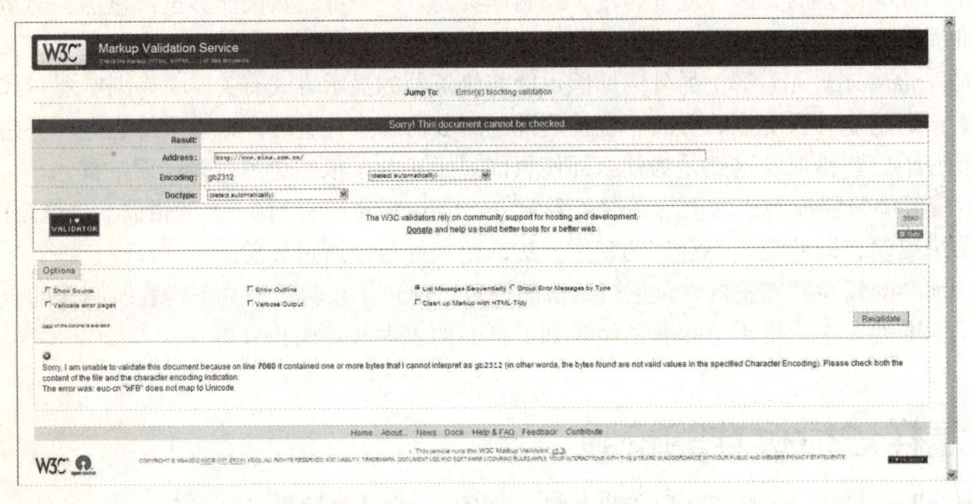

图 16.2　输入 www.sina.com.cn 后的显示结果

www.sina.com.cn 是新浪网的域名，并非一个具体的页面，是无法检验的，校验的网址地址要具体到页面。在 www.sina.com.cn 站点中，找到一个游戏新闻内容页面如下所示。

http://games.sina.com.cn/o/n2012-16.12/1041555155.xhtml，这才是具体的页面链接。

将这个页面的地址输入到地址栏中，结果如图 16.3 所示。

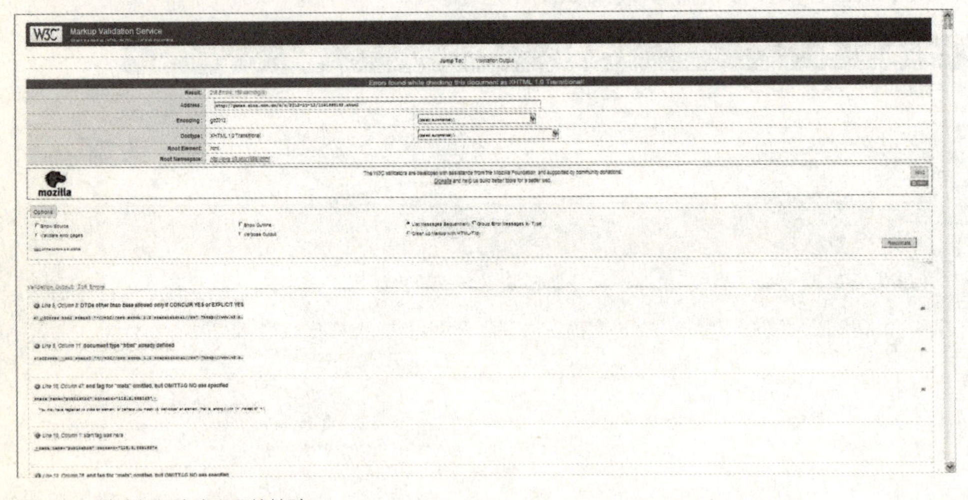

图 16.3　游戏新闻内容页面的校验

页面的顶端（result 行）显示的是错误的数量，下面显示了页面的编码、使用的页面声明等信息。然后显示了页面中具体的错误信息和警告。

2. 上传文件进行校验

如果制作的页面还没有具体的网址（或者正在制作之中），则可以通过上传文件的方式来进行校验。单击【浏览】按钮，进入如图 16.4 所示的对话框，可在其中选择本地的文件上传并进行校验。

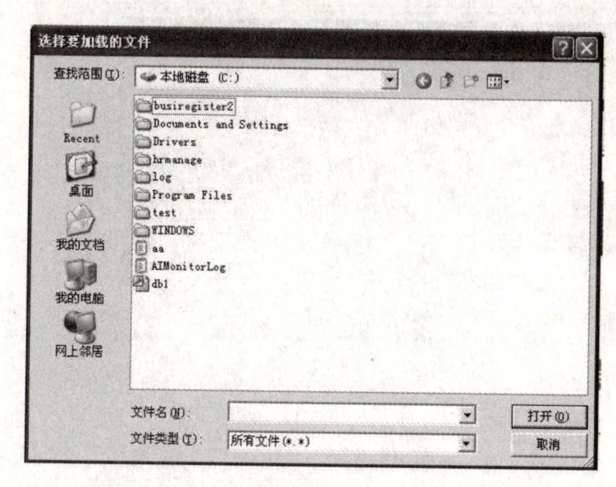

图 16.4　选择文件的对话框

3. 直接在文本框中输入代码来校验

如果想单独测试某些代码是否符合标准，可以在输入框中添加相应的代码来测试。下面在输入框中添加如下检验代码。

```
<div class=test></div></div>
```

校验的结果如图 16.5 所示。

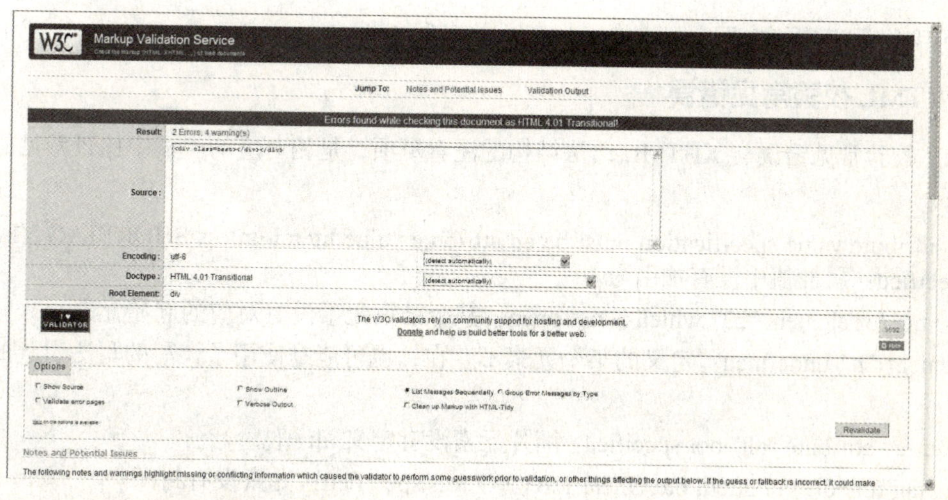

图 16.5　添加内容的校验结果

从页面的结果来看，首先，代码没有进行“文档类型”的声明。其次，代码有两个校验的错误，其一是代码中的属性没有加引号；其二是含有未封闭的元素。

16.2.2 CSS 校验的方法

进行 CSS 校验的官方网址是：http://jigsaw.w3.org/css-validator/。这是一个中文的校验地址，其使用方法和 XHTML 校验基本相同，只是多了语言版本的选择，其页面效果如图 16.6 所示。

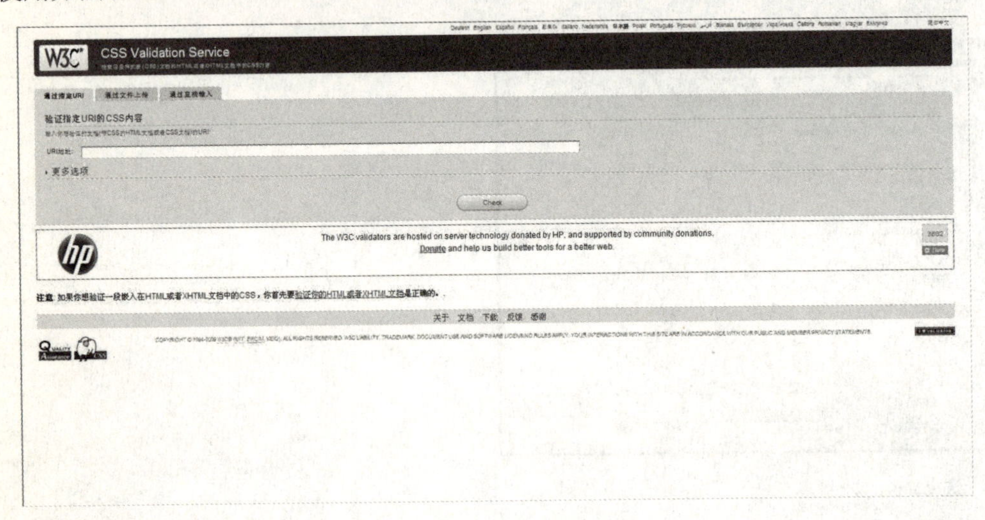

图 16.6　CSS 校验的页面

当 XHTML 代码通过校验之后，就会出现如图 16.7 所示的图标；当 CSS 代码通过校验之后，就会出现如图 16.8 所示的图标。

图 16.7　XHTML 校验成功后的图标

图 16.8　CSS 校验成功后的图标

16.2.3 XHTML 校验常见错误

XHTML 校验常见错误与 XHTML 语法结构的注意事项，是相对应的。其中比较常见的一些错误如下。

- an attribute value specification must be an attribute value literal unless SHORTTAG YES is specified：属性值中没有加引号。
- end tag for element "h3" which is not open：某个结束元素没有对应的起始元素。
- element "h" undefined：定义的某个元素不存在，也可能是使用了大写的写法引起的错误。
- required attribute "alt" not specified：图片元素没有定义 alt 值。
- end tag for "div" omitted, but OMITTAG NO was specified：元素没有封闭。

16.2.4　CSS 校验常见错误

CSS 校验常见错误相对简单一些，主要原因是 CSS 校验页是支持中文的，所以很多错误都可以按照提示进行修改。

- 无效数字 : border cccccc 不是一个 color 值。在颜色属性中，属性值前没有使用“#”。
- font-family: 建议你指定一个种类族科作为最后的选择。W3C 为了使文本能够在所有的操作系统中正常显示，建议使用某个族类的字体作为字体的结束。
- 无效数字 :border 1 不是一个 border-color 值。在定义长度值时，忘记加单位。
- 没有为你的前景颜色（color）设置背景色（background-color）。这个是最常见的警告，因为标准中建议每定义一个前景色（color），就应该定义相应的背景色（background-color），同时不能定义相同的前景色和背景色。

16.3　实例页面的校验

前面章节中制作的实例页面在两个浏览器中都能够正常显示。下面通过上传文件检测一下页面的结构和样式能否通过校验。

16.3.1　实例首页的校验

下面将本书中制作的实例进行校验。

1. XHTML 校验

XHTML 校验的结果页面如图 16.9 所示。

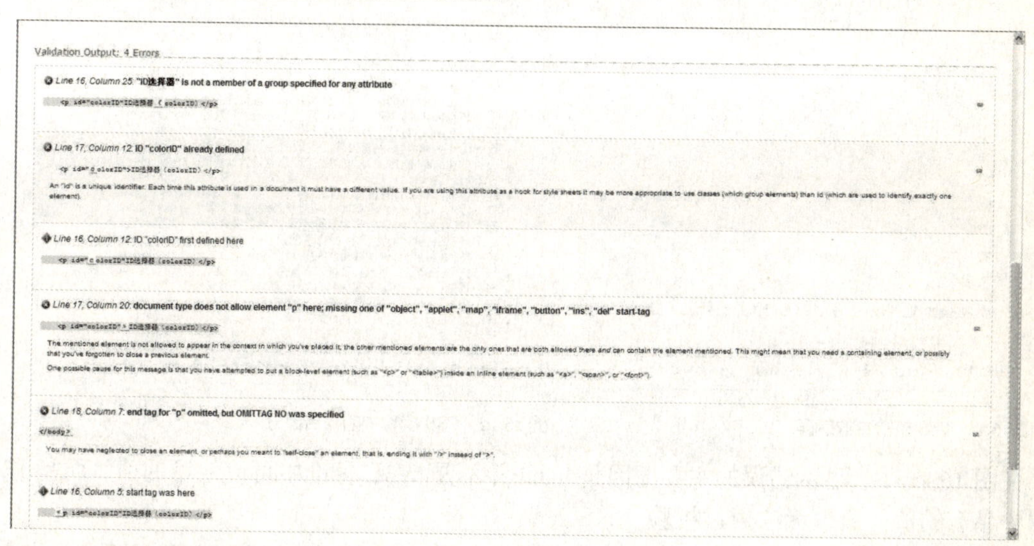

图 16.9　XHTML 校验的结果

从图 16.9 中可以看出，在校验中存在一个错误，其原因在于 diaryabout 属性没有使用引号。

更改后重新进行校验，结果如图 16.10 所示。

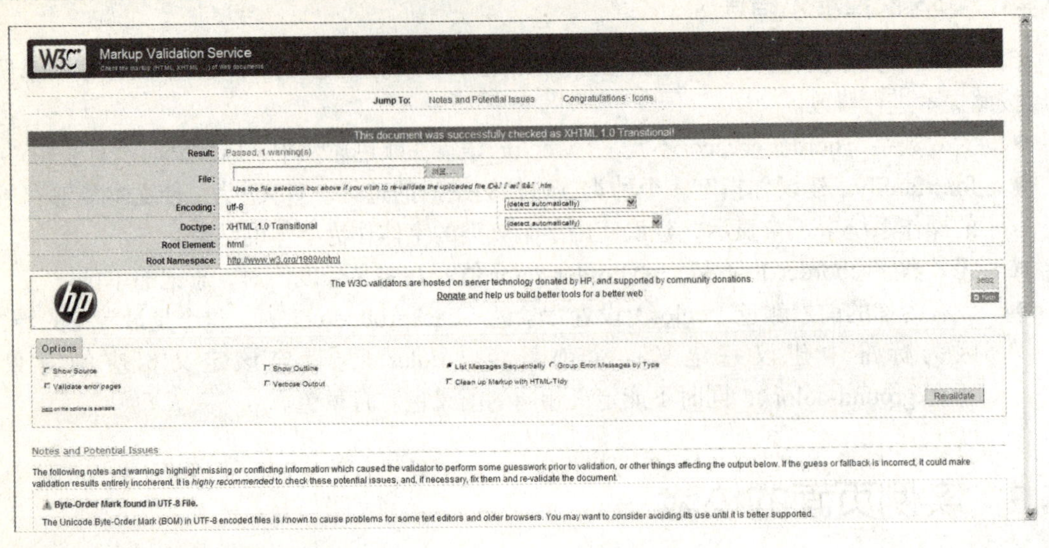

图 16.10　XHTML 通过校验后的效果

从图 16.10 可以看出，此时已经成功通过了 W3C 的 XHTML 校验，就可以将通过校验的图标放置到自己网站相应的位置上了。

2．CSS 校验

CSS 校验的结果中，错误的部分如图 16.11 所示，警告的部分如图 16.12 所示。

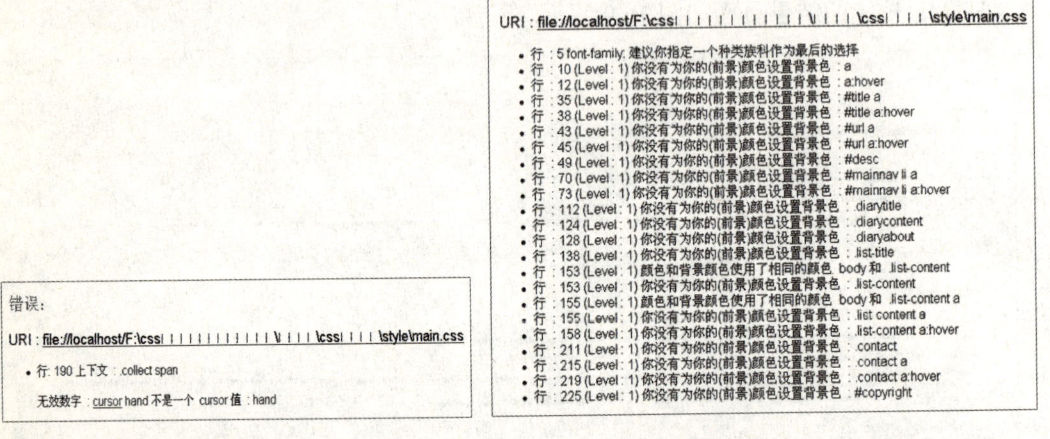

图 16.11　CSS 校验中的错误　　　　图 16.12　CSS 校验中的警告部分

在图 16.11 中，显示错误的主要原因是 hand 并不是 W3C 标准中可以使用的值，而是 IE 浏览器中私有的值。所以无法通过校验。

在讲解 cursor 属性时曾经讲解过，使用 painter 值时，在 IE 和 Firefox 中都能够显示为手的形状，所以可以通过，更改 cursor 属性值为 painter 来解决这个 hand 的问题。

图 16.12 中的警告部分主要是两个问题，一个是字体的问题，一个是关于背景色和前景色的问题。关于这两个问题，第一个可以通过在定义的字体结束的部分增加“sans-serif”来解决。关于第二种警告，可以不用处理。

16.3.2　一个二级页面的校验

下面将实例中制作的二级页面进行校验。

1．XHTML 校验

XHTML 校验的结果页面如图 16.13 所示。

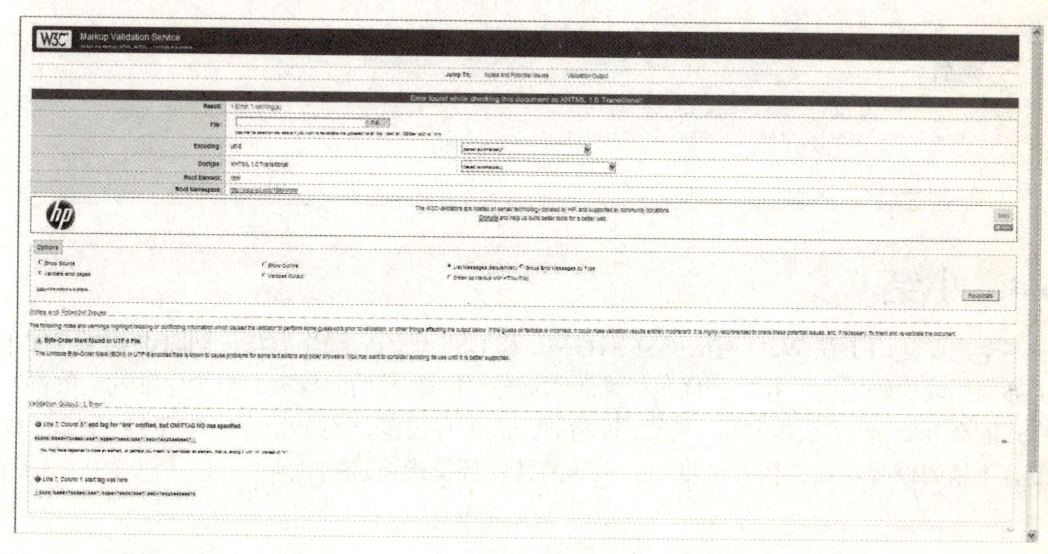

图 16.13　二级页面的 XHTML 校验结果

在校验结果的页面详细指出了错误的问题，同时也指出了错误出现的位置。从图 16.13 可以看出，错误出现在页面的第 100 行第 69 字节的位置，其具体代码如下。

```
<textarea id="id5" name="commentcontent" rows="8" class="textarea"></textarea></div>
```

从提示的错误信息可以看出，此时的错误是因为表单中没有定义 cols 属性造成的，所以添加代码如下。

```
cols="20"
```

通过以上修改后，页面 XHTML 代码就可以通过校验了。

2．CSS 校验

CSS 校验的结果页面如图 16.14 所示。

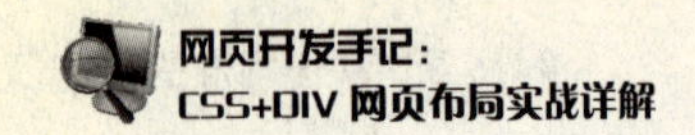

W3C CSS 验证服务

W3C CSS 校验器结果：index.css (CSS 版本 3)

查看：已经校验的层叠样式表

W3C CSS 校验器结果：index.css (CSS 版本 3)

恭喜恭喜

恭喜恭喜，此文档已经通过 CSS 版本 3 校验!

为了告诉你的访客你曾致力于建立交互性的网页 你可以显示这个图标在任意经过检验的网页上。这里是 你用作加入图标到你的网页上的HTML代码：

```
<p>
    <a href="http://jigsaw.w3.org/css-validator/check/referer">
        <img style="border:0;width:88px;height:31px"
            src="http://jigsaw.w3.org/css-validator/images/vcss"
            alt="Valid CSS!" />
    </a>
</p>
```

```
<p>
<a href="http://jigsaw.w3.org/css-validator/check/referer">
    <img style="border:0;width:88px;height:31px"
        src="http://jigsaw.w3.org/css-validator/images/vcss-blue"
        alt="Valid CSS!" />
</a>
</p>
```

(close the img tag with > instead of /> if using HTML <= 4.01)

I ♥ VALIDATOR

The W3C validators rely on community support for hosting and development.
Donate and help us build better tools for a better web.

如果你喜欢的话，你可以下载这个图象到你的网站目录下，并且 改变以上的代码段以关联到你的当地图象而不是这个服务器。

如果你愿意建立连接到此页 (例如，这个校验结果) 以便以后更加容易地再校验次页，或者容许其它人校验 你的网页，其 URI 是：

图 16.14　二级页面的 CSS 校验结果

16.4　小结

本章主要介绍了在 W3C 网站校验 XHTML 和 CSS 代码的操作方法，同时也让读者简单了解了如何修改代码错误。我们的代码如果顺利通过 W3C 网站的校验，至少保证我们的网页设计样式能在 Internet 上正常显示。当然，校验的方法也有很多，例如，软件开发工具 Visual Studio 也带有不错的校验功能，读者可以根据实际的开发环境进行选择。

第5篇

实例制作

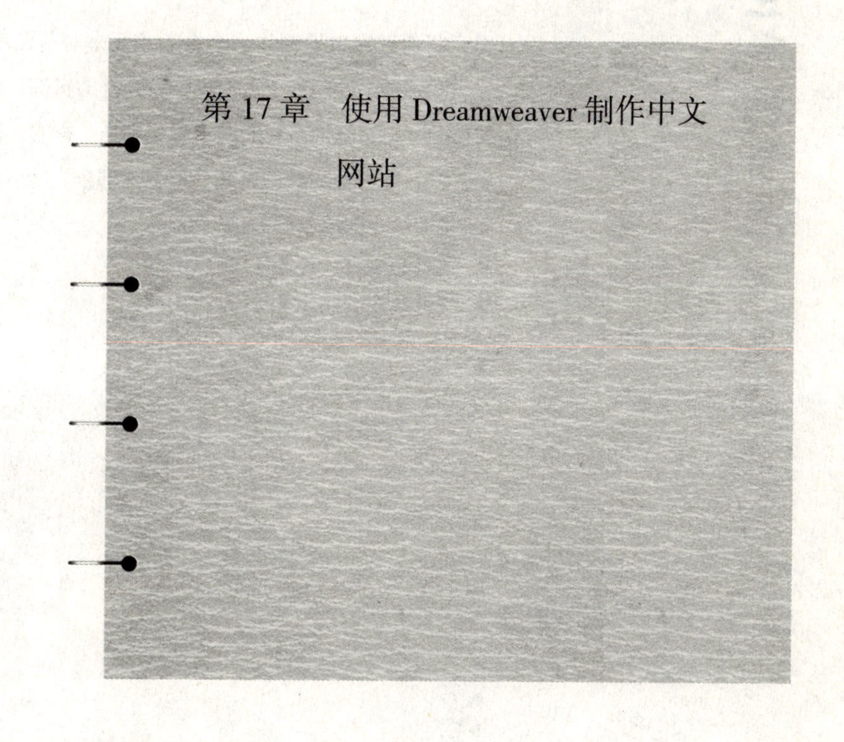

第 17 章 使用 Dreamweaver 制作中文网站

本章将通过完整地制作一个企业首页来对前面所学知识做一个检验和延伸。这是一个页面设计较综合的实例，不管设计网站的目的是什么，页面布局的基本思想都是一样的，首先是心中要有全局观，懂得把网站的框架分成各个部分，然后逐步实现。

- 页面制作前的布局分析
- 首页布局设计和制作
- 二级页面的制作

17.1　分析效果图

本章的实例制作基本运用了前面学的所有知识，但在实例中主要讲解站点首页和一个二级页面的制作方法，其他页面的制作可以参照类似的方法。

站点首页的效果图如图 17.1 所示。

图 17.1　站点首页的效果图

一个二级页面的效果图如图 17.2 所示。

图 17.2　站点二级页面的效果图

从图 17.1 和图 17.2 可以看出，首页和二级页面的头部、左侧和底部是相同的，右侧部分的布局和样式也是相同的，区别在于内容不同。

1. 首页效果图的分析

从图 17.1 可以看出，此时首页在纵向，可以分为三个部分：头部（包括 logo 部分和导航）、中间部分、底部。其中，中间内容部分又可以分为：左侧的公告热点信息等、右侧的关于我们、新闻列表和相关链接的部分。

2. 二级页面的分析

二级页面和首页的结构基本相同，其区别在于中间右侧的内容此时为新闻列表。

17.2 制作首页的切图

分析完页面结构后，就要进行切图，同样要注意文本的隐藏、切片的选择、保存格式等方面。下面进行详细讲解。

在制作切图时，首先要区分出页面内容和修饰的部分，然后分析出哪些修饰部分是可以用 CSS 代码来实现的，哪些部分是可以用背景图片来实现的，哪些是需要知道详细宽度的。接着把影响背景的文本内容去掉，同时要尽量减少图片文件的数量。经过分析，首页框架展示如图 17.3 所示。

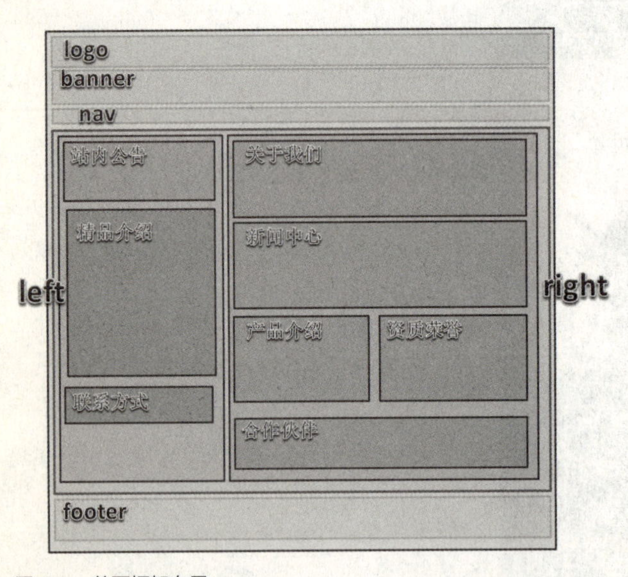

图 17.3　首页框架布局

在图 17.3 的框架中，我们可以看到背景图片包括：头部背景、导航背景、主体背景、底部背景、分类图标，其他的图片为内容图片。切图制作好后，将切片保存到磁盘的相应位置。因为在实例中，二级页面内容部分没有新的图片，所以可以不进行切图操作了。新建一个站点，然后将使用到的图片放入相应的文件夹里。

17.3　制作站点首页头部

做好准备工作后，就可以开始制作页面了。同前面的实例制作一样，首页头部也要分成几个部分进行制作，下面分别进行讲解。

17.3.1　首页头部的信息和基础样式的制作

用 Dreamweaver CS3 首先建立 index.html 页面。关于建立文件的方法，前面章节已经讲解过，这里就不再讲解了。然后制作链接的样式文件。

1．制作链接的外部样式文件

（1）单击“文件”|“新建”命令，新建一个 css 文件。

（2）单击“文件”|“另存为”命令，将新建的 css 文件保存在 style 文件夹中，命名为 main.css。

（3）单击“窗口”|“CSS 样式”命令，打开 CSS 控制面板，如图 17.4 所示。单击 CSS 控制面板顶端右侧的按钮，打开下拉子菜单，如图 17.5 所示。

（4）选择“附加样式表”命令，进入“链接外部样式”对话框，选择制作的 main.css 文件，如图 17.6 所示。

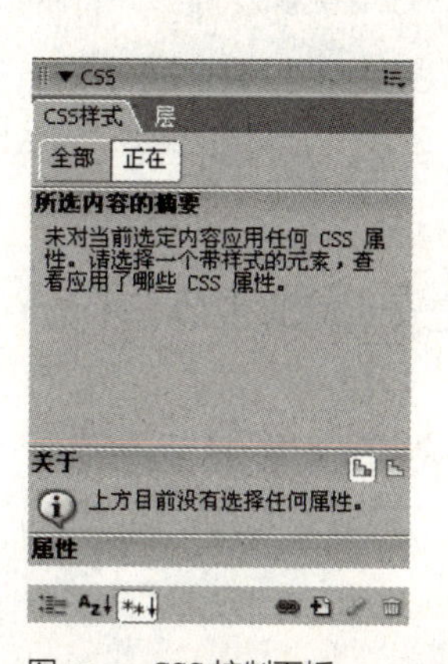

图 17.4　CSS 控制面板

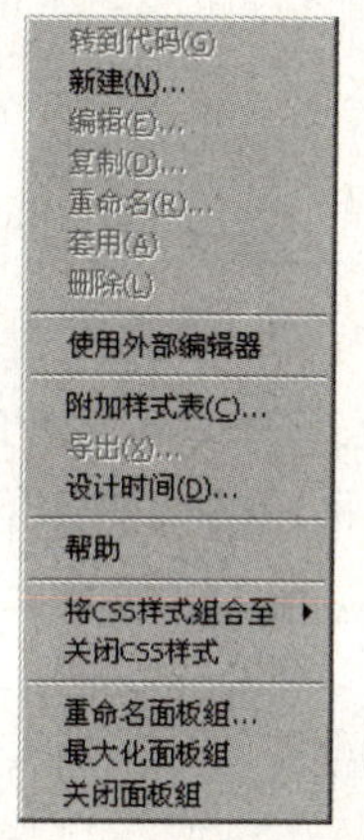

图 17.5　CSS 控制面板子菜单

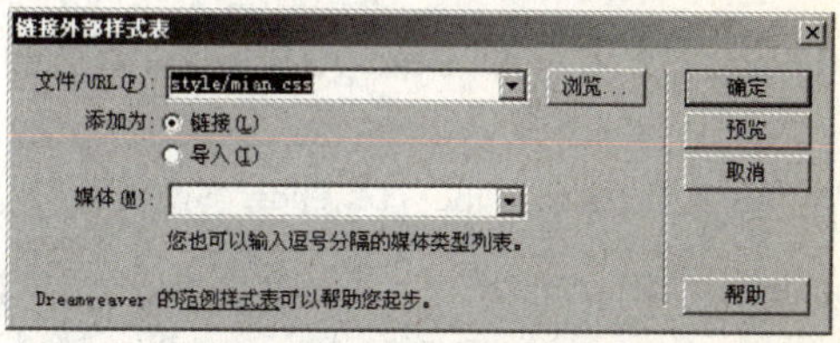

图 17.6　“链接外部样式”对话框

单击“确定”按钮，制作好链接的外部样式文件。在代码视图中对应的代码如下。

```
<link href="style/mian.css" rel="stylesheet" type="text/css" />
```

2．设置页面属性

（1）单击“修改”|“页面属性”命令，进入“页面属性”对话框，如图 17.7 所示。页面属性有五个分类，其中常用的是定义页面的外观、链接、标题、标题/编码。在本例中，所选用的外观属性参数如图 17.8 所示。

（2）在本例中，所选用的链接属性参数如图 17.9 所示。标题是指页面中 h1 到 h6 的标题元素的样式，如果页面中不需要，可以不设置相关属性。

（3）标题/编码是指页面的标题，默认的设置是“无标题文档”，所以，要重新定义页面标题。关于编码，中文常用的是 gb2312 的编码，也是页面默认的编码，其具体的参数设置如图 17.10 所示。

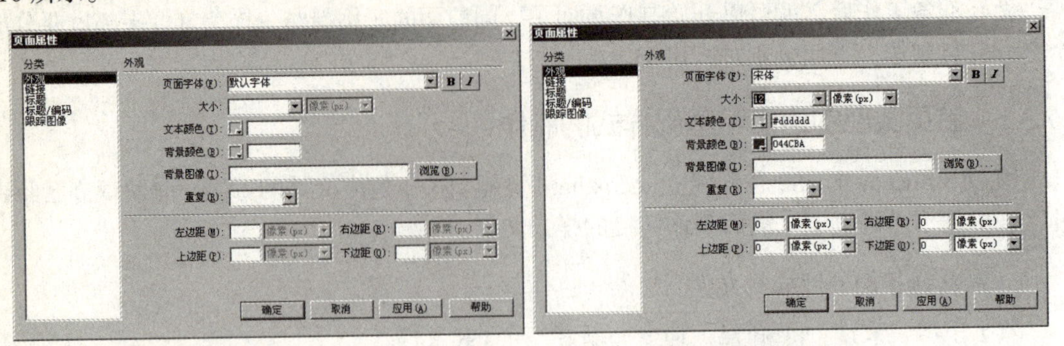

图 17.7 “页面属性”对话框

图 17.8 关于外观的设置

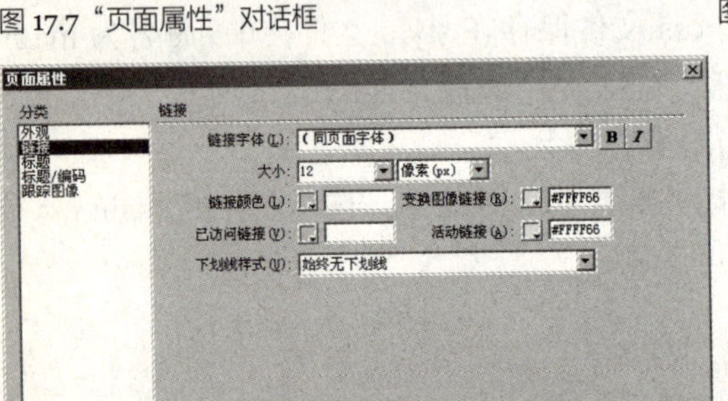

图 17.9 链接的参数设置

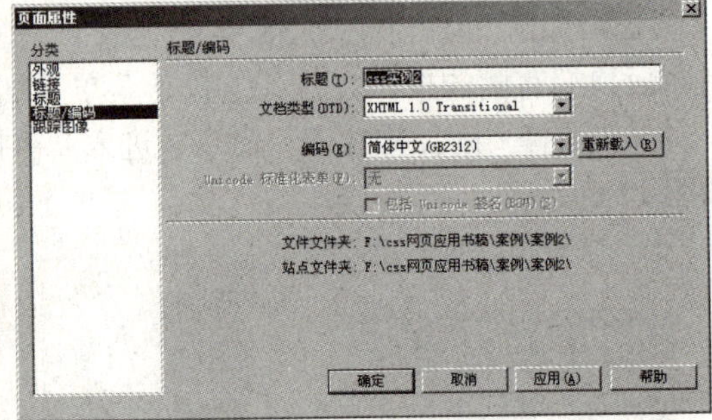

图 17.10 标题/编码的参数设置

（4）单击“确定”按钮，这样页面的属性就定义完了。不过此时定义页面属性所产生的 CSS 代码会显示在页面 head 元素中，其在代码视图中显示的代码如下。

```
-------------------------------------文件名：main.css-------------------------------------
01    <style type="text/css">
02    <!--
03    body {
04        background:url(div_bg.jpg);
05        margin-left: 0px;
06        margin-top: 0px;
07        margin-right: 0px;
08        margin-bottom: 0px;
09    }
10    a {
11        font-size: 12px;              /*链接的字体都为 12 像素*/
12    }
17    a:link {
14        text-decoration: none;        /*取消链接下画线*/
15    }
16    a:visited {
17        text-decoration: none;
18    }
19    a:hover {
20        text-decoration: none;
```

```
21          color: #FFFF66;                 /*设置鼠标在链接字符串上的颜色*/
22      }
23      a:active {
24          text-decoration: none;
25          color: #FFFF66;
26      }
27      -->
28      </style>
```

【代码解析】代码第 3 ~ 9 行选择符 body 是定义全局的 CSS 样式。第 10 ~ 26 行对链接伪类的各个状态进行了 CSS 定义，text-decoration: none 是去掉链接的下画线。

显然，这种在页面中调用 CSS 的方式并不方便。因为使用这种方式在新制作的每一个页面中，都要重新定义页面属性。所以要将 style 元素中的 CSS 代码粘贴到 main.css 文件中，方便其他页面的调用。同时取消 style 元素的定义。经过更改后，页面头部的代码如下。

```
<!DOCTYPE html PUBLIC "-//W3C//DTD XHTML 1.0 Transitional//EN"
 "http://www.w3.org/TR/xhtml1/DTD/xhtml1-transitional.dtd">
<html xmlns="http://www.w3.org/1999/xhtml">
<head>
<meta http-equiv="Content-Type" content="text/html; charset=gb2312" />
<title>css 实例 2</title>
<link href="style/mian.css" rel="stylesheet" type="text/css" />
</head>
```

17.3.2　首页头部的分析

首先还是对首页头部效果图进行分析，主要目的是，区分页面中内容和修饰的部分。头部的效果图如图 17.11 所示。

图 17.11　页面头部的效果图

从图 17.11 可以看出，头部主要分为两个部分，其中导航列表以上部分可以用背景图片的方式实现，但是由于图片比较大，所以分两个部分来显示（目的是提高图片的加载速度）。下面是一个导航菜单，因为使用了一个大的背景，所以只要控制好导航列表的显示位置就可以。

17.3.3　首页头部 logo 和 banner 部分的制作

从上一节的分析可知，首页头部结构比较简单，主要由两个用来显示背景的元素和一个用来显示列表的元素组成。其中，导航列表以上的内容分成两个部分，分别是 logo 部分和 banner 部分。下面分别讲解详细的制作过程。

1. 制作 header 元素的样式

（1）在 Dreamweaver CS3 界面的设计视图，单击“插入”|“布局对象”|“Div 标签”命令，进入“插入 Div 标签”对话框，并添加相应的参数，如图 17.12 所示。

> **说明：** 在插入选项中可以有三种选择。“在插入点”选项的意思是，在光标所在的位置插入新的元素。

（2）单击“新建 CSS 样式”按钮，进入“新建 CSS 规则”对话框，并设置相应的参数，如图 17.13 所示。

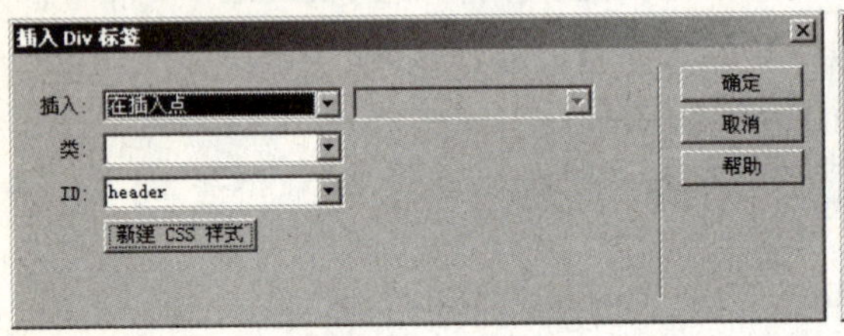

图 17.12　添加 header 元素

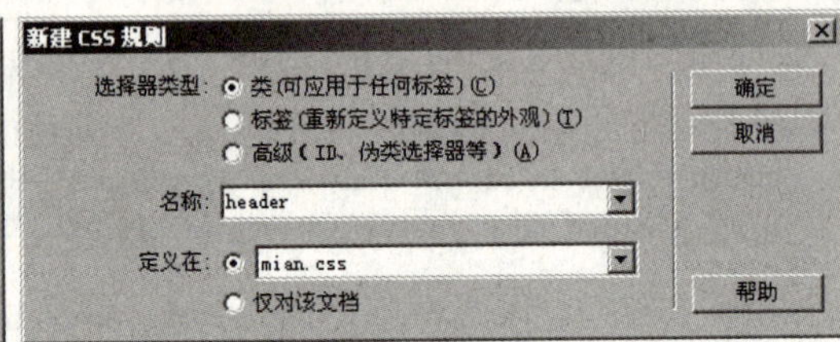

图 17.13　新建 header 元素的 CSS 规则

（3）单击“确定”按钮，进入“CSS 规则定义”对话框，如图 17.14 所示。在“CSS 规则定义”对话框的分类中，将 CSS 属性分为 8 类，现分别介绍如下。

- 类型：主要用来定义文本的属性，包括：字体、字体的大小、字体的样式、加粗、行高、修饰、颜色等属性。
- 背景：主要用来定义元素的背景属性，包括：背景颜色、背景图片、背景附件、背景的重复和位置等属性。
- 区块：主要用来定义文本的缩进和对齐属性，包括：水平对齐、垂直对齐、文本的缩进、空白的设置等属性。
- 方框：主要用来定义元素的除边框外的盒模型区域和浮动属性，包括：宽度、高度、补白、边界、浮动、清除等属性。
- 边框：主要用来定义边框的属性，包括：边框宽度、边框样式、边框颜色等属性。
- 列表：主要用来定义列表的相关属性，包括：列表类型、项目符号替换图片、位置等属性。
- 定位：主要用来定义定位属性，包括：绝对定位、相对定位、固定定位，以及各个方向上的边偏移属性等。
- 扩展：主要用来定义一些光标显示、分页、滤镜等属性。其中分页属性中的:after 伪类在前面介绍过用法，有关滤镜属性，本书将不做介绍。

> **说明：** 在“CSS 规则定义”对话框中，除扩展外使用的大多数属性，本书都已经做过详细介绍。所以在使用 Dreamweaver CS3 定义元素属性时，只需要在各个分类的对话框内添加相应的参数即可。

（4）在 ID 选择符 header 中，设置的 CSS 属性如图 17.14、图 17.15 所示。

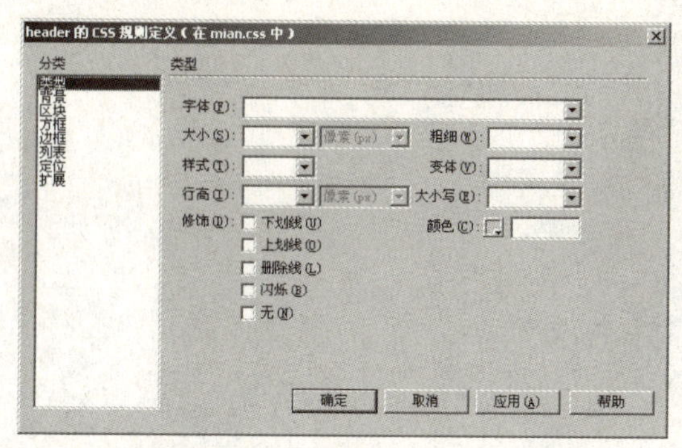

图 17.14　“CSS 规则定义”对话框

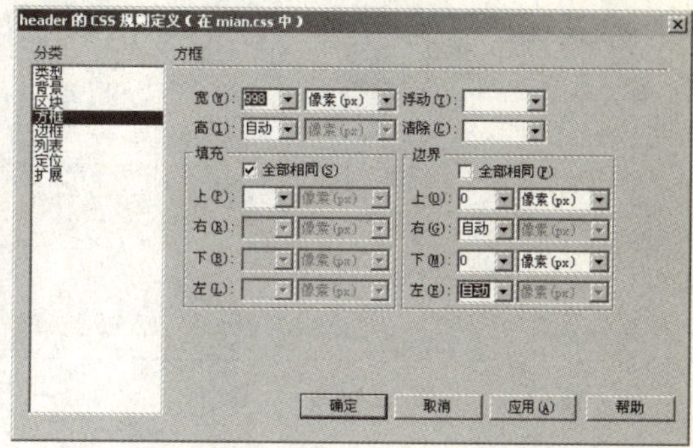

图 17.15　header 元素的方框属性

（5）此时 header 元素只定义了方框属性，其中所添加的参数分别是宽度为 690px。边界属性中，上下边界为 0，左右边界为 auto，目的是使元素水平居中显示。单击“确定”按钮，完成 header 元素的样式设置。在页面中，删除软件默认添加的提示内容。然后仿照添加 header 元素的方法添加其他元素。

2．制作 logo 元素的样式

（1）单击“插入”|“布局对象”|“Div 标签”命令，进入“插入 Div 标签”对话框，并添加相应的参数，如图 17.16 所示。然后单击“新建 CSS 样式”按钮定义 logo 的样式，其具体的参数设置如图 17.17、图 17.18 所示。

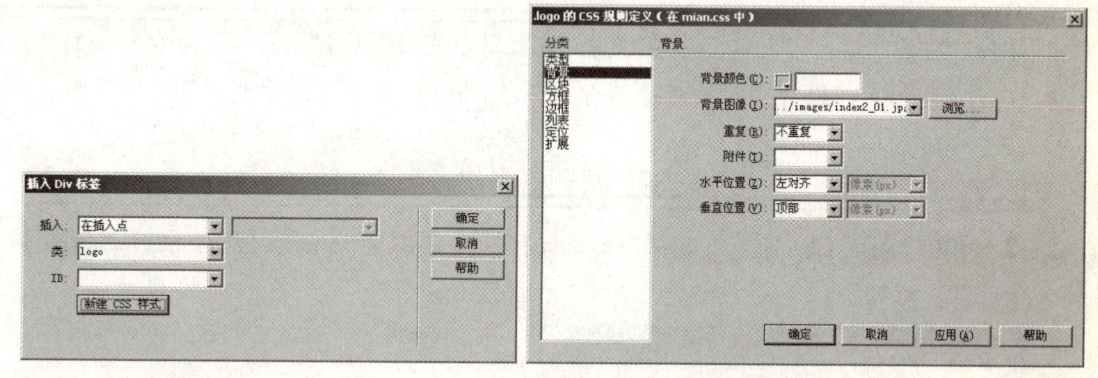

图 17.16　添加 logo 元素　　　图 17.17　logo 元素的背景属性

（2）定义完以上样式，并去掉软件自动生成的内容后，页面的显示效果如图 17.19 所示。

3．定义 banner 元素的样式

（1）单击“插入”|“布局对象”|“Div 标签”命令，进入“插入 Div 标签”对话框，并添加相应的参数，如图 17.20 所示。

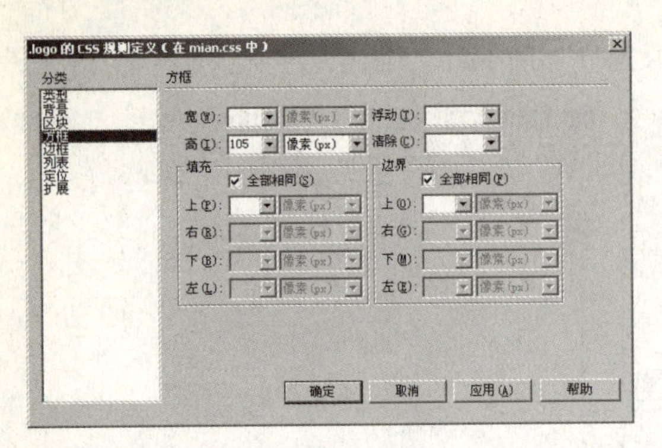

图 17.18 logo 元素的方框属性

图 17.19 定义完 logo 元素样式后的显示效果

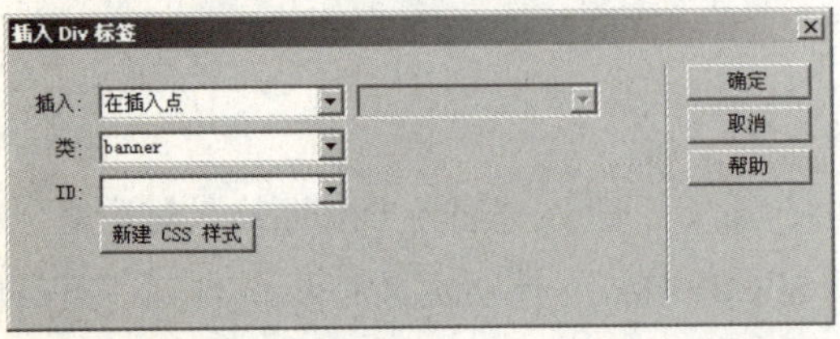

图 17.20 添加 banner 元素

注意： 在添加新元素之前，一定要把光标放置在相应的位置，例如，现在添加的 banner 元素在 logo 元素的后面，所以可以使用键盘上向右的方向键，将光标移动到 logo 元素之外，再使用如图 17.20 所示的参数，添加 banner 元素。如果在设计视图中无法看出光标的具体位置，可以到代码视图中确认。

（2）单击“新建 CSS 样式”定义 banner 的样式，其具体的参数设置如图 17.21、图 17.22 所示。

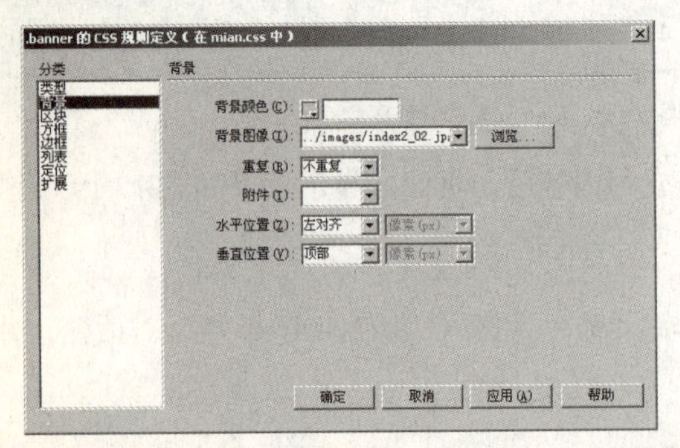

图 17.21 banner 元素的背景属性

（3）定义了 banner 元素的样式，并去掉软件自动生成的内容后，页面的显示效果如图 17.23 所示。

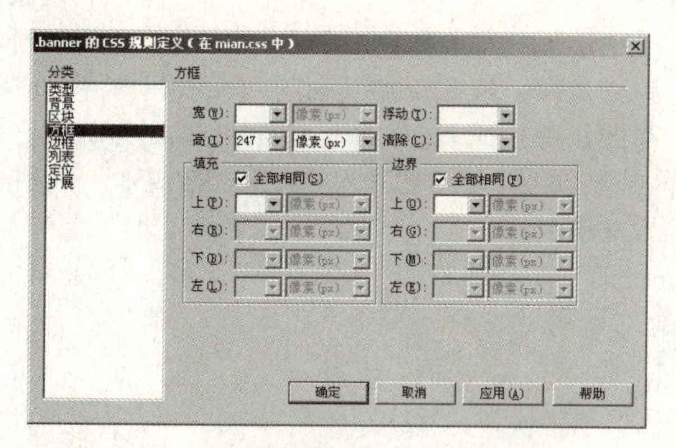

图 17.22　banner 元素的方框属性

图 17.23　定义完 banner 元素样式后的显示效果

17.3.4　导航列表的制作

导航列表由两部分组成，分别是用来显示背景的父元素和用来显示导航内容的列表元素，其具体的制作方法如下。

1. 父元素 menu 的制作

将光标移动到 banner 元素之外，单击“插入”|“布局对象”|“Div 标签”命令，进入“插入 Div 标签”对话框，在相应的参数中添加 ID 名称为 menu。单击“新建 CSS 样式”按钮定义 menu 的样式，其具体的参数如图 17.24、图 17.25 所示。

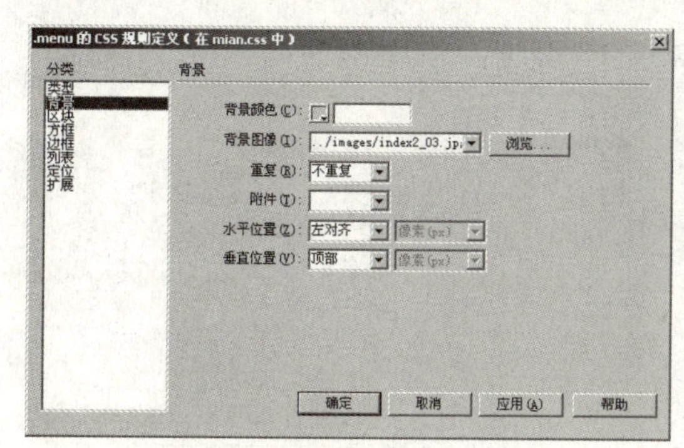

图 17.24　menu 元素的背景属性

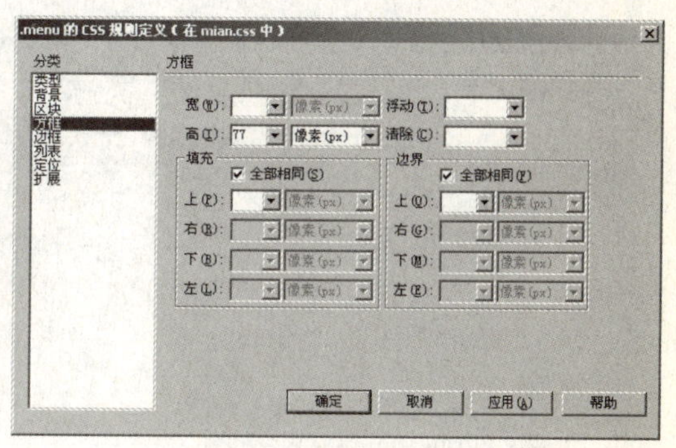

图 17.25　menu 元素的方框属性

2．列表元素的制作

（1）将光标移动到 menu 元素之内，单击“插入”|“HTML”|“文本对象”|“项目列表”命令，添加项目列表。然后单击“插入”|“HTML”|“文本对象”|“列表项”命令，添加列表内的项目，同时添加内容“关于我们”。调整光标，依次添加其余的列表项和内容。此时 Dreamweaver CS3 会自动切换到拆分视图。在拆分视图中，选择 ul 元素及其包含的 li 元素，单击鼠标右键，在弹出的菜单中选择“CSS 样式”|“新建”命令，进入“新建 CSS 规则”对话框，此时对话框中将会有默认的选择符，如图 17.26 所示。

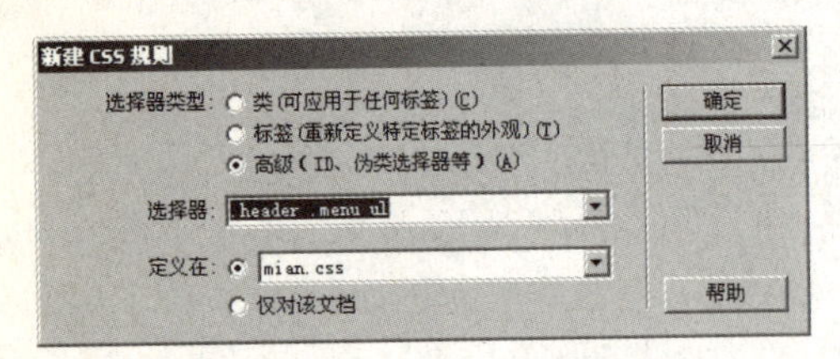

图 17.26　新建 CSS 规则的默认参数

（2）使用默认的参数，单击“确定”按钮，进入“CSS 规则定义”对话框，其中定义的样式如图 17.27、图 17.28 所示。

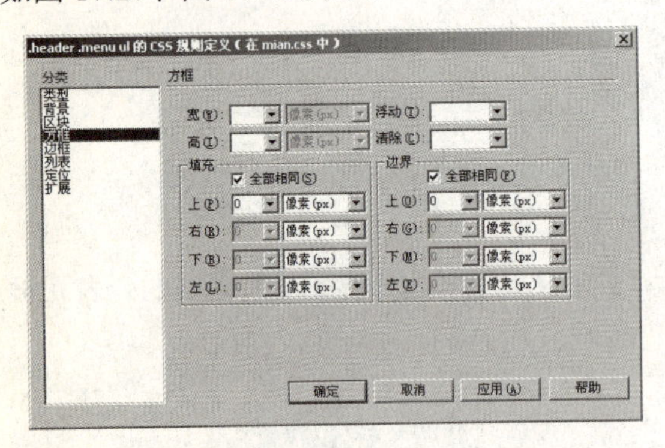

图 17.27　定义列表的方框属性

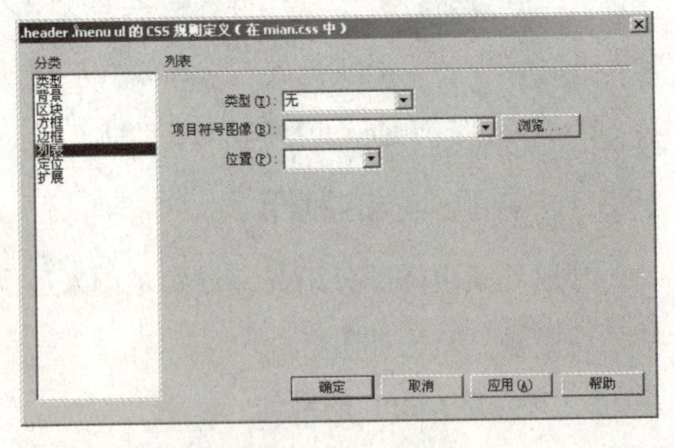

图 17.28　定义列表的类型

（3）在拆分视图中选中所有的 li 元素及其内容，使用和新建列表样式一样的方法，建立列表项的样式，其具体参数如图 17.29、图 17.30 所示。

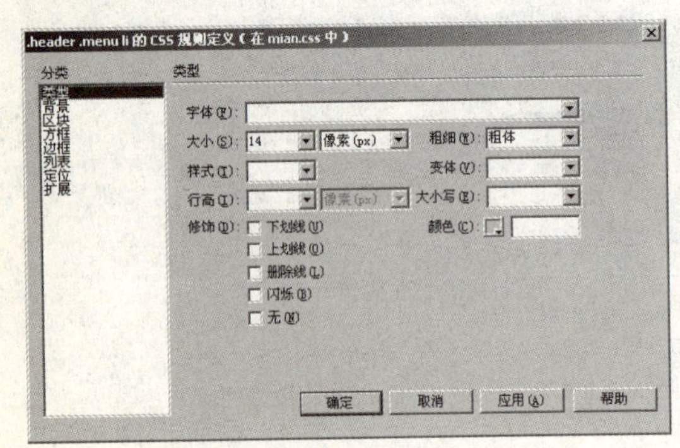

图 17.29　定义列表的类型属性

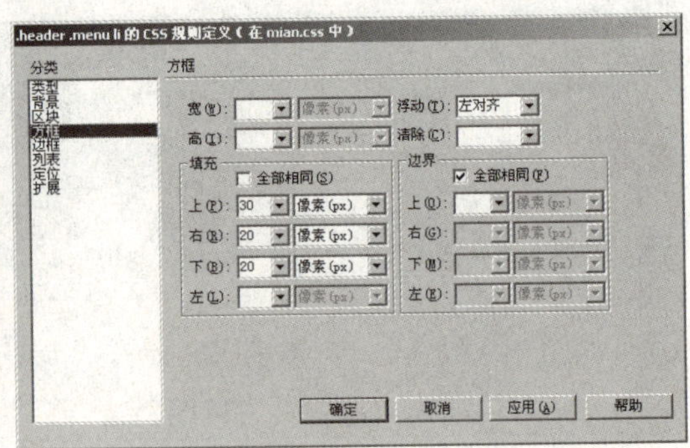

图 17.30　定义列表的方框属性

（4）以上定义的列表属性的参数是随意添加的，定义后的显示效果如图 17.31 所示。

图 17.31　定义列表属性之后的显示效果

（5）从图 17.31 可以看出，此时列表存在的主要问题有两个方面，一个是列表的位置不对，另一个是列表内容之间的间隔过宽。所以要重新更改列表和列表内容属性，更改的方法是，单击 CSS 控制面板上的“全部”按钮，打开所有的 CSS 样式，如图 17.32 所示。

（6）双击选择符，可以重新打开“CSS 规则定义”对话框，修改原有的样式文件，最终的列表属性中方框属性的参数如图 17.33 所示。

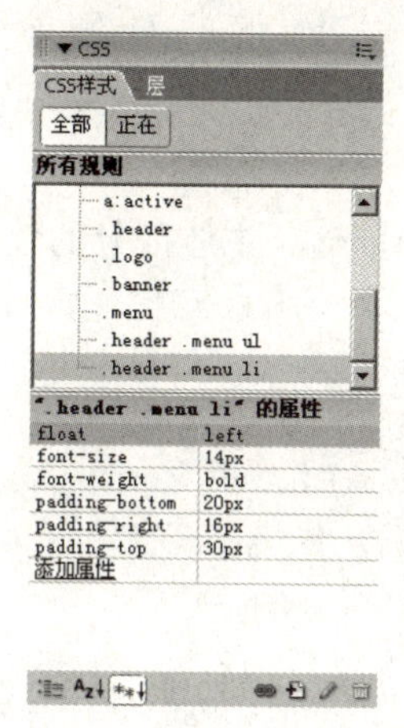

图 17.32　单击全部按钮后的面板

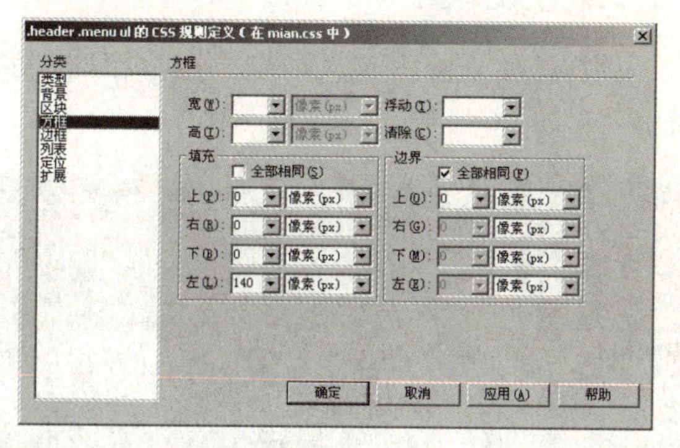

图 17.33　修改后的列表方框属性

（7）将列表内容样式中的字体更改为 17px，然后更改列表内容的补白属性，修改后，列表内容中方框属性的参数，如图 17.34 所示。

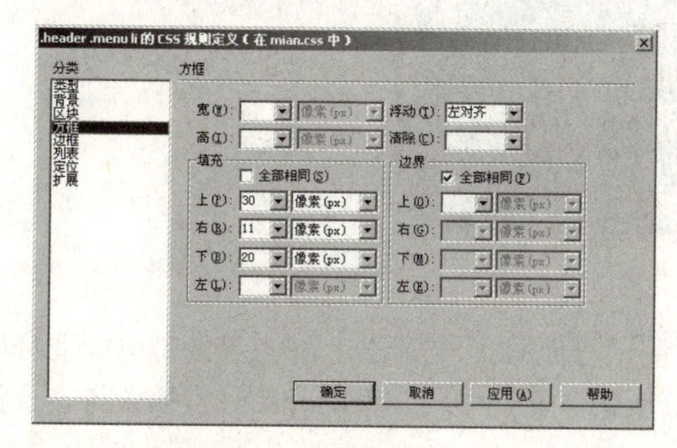

图 17.34　修改后的列表内容方框属性

（8）修改后的页面显示效果如图 17.35 所示。

图 17.35　修改列表属性后的显示效果

17.4　制作首页的主体部分

首页的主体部分可以分两部分，分别是左侧包含公告的侧栏部分，右侧含有新闻的内容部分。下面分别讲解它们的制作过程。

17.4.1　分析主体部分效果图

在制作之前，同样先要分析一下效果图，分清页面中的内容和修饰部分。主体部分的效果图如图 17.36 所示。

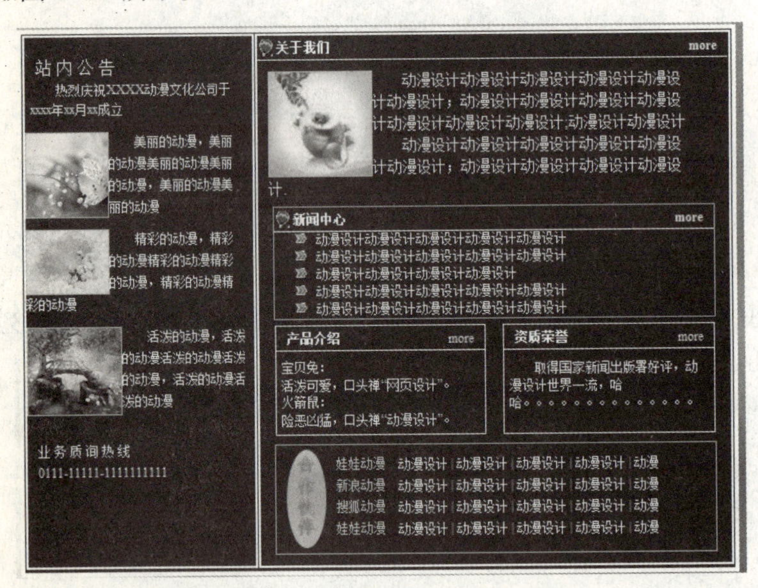

图 17.36　主体部分的效果图

从图 17.36 可以看出，左侧内容分为三个部分，分别为公告部分、热点推荐部分、业务咨询部分。右侧也可以分为四个部分，分别是关于我们、新闻中心、产品介绍和资质荣誉、合作伙伴部分。下面分别介绍制作过程。

17.4.2　制作主体部分的父元素

在主体部分的父元素设置中，我们主要定义元素的居中和背景。

（1）单击“插入”|“布局元素”|“Div 标签”命令，添加新的布局元素，其中的参数如图 17.37 所示。

（2）单击“新建 CSS 样式”按钮，定义 main 的样式，具体的参数设置如图 17.38、图 17.39 所示。

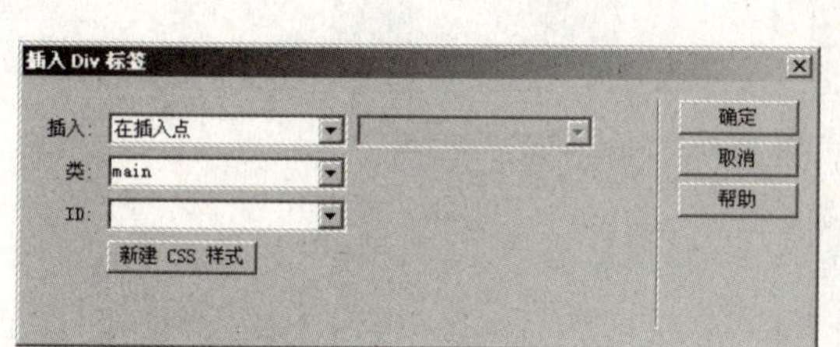

图 17.37　添加 main 元素

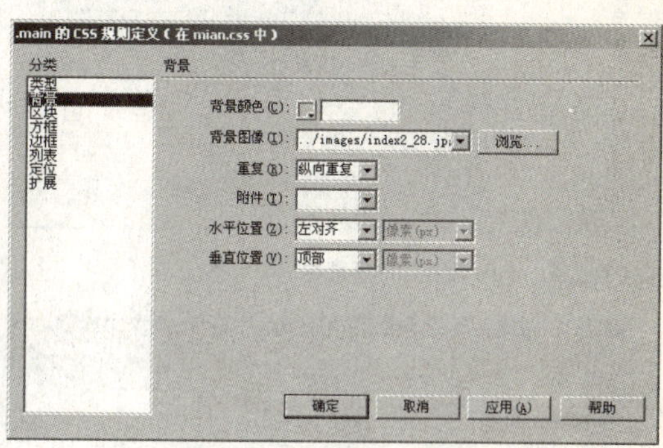

图 17.38　定义 mid 元素的背景属性

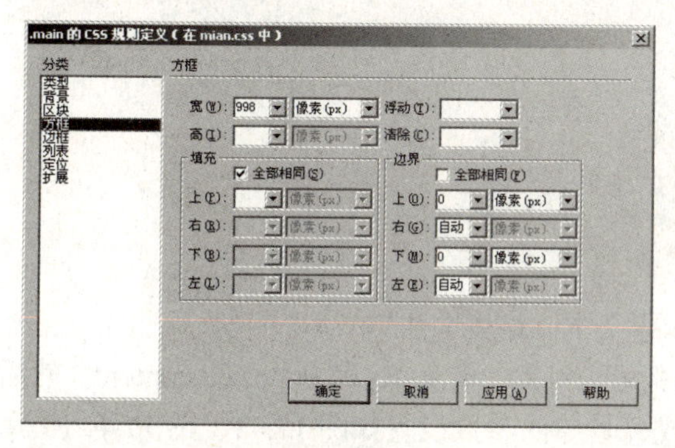

图 17.39　定义 mid 元素的方框属性

该样式使用边界属性定义了元素居中显示，使用重复属性和背景图片定义了页面背景。其原理和前面章节中的使用原理完全相同。

17.4.3　制作主体左侧部分的样式

主体左侧部分的样式分为三部分来制作。

1．left 元素和公告部分的制作

left 元素是控制整个左侧内容的位置、宽度和高度的元素。

（1）单击“插入”|“布局元素”|“Div 标签”命令，添加新的布局元素。其中的参数定义中，ID 名为 left，添加 left 元素。

（2）单击“新建 CSS 样式”按钮定义 left 的样式，具体的参数设置如图 17.40 所示。

（3）制作公告部分，公告部分包括两个方面，即标题和公告内容，首先制作公告标题部分。

（4）同样先插入一个 div 元素，并添加 ID 名为 `notice_title`。然后单击“新建 CSS 样式”按钮定义公告标题的样式，具体的参数设置如图 17.41、图 17.42 所示。

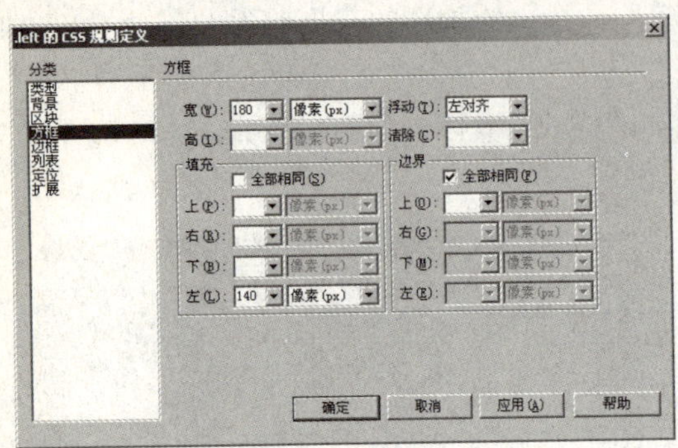

图 17.40　left 元素的方框属性

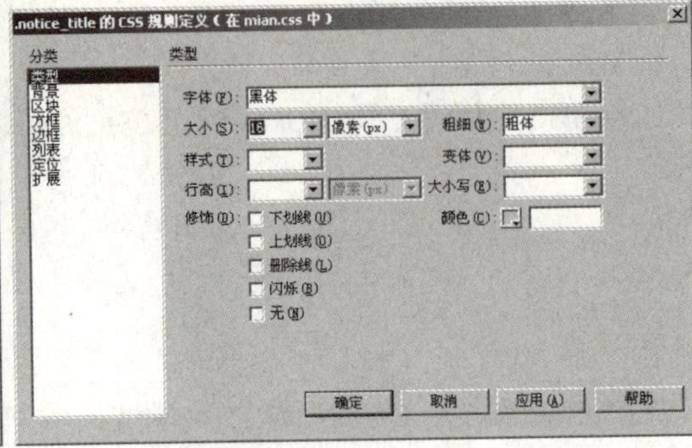

图 17.41　公告标题的字体样式

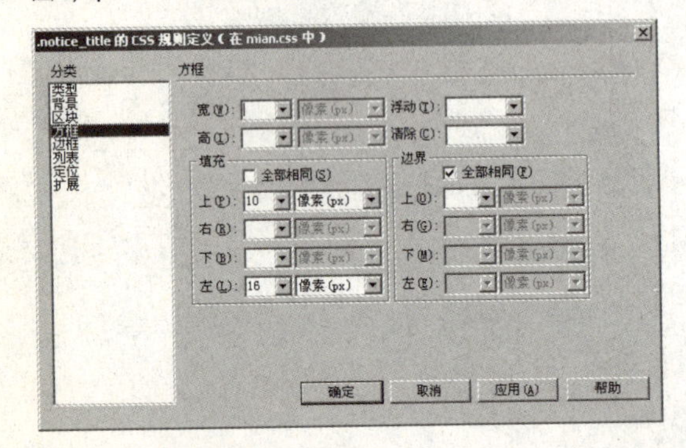

图 17.42　公告标题的方框样式

（5）定义完公告标题样式后，添加公告标题文本“站内公告”。

（6）最后制作公告内容部分，添加一个新的 div 元素，定义 ID 名为 notice-content。然后单击“新建 CSS 样式”按钮定义公告内容的样式，具体的参数设置如图 17.43、图 17.44 所示。

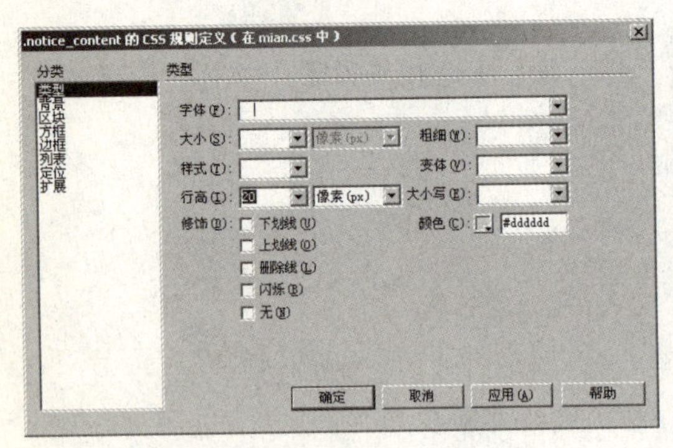

图 17.43　公告内容的文本属性

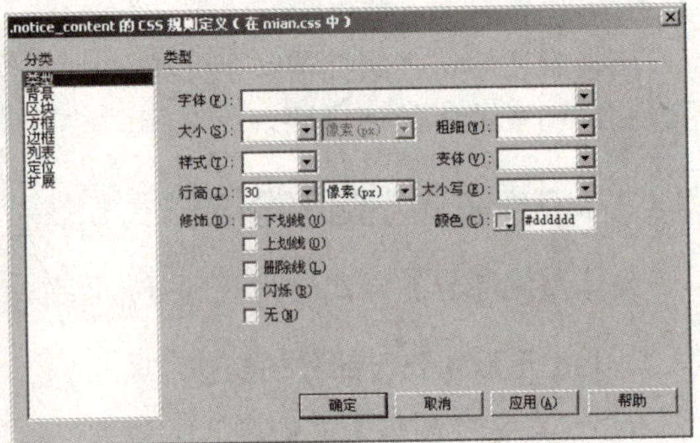

图 17.44　公告内容的方框属性

定义完 left 元素和公告样式后，页面的显示效果如图 17.45 所示。

图 17.45　定义 left 元素和公告样式后的效果

2．制作热点推荐部分

热点推荐部分由三个结构样式相同的部分组成，下面以其中的一个为例，介绍制作方法。

（1）在公告的后面添加一个 div 元素，添加类名为 hot_list。然后单击“新建 CSS 样式”按钮，定义公告标题的样式，具体的参数设置如图 17.46 所示。

（2）添加完 hot_list 元素后，在元素中添加图片元素，选择添加的图片，并用鼠标右键单击添加样式，如图 17.47、图 17.48 所示。

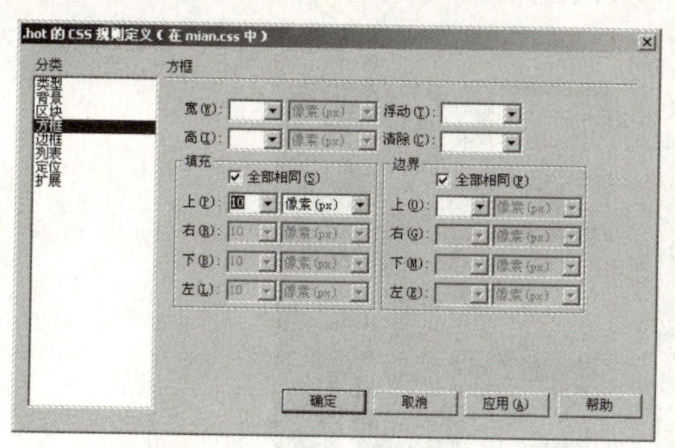

图 17.46　hot 元素的方框属性

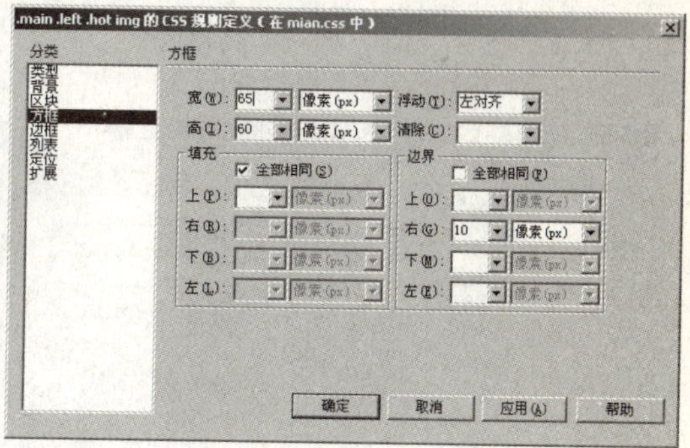

图 17.47　图片的方框属性

（3）添加热点的标题和内容。添加标题“美丽的动漫”，同时给标题添加空的超级链接。在拆分视图中，选择 a 和其中的内容，用鼠标右键单击添加样式，使用默认值，如图 17.49 所示。

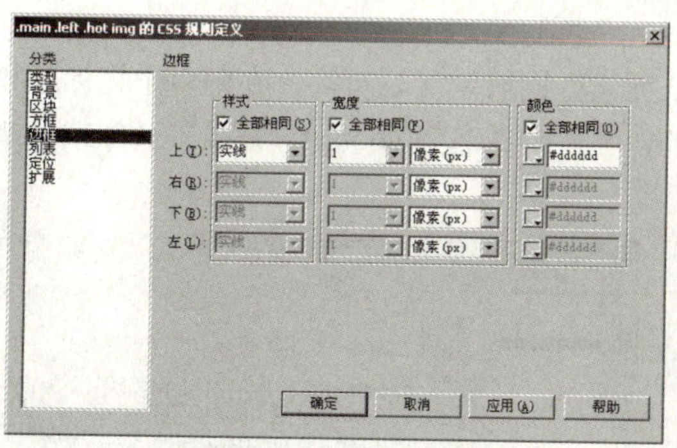

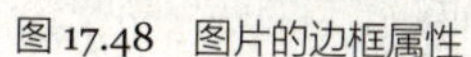
图 17.48　图片的边框属性

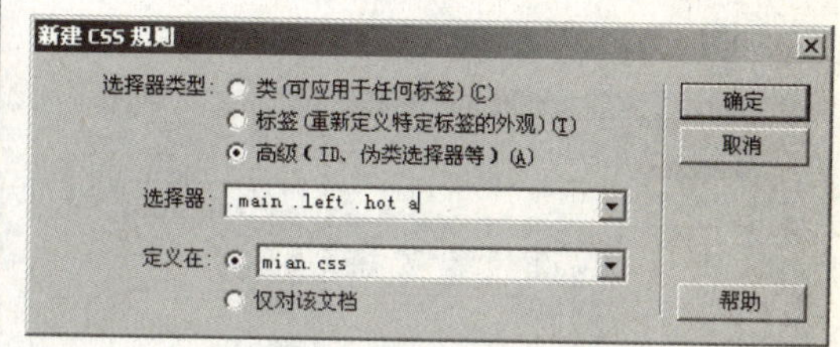

图 17.49　添加标题的链接样式

（4）添加的链接样式如图 17.50 所示。在拆分视图的代码中</a>后面，添加 p 标签，使其另起一行，然后添加热点的内容。此时热点部分的显示效果如图 17.51 所示。

（5）从图 17.51 可以看出，此时主要的问题是行高的问题，所以要修改 hot_list 的样式添加行高属性，如图 17.52 所示。

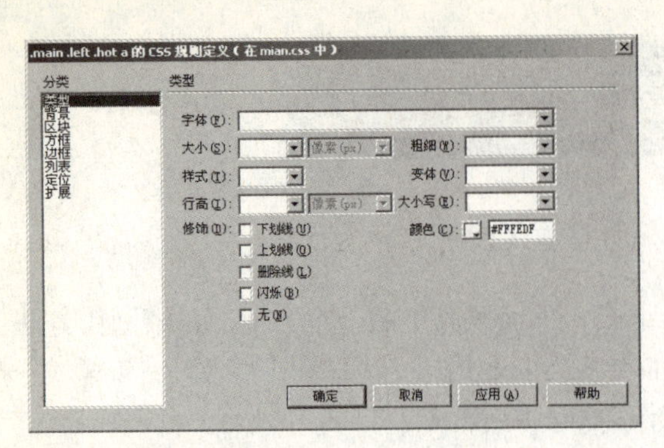

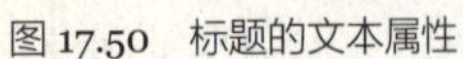

图 17.50　标题的文本属性

图 17.51　热点部分显示的效果

（6）在拆分视图的代码窗口中，将 hot 元素和其包含的元素进行“复制”、“粘贴”，制作另外两个样式和结构相同的内容。然后修改图片和热点标题，最终热点部分的显示效果如图 17.53 所示。

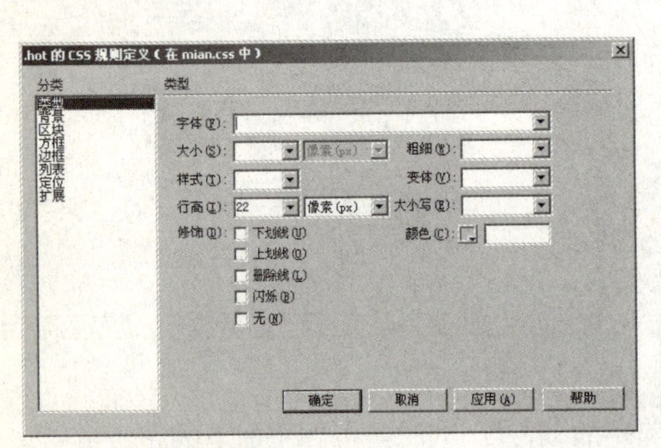

图 17.52　添加行高属性

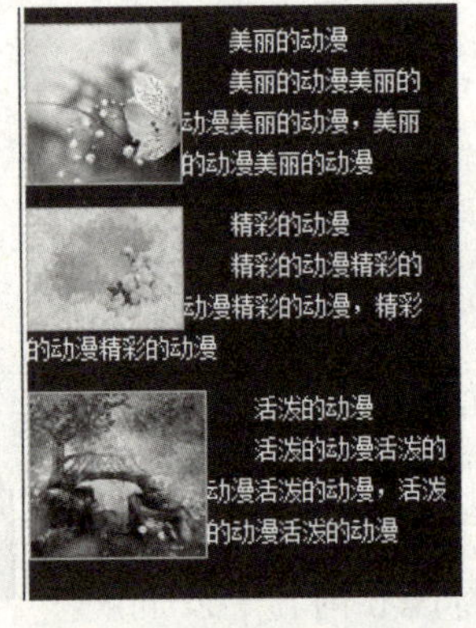

图 17.53　热点部分显示的效果

3．制作咨询热线部分

咨询热线部分很简单，只需要添加一个 div 元素，同时定义好行高，在内容中将标题和联系电话用换行符号分隔成两行。定义新添加的 div 元素，ID 名为 contact，并设置其样式，如图 17.54、图 17.55 所示。

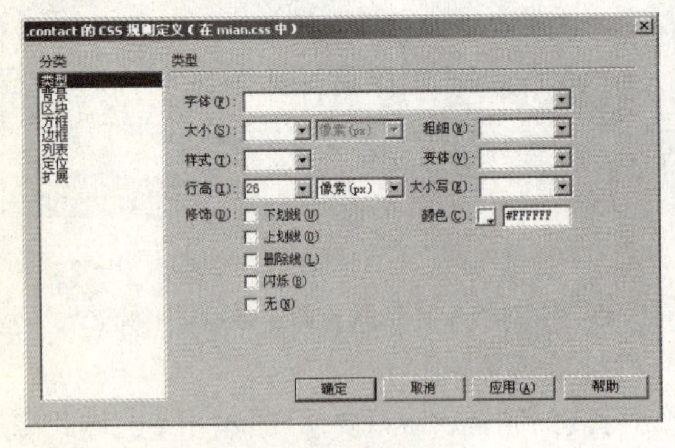

图 17.54　contact 元素的行高属性

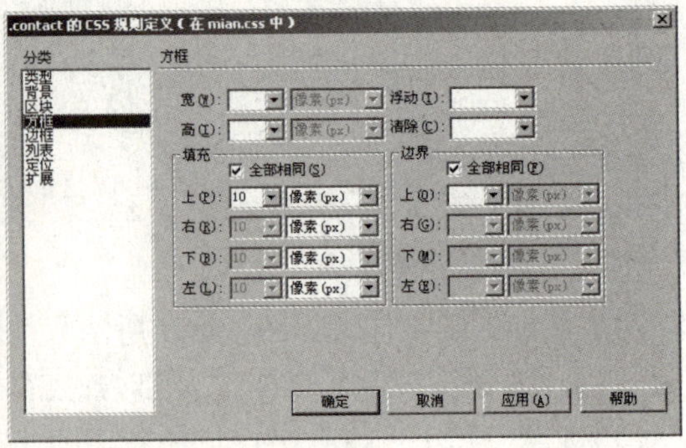

图 17.55　contact 元素的方框属性

这样左侧的内容就制作完成。

17.4.4　制作主体右侧内容中关于我们的部分

在制作右侧的具体内容之前，首先要制作控制所有内容显示位置的父元素 right。

1．制作父元素 right

调整光标到 left 元素结束符的后面，添加新的元素，定义 ID 名为 right，同时定义样式，其参数设置如图 17.56 所示。

2．制作“关于我们”的部分

（1）添加一个控制“关于我们”的元素，用来控制所有“关于我们”内容的位置。

（2）添加一个新的 div 元素，定义其 ID 名为 aboutus，并设置其样式参数，如图 17.57 所示。

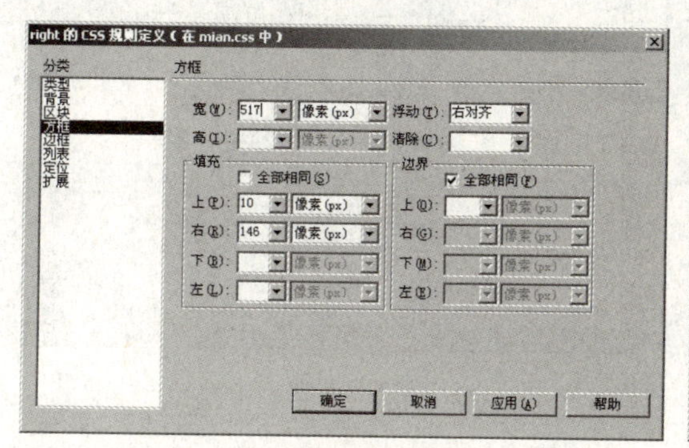

图 17.56　right 元素的方框属性

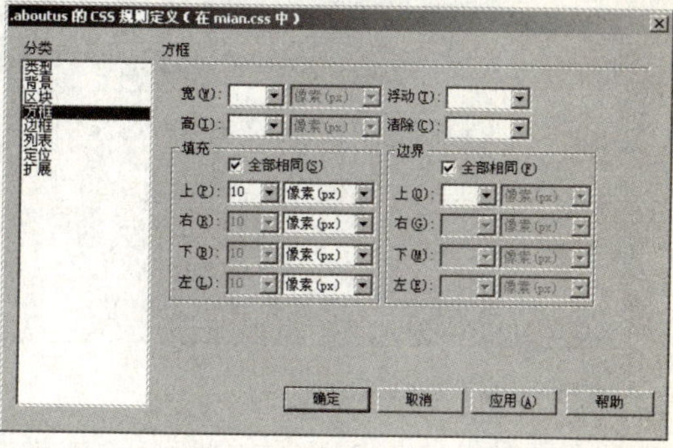

图 17.57　aboutus 元素的方框样式

（3）在 aboutus 元素里添加新的 div 元素，定义 ID 名为 content_title，并设置其样式参数，如图 17.58、图 17.59、图 17.60 所示。

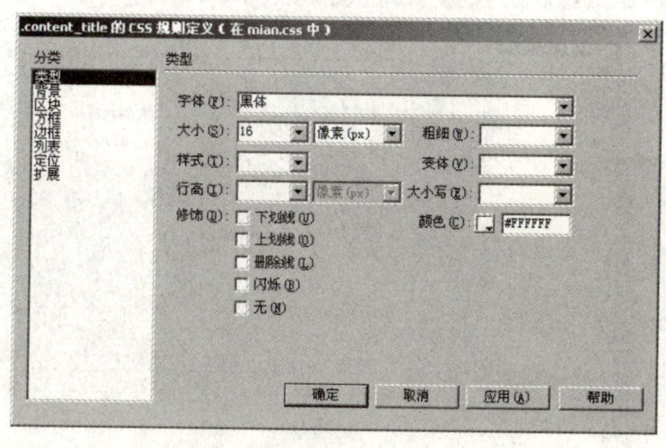

图 17.58　内容标题的文本属性

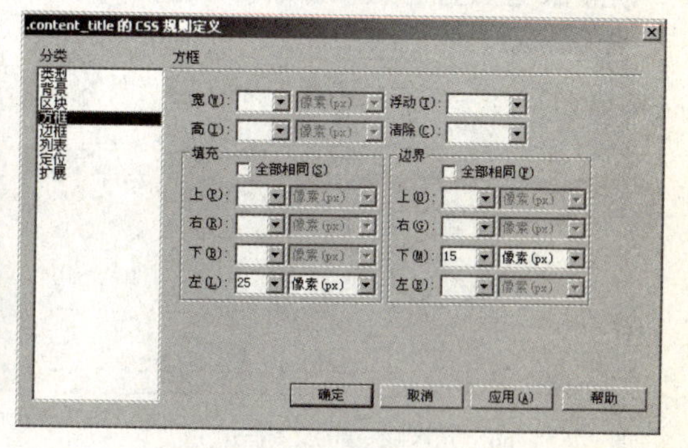

图 17.59　内容标题的背景属性

（4）设置完内容标题的样式后，在内容标题中添加一个 ID 名为 title 的元素，同时在 title 中添加标题文本“关于我们”，此时内容标题的显示效果如图 17.61 所示。

（5）之后再添加另一个 ID 名为 we2 的选择符，同时在 we2 元素中添加含有链接的文本信息，并且定义 we2 元素的样式，如图 17.62 所示。设置 we2 元素的属性如图 17.63 所示。

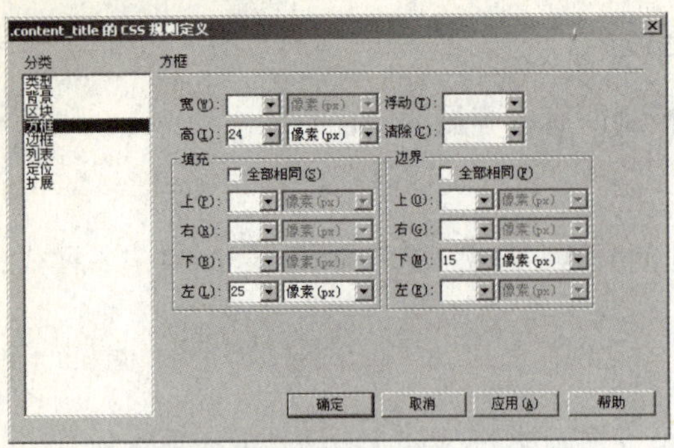

图 17.60　内容标题的方框属性

图 17.61　内容标题的显示效果

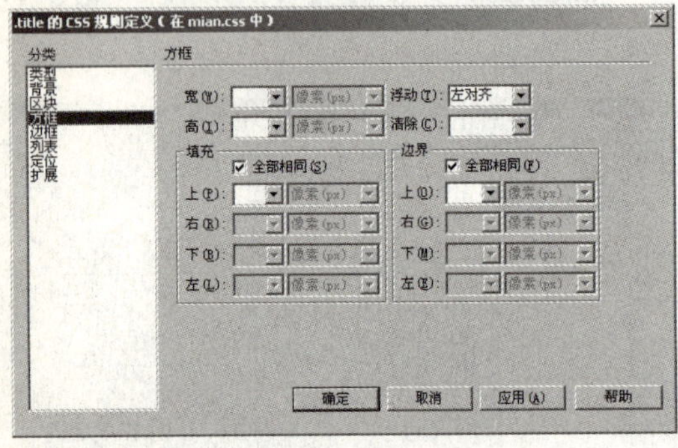

图 17.62　title 元素的方框属性

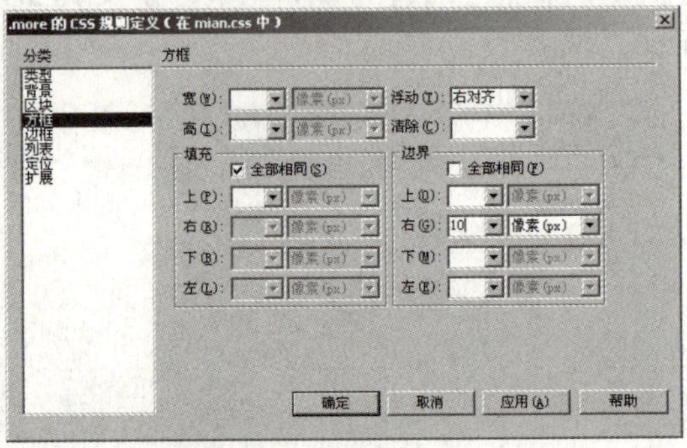

图 17.63　more 元素的方框属性

（6）同时定义 we2 元素中的链接文本样式，如图 17.64 所示。

（7）因为使用了浮动属性，所以还要添加一个清除浮动的元素，其中的样式参数如图 17.65、图 17.66 所示。

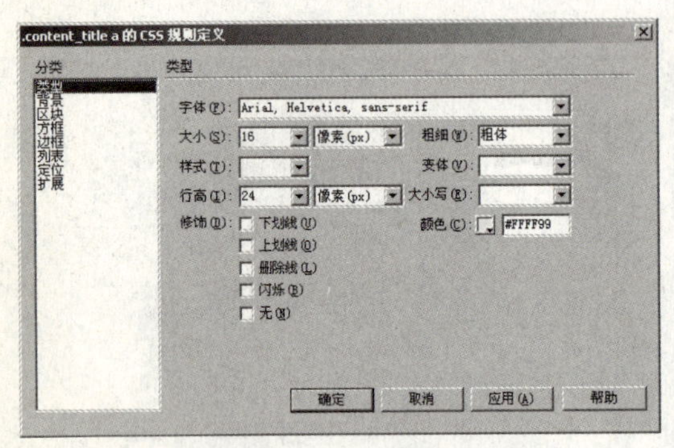

图 17.64　more 元素中链接的文本样式

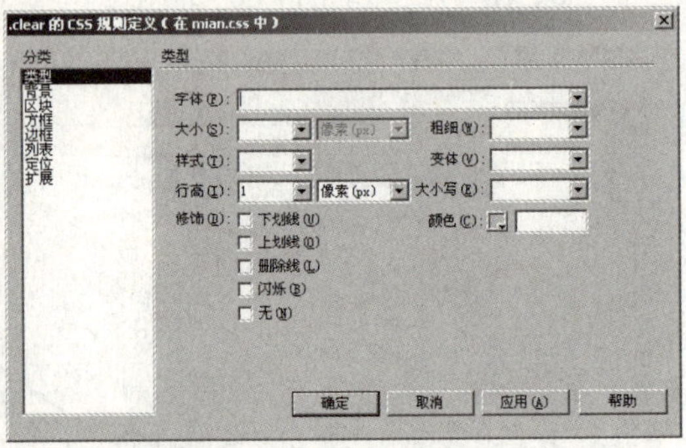

图 17.65　清除浮动元素的行高属性

（8）添加展示图片和“关于我们”的内容，同时选择添加的图片，并单击鼠标右键，添加 CSS 样式，具体的参数设置如图 17.67、图 17.68 所示。

此时“关于我们”部分的显示效果如图 17.69 所示。

从图 17.69 可以看出，此时存在的问题是行高的问题，所以添加 aboutus 的行高属性，其参数如图 17.70 所示。

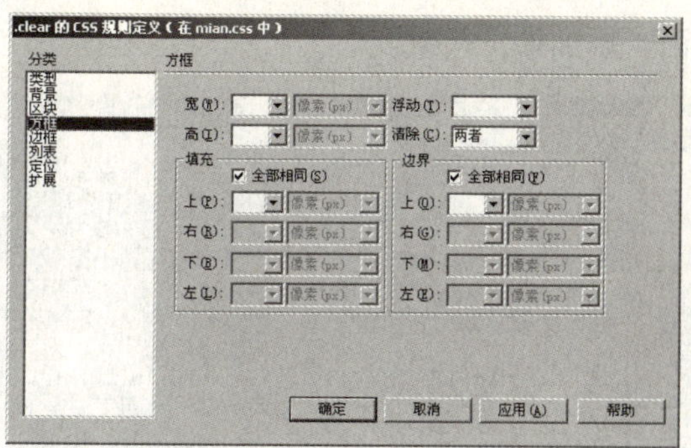

图 17.66　清除浮动元素的方框属性

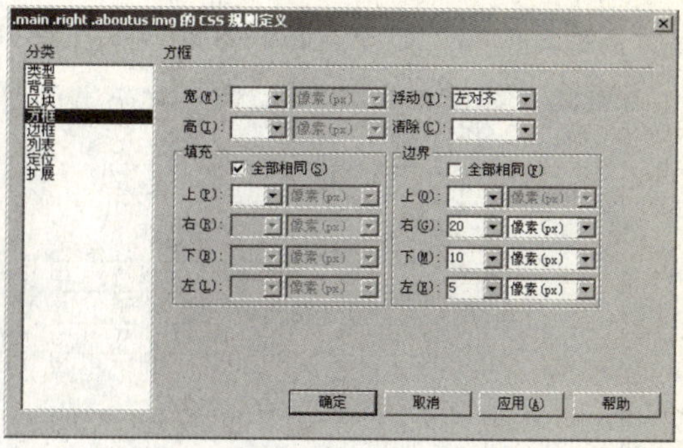

图 17.67　展示图片的方框属性

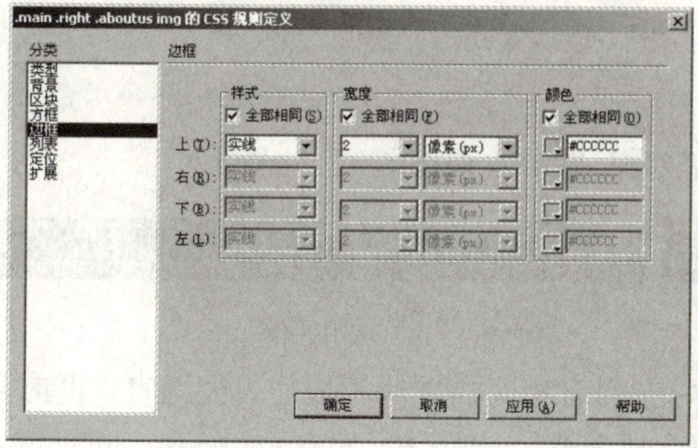

图 17.68　展示图片的边框属性

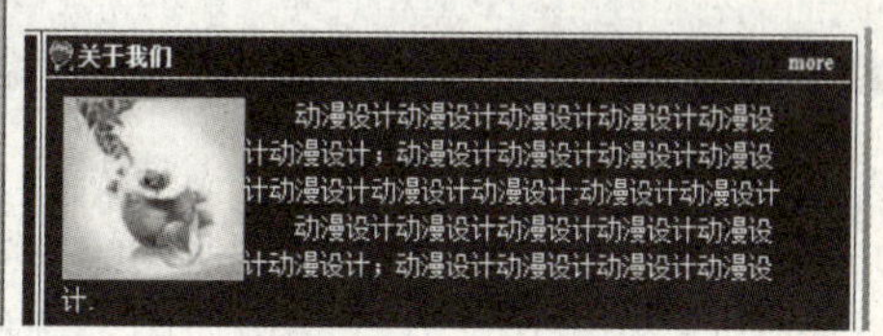

图 17.69 “关于我们”的显示效果

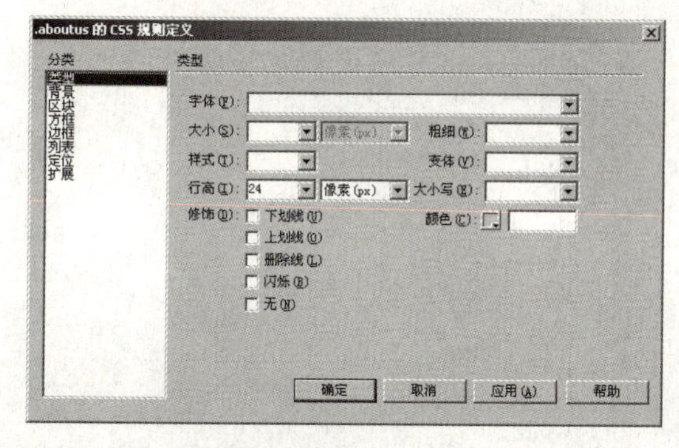

图 17.70　定义 aboutus 的行高属性

17.4.5　制作新闻中心部分

制作新闻中心部分的步骤如下。

（1）添加新的元素，定义 ID 名为 news，并设置其参数，如图 17.71、图 17.72 所示。

（2）news 部分的标题可以使用“关于我们”部分定义的样式，所以可以在拆分视图的代码窗口中直接“复制”、“粘贴”“关于我们”的相关代码，然后更改其内容，此时新闻标题的显示效果如图 17.73 所示。

（3）从图 17.73 可以看出，此时右侧文本 more 的链接样式并没有实现，其原因是因为在“关于我们”的代码中没有对 more 进行相关设置。在样式表控制面板中选择 main.css，用鼠标右键单击“转到代码”命令，转到 main.css 代码页面，添加如下代码。

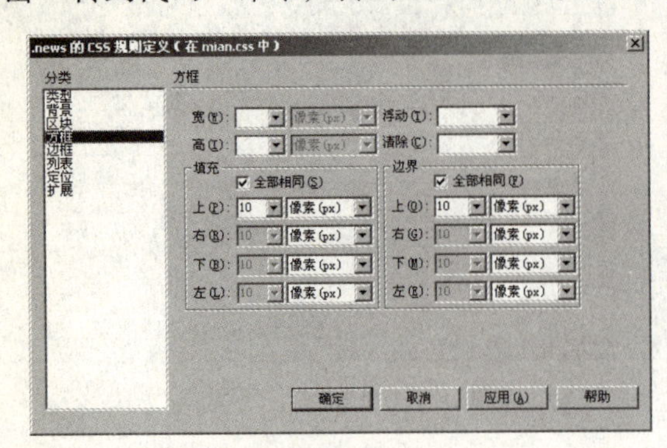

图 17.71　设置 news 元素的方框属性

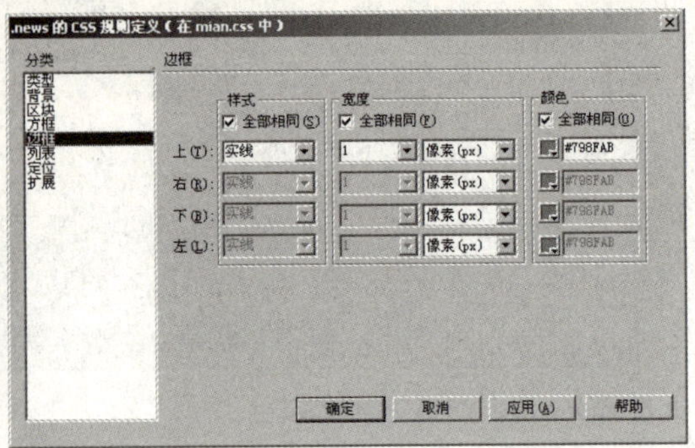

图 17.72　设置 news 元素的边框属性

```
.<a href="#"><b>more</b></a>
```

其中，选择符中定义的样式不变。更改后的页面显示效果如图 17.74 所示。

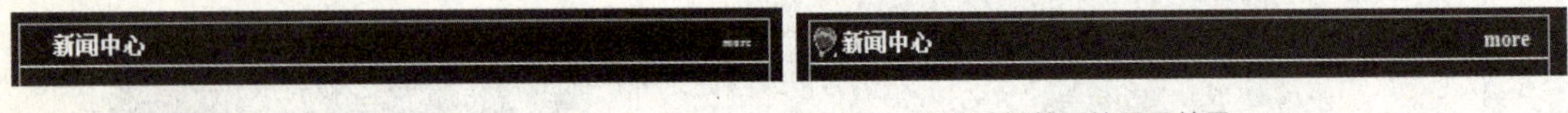

图 17.73　新闻中心部分的显示效果　　图 17.74　更改选择符后的显示效果

（4）接下来制作新闻列表部分，使用添加导航列表相同的方法添加列表的内容。此时界面会自动转换到拆分视图中，在代码窗口中，选择 ul 元素，定义 ID 名为 newsnav，同时定义其样式，如图 17.75、图 17.76 所示。

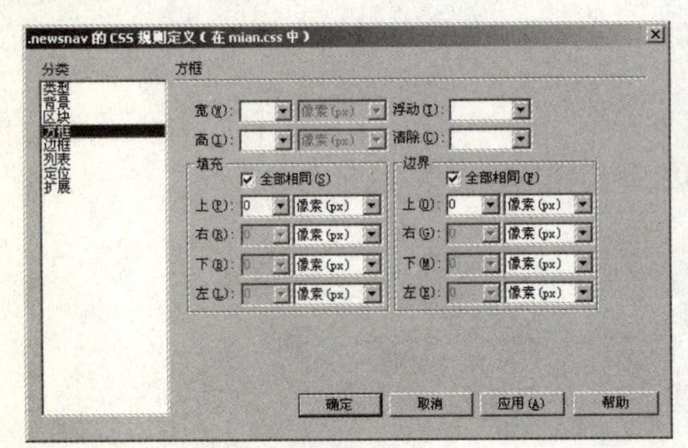

图 17.75　新闻列表的方框属性

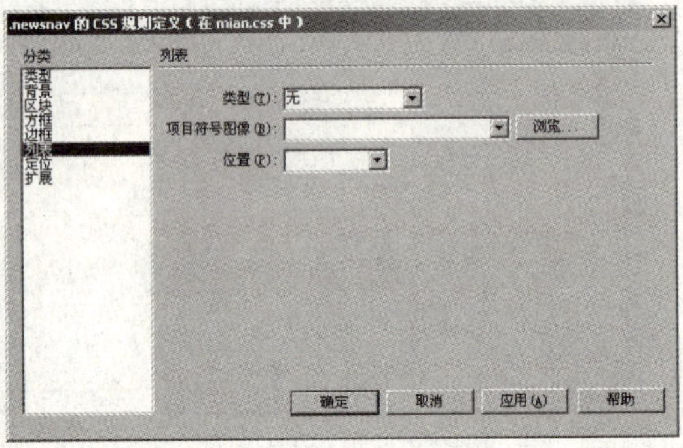

.newsnav 的 CSS 规则定义（在 mian.css 中）
分类
列表
类型(T): 无
项目符号图像(B):
浏览...
位置(P):
确定
取消
应用(A)
帮助

图 17.76　新闻列表的列表属性

（5）选择其中的列表内容，并单击鼠标右键，选择“CSS 样式”|“新建”，进入“新建 CSS 规则”对话框，更改默认选择符为如图 17.77 所示的形式。

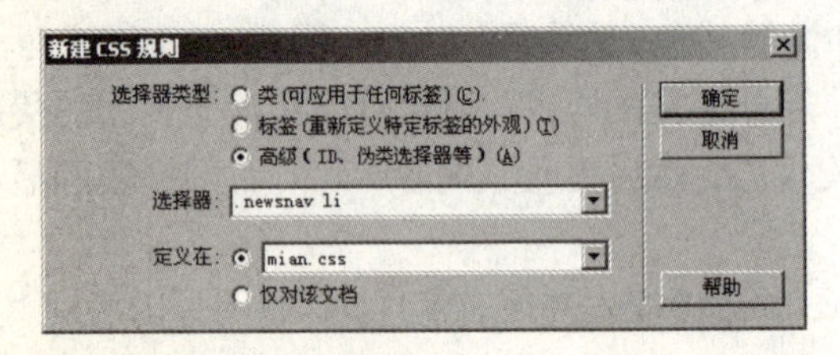

图 17.77　定义新闻列表的 ID 名

（6）定义新闻列表内容的样式，如图 17.78 至图 17.80 所示。

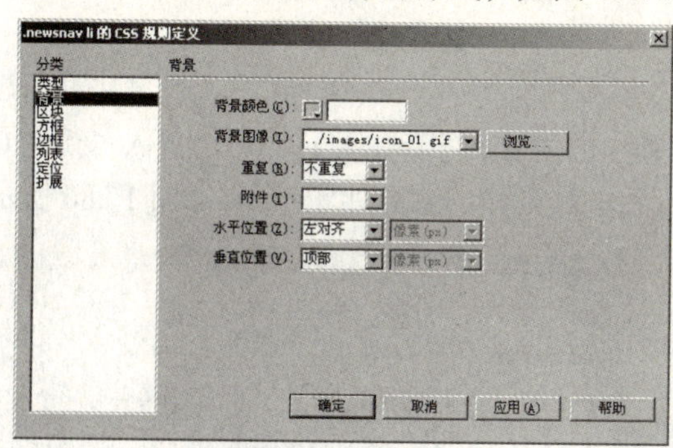

图 17.78　新闻列表内容的背景属性

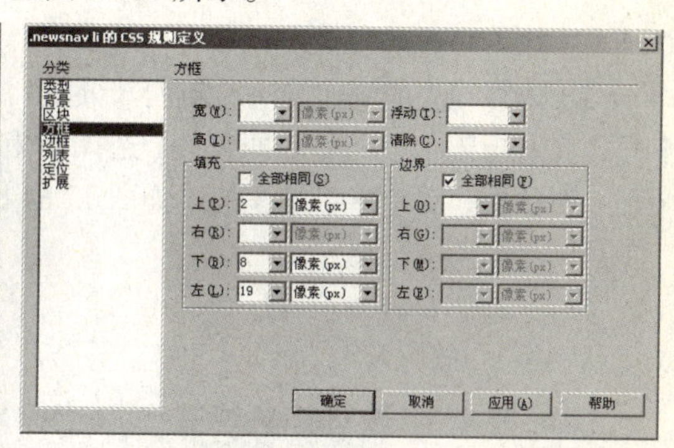

图 17.79　新闻列表内容的方框属性

（7）定义好新闻列表属性后，页面新闻部分的显示效果如图 17.81 所示。

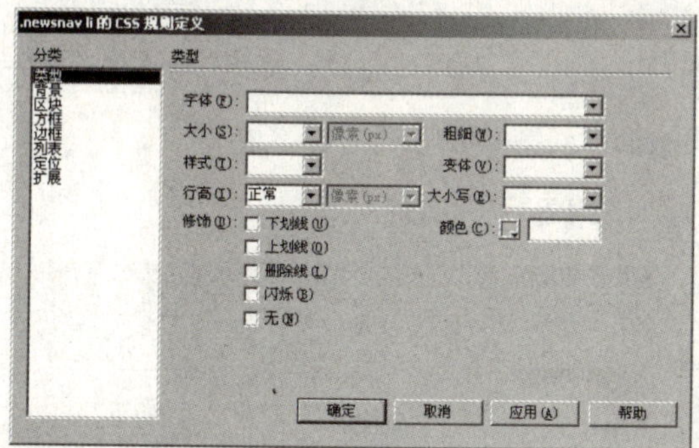

图 17.80　新闻列表内容的文本属性

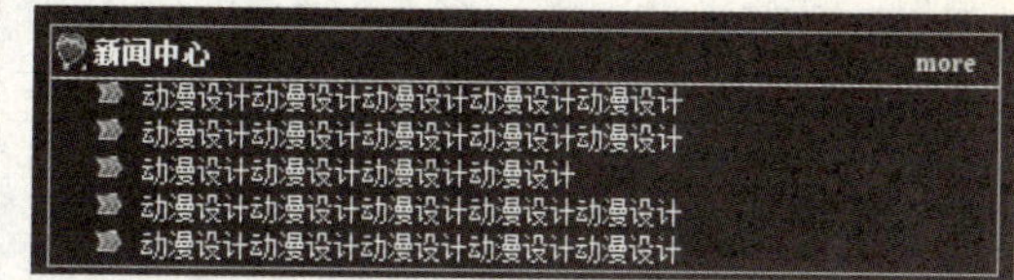

图 17.81　新闻列表的显示效果

17.4.6　制作产品介绍部分和资质荣誉部分

制作产品介绍部分与资质荣誉部分的样式基本相同，区别在于位置不同，可以使用两个浮动的元素分别控制两个部分的位置。下面分别介绍制作方法。

1. 产品介绍部分的制作

（1）添加新的元素，并定义 ID 名为 product，然后定义元素的样式，如图 17.82、图 17.83 所示。

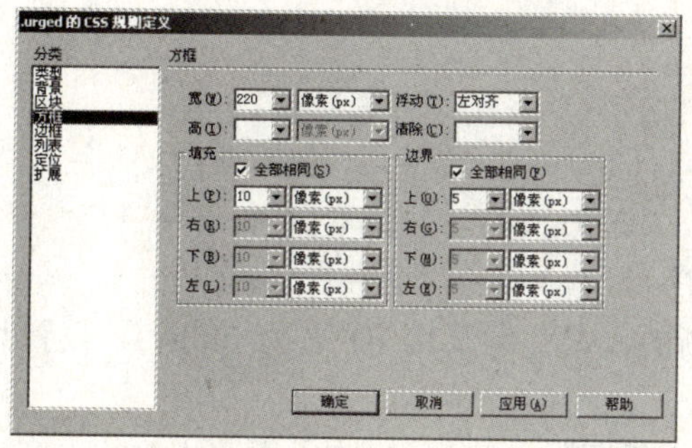

图 17.82　urged 的方框属性

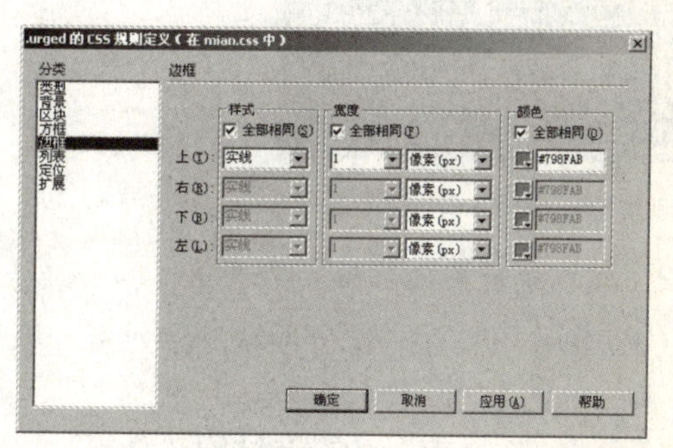

图 17.83　urged 的边框属性

（2）标题部分依然可以使用“复制”、“粘贴”的方法，统一使用 content_title 部分的结构和样式。这里不再讲解。

（3）内容列表的制作方法与新闻部分的列表制作方法类似，其区别在于，背景和补白属性不同，首先定义点击列表 ul 的属性。选择 ul 和其中的内容，并单击鼠标右键，进入“新建 CSS 规则”对话框，更改默认的参数，如图 17.84 所示。其具体的参数如图 17.85、图 17.86 所示。

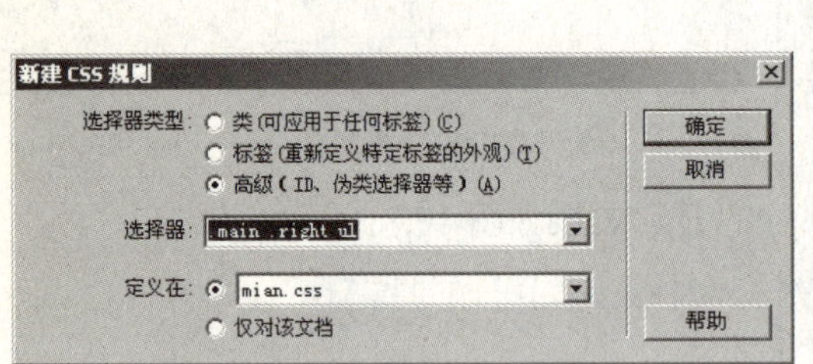

图 17.84　列表的默认参数

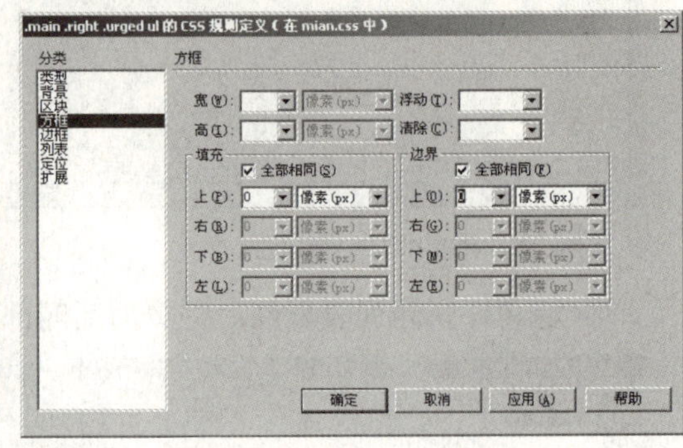

图 17.85　列表的方框属性

（4）接下来定义 li 的属性，具体的参数设置如图 17.87 所示。

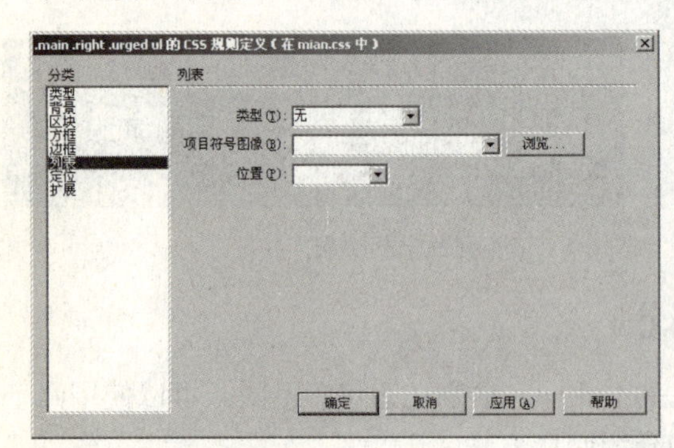

图 17.86　列表的列表属性

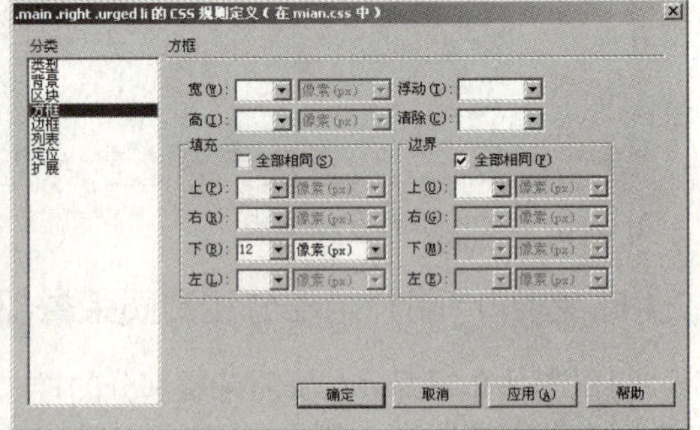

图 17.87　列表内容的方框属性

（5）定义完标题、列表属性后的页面显示效果如图 17.88 所示。

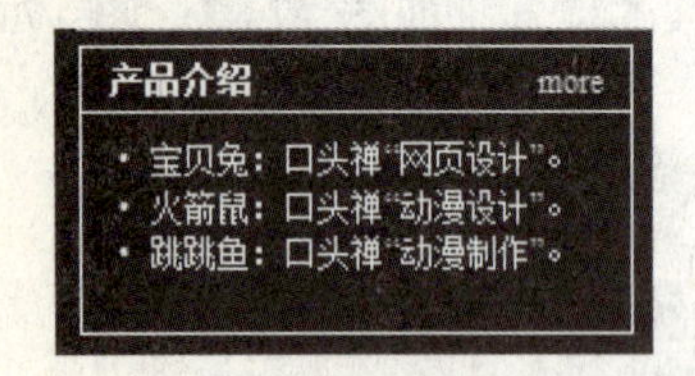

图 17.88　点拨部分的显示效果

2. 制作荣誉资质部分

（1）制作资质荣誉部分浮动的父元素。添加新的元素，定义其 ID 名为 rongyu，设置其样式参数，如图 17.89 所示。

（2）将荣誉信息的内容和结构“复制”并“粘贴”到 rongyu 元素中，更改相关的内容，显示效果如图 17.90 所示。

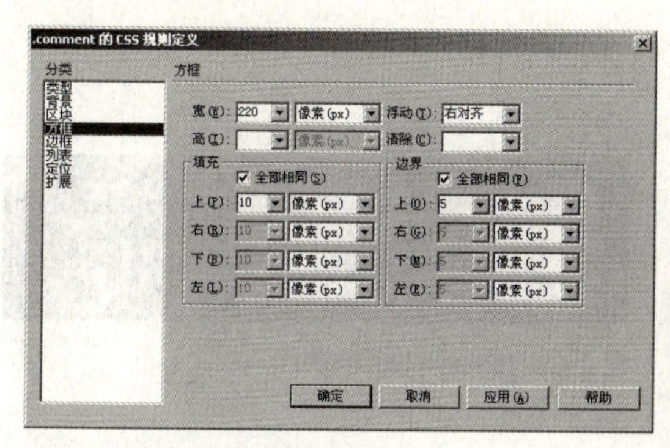

图 17.89　comment 元素的方框属性

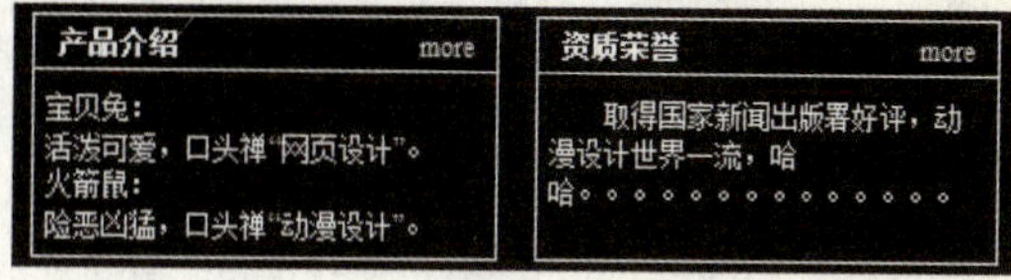

图 17.90　点击和时评部分的显示效果

（3）同样因为使用了浮动元素，所以还要使用清除浮动的元素，添加新的元素，在"插入 Div 标签"对话框的类下拉子菜单中选择 clear 类，制作好清除浮动元素。

17.4.7　制作合作伙伴部分

合作伙伴部分的制作分为以下几个部分。

1. 制作合作伙伴部分的父元素

添加新的 div 元素，定义 ID 名为 partnership，并定义其样式，如图 17.91、图 17.92 所示。

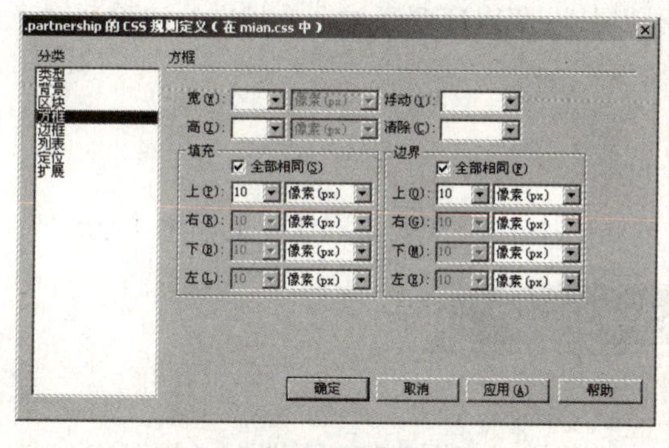

图 17.91　partnership 元素的方框属性

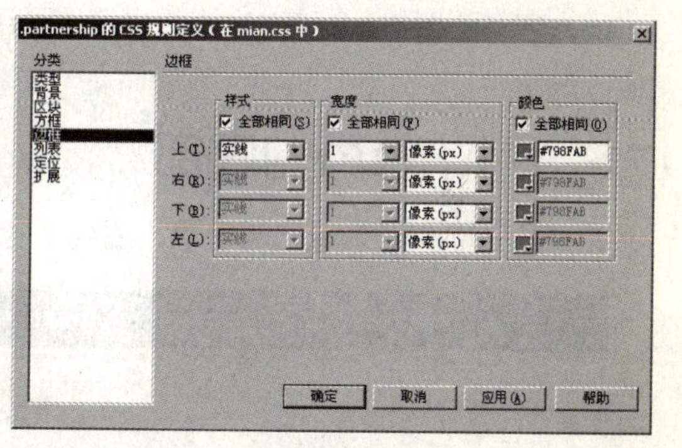

图 17.92　partnership 元素的边框属性

因为 partnership 元素中含有文本，所以还要定义行高属性，其参数如图 17.93 所示。

2. 内容的制作

（1）添加标题图片，并定义其浮动属性为 left。

（2）添加合作伙伴的内容部分，这里可以使用 p 标签进行分行，也可以使用
换行，我使用 div。此时页面的显示效果如图 17.94 所示。

（3）从图 17.94 可以看出，此时的主要问题是每行开头部分的链接颜色没有改变。所以要重新定义这个部分的链接样式。选择每行开头的链接和内容，然后添加新的样式，定义 ID 名为 parter211，同时设置样式，如图 17.95 所示。

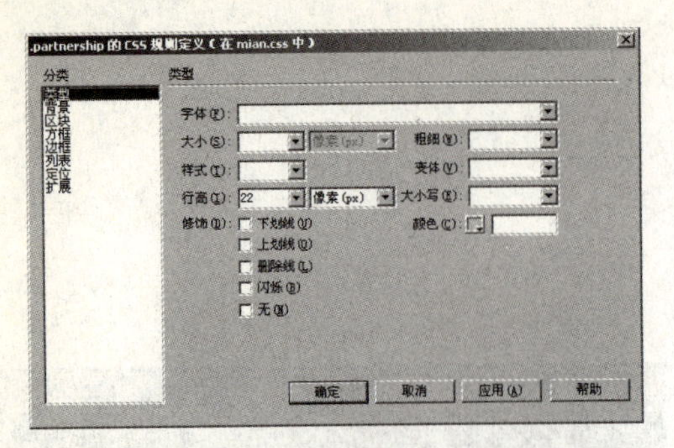

图 17.93 定义 partnership 元素中的文本属性

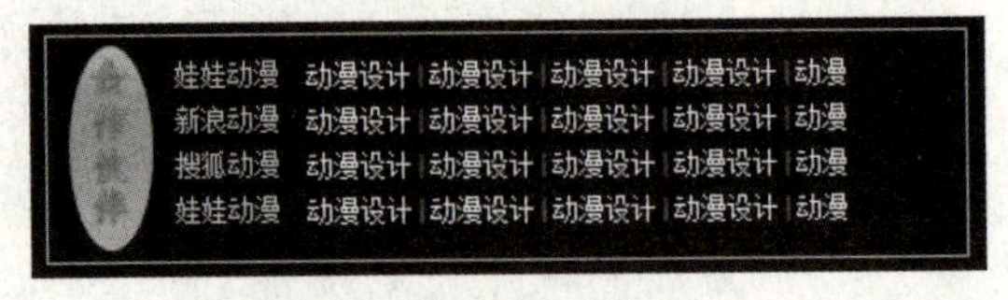

图 17.94 合作伙伴的显示效果

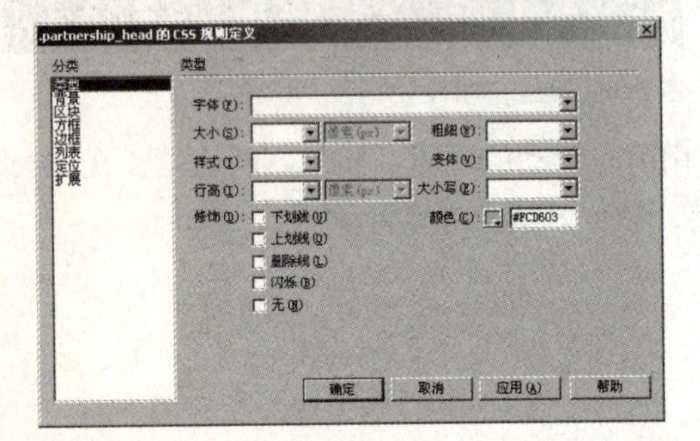

图 17.95 定义新的链接样式

选择其他内容，应用相同的样式，制作好每行开头内容的链接颜色。

因为左右两侧的 left 和 right 元素也使用了浮动属性，所以还要添加一个相应的清除浮动元素。

17.5 制作首页的底部

首页的底部相对来说比较简单，主要由背景和居中的内容组成，其效果如图 17.96 所示。

图 17.96 底部的效果图

（1）制作底部的父元素，定义 ID 名为 footer，其样式如图 17.97 至图 17.100 所示。

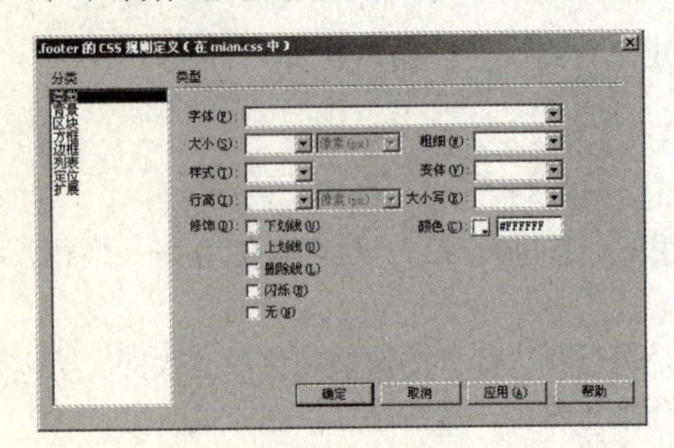

图 17.97 footer 元素的文本属性

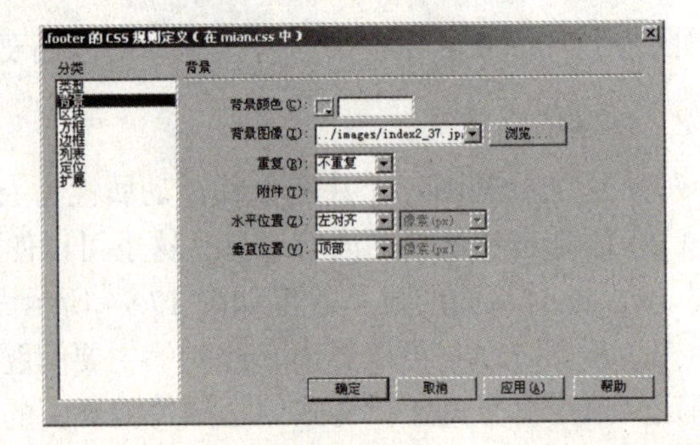

图 17.98 footer 元素的背景属性

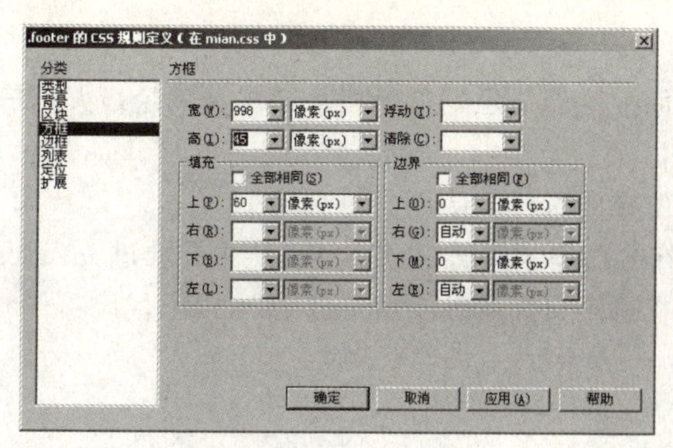

图 17.99　footer 元素的方框属性

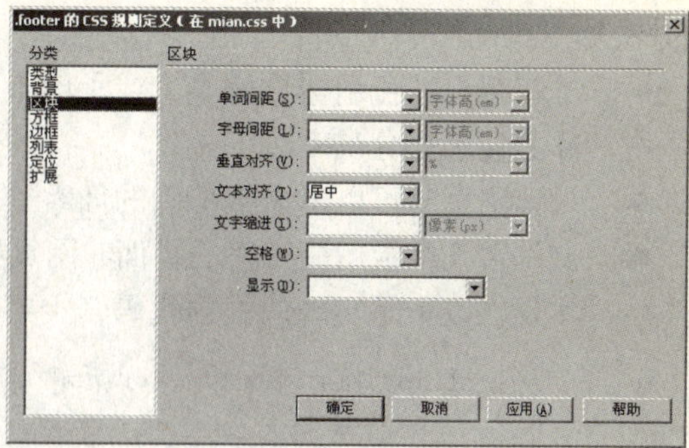

图 17.100　footer 元素的区块属性

（2）在 footer 元素中添加内容后，首页的底部就制作完成了。

17.6　首页的兼容问题

以上制作过程都是在 IE 8.0 下进行的。自 IE 7.0 以后，IE 浏览器与 Firefox 浏览器基本兼容了。现在不兼容的问题往往是显示器的分辨率引起的，以下是老显示器分辨率的显示效果，如图 17.101 所示。

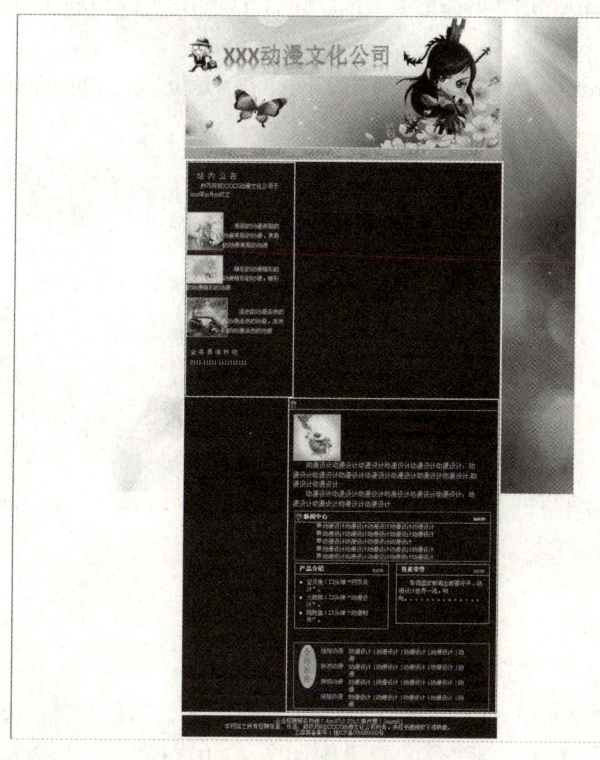

图 17.101　首页在 FireFox 17.0 中的显示效果

从图 17.101 中可以看到，此时存在的显示问题是右部分下移了。针对以上情况，一般的处理方法如下：

- 了解客户的显示器分辨率，或了解市面上主流显示器的分辨率。尽量满足最大用户群体的显示器分辨率。
- 设计网页时可以考虑把精确的像素单位换成百分比使用。
- 制作多几个常用分辨率的页面，网页在分辨率不同时自动跳转，这主要通过 JavaScript 实现。以下是实现的关键代码，主要在跳转页面<head></head>加入以下代码：

```
01      < script language=JavaScript>
02      < !--
03      function redirectPage(){
04      var url800x600=″index-ie.html″;
05  //定义两个页面，此处假设 index-ex.html、1024-ie.html 和 change-ie.html 在同一个目录下
06      var url1024x768=″1024-ie.html″;
07      if ((screen.width==800) && (screen.height==600))
08  //在此处添加 screen.width、screen.height 的值可以检测更多的分辨率
09      window.location.href= url800x600;
10      else if ((screen.width==1024) && (screen.height==768))
11      window.location.href=url1024x768;
12      else window.location.href=url800x600;
13      }
14      < /script>
```

【代码解析】代码第 7 行和第 10 行做了一个显示器分辨率的判断；代码第 9 行和第 11 行根据判断条件跳转相应的分辨率页面。

然后在< body…>内加入 onLoad=″redirectPage()″ 。最后，同样在< head>和< /head>之间加入以下代码来显示网页的工作信息：

```
01     < script language=JavaScript>
02      < !--
03      var w=screen.width                           //  取屏幕宽度
04      var h=screen.height                          //  取屏幕高度
05      document.write(″系统已检测到您的分辨率为：″);  //  document.write 在页面上提示系统状态信息
06      document.write(″< font size=3 color=red>″);
07      document.write(w+″×″+h);
08      document.write(″< /font>″);
09      document.write(″正在进入页面转换,请稍候…″);
10      // -->
11      < /script>
```

【代码解析】以上代码是用 JavaScript 编写的，其功能是页面跳转时的提示。有关 JavaScript 的知识超出了本书的范围，这里不再赘述，感兴趣的读者可以自行学习。

17.7 二级页面的制作

从效果图中可以看出，首页和二级页面的头部、左侧、底部都是相同的，所以只需要更改首页右侧的内容部分就可以。二级页面的中间内容部分的效果图如图 17.102 所示。

从图 17.102 可以看出，此时右侧内容部分是一个新闻列表，其标题和新闻列表内容的样式

与首页的相同，所以可以使用首页的样式。具体的制作步骤如下。

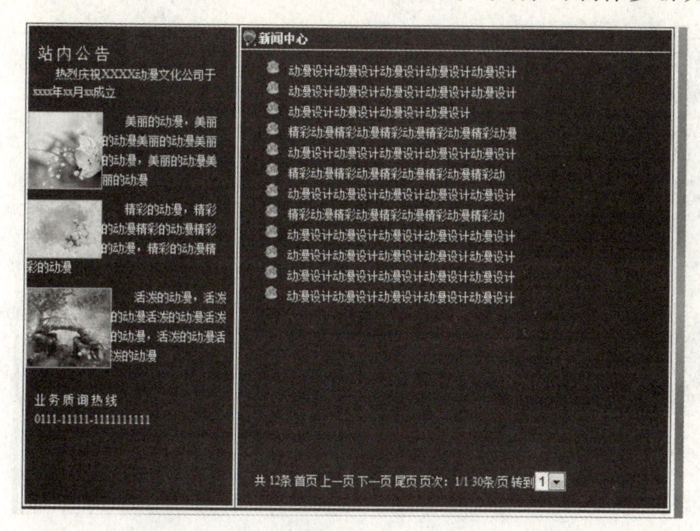

图 17.102　二级页面内容部分的效果图

（1）将首页另存为 newsroom.html 页，注意更改页面标题。

（2）将首页右侧的无关内容删除，删除后的页面显示效果如图 17.103 所示。

图 17.103　删除右侧内容后的显示效果

（3）将“关于我们”修改成“新闻中心”，并添加相关的新闻列表。定义列表 ul 的样式为 newsnav，页面的显示效果如图 17.104 所示。

（4）接下来制作分页部分。同样先添加一个 div 元素，定义其 ID 名为 we2。定义其方框属性参数如图 17.105 所示。

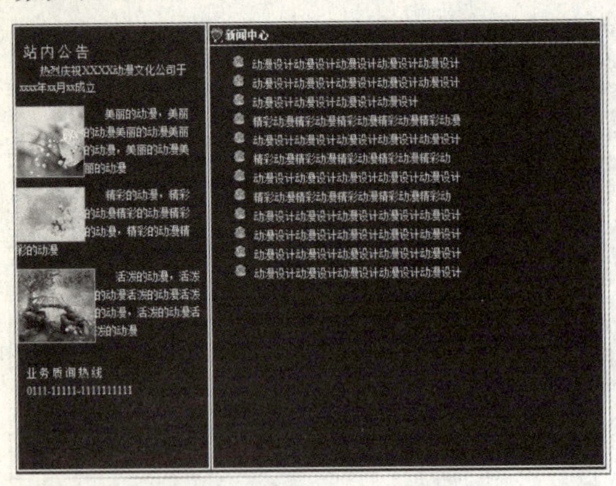

图 17.104　使用 newsnav 列表属性后的效果

（5）添加分页的内容，同时添加 select 表单。添加 select 表单的方法是，单击“插入”|“表单”|“列表/菜单”命令，添加表单。

（6）选择表单添加样式，定义类名为 select，其具体的参数如图 17.106 所示。

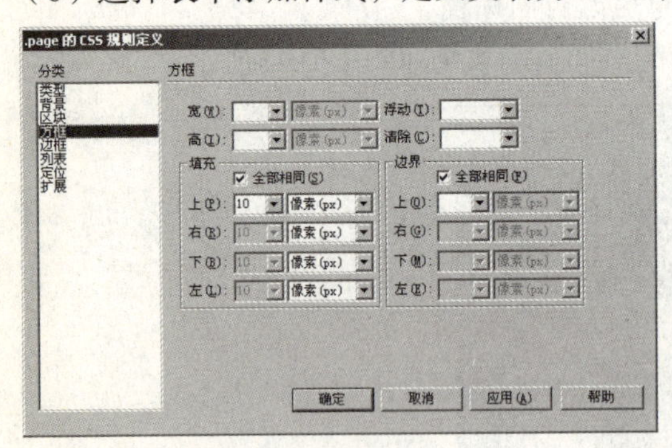

图 17.105　定义 we2 元素的方框属性

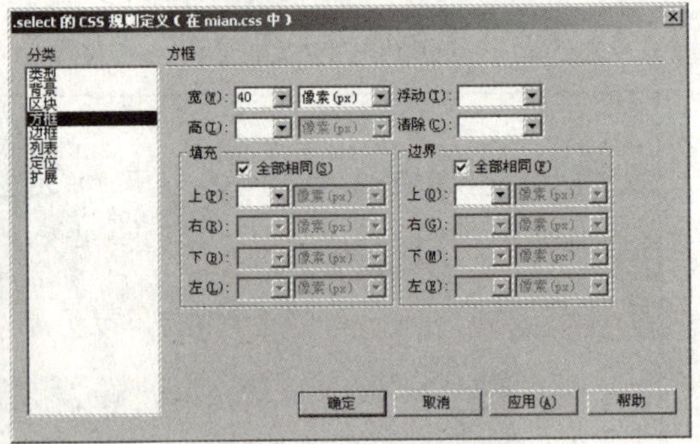

图 17.106　定义表单的样式

（7）定义完以上样式后，页面的显示效果如图 17.107 所示。

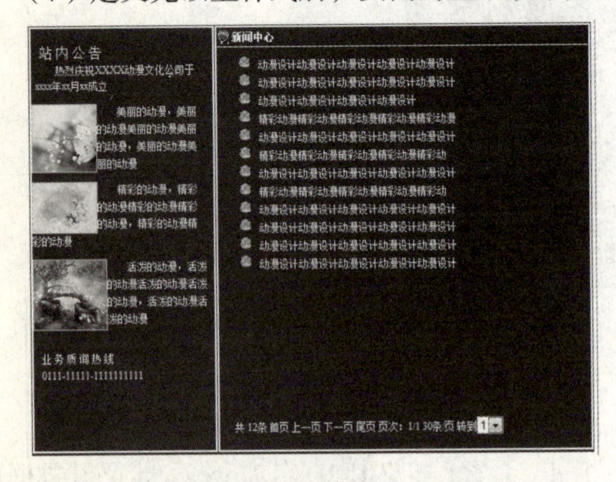

图 17.107　二级页面最终的显示效果

（8）将页面在 FireFox 17.0 中进行测试，发现没有兼容问题。

17.8　小结

本章介绍的企业首页和二级页面的制作实例全面运用了前面章节的知识，是对前面知识的一个总结，更是理论转向实践的一个升华。这两个网页设计制作的难点主要是 logo 层的切图和 Div 层之间的嵌套多了，浮动、定位、边距和补白也变得复杂，同时还要考虑兼容问题。所以，一个网页前端设计师不仅要具备编码能力，还需要一定的多媒体技术，更需要有规划设计思想。